北京市高等教育精品教材立项项目

航空航天结构中的有限元方法

邱志平　王晓军　编著

北京航空航天大学出版社

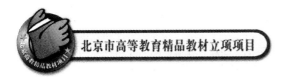

内容简介

鉴于工科院校学生理论知识与工程应用的并重性，本书分为上下两篇。上篇介绍有限元方法的基本原理和理论基础，融入了处理不确定工程结构问题的区间有限元的最新成果，为后面的实例分析奠定了基础；下篇针对航空航天领域的典型结构，如机身结构、机尾翼结构、起落架结构以及卫星、火箭、导弹的结构等，详细介绍其有限元模型的建立、网格划分、边界条件的选取以及载荷施加、求解和结果分析，并把常见的杆件结构、板和壳体问题的分析融入到航空航天典型结构的分析当中。本书还介绍了航空航天领域突出问题的工程应用，如静力分析、动力分析和复合材料结构的有限元分析技术，以及结构疲劳和结构优化设计技术等。

本书可作为高等院校航空航天、力学、机械等专业的本科生和研究生教材，也可作为上述专业工程技术及科研开发人员的参考书。

图书在版编目(CIP)数据

航空航天结构中的有限元方法 / 邱志平，王晓军编著. -- 北京 ：北京航空航天大学出版社，2012.7

ISBN 978-7-5124-0864-7

Ⅰ. ①航… Ⅱ. ①邱… ②王… Ⅲ. ①有限元法－应用－航空工程－高等学校－教材②有限元法－应用－航天工程－高等学校－教材 Ⅳ. ①V

中国版本图书馆 CIP 数据核字(2012)第 152929 号

航空航天结构中的有限元方法

邱志平 王晓军 编著

责任编辑 董云凤 张金伟 张 渟

*

北京航空航天大学出版社出版发行

北京市海淀区学院路 37 号(邮编 100191) http://www.buaapress.com.cn

发行部电话:(010)82317024 传真:(010)82328026

读者信箱: bhpress@263.net 邮购电话:(010)82316936

北京市媛明印刷厂印装 各地书店经销

*

开本:787×960 1/16 印张:18 字数:403 千字

2012 年 7 月第 1 版 2012 年 7 月第 1 次印刷 印数:2 000 册

ISBN 978-7-5124-0864-7 定价:39.00 元

前　　言

有限元方法经过半个多世纪的发展，现已成为当今工程问题中应用最广泛的数值计算方法。有限元方法集多学科理论知识于一身，且有着自己的理论基础和解题方法。有限元方法首先被航空结构工程师引入，并因其在解决工程技术问题时的灵活、快速及有效性，而得到迅速发展，现在其解题范围已渗透到多个研究领域，包括固体变形场、流体场、电磁场、温度场和声场等。

近年来，由于有限元分析商业化软件的普及，有限元分析不再仅为少数专业人员所掌握，转而成为高校、科技工作者和工程技术人员所广泛使用的通用分析工具。拥有了先进的和自动化的有限元分析软硬件平台，并不意味着就掌握了有限元分析方法和能够得到正确的分析结果。对于实际的工程结构，特别是航空航天领域复杂的组合结构，工作环境复杂严峻，技术要求苛刻，要取得合乎工程标准的可信的结构分析结果，需要工程技术人员具有较高的理论素养和实际经验。

本书拟作为航空航天院校及相关专业的教材。目前，国内介绍有限元方法的书籍很多，与同类教材相比，本书具有以下特点：首先，为了使本书具有相对的系统性与完整性，前几章介绍了有限元方法的基本原理和理论基础，内容简洁而重点突出，为后面的实例分析奠定基础；其次，针对航空航天领域的典型结构，如机身结构、机尾翼结构、起落架结构以及卫星、火箭和导弹结构等，详细介绍其有限元模型的建立、网格划分、边界条件的选取以及载荷施加、求解和结果分析，并把常见的杆件结构、板和壳体问题分析融入到航空航天典型结构的分析当中；最后，介绍航空航天领域突出问题的工程应用，如静力分析、动力分析和复合材料结构的有限元分析技术，结构疲劳和结构优化设计技术等。本书内容完整，具有显著的航空航天特色，可作为高等院校航空航天、力学、机械等专业的教材，也可作为上述专业工程技术及科研开发人员的参考书。

鉴于工科院校学生理论知识与工程应用的并重性，本书分为上下两篇。

上篇主要介绍有限元方法的基本理论，共分10章。第1章绪论部分概述有限元法的早期工作、现状和未来，并简述有限元法在航空航天领域的应用背景和分析方法。第2章介绍有限元法的基本概念和理论基础。第3～5章分别介绍杆系结构、平面问题和空间问题的有限元法。第6、7章分别介绍轴对称问题和板壳问题的有限元法。第8章介绍高阶单元与等参单元的理论。第9章给出结构动力有限元分析的概念和基本理论。第10章介绍作者在不确定性结构分析的区间有限元方法方面的一些工作。上篇中的理论部分具有普适性，既为下篇所述的航空航天有限元方法的应用奠定了基础，又可作为相关专业人士在有限元理论方面的入门参考。

下篇主要介绍有限元方法在航空航天中的应用，目的是为相关专业人士在使用有限元法分析航空航天结构时提供参考。本篇共8章。第11章介绍航空航天飞行器结构系统的组成及传力分析。第12、13章以大型飞机结构为原型，介绍模型简化，模型中结点的设置和单元类型的选取，约束与载荷的施加等，并分别就飞机的机身、机翼结构的有限元建模和分析方法进行了详细介绍。第14章介绍疲劳寿命的有限元分析方法及在飞机结构中的应用。第15章介绍基于有限元的结构优化设计技术在飞行器设计中的应用。第16章主要介绍卫星结构分析中的有限元法，包括有限元模型的建立，静力分析和模态分析。第17章介绍导弹和火箭结构的有限元模型建立和模态分析方法。第18章较为详细地阐述了作者近年来在有限元方面所进行的工作及在工程中的具体应用，以期读者能够将理论与实际融会贯通，正确并熟练地应用有限元分析方法进行工程结构分析。

作者长期以来一直从事航空航天飞行器结构的分析、设计、研究和教学工作，积累了丰富的科研教学经验。目前，国内还没有一本书能够全面系统地介绍空天飞行器结构有限元方法的基础性和专门性的教材，本书的出版适应于我国国防类大学学生的需要。

在编写本书的过程中，博士研究生祁武超、吴迪等付出了许多辛勤的劳动，仔细录入、校审了初稿，作者在此表示衷心地感谢！感谢本教材编写所参考书目的作者，书中如有漏引之处，还请作者见谅！

由于作者水平所限，书中的不妥之处，敬请读者批评指正。

作　者

2012年1月

主要符号表

Ω　求解域
Γ　求解域边界
$\overline{X},\overline{Y},\overline{Z}$　表面力分量
X,Y,Z　体积力分量
σ　正应力
τ　剪应力
ε　正应变
γ　剪应变
$\boldsymbol{\sigma}$　应力向量
$\boldsymbol{\varepsilon}$　应变向量
E　弹性模量
G　剪切模量
μ　泊松比
I　截面惯性矩
l　杆长
A　横截面积
φ　剪切影响系数
A_s　有效抗剪面积
$\boldsymbol{D}$　弹性矩阵
$\boldsymbol{B}$　单元应变矩阵
$\boldsymbol{S}$　单元应力矩阵
$\boldsymbol{\lambda}$　方向余弦矩阵
$\boldsymbol{T}$　坐标变换矩阵
$\boldsymbol{I}$　单位矩阵
Π　势能泛函
W　总功
U　内力虚功
V　外力虚功，单元体积
$N_r(r=i,j,k,\cdots)$　单元形函数
$\boldsymbol{N}$　单元形函数矩阵
$Ox'y'z'$　局部(单元)坐标系
$Oxyz$　整体坐标系
u,v,w　位移场分量
$\boldsymbol{u}$　位移场向量
$u_i,v_i,w_i,\theta_{xi},\theta_{y_i},\theta_{zi}$　结点位移分量
$\boldsymbol{u}_i$　结点位移向量
$\boldsymbol{K}^e$　单元刚度矩阵
$\boldsymbol{u}^e$　单元结点位移向量
$\boldsymbol{f}^e$　单元结点载荷向量
$\boldsymbol{K}$　总体刚度矩阵
$\boldsymbol{U}$　总体结点位移向量
$\boldsymbol{f}$　总体结点载荷向量
$i,j,k,\cdots$　结点编号
$\boldsymbol{F}^e$　单元结点力
P　集中载荷
q　分布载荷
T　扭矩
M　弯矩
Q　剪力
N　轴力
θ　扭转角
v　挠度
Δ　三角形单元面积
Λ　6倍四面体单元体积
$\boldsymbol{M}$　质量矩阵
$\boldsymbol{C}$　阻尼矩阵

$\boldsymbol{\Phi}$ 振型矩阵

$\boldsymbol{\Lambda}$ 特征值对角矩阵

μ_1,μ_2 材料阻尼系数

λ 特征值

$\boldsymbol{\phi}$ 特征向量

t,τ 时间

ω 角频率

α,β,b 不确定性参数

x^I 区间数

x^c 区间数 x^I 的中点

Δx 区间 x^I 的半径

$\overline{x}$ 区间 x^I 的上界

$\underline{x}$ 区间 x^I 的下界

注：局部坐标系下的量使用上角标符号(′)

目　　录

上　篇　有限元方法的基本理论

第1章　绪　论 ………………………………………………………… 3

1.1　有限元法的发展、现状和未来 ………………………………… 3

1.1.1　有限元法的早期工作 ………………………………………… 3

1.1.2　有限元法的发展和现状 ……………………………………… 3

1.1.3　有限元法的未来 ……………………………………………… 5

1.2　有限元法在航空航天中的应用 ………………………………… 6

1.2.1　有限元法在航空航天领域中的应用背景 …………………… 6

1.2.2　航空结构分析 ………………………………………………… 7

1.2.3　航天结构分析 ………………………………………………… 8

习　题 ……………………………………………………………………… 11

第2章　有限元法的基本概念和理论基础 ………………………… 12

2.1　有限元法的基本思想 …………………………………………… 12

2.2　有限元法的基本概念 …………………………………………… 13

2.3　弹性力学基本理论 ……………………………………………… 16

2.4　变分原理 ………………………………………………………… 20

2.5　有限元平衡方程 ………………………………………………… 21

习　题 ……………………………………………………………………… 22

第3章　杆系结构有限元分析 ……………………………………… 23

3.1　拉压杆单元 ……………………………………………………… 23

3.1.1　一般规定 ……………………………………………………… 23

3.1.2　位移函数 ……………………………………………………… 23

3.1.3　几何关系和物理关系 ………………………………………… 25

3.1.4　平衡关系 ……………………………………………………… 26

3.1.5　坐标变换 ……………………………………………………… 27

3.2　扭转杆单元 ……………………………………………………… 29

3.3 平面直梁单元…………………………………………………… 30
3.3.1 位移函数…………………………………………………… 30
3.3.2 梁元的刚度矩阵…………………………………………… 34
3.3.3 坐标变换…………………………………………………… 36
3.3.4 等效结点载荷……………………………………………… 38
3.4 总体刚度矩阵和总体载荷列向量…………………………… 40
3.5 刚度矩阵的物理意义和性质………………………………… 43
3.6 位移边界条件………………………………………………… 46
3.7 总刚度平衡方程的求解……………………………………… 48
3.8 算 例………………………………………………………… 48
习 题 …………………………………………………………… 51

第4章 平面问题有限元分析 ……………………………………… 53

4.1 概 述………………………………………………………… 53
4.2 常应变三角形单元…………………………………………… 54
4.2.1 离散化……………………………………………………… 54
4.2.2 位移模式与形函数………………………………………… 55
4.2.3 基于最小势能原理的单元特性分析……………………… 57
4.3 单元等效结点载荷列阵……………………………………… 60
4.4 矩形双线性单元……………………………………………… 63
4.4.1 位移模式与形函数………………………………………… 64
4.4.2 单元刚度矩阵和单元等效载荷列阵……………………… 66
4.4.3 单元等效结点荷载矩阵…………………………………… 66
4.5 应力计算结果的整理………………………………………… 67
习 题 …………………………………………………………… 68

第5章 空间问题有限元分析 ……………………………………… 70

5.1 三维应力状态………………………………………………… 70
5.2 四面体常应变单元…………………………………………… 71
5.3 直六面体单元………………………………………………… 75
习 题 …………………………………………………………… 76

第 6 章　轴对称问题的有限元分析 …… 77

6.1　单元位移函数 …… 77
6.2　单元应变与应力 …… 78
6.2.1　单元应变 …… 78
6.2.2　单元应力 …… 79
6.3　单元刚度矩阵 …… 80
6.4　整体刚度矩阵 …… 81
6.5　等效结点载荷 …… 82
6.5.1　体积力 …… 82
6.5.2　表面力 …… 84
习　题 …… 85

第 7 章　板壳问题有限元分析 …… 86

7.1　薄板问题的有限元法 …… 86
7.1.1　矩形单元的位移函数 …… 88
7.1.2　矩形单元的刚度矩阵 …… 89
7.1.3　矩形单元的等效结点载荷和内力矩 …… 91
7.2　薄壳问题的有限元法 …… 92
7.2.1　结构载荷列阵 …… 92
7.2.2　单元刚度矩阵 …… 94
7.2.3　结点应力计算 …… 94
习　题 …… 95

第 8 章　高阶单元与等参数单元 …… 96

8.1　高阶单元 …… 96
8.1.1　建立形函数的方法 …… 96
8.1.2　多项式的完备性 …… 97
8.1.3　矩形单元——Lagrange 族单元 …… 98
8.1.4　矩形单元——Serendipity 族单元 …… 100
8.2　平面 4 结点等参单元 …… 101
8.2.1　坐标变换与等参单元 …… 101
8.2.2　单元刚度矩阵的计算 …… 103

8.2.3 等参变换的条件和等参单元的收敛性 …… 105
8.3 8结点曲边等参单元 …… 107
8.3.1 位移函数 …… 107
8.3.2 等参单元等效节点载荷 …… 109
习 题 …… 111

第9章 结构动力有限元分析 …… 112

9.1 动力问题有限元的基本概念 …… 112
9.2 运动方程式 …… 112
9.2.1 惯性力和阻尼力 …… 112
9.2.2 运动方程的建立 …… 113
9.2.3 动力方程与静力方程的区别 …… 114
9.3 质量矩阵 …… 114
9.3.1 集中质量矩阵 …… 114
9.3.2 一致质量矩阵 …… 116
9.4 阻尼矩阵 …… 116
9.4.1 单元阻尼矩阵 …… 116
9.4.2 总体阻尼矩阵 …… 117
9.5 无阻尼自由振动分析——特征值问题 …… 117
9.6 振型的性质 …… 118
9.6.1 振型的规格化 …… 118
9.6.2 振型的正交性 …… 118
9.7 有阻尼的自由振动分析 …… 119
9.8 结构动力响应分析 …… 120
9.8.1 振型叠加法 …… 120
9.8.2 直接积分法 …… 122
习 题 …… 127

第10章 区间有限元分析 …… 128

10.1 有界不确定参数结构静力有限元分析 …… 128
10.1.1 区间参数的定义 …… 128
10.1.2 有界不确定参数结构静力位移问题定义 …… 129
10.1.3 区间参数摄动方法 …… 130

10.1.4　区间矩阵摄动方法……133
10.1.5　数值算例……135
10.2　有界不确定参数结构固有振动频率分析……138
10.2.1　标准区间特征值问题……138
10.2.2　广义区间特征值问题的参数顶点法……148
10.2.3　广义区间特征值问题参数顶点求解定理在工程中的应用……155

下　篇　有限元方法在航空航天中的应用

第11章　飞行器典型结构与传力路线分析……161

11.1　飞机结构系统的主要组成部分……161
11.2　导弹结构系统的主要组成部分……161
11.3　飞行器结构形式的分类……162
11.3.1　按照结构的受力传力形式分类……162
11.3.2　按照组成结构的部件形状分类……164
11.4　传力分析概念与典型构件的受力特性……164
11.4.1　传力的基本概念……164
11.4.2　对实际结构进行传力分析的基本方法……165
11.4.3　典型构件的受力特性……165
11.5　典型翼面结构及其受力、传力分析……167
11.5.1　结构简介……167
11.5.2　机翼结构的受力特点……168
11.6　典型机身结构及其受力、传力分析……168
11.6.1　结构简介……168
11.6.2　机身结构的受力特点……169
11.7　典型尾翼结构受力、传力分析……169
11.8　典型起落架结构受力、传力分析……170
11.8.1　结构简介……170
11.8.2　起落架结构的受力分析……170

第12章　飞机结构有限元建模技术……171

12.1　概　述……171
12.2　建模思路……171

12.3 计算资源分析…… 172
12.4 结 点…… 172
12.5 单 元…… 175
12.6 结构的约束…… 183
12.7 结构载荷的施加…… 185

第 13 章 飞机结构有限元分析 …… 187

13.1 机身结构有限元分析…… 187
13.1.1 结构简介…… 187
13.1.2 结构设计准则…… 188
13.1.3 机身有限元模型简化中的一般考虑…… 188
13.1.4 加强筒状结构极限强度…… 188
13.1.5 载荷选取及施加…… 190
13.1.6 机身外壳体有限元分析…… 191
13.2 机翼结构有限元分析…… 196
13.2.1 典型结构简介…… 197
13.2.2 网格的划分和有限单元的选取…… 198
13.2.3 边界条件模拟…… 199
13.2.4 计算结果分析…… 199

第 14 章 飞机结构疲劳的有限元分析 …… 200

14.1 概 述…… 200
14.2 疲劳设计方法…… 200
14.3 疲劳分析的基本步骤…… 202
14.4 确定疲劳寿命的方法…… 202
14.5 疲劳寿命的有限元分析方法…… 203
14.5.1 应力疲劳有限元分析方法…… 203
14.5.2 应变疲劳有限元分析方法…… 205
14.6 工程实例分析…… 206
14.6.1 带有缺口平板的应力疲劳有限元分析…… 206
14.6.2 带有缺口平板的应变疲劳有限元分析…… 207

第 15 章　飞行器结构优化设计 …… 210

15.1　概　述…… 210
15.2　结构优化设计的数学模型…… 211
15.3　设计灵敏度分析…… 213
15.4　结构优化方法…… 213
15.5　基于有限元结构优化设计在航空航天的实例…… 216

第 16 章　卫星结构有限元分析 …… 220

16.1　概　述…… 220
16.2　卫星结构分析模型的建立…… 221
16.2.1　结构的理想化…… 221
16.2.2　建模需要考虑的问题…… 223
16.2.3　分析模型的检验…… 227
16.3　结构静力分析…… 227
16.3.1　结构静力分析的载荷条件…… 228
16.3.2　解析法或半解析法的应用…… 229
16.3.3　有限元的应用…… 231
16.3.4　结构静力分析实例…… 234
16.4　结构模态分析…… 236
16.4.1　模态分析的目的和作用…… 236
16.4.2　模态分析方法…… 237
16.4.3　模态特征分析…… 241
16.4.4　提高模态分析准确性的手段…… 243
16.4.5　模态分析实例…… 244

第 17 章　弹(箭)结构有限元分析 …… 246

17.1　概　述…… 246
17.2　弹(箭)结构有限元建模方法…… 246
17.2.1　简化梁模型…… 246
17.2.2　三维壳模型…… 247
17.2.3　弹(箭)翼结构有限元建模…… 248
17.3　弹(箭)结构固有特性分析…… 248

17.3.1 弹(箭)结构固有特性的特点与设计要求…………………………… 249
17.3.2 导弹(火箭)模态分析的方法…………………………………………… 250
17.3.3 提高模态分析准确性的措施…………………………………………… 251
17.3.4 结构设计中调整全弹(箭)固有特性的途径…………………………… 252
17.4 分析实例…………………………………………………………………… 254

第18章 工程实例分析 ……………………………………………………… 257

18.1 某型机前机身结构静力有限元分析……………………………………… 257
18.2 FRP蜂窝结构标志底板有限元分析 …………………………………… 260
18.3 某型机垂尾翼尖结构有限元静力分析…………………………………… 264
18.4 某型直升机涵道尾桨有限元动力分析…………………………………… 266

参考文献……………………………………………………………………… 272

上　篇　有限元方法的基本理论

本篇知识要点：

- 有限元法的基本概念和理论基础；
- 杆系结构有限元分析；
- 平面问题有限元分析；
- 空间问题有限元分析；
- 轴对称问题有限元分析；
- 板壳问题有限元分析；
- 高阶单元与等参单元；
- 结构动力有限元分析；
- 不确定性结构分析的区间有限元方法。

第1章 绪 论

1.1 有限元法的发展、现状和未来

1.1.1 有限元法的早期工作

有限元法的根本思想可追溯到 Courant 在 1943 年的工作，他首先将在一系列三角形区域上定义的分片连续函数和最小势能原理相结合，来求解 St. Venant 扭转问题。此后，不少数学家、物理学家和工程师分别从不同角度对有限元法的离散理论、方法和应用进行了研究。有限元法的实际应用是随着电子计算机的出现而开始的。首先是 Turner、Clough 等人于 1956 年将刚架分析中的位移法推广到弹性力学平面问题，并应用于飞机结构的分析。1960 年 Clough 等进一步求解了平面弹性问题，并第一次提出了“有限元法”的名称，使人们更清楚地认识到有限单元法的特性和功效。我国著名力学家、教育家徐芝纶院士首次将有限元法引入我国，对它的应用起了很大的推动作用[1]。

1.1.2 有限元法的发展和现状

近几十年来，伴随着计算机科学和技术的快速发展，有限元法作为工程分析的有效方法，在理论、方法的研究、计算机程序的开发以及应用领域的开拓诸方面均取得了根本性的发展[2-3]。

1. 单元的类型和形式

为了扩大有限元法的应用领域，新的单元类型和形式不断涌现。例如等参单元采用和位移插值相同的表示方法，将形状规则的单元变换成边界为曲线或曲面的单元，从而可以更精确地对形状复杂的求解域进行有限元离散。再如在构造结点参数中同时包含有位移和位移导数的梁、板、壳单元，以满足工程实际问题中大量遇到该类结构的需求。构造包括多种材料构成的复合单元，用来分析复合材料、夹板材料、混凝土等组成结构。

2. 有限元法的理论基础和离散格式

在提出新的单元类型和扩展新的应用领域以及应用条件的同时，为了给新单元和新应用提供可靠的理论基础，研究工作的进展包括将 Hellinger-Reissner 原理、Hu-Washizu 原理等多场变量的变分原理用于有限元分析，发展了混合型、杂交型的有限元表达格式，并研究了各自的收敛条件；将与微分方程等效的积分形式——加权余量法，用于建立有限元的表达格式，从而将有限元的应用扩展到不存在泛函或泛函尚未建立的物理问题；有限元解的后验误差估

计和应力磨平方法的研究进展，不仅改进了有限元解的精度，更重要的是为发展满足规定精度的要求，以细分单元网格或提高插值函数阶次为手段的自适应分析方法提供了基础。

3. 有限元方程的解法

现在用于大型复杂工程问题的有限元分析，自由度达几十万个甚至上百万个已是经常的情况，这与计算机软、硬件发展相配合的大型方程组解法的研究进展密不可分。有限元求解的问题从性质上可以归结为以下3类：

① 独立于时间的平衡问题(或静态问题)。最后归结为求解系数矩阵元素在对角线附近稀疏分布的线性代数方程组。对于常见的结构应力分析问题，求解的是对应给定载荷的结构位移和应力。此类问题至今主要是采用直接解法，先后发展了循序消去法、三角分解法、波前法等。近年来，为了适应求解大型、特大型方程时减少计算机存储和提高计算速度的需要，迭代解法特别是预条件共轭梯度法受到更多的重视，并已成功地应用。

② 特征值问题。求解的是齐次微分方程。解答是使方程存在非零解的特征值和与之对应的特征模态。在实际应用中，它们代表的可能是振动的固有频率和振型，或是结构屈曲的临界载荷和屈曲模态等。针对求解大型矩阵特征值问题，先后发展了幂迭代法、同步迭代法、子空间迭代法等。近十多年来，里兹(Ritz)向量直接叠加法和 Laczos 向量直接叠加法由于具有更高的计算效率而受到广泛的重视和应用。

③ 依赖于时间的瞬态问题。由于这类问题的方程是结点自由度对于时间的一阶、二阶导数的常微分方程组，求解的是在随时间变化的载荷作用下的结构内位移和应力的动态响应，或是波动在介质中的传播、反射等，所以此类问题的求解主要是采用对常微分方程组直接进行数值积分的时间逐步积分法。依据所导致的代数方程组是否需要联立求解，可区分为时间步长只受求解精度限制的隐式算法，以及时间步长受算法稳定限制的显式算法(如以中心差分法为代表)。为了有效地求解不同刚度的介质、材料或单元尺寸在同一问题中耦合作用所形成的方程，常采用隐式显式相结合的算法。还需指出，动力子结构法(又称模态综合法)是动力分析中经常采用的非常有效的方法。它依靠先求解各子结构的特征值问题，然后只取其对结构响应起主要作用的振动模态进入结构的总体响应分析，从而可以大幅度缩减总体分析的自由度和计算工作量。

上述3类问题，从方程自身性质考虑，还存在对应的非线性情形。非线性可以是由材料性质、变形状态和边界接触条件引起的，分别称为材料、几何、边界非线性。求解非线性有限元问题的算法研究主要有以下几种：

- 采用 Newton Raphson 方法或修正 Newton Raphson 方法等将非线性方程转化为一系列线性方程进行迭代求解，并结合加速方法提高迭代收敛的速度。
- 采用预测-校正法或广义中心法等对材料非线性本构方程进行积分，决定加载过程中材料的应力应变的演化过程。
- 采用广义弧长法等时间步长控制方法和临界点搜索、识别方法，对非线性载荷-位移的全路径进行追踪。

- 采用拉格朗日(Lagrange)乘子法、罚函数法或直接引入法,将接触面条件引入泛函,求解接触和碰撞问题。

最后应指出,由于有限元法解题的规模越来越大,为了缩短解题的周期,基于并行计算机和并行计算软件系统的有限元并行算法,近年来得到很大发展。

4. 有限元法的计算机软件

由于有限元法是通过计算机实现的,因此它的软件研发工作一直是与它的理论、单元形式和算法的研究以及计算环境的演变平行发展的。从20世纪50年代以来,软件的发展按其目的和用途可区分如下[4]:

(1) 专用软件

在有限元发展的早期(20世纪五六十年代),专用软件是为一定结构类型的应力分析(例如平面问题、轴对称问题、板壳问题)而编制的程序。而后,专用软件更多的是为研究和发展新的离散方案、单元形式、材料模型、算法方案、结构失效评定和优化等而编制的程序。

(2) 大型通用商业软件

从20世纪70年代开始,基于有限元法在结构线性分析方面已经成熟并被工程界广泛采用,一批由专业软件公司研制的大型通用商业软件(如NASTRAN,ASKA,SAP,ANSYS,MARC,ABAQUS,JIFEX等)公开发行和应用。它包含众多的单元型式、材料模型及分析功能,并具有网格自动划分、结果分析和显示等先后处理功能。近30年来,大型通用软件的功能由线性扩展到非线性,由结构扩展到非结构(流体、热……),由分析计算扩展到优化设计、完整性评估,并引入基于计算机技术发展的面向对象技术、并行计算和可视化技术等。现在大型通用软件已为工程技术界广泛应用,并成为CAD/CAM系统不可缺少的组成部分。

1.1.3 有限元法的未来

经过近50年特别是近30年的发展,有限元法的基础理论和方法已经比较成熟,已成为当今工程技术领域中应用最为广泛,成效最为显著的数值分析方法。但是,面对21世纪全球在经济和科技领域的激烈竞争,基础产业(例如汽车、船舶和飞机等)的产品设计和制造需要引入重大的技术创新,高新技术产业(例如宇宙飞船、空间站、微机电系统和纳米器件等)更需要发展新的设计理论和制造方法。而这一切都为以有限元法为代表的计算力学提供广阔驰骋的天地,并提出了一系列新的课题。

① 为了真实地模拟新材料和新结构的行为,需要发展新的材料本构模型和单元型式。例如,对于特种合金、复合材料、陶瓷材料、机敏材料、智能材料、生物材料以及纳米材料等,建立能真实地描述它们各自的力学、物理性质和特征行为,并适合数值计算的本构模型和相应的单元型式,以及优化设计材料性能的计算方法。这方面现在是,未来仍将是一个重要的研究课题,因为这是计算分析和优化它们自身性能及由它们所组成的结构在不同环境中的响应分析

的前提。

② 为了分析和模拟各种类型和形式的结构在复杂载荷工况和环境作用下的全寿命过程的响应,需要发展新的数值分析方案。常见的有下述情况:

- 高温结构在随时间变化的载荷和环境的作用下,从损伤的孕育、萌生到其成长、集聚、扩展,直至最后失效和破坏的全寿命过程的数值模拟。其中包括损伤和应力及环境的相互作用,不同性质和形式的损伤及彼此之间的相互作用。
- 汽车在碰撞或重物压击作用下,其失稳、过屈曲直至压溃或破裂的全过程的数值模拟。从失稳到破坏可能在很短的时间内发生,其中还涉及变形过程和材料性能以及载荷的相互作用。
- 其他更为复杂的情况,如空间飞行运载系统和推进系统在飞行状态下响应的模拟,核反应堆在事故工况下响应的模拟等。这将涉及材料、结构和流体动力、传热燃烧、化学作用、核裂变和辐射等多种作用的相互耦合。

为实现上述分析和模拟,需要研究和发展以下数值方法:

- 多重非线性(材料、几何、边界等)相耦合的分析方法;
- 多场(结构、流体、热、电、化学)耦合作用的分析方法;
- 跨时间/空间多尺度的分析方法;
- 非确定性(随机/模糊)的分析方法;
- 分析结果评估和自适应的分析方法。

③ 有限元软件和CAD/CAM/CAE等软件系统共同集成完整的虚拟产品开发(VPD)系统,这是从1990年开始的技术方向。VPD系统是计算力学、计算数学以及相关的计算物理、计算工程科学和现代计算机科学技术、信息技术(IT)、知识工程(KBE)相结合而形成的集成化、网络化和智能化的信息处理系统。并通过网络将科学家、设计工程师、制造商、供应商及有关咨询顾问连结起来协同工作。它强烈地影响着未来工程系统的设计、制造和运行,主要表现在:

- 它能提供对所设计的工程系统从加工制造到运行,直至失效和破坏的全寿命过程的更深入认识,从而能更好地识别它的属性和特征。
- 它能够鉴定和评估所设计对象的性能和质量,并允许以最低的费用在设计过程中就对所设计的对象进行修改和优化。
- 它能显著地缩短工程对象设计和投产的周期,降低生产成本,提高市场竞争力。

1.2 有限元法在航空航天中的应用

1.2.1 有限元法在航空航天领域中的应用背景

有限元法发展至今天,已成为工程数值分析的有力工具。有限元法首先应用于航空工业中结构的力学特性分析。我国航空工业领域早在20世纪60年代，就已将有限元法应用于航空结构分析，现在已形成了一支有相当规模高素质的结构分析科技队伍，在飞机设计、生产和科研中做出了巨大的贡献。

由于航空结构大多数为复杂的组合结构，例如机身、机翼和起落架等大都由成百上千，甚至上万个零件组成，力学特性非常复杂，工作环境严峻，而技术要求又非常苛刻，所以要取得合乎工程标准的可信的结构分析结果，高明的建模技术是关键所在。有限元法可以通过适当选择单元的大小和形状，对几何形状不规则的实体几乎可达到任意的近似，并且可考虑任意形式的外载荷和处理各向异性材料，这些都为有限元法能够用来设计一个好的结构分析模型，在航空航天结构分析方面做出杰出的贡献奠定了良好的基础。

在航天领域，有限元分析具有同样重要的作用。现在的有限元分析软件不仅可以进行结构的静力学和动力学分析，而且可以计算结构在热载荷及声载荷等作用下的应力应变分布情况，这使得有限元法的应用范围进一步拓展到了更广阔的领域。

1.2.2 航空结构分析

本书将根据航空主要结构（机身、机翼、起落架）的特点，简要探悉如何对工程问题进行有限元分析，使理论基础和实际结构合理的贯穿在一起。

1. 机身结构分析

对于机身结构来说，其受力形式复杂，为了得到可信的工程结构分析结果，需要建立一个符合真实受力状态的有限元分析模型。

机身结构是典型的薄壁式结构，主要受力构件为长桁、蒙皮和隔框。长桁一般都按左右对称布置，承受机身弯矩引起的轴力。蒙皮承受全部剪力和扭矩，同时还承受不同程度的轴力作用。隔框有普通框和加强框之分，普通框用以维持机身外形，支持机身长桁和蒙皮，加强框除了起到普通框的作用外，还承受集中载荷。

在机身有限元应力分析中，把机身这一薄壁加筋结构计算模型的网格尽量取得与真实工程结构一致，即每个加筋与加筋相交处都取为一个结点，两个结点之间模拟加筋取为杆元或梁元，相邻加筋间取为板元；长桁一般都取为二力杆以承受轴力；蒙皮简化为承受平面应力的正应力板元；隔框外圈的缘条取为梁元，并应考虑缘条横切面形心与结点之间的偏心。

机身所承受的载荷较为复杂，包括气动载荷、惯性载荷、地面载荷、动力装置载荷等。在用有限元进行总体应力分析时，需要将各种情况的外载荷处理到有限元模型的各个结点上，载荷处理的正确与否，直接影响计算结果的正确性。一般来说，需要用加权系数法处理切面增量载荷，用刚体元处理切面等效载荷和集中载荷，对客舱和驾驶员舱气密压力载荷的添加可通过在板元上施加分布载荷来实现。

另外，进行有限元分析还需要给出结点的约束信息，模型的边界条件则是结构的外部约束，需要根据结构的实际支持情况仔细给出。

2. 机/尾翼结构分析

机翼与尾翼均属于飞机的翼面部件，其结构元件基本相同，只是因为在飞机上所处的位置和功能上的差异得以区别。翼面结构也具有一些典型受力元件，包括蒙皮，翼肋，翼梁、长桁和墙。蒙皮起传递气动力和维持外形的作用。普通肋起传递局部气动载荷及维持剖面形状的作用，加强肋一般具有腹板和缘条两部分，以承受剪力和弯矩。翼梁主要承受机翼的弯矩和剪力，纵墙主要承受剪力。长桁的主要功能是承受机翼弯矩引起的轴向力，此外还起传递气动载荷和支持蒙皮的作用。

机翼单元类型选取应视具体分析对象而选定。若是大型飞机，因其结构高度较高，机翼大梁和墙的缘条可选为杆元，梁、墙、腹板则被选为剪力板元素。这样，在翼面的有限单元分析中将只包括杆元和板元。

机翼所承受的载荷主要为气动力和惯性力，这些载荷的添加和对边界条件的模拟与机身类似，这里不再赘述。

3. 起落架结构分析

起落架是飞机的重要组成部分，其结构形式复杂，并存在大量的应力集中。有限元法在起落架的静强度分析以及疲劳寿命估算中有着重要的地位。起落架有限元模型的处理与机身机翼有相似之处，这里不再赘述，但应注意起落架有限元模型所选的单元一般为体元。

值得指出的是，在工程应用中，有限元分析模型一般均建立在由 CAD 软件生成的实体模型之上。在航空领域，采用较多的 CAD 软件为 Catia。利用 Catia 模型，导入相应的有限元分析软件，再经过加工处理，即可形成用于计算的有限元模型。

1.2.3 航天结构分析

航天器系指在地球大气以外宇宙空间(太空)执行探索、开发和利用太空以及地球以外天体的特定任务的飞行器，又称空间飞行器。航天器按是否载人，可分为无人航天器和载人航天器。无人航天器包括人造地球卫星、空间探测器和货运飞船；载人航天器包括载人飞船、空间站和航天飞机等。人造地球卫星系指环绕地球运行的无人航天器，简称卫星。目前，它是人类探索、开发和利用太空的最主要工具。各类航天器结构的设计和分析在很多方面是相同的，但也有许多不同的特色。本书主要介绍卫星结构的有限元分析。

简单地说，卫星结构是指为卫星及其各分系统提供支撑，承受和传递载荷，并保持一定刚度和尺寸稳定性的部件和附件的总称。这里，附件是指在空间可伸展在卫星本体之外的大型结构件，如可展开的太阳翼和天线。

1. 卫星结构的功能

卫星结构为卫星的主要分系统，属于卫星的服务保障性分系统。每颗卫星都设有结构分系统，卫星结构的主要功能包括承受载荷、安装设备和提供构型 3 个方面。

(1) 承受载荷

卫星结构需要承受作用在卫星上的静力和动力载荷。这些载荷包括:卫星在地面操作和运输过程中产生的载荷;卫星发射过程中产生的加速度、振动、冲击和噪声载荷;卫星机构动作产生的冲击载荷;卫星在轨运行时由于温度交变、真空状态和变轨运动产生的载荷;卫星再入返回产生的气动力和气动热以及着陆冲击载荷等。卫星结构应保证在以上各种载荷作用下不产生破坏,即结构应具有一定的强度。另外,卫星结构需要满足运载火箭对卫星模态基频的要求,避免动力耦合载荷的产生,且在上述载荷作用下不能产生过大的有害变形。如在发射过程中,卫星的变形不能使卫星与运载火箭的整流罩发生碰撞;在轨运行过程中,温度交变环境造成的星上各种敏感器与卫星精度基准的位移偏差不超过允许范围等,即结构应具有一定的刚度。

(2) 安装设备

卫星结构需要为星载仪器设备提供固定安装界面并保持一定精度,包括电子设备、推进剂贮箱、气瓶和管路,以及天线、太阳能电池阵等附件。卫星热控部件的安装也需要通过结构来实施,如热管需预埋在卫星结构中,散热用的OSR片需黏贴在结构板表面等。卫星结构应对星载设备提供保护,例如,保证星载仪器设备和附件上的载荷不超过规定的范围,对空间环境具有一定的防护能力等。

(3) 提供构型

卫星结构是卫星的骨架,为整星提供构造外形,为卫星和运载火箭的连接提供接口,为卫星伸展附件的连接提供接口,以及为卫星地面操作设备的安装提供接口等。

2. 卫星结构的设计特点

卫星一般需要经历发射、空间轨道运行、离轨或返回地面的3个特殊的环境条件。发射是指用运载火箭将卫星送入卫星运行轨道。发射过程中卫星要经历恶劣的加速度、振动、冲击和噪声等的力学环境。空间轨道运行是指卫星进入空间轨道后提供正常功能和服务的阶段,在该阶段,卫星需要经受真空、微重力、高低温交变、辐射、原子氧和微流星等空间环境。返回或离轨是指当卫星完成预定的在轨飞行任务后,需要返回地面或离轨销毁。返回地面的卫星,还需经历再入过程产生的非常严酷的气动力和气动热环境及着陆冲击环境等。

以上卫星经历的环境条件与飞机或其他地面机械有很大差别,因此,在这些特殊环境条件下,根据上述卫星结构和机构的功能要求,对于卫星结构和机构的设计,除了具有一般机械构件设计的特征外,还具有以下明显的特点:

① 尽量减小质量。卫星依靠运载火箭来发射,由于受运载火箭发射能力的限制,卫星质量大小与发射条件和发射成本关系密切。结构和机构的质量占据整星质量的较大比例,因此对结构和机构的质量要求非常苛刻,尽量减小其质量是设计的首要任务。

② 利用有限容积。由于卫星的体积和形状受到运载火箭或其整流罩的严格限制,因此卫星结构必须设计得非常紧凑,充分利用有限空间来安装各种星载设备;须设计各种机构,将卫

星上的展开附件收拢固定在运载火箭整流罩的有限空间内，并能在空间展开。

③ 突出刚度设计。卫星结构承受的主要载荷是卫星发射时运载火箭产生的载荷，特别是动态载荷。因此卫星结构设计以提高结构刚度为主要目标，以提高卫星结构的自然频率来最大限度地减轻与运载火箭的动力耦合作用，从而降低卫星结构承受的动载荷和动应力，由此最终保证卫星结构不被破坏。

④ 适应空间环境。空间环境包括高真空、温度交变、电子辐照、紫外辐照、微重力、空间碎片、低轨道原子氧等特殊条件，由此对设计提出了特殊的要求。例如，暴露在上述环境中的结构和机构表面材料需要能承受上述环境条件而不发生性能退化；密封或封闭的结构应避免入轨后因内外压差增高而导致结构破坏；机构的活动部件应防止真空冷焊现象发生；结构和机构应考虑防止因温度交变而导致过大的变形等。

⑤ 保证高度可靠。卫星发射入轨之后，工作时间往往达到几年或更长，而卫星一般在空间是无法维护的，如果出现故障就难以修复。不可维护的特点要求卫星设计具有很高的可靠性，特别是具有运动功能的卫星机构的可靠性。

⑥ 满足一次使用。与可重复使用的飞机不同，卫星只能或只需使用一次，也就是说，只经历一次发射过程，卫星承受的运载火箭的动力载荷时间很短。因此，卫星结构的疲劳问题一般不太严重，但需要考虑的是入轨后的温度交变重复作用下的热疲劳载荷问题。

3. 卫星结构的分类

大中型卫星都有能够独立承载的结构系统，通信卫星结构由中心承力筒、结构板等承力构件构成主传力路径。太阳翼、天线及仪器设备等通过机构、支架等连接到承力构件上，并将载荷传递到主传力路径上。

返回式卫星结构包括回收舱、制动舱、服务舱和密封舱 4 个舱段，其载荷沿舱壁逐舱向下传递。其中，密封舱为金属壳体的密封结构；回收舱包括金属壳体的密封结构和外层防热结构；制动舱和服务舱为加筋壳体结构。而壳体内的“井”字梁、仪器盘和相机大梁等其他支架结构通过连接将载荷传递到舱壁的框或桁条上。

由于卫星结构的功能不同，卫星结构形式多种多样，目前一般可以按照以下不同方式对结构进行分类。

(1) 按照载荷传递的作用分类

按照结构在载荷传递中的作用可以把结构分为主结构和次结构。主结构是卫星各组件与运载火箭之间的支撑，构成主传力路径；次结构是安装在主结构上的各种支撑结构和卫星附件，典型的卫星附件为太阳翼和展开天线。

也可将卫星结构分为三级，第一、二级与上述主、次结构基本对应，三级结构为电缆、管路等的细小支架及电子设备的结构等。

(2) 按照结构的功能分类

结构除了传递载荷外，某些卫星或航天器结构还起密封作用，形成气密空间；而返回式卫星或其他航天器还有热防护要求。因此，可以按照结构的功能将结构分为承力结构、密封结构和防热结构。在多数情况下，结构的功能是多重的，如密封结构也起承载作用。

(3) 按照组成结构的部件形状分类

按照结构部件的形状，它可分为杆系结构、板式结构和壳体结构。

① 杆系结构。杆系结构可分为桁架和刚架。桁架是由杆和接头组成的杆系结构，载荷作用在结构的结点上，各构件只承受轴向载荷(拉、压力)；刚架又可称为框架，是可通过其结点和构件承受剪切和弯曲的结构。

② 板式结构。板式结构最主要的要求是提高其抗弯刚度和稳定性，但又要保证具有最小的质量，因此，目前在卫星结构中广泛采用具有蜂窝芯子的夹层板结构。另外，板式结构也可由框架组成，以承受面外剪力和弯矩，形成框架板式结构。

③ 壳体结构。壳体结构大多采用与板式结构类似的组成和制造工艺。其中，圆柱壳结构是最常采用的壳体结构，典型的结构是作为卫星主承载结构部件的中心承力筒。另外，对卫星或其他航天器的密封舱体也可做成不同形状的旋转壳体形式。

习 题

1.1 简述有限元法的发展和现状。

1.2 简述有限元法的未来。

第 2 章　有限元法的基本概念和理论基础

本章将介绍有限元法的一些基本概念及有限元方程建立的理论基础[4-5]。

2.1　有限元法的基本思想

有限元法的基本思想[5-6]包括以下内容：

① 有限元法，也叫有限单元法，它的基本思想是将一个结构或连续体的求解域离散为若干个子域(单元)，并通过它们边界上的结点相互联结成为组合体，如图 2.1 和图 2.2 所示。

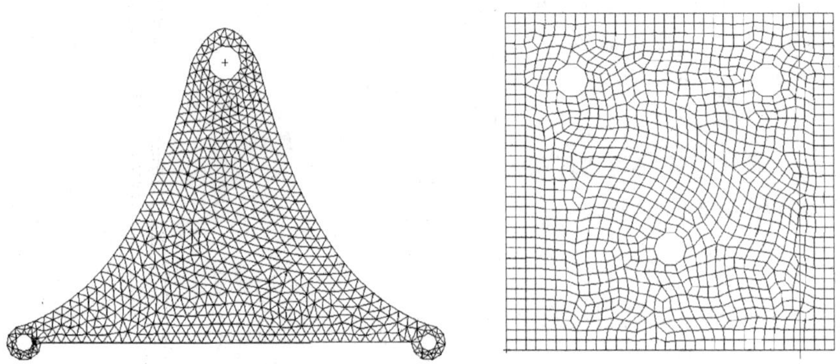

(a) 三角形单元　　(b) 四边形单元

图 2.1　二维结构的有限元离散

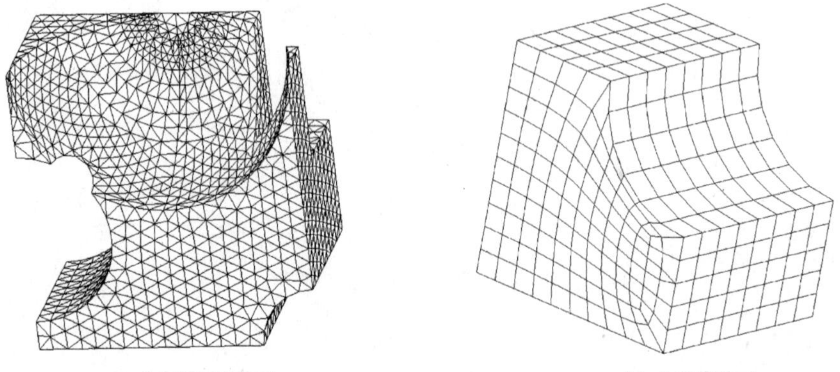

(a) 四面体单元　　(b) 六面体单元

图 2.2　三维结构的有限元离散

② 有限元法用每一个单元内所假设的近似函数来分片地表示全求解域内待求的未知场变量。而每个单元内的近似函数由未知函数或其导数在单元各个结点上的数值和与其对应的插值函数来表示。由于在联结相邻单元的结点上，场函数应具有相同的数值，因而将它们用做数值求解的基本未知量。这样一来，求解原来待求场函数的无穷自由度问题转换为求解场函数结点值的有限自由度问题。

③ 有限元法是通过和原问题数学模型（基本方程、边界条件）等效的变分原理或加权余量法，建立求解基本未知量（场函数的结点值）的代数方程组或微分方程组。此方程组称为有限元求解方程，并表示成规范的矩阵形式。接着用数值方法求解此方程，从而得到问题的解答。

2.2 有限元法的基本概念

1. 结构离散（有限元建模）

结构离散的内容包括：

- 网格划分——即把结构按一定规则分割成有限单元。
- 边界处理——即把作用于结构边界上的约束和载荷处理为结点约束和结点载荷。

其要求如下：

- 离散结构必须与原始结构保形——单元的几何特性。
- 一个单元内的物理特性必须相同——单元的物理特性。

单元与结点的概念如下：

- 单元——原始结构离散后，满足一定几何特性和物理特性的最小结构域。
- 结点——单元与单元间的连接点。
- 结点力——单元与单元间通过结点的相互作用力（内力）。
- 结点载荷——作用于结点上的外载荷，与结点力的区别如图 2.3 所示。
- 结点自由度——结点所允许的独立运动参数的数目。

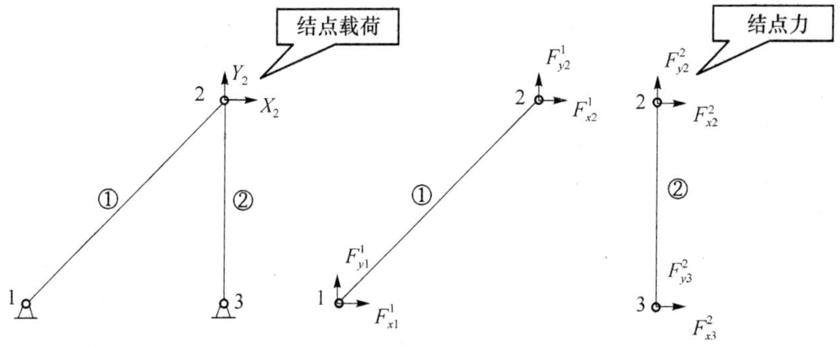

图 2.3 结点载荷与结点力

典型单元类型如表 2.1 所列。

表 2.1　典型单元类型

单元类型	单元图形	结点数	结点自由度
杆单元	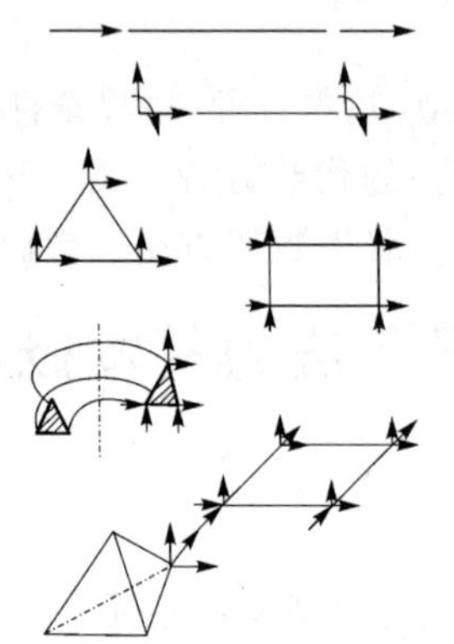	2	2
梁单元		2	3
平面单元		3	2
平面四边形		4	2
轴对称问题		3	2
板壳单元		4	6
四面体单元		4	3

注意：

1. 结点是有限元法的重要概念。在有限元模型中，相邻单元的作用通过结点传递，而单元边界不传递力，这是离散结构与实际结构的重大差别。
2. 结点力与结点载荷的差别。

2. 插值函数

插值函数用以表示单元内物理量变化(如位移或位移场)的近似函数。由于该近似函数常由单元结点物理量值插值构成，故称为插值函数。如单元内物理量为位移，则该函数称为位移函数。

选择位移函数的一般原则：

➢ 位移函数在单元结点的值应等于结点位移(即单元内部是连续的)；

➢ 所选位移函数必须保证有限元的解收敛于真实解。

注：为了便于微积分运算，位移函数一般采用多项式形式，在单元内选取适当阶次的多项式可得到与真实解接近的近似解。

3. 有限元法的收敛准则

在单元形状、结点个数确定之后，单元的位移模式的选取是影响解答的关键。当位移模式满足下述准则时，解答一定是收敛的，即随着单元尺寸的缩小，解答趋于精确解。

收敛准则：

➢ 位移函数必须包括单元的刚性位移(即常量项)；

➢ 位移函数必须包括常量应变(即线性项)；

➢ 位移函数在单元内部必须连续(连续性条件)；

➢ 位移函数应使得相邻单元间的位移协调(协调性条件)。

注：上述 4 个条件称为有限元解收敛于真实解的充分条件；前 3 个条件称为必要条件。满足 4 个条件的位移函数构成的单元称为完备协调元；满足前 3 个条件的单元称为非协调元；满足前两个条件的单元称为完备元。

影响有限元解的误差：

① 离散误差　边界上以直线代曲线导致离散化模型与实际物体的差异。

② 位移函数误差　一般情况下单元位移函数不可能与实际单元的位移场一致。

③ 计算机计算舍入误差　计算机字长的限制、相差悬殊的数值加减运算。

4. 有限元法的基本步骤

有限元法的基本步骤如下：

① 研究问题的力学模型，例如图 2.4 所示的平面应力问题；

② 结构离散；

③ 单元分析；

④ 整体分析与求解；

⑤ 结果分析及后处理。

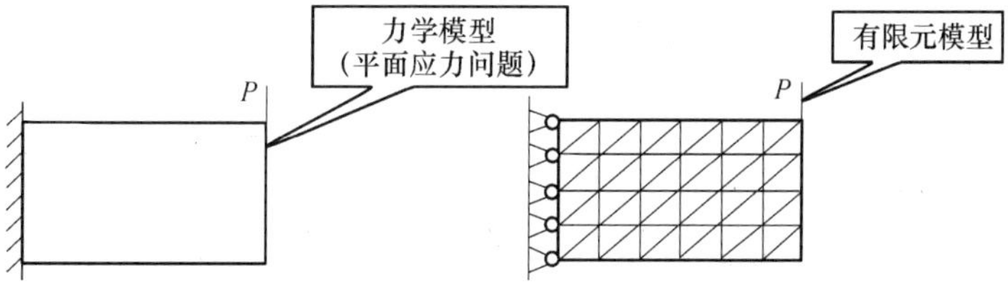

图 2.4　力学模型与有限元模型

5. 场问题的一般描述

描述如图 2.5 所示场问题的微分方程组为

$$\mathbf{A}(\boldsymbol{u})=\begin{Bmatrix} A_1(\boldsymbol{u}) \\ A_2(\boldsymbol{u}) \\ \vdots \end{Bmatrix}=0 \quad 在\ \Omega\ 内；$$

边界条件为

$$\mathbf{B}(\boldsymbol{u})=\begin{Bmatrix} B_1(\boldsymbol{u}) \\ B_2(\boldsymbol{u}) \\ \vdots \end{Bmatrix}=0 \quad 在\ \Gamma\ 上。$$

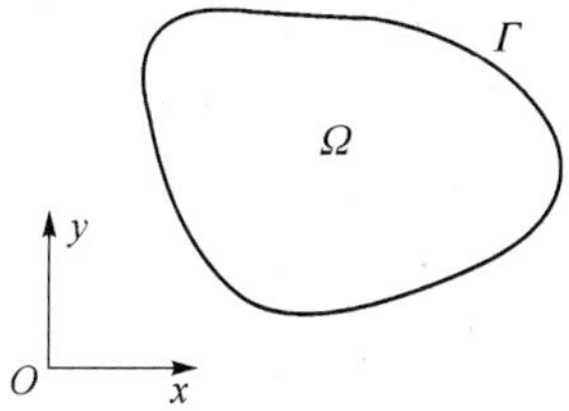

图 2.5　场问题

2.3 弹性力学基本理论

为方便介绍变分原理，简单回顾一下弹性力学的基本理论[7-8]。

1. 应　力

作用于弹性体的外力(或称荷载)可能有两种：

① 表面力，是分布于物体表面的力，如静水压力，一个物体与另一物体之间的接触压力等。单位面积上的表面力通常分解为平行于坐标轴的 3 个成分，用记号 $\overline{X}$、$\overline{Y}$、$\overline{Z}$ 来表示。

② 体力，是分布于物体体积内的外力，如重力、磁力、惯性力等。单位体积内的体力亦可分解为 3 个成分，用记号 X、Y、Z 表示。

弹性体受外力以后，其内部将产生应力。弹性体内微小的平行六面体 $PABC$，称为体元，如图 2.6 所示。

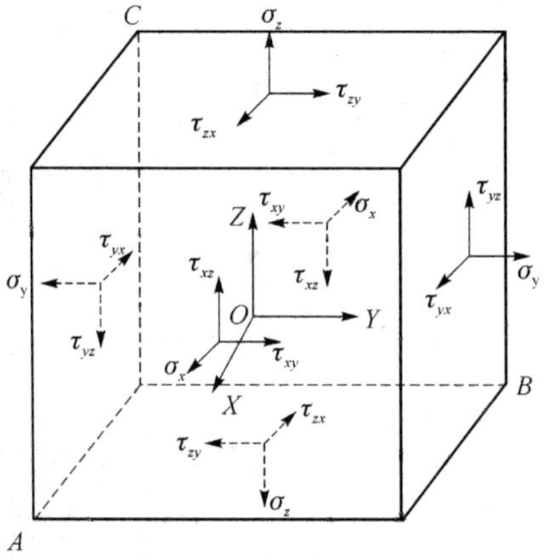

图 2.6　应力体元

在图 2.6 中，$PA=\mathrm{d}x$，$PB=\mathrm{d}y$，$PC=\mathrm{d}z$。每一个面上的应力可分解为一个正应力和两个剪应力，分别与 3 个坐标轴平行。

① 正应力 σ。为了表明这个正应力的作用面和作用方向，加上一个角码，例如，正应力 σ_x 是作用在垂直于 x 轴的面上同时也沿着 x 轴方向作用的。

② 剪应力 τ。加上两个角码，前一个角码表明作用面垂直于哪一个坐标轴，后一个角码表明作用方向沿着哪一个坐标轴。例如，剪应力 τ_{xy} 是作用在垂直于 x 轴的面上而沿着 y 轴方向作用的。

③ 应力的正负。如果某一个面上的外法线是沿着坐标轴的正方向，这个面上的应力就以沿坐标轴正方向为正，沿坐标轴负方向为负。相反，如果某一个面上的外法线是沿着坐标轴的负方向，这个面上的应力就以沿坐标轴的负方向为正，沿坐标轴正方向为负。

④ 剪应力互等定律。作用在两个互相垂直的面上并且垂直于该两面交线的剪应力是互

等的(大小相等,正负号也相同)。因此,剪应力记号的两个角码可以对调。简单证明如下:

由力矩平衡得出

$$2\tau_{yz}\,\mathrm{d}x\mathrm{d}z\,\frac{\mathrm{d}y}{2}-2\tau_{zy}\,\mathrm{d}x\mathrm{d}y\,\frac{\mathrm{d}z}{2}=0 \tag{2.1}$$

简化得

$$\tau_{yz}=\tau_{zy} \tag{2.2}$$

剪应力互等

$$\tau_{xy}=\tau_{yx}\,,\quad \tau_{yz}=\tau_{zy}\,,\quad \tau_{zx}=\tau_{xz} \tag{2.3}$$

考虑微元体各个面上的法向应力和剪应力与其体力平衡,注意应力从一个面到对面是变化的,即有增量,将作用于微元体各个方向的力求和,略去高阶项,可得平衡方程:

$$\left.\begin{aligned}
&\frac{\partial\sigma_x}{\partial x}+\frac{\partial\tau_{xy}}{\partial y}+\frac{\partial\tau_{xz}}{\partial z}+X=0\\
&\frac{\partial\sigma_y}{\partial y}+\frac{\partial\tau_{yx}}{\partial x}+\frac{\partial\tau_{yz}}{\partial z}+Y=0\\
&\frac{\partial\sigma_z}{\partial z}+\frac{\partial\tau_{zy}}{\partial y}+\frac{\partial\tau_{zx}}{\partial x}+Z=0\\
&\tau_{xy}=\tau_{yx}\quad \tau_{xz}=\tau_{zx}\quad \tau_{yz}=\tau_{zy}
\end{aligned}\right\} \tag{2.4}$$

可以证明:如果 σ_x、σ_y、σ_z、τ_{xy}、τ_{yz}、τ_{zx} 这 6 个量在 P 点是已知的,就可以求得经过该点的任何面上的正应力和剪应力,因此,这 6 个量可以完全确定该点的应力状态,它们就称为在该点的应力分量。

一般说来,弹性体内各点的应力状态都不相同,因此,描述弹性体内应力状态的上述 6 个应力分量并不是常量,而是坐标 x、y、z 的函数。

6 个应力分量的总体,可以用一个列向量来表示:

$$\boldsymbol{\sigma}=\begin{Bmatrix}\sigma_x\\ \sigma_y\\ \sigma_z\\ \tau_{xy}\\ \tau_{yz}\\ \tau_{zx}\end{Bmatrix}=[\sigma_x\quad \sigma_y\quad \sigma_z\quad \tau_{xy}\quad \tau_{yz}\quad \tau_{zx})^{\mathrm{T}} \tag{2.5}$$

2. 应　变

弹性体在受外力以后,还将发生变形。物体的变形状态,一般有两种方式来描述:一种方式为给出各点的位移;另一种方式为给出各体素的变形。

弹性体内任一点的位移,用此位移在 x、y、z 这 3 个坐标轴上的投影 u、v、w 来表示。以沿坐标轴正方向为正,沿坐标轴负方向为负。这 3 个投影称为位移分量。一般情况下,弹性体受力以后，各点的位移并不是定值，而是坐标的函数。

体素的变形可以分为两类：一类是长度的变化，一类是角度的变化。

任一线素的长度的变化与原有长度的比值称为线应变（或称正应变），用符号 ε 来表示。沿坐标轴的线应变，则加上相应的角码，分别用 ε_x、ε_y、ε_z 来表示。当线素伸长时，其线应变为正。反之，线素缩短时，其线应变为负。这与正应力的正负号规定相对应。

任意两个原来彼此正交的线素，在变形后其夹角的变化值称为角应变或剪应变，用符号 γ 来表示。两坐标轴之间的角应变，则加上相应的角码，分别用 γ_{xy}、γ_{yz}、γ_{zx} 来表示。规定当夹角变小时为正，变大时为负，与剪应力的正负号规定相对应（正的 τ_{xy} 引起正的 γ_{xy} 等）。

考察体素在 xOy 平面内的变形情况，可得：

$$\varepsilon_x=\frac{\partial u}{\partial x},\quad \varepsilon_y=\frac{\partial v}{\partial y},\quad \gamma_{xy}=\alpha+\beta=\frac{\partial v}{\partial x}+\frac{\partial u}{\partial y} \tag{2.6}$$

考察体素在 xOz 和 yOz 平面内的变形情况，可得：

$$\varepsilon_z=\frac{\partial w}{\partial z},\quad \gamma_{yz}=\frac{\partial v}{\partial z}+\frac{\partial w}{\partial y},\quad \gamma_{zx}=\frac{\partial w}{\partial x}+\frac{\partial u}{\partial z} \tag{2.7}$$

联立得到几何方程，表明应变分量与位移分量之间的关系：

$$\left.\begin{aligned}&\varepsilon_x=\frac{\partial u}{\partial x}, && \varepsilon_y=\frac{\partial v}{\partial y}, && \varepsilon_z=\frac{\partial w}{\partial z}\\&\gamma_{xy}=\frac{\partial u}{\partial y}+\frac{\partial v}{\partial x}, && \gamma_{yz}=\frac{\partial v}{\partial z}+\frac{\partial w}{\partial y}, && \gamma_{zx}=\frac{\partial w}{\partial x}+\frac{\partial u}{\partial z}\end{aligned}\right\} \tag{2.8}$$

可以证明，如果弹性体内任一点，已知这 3 个垂直方向的正应变及其相应的 3 个剪应变，则该点任意方向的正应变和任意二垂直线间的剪应变均可求出，当然也可求出它的最大和最小正应变。因此，这 6 个量可以完全确定该点的应变分量，它们就称为该点的应变分量。6 个应变分量的总体，可以用一个列向量来表示：

$$\boldsymbol{\varepsilon}=\begin{Bmatrix}\varepsilon_x\\ \varepsilon_y\\ \varepsilon_z\\ \gamma_{xy}\\ \gamma_{yz}\\ \gamma_{zx}\end{Bmatrix}=\begin{bmatrix}\frac{\partial}{\partial x} & 0 & 0\\ 0 & \frac{\partial}{\partial y} & 0\\ 0 & 0 & \frac{\partial}{\partial z}\\ \frac{\partial}{\partial y} & \frac{\partial}{\partial x} & 0\\ 0 & \frac{\partial}{\partial z} & \frac{\partial}{\partial y}\\ \frac{\partial}{\partial z} & 0 & \frac{\partial}{\partial x}\end{bmatrix}\begin{Bmatrix}u\\ v\\ w\end{Bmatrix}=\boldsymbol{L}\boldsymbol{u} \tag{2.9}$$

由几何方程可见，当弹性体的位移分量完全确定时，应变分量是完全确定的；反过来，当应变分量完全确定时，位移分量却不完全确定。这是因为，具有确定形状的物体，可能发生不同的刚体位移。为了说明这一点，试在几何方程中令：

$$\varepsilon_x=\varepsilon_y=\varepsilon_z=\gamma_{xy}=\gamma_{yz}=\gamma_{zx}=0 \tag{2.10}$$

3. 应力应变关系——物理方程

如果弹性体的各面有剪应力作用，任何两坐标轴的夹角的改变仅与平行于这两轴的剪应力分量有关，即得到：

$$\gamma_{xy}=\frac{1}{G}\tau_{xy},\quad \gamma_{yz}=\frac{1}{G}\tau_{yz},\quad \gamma_{zx}=\frac{1}{G}\tau_{zx} \tag{2.11}$$

式中：G 称为剪切模量，它与弹性模量 E，泊松系数 μ 存在如下的关系：

$$G=\frac{E}{2(1+\mu)} \tag{2.12}$$

正应变与剪应变是各自独立的。因此，由 3 个正应力分量与 3 个剪应力分量引起的一般情形的应变，可用叠加法求得，如 2.13 式，称为弹性方程或物理方程，这种空间状态的应力应变关系称为广义虎克定律。

$$\left.\begin{aligned}
\varepsilon_x&=\frac{1}{E}[\sigma_x-\mu(\sigma_y+\sigma_z)]\\
\varepsilon_y&=\frac{1}{E}[\sigma_y-\mu(\sigma_x+\sigma_z)]\\
\varepsilon_z&=\frac{1}{E}[\sigma_z-\mu(\sigma_x+\sigma_y)]\\
\gamma_{xy}&=\frac{1}{G}\tau_{xy}\\
\gamma_{yz}&=\frac{1}{G}\tau_{yz}\\
\gamma_{zx}&=\frac{1}{G}\tau_{zx}
\end{aligned}\right\} \tag{2.13}$$

将应变分量表示为应力分量的函数，可称为物理方程的第一种形式。若将其改写成应力分量表示为应变分量的函数的形式，可得物理方程的第二种形式：

$$\left.\begin{aligned}
\sigma_x&=\frac{E(1-\mu)}{(1+\mu)(1-2\mu)}\left(\varepsilon_x+\frac{\mu}{1-\mu}\varepsilon_y+\frac{\mu}{1-\mu}\varepsilon_z\right)\\
\sigma_y&=\frac{E(1-\mu)}{(1+\mu)(1-2\mu)}\left(\frac{\mu}{1-\mu}\varepsilon_x+\varepsilon_y+\frac{\mu}{1-\mu}\varepsilon_z\right)\\
\sigma_z&=\frac{E(1-\mu)}{(1+\mu)(1-2\mu)}\left(\frac{\mu}{1-\mu}\varepsilon_x+\frac{\mu}{1-\mu}\varepsilon_y+\varepsilon_z\right)\\
\tau_{xy}&=\frac{E}{2(1+\mu)}\gamma_{xy},\tau_{yz}=\frac{E}{2(1+\mu)}\gamma_{yz},\tau_{zx}=\frac{E}{2(1+\mu)}\gamma_{zx}
\end{aligned}\right\} \tag{2.14}$$

用矩阵的形式表示如下：

$$
\begin{Bmatrix} \sigma_x \\ \sigma_y \\ \sigma_z \\ \tau_{xy} \\ \tau_{yz} \\ \tau_{zx} \end{Bmatrix} = \frac{E(1-\mu)}{(1+\mu)(1-2\mu)} \begin{bmatrix} 1 & \frac{\mu}{1-\mu} & \frac{\mu}{1-\mu} & 0 & 0 & 0 \\ \frac{\mu}{1-\mu} & 1 & \frac{\mu}{1-\mu} & 0 & 0 & 0 \\ \frac{\mu}{1-\mu} & \frac{\mu}{1-\mu} & 1 & 0 & 0 & 0 \\ 0 & 0 & 0 & \frac{1-2\mu}{2(1-\mu)} & 0 & 0 \\ 0 & 0 & 0 & 0 & \frac{1-2\mu}{2(1-\mu)} & 0 \\ 0 & 0 & 0 & 0 & 0 & \frac{1-2\mu}{2(1-\mu)} \end{bmatrix} \begin{Bmatrix} \varepsilon_x \\ \varepsilon_y \\ \varepsilon_z \\ \gamma_{xy} \\ \gamma_{yz} \\ \gamma_{zx} \end{Bmatrix} \tag{2.15}
$$

可简写为

$$
\boldsymbol{\sigma} = \boldsymbol{D}\boldsymbol{\varepsilon}
$$

式中：$\boldsymbol{D}$ 称为弹性矩阵，它完全决定于弹性常数 E 和 μ。

$$
\boldsymbol{D} = \frac{E(1-\mu)}{(1+\mu)(1-2\mu)} \begin{bmatrix} 1 & & & & & \\ \frac{\mu}{1-\mu} & 1 & \text{对} & & & \\ \frac{\mu}{1-\mu} & \frac{\mu}{1-\mu} & 1 & & & \\ 0 & 0 & 0 & \frac{1-2\mu}{2(1-\mu)} & \text{称} & \\ 0 & 0 & 0 & 0 & \frac{1-2\mu}{2(1-\mu)} & \\ 0 & 0 & 0 & 0 & 0 & \frac{1-2\mu}{2(1-\mu)} \end{bmatrix} \tag{2.17}
$$

2.4 变分原理

弹性力学的基本方程和相应的边界条件，把弹性力学问题归结为在给定边界条件下求解偏微分方程的边值问题。自从建立弹性力学以来，人们用各种偏微分方程的解法求得了许多弹性力学问题的解析解。然而，随着工业技术的发展，工程结构的形状也越来越复杂，很多问题得不到解析解，因而需求助于数值解，而变分原理则是许多数值解的基础。弹性力学问题，在数学上就是空间连续场的确定问题。变分法就是把它归结为一个泛函变分的极值问题或驻值问题。

讨论一个连续介质问题的"变分原理"，首先要建立一个标量泛函 Π，它由积分形式确定：

$$\Pi=\int_{\Omega}F\left(u,\frac{\partial u}{\partial x},\cdots\right)\mathrm{d}\Omega+\int_{\Gamma}E\left(u,\frac{\partial u}{\partial x},\cdots\right)\mathrm{d}\Gamma \tag{2.18}$$

式中：u 是未知函数；F 和 E 是特定的算子；Ω 是求解域；Γ 是 Ω 的边界；Π 称为未知函数 u 的泛函，随函数 u 的变化而变化。连续介质问题的解 u 使泛函 Π 对于微小的变化 δu 取驻值，即泛函的“变分”等于零

$$\delta\Pi=0 \tag{2.19}$$

这种求得连续介质问题解答的方法称为变分原理或变分法。

变分原理与微分方程和边界条件是两种等价的表达形式，一方面满足微分方程及边界条件的函数将使泛函取极值或驻值；另一方面从变分的角度来看，使泛函取极值或驻值的函数正是满足问题的控制微分方程和边界条件的解答。

弹性力学中的虚功原理可表达为：在外力作用下处于平衡状态的弹性体，如果发生了虚位移，那么所有的外力在虚位移上的虚功（外力功）等于整个弹性体内应力在虚应变上的虚功（内力功）。将虚功原理用于弹性变形时，总功 W 要包括外力功（T）和内力功（U）两部分，即：$W=T-U$；内力功（$-U$）前面有一负号，是由于弹性体在变形过程中，内力是克服变形而产生的，所有内力的方向总是与变形的方向相反，所以内力功取负值。

根据虚功原理，总功等于零：$T-U=0$，即：外力虚功 T＝内力虚功 U。

$$\int_{\Omega}(\delta\boldsymbol{\varepsilon}^{\mathrm{T}}\boldsymbol{\sigma}-\delta\boldsymbol{u}^{\mathrm{T}}\boldsymbol{F})\mathrm{d}\Omega-\int_{\Gamma}\delta\boldsymbol{u}^{\mathrm{T}}\boldsymbol{T}\mathrm{d}\Gamma=0 \tag{2.20}$$

则

$$\delta\Pi=\delta\left(\int_{\Omega}(\frac{1}{2}\boldsymbol{\varepsilon}^{\mathrm{T}}\boldsymbol{\sigma}-\boldsymbol{u}^{\mathrm{T}}\boldsymbol{F})\mathrm{d}\Omega-\int_{\Gamma}\boldsymbol{u}^{\mathrm{T}}\boldsymbol{T}\mathrm{d}\Gamma\right)=0 \tag{2.21}$$

其中：

$$\Pi=\int_{\Omega}(\frac{1}{2}\boldsymbol{\varepsilon}^{\mathrm{T}}\boldsymbol{\sigma}-\boldsymbol{u}^{\mathrm{T}}\boldsymbol{F})\mathrm{d}\Omega-\int_{\Gamma}\boldsymbol{u}^{\mathrm{T}}\boldsymbol{T}\mathrm{d}\Gamma \tag{2.22}$$

即为系统的总势能，它是弹性体变形势能与外力势能之和。上面变分为零式表明：在所有区域内满足几何关系，在边界上满足给定位移条件的可能位移中，真实位移使系统的总势能取驻值（可证明此驻值为最小值）。

2.5　有限元平衡方程

由单元位移函数：

$$\boldsymbol{u}=\boldsymbol{N}\boldsymbol{u}^{e} \tag{2.23}$$

式中：$\boldsymbol{N}$ 为插值函数（或称形函数），得到单元内的应变和应力分别为

$$\boldsymbol{\varepsilon}=\boldsymbol{B}\boldsymbol{u}^{e} \tag{2.24}$$

和

$$\boldsymbol{\sigma}=\boldsymbol{D}\boldsymbol{\varepsilon}=\boldsymbol{D}\boldsymbol{B}\boldsymbol{u}^{e}=\boldsymbol{S}\boldsymbol{u}^{e} \tag{2.25}$$

将位移、应力和应变代入势能泛函有

$$\Pi=\frac{1}{2}\boldsymbol{u}^{e\mathrm{T}}\left(\int_{\Omega}\boldsymbol{B}^{\mathrm{T}}\boldsymbol{D}\boldsymbol{B}\mathrm{d}\Omega\right)\boldsymbol{u}^{e}-\boldsymbol{u}^{e\mathrm{T}}\left(\int_{\Omega}\boldsymbol{N}^{\mathrm{T}}\boldsymbol{F}\mathrm{d}\Omega\right)-\boldsymbol{u}^{e\mathrm{T}}\left(\int_{\Gamma}\boldsymbol{N}^{\mathrm{T}}\boldsymbol{T}\mathrm{d}\Gamma\right) \tag{2.26}$$

根据最小势能原理，势能泛函取驻值的必要条件：

$$\frac{\partial \Pi}{\partial \boldsymbol{u}^e}=\left(\int_\Omega \boldsymbol{B}^{\mathrm{T}}\boldsymbol{D}\boldsymbol{B}\,\mathrm{d}\Omega\right)\boldsymbol{u}^e-\left(\int_\Omega \boldsymbol{N}^{\mathrm{T}}\boldsymbol{F}\,\mathrm{d}\Omega\right)-\left(\int_\Gamma \boldsymbol{N}^{\mathrm{T}}\boldsymbol{T}\,\mathrm{d}\Gamma\right)=0 \tag{2.27}$$

上式可写成单元平衡方程：

$$\boldsymbol{K}^e\boldsymbol{u}^e=\boldsymbol{f}^e$$

式中：$\boldsymbol{K}^e$ 为单元刚度矩阵；$\boldsymbol{f}^e$ 为单元等效结点力向量。

$$\boldsymbol{K}^e=\int_\Omega \boldsymbol{B}^{\mathrm{T}}\boldsymbol{D}\boldsymbol{B}\,\mathrm{d}\Omega$$

$$\boldsymbol{f}^e=\boldsymbol{f}_{\mathrm{V}}^e+\boldsymbol{f}_{\mathrm{S}}^e$$

其中，$\boldsymbol{f}_{\mathrm{V}}^e$ 为体积力等效结点力；$\boldsymbol{f}_{\mathrm{S}}^e$ 为面力等效结点力。

$$\boldsymbol{f}_{\mathrm{V}}^e=\int_\Omega \boldsymbol{N}^{\mathrm{T}}\boldsymbol{F}\,\mathrm{d}\Omega$$

$$\boldsymbol{f}_{\mathrm{S}}^e=\int_\Gamma \boldsymbol{N}^{\mathrm{T}}\boldsymbol{T}\,\mathrm{d}\Gamma$$

集合所有单元的平衡方程，建立整个结构的平衡方程：

$$\boldsymbol{K}\boldsymbol{U}=\boldsymbol{f} \tag{2.28}$$

习　题

2.1　简述有限元方法的基本思想。

2.2　简述结构离散(或有限元建模)的内容和要求。

2.3　简述结点力和结点载荷的差别。

2.4　为了保证有限单元法解答的收敛性，位移函数应满足哪些条件？完备协调元、非协调元和完备元分别是什么意思？

2.5　列表给出有限元几类基本单元的图形、结点数、结点自由度数和单元总自由度数(包括杆单元、梁单元、平面三角形单元、平面四边形单元、轴对称问题三角形单元、壳单元、四面体单元)。

2.6　说明有限元方法解误差的主要来源。

2.7　说明用有限单元法解题的主要步骤。

2.8　给出弹性力学问题中平衡方程、几何方程、物理方程的表达式及其意义。

第3章　杆系结构有限元分析

杆系是工程中常见的结构体系,比较简单,其中每一个杆件都可以作为一个单元,单元受力与位移的关系很容易求得而且物理概念清晰、直观。结构力学中介绍的矩阵位移法利用转角位移方程来建立单元特性公式,因此只适用于杆系。有限元方法是在结构矩阵分析的矩阵位移法基础上发展起来的,在建立位移场的过程中采用的是最有普遍意义的方法,即建立单元位移场函数,通过最小势能原理进行单元和整体分析[9-11]。

对于杆系结构,由于单元位移场是无节间荷载作用的真实位移,因此当仅受结点荷载作用时,分析结果是完全精确的。当除结点荷载外还有节间荷载时,只能证明所求得的结点位移和各单元的杆端力仍然是精确的。对有荷作用单元,单元位移场并非真实位移,单元各微段在所设单元位移情况下是不平衡的。但因杆端力是精确的,所以可以由截面法精确求得单元任一截面的内力。正因这样,可以称杆系有限元分析的结果是精确的。

对于后面的连续体有限元分析,是根本不可能得到单元在任意结点位移时的真实单元位移场的,因此一般不可能获得像杆系那样的精确解。

3.1　拉压杆单元

3.1.1　一般规定

图3.1表示某一杆单元 ij,现约定附属于该单元的局部坐标系为 $o'x'y'z'$,i 点为原点,x 轴沿着杆轴线,其正方向为由 i 指向 j,其余各轴按右手螺旋规则确定。设 u_i、v_i、w_i、u_j、v_j、w_j 为杆元结点位移分量,F_{xi}、F_{yi}、F_{zi}、F_{xj}、F_{yj}、F_{zj} 为杆单元结点力分量,一律规定和坐标轴正向一致时为正。设杆的长度为 l,弹性模量为 E,横截面积为 A。

3.1.2　位移函数

对于铰接杆单元,在小变形假设的前提下,与杆垂直方向的位移并不使杆产生应变和应力。于是,对每一个结点只需考虑一个结点位移和结点力,因而只需研究如图3.2所示的杆单元即可。

单元在结点力作用下各点的位移叫内位移,描述内位移的函数叫位移函数。由材料力学知道:仅受轴向作用的二力杆,其应力及应变在轴线各点处均是恒定常数,因而位移沿杆轴线呈线性变化,即:

$$u(x)=a_1+a_2x \tag{3.1}$$

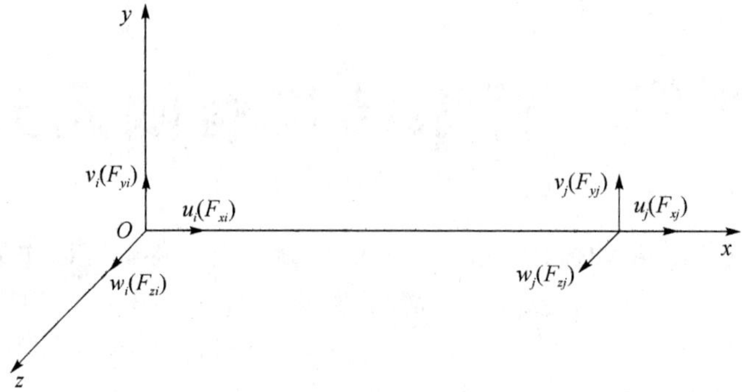

图 3.1 杆单元结点位移、结点力分量

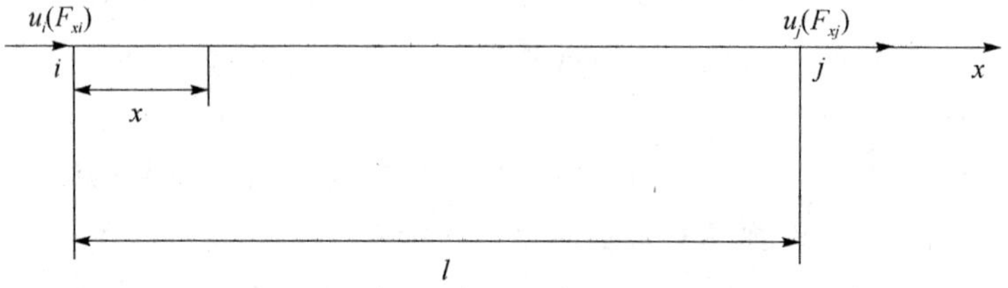

图 3.2 二力杆单元

这就是二力杆单元的位移函数。式中，a_1、a_2 是两个待定常数，可由 i、j 两结点的位移唯一确定。

当

$$\left.\begin{aligned}x=0,u(0)=u_i\\x=l,u(l)=u_j\end{aligned}\right\}\tag{3.2}$$

将式(3.2)代入式(3.1)有：$u_i=a_1$，$u_j=a_1+a_2l$，从而可得：

$$\left.\begin{aligned}a_1&=u_i\\a_2&=\frac{u_j-u_i}{l}\end{aligned}\right\}\tag{3.3}$$

将式(3.3)中的 a_1 和 a_2 值代入式(3.1)得：

$$u(x)=u_i+\frac{u_j-u_i}{l}x=\left(1-\frac{x}{l}\right)u_i+\frac{x}{l}u_j\tag{3.4}$$

或写成：

$$u(x)=\left[1-\frac{x}{l}\quad\frac{x}{l}\right]\begin{Bmatrix}u_i\\u_j\end{Bmatrix}=[N_i\quad N_j]\begin{Bmatrix}u_i\\u_j\end{Bmatrix}=\boldsymbol{N}\boldsymbol{u}^e\tag{3.5}$$

通常用 u 代表单元内位移：

$$u=\boldsymbol{N}\boldsymbol{u}^e=N_iu_i+N_ju_j\tag{3.6}$$

式中：

$$N_i=1-\frac{x}{l},N_j=\frac{x}{l} \tag{3.7}$$

在有限元法中，N_i 和 N_j 分别称为 i 点和 j 点的形状函数或插值函数，$\boldsymbol{N}$ 称为形状函数矩阵。形状函数矩阵十分重要，它把单元的结点位移和单元的内位移连接起来了，显然，形状函数矩阵中的每一个元素都是坐标的函数。

分析式(3.4)：当 $u_i=1,u_j=0$ 时，杆单元的位移 $u(x)$ 就是 N_i；当 $u_i=0,u_j=1$ 时，杆单元的位移分布就是 N_j。所以形状函数的力学含义是，当单元的一个结点位移为单位值，其他结点的位移为零时，单元内位移的分布规律。可以发现形状函数的两个重要性质：

- 本点为 1，他点为 0；
- 任意一点处的总和为 1。

杆单元形状函数 N_i、N_j，如图 3.3 所示。

当结构变形之后，i、j 结点的位移通常都不为零，这时单元内位移按式(3.4)由结点位移和相应的形状函数线性组合求得，正因为形状函数反映了单元的位移分布状态，矩阵 $\boldsymbol{N}$ 及其元素 N_i、N_j 也由此而得名为形状函数矩阵和形状函数。

从式(3.4)还可以看出：通过形状函数把两孤立的常值位移 u_i、u_j 化为连续函数 $u(x)$，从数学上讲，就是已知函数在闭区间两个端点上的值 u_i、u_j，构成一个连续函数 $u(x)$，它在端点应保证等于 u_i、u_j，这样的计算步骤就是内插。形状函数 N_i、N_j 就是实现内插的两个函数，所以 N_i、N_j 又叫内插函数，形状函数矩阵 $\boldsymbol{N}$ 又叫内插函数矩阵，而式 $u(x)=N_i(x)u_i+N_j(x)u_j$ 又叫内插多项式。

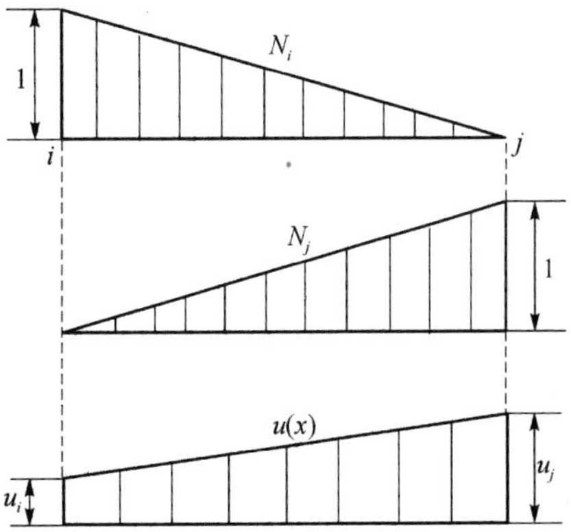

图 3.3　杆单元形状函数

数学意义：如果说自然结点离散化为有限元的集合，实现了结构模型离散化，那么，形状函数完成了数学模型离散化，这两个离散化的步骤构成了有限元法的理论基础。

3.1.3　几何关系和物理关系

有了位移函数，就可以分析单元的应变和应力，根据应变定义：

$$\varepsilon_x=\frac{\mathrm{d}u}{\mathrm{d}x} \tag{3.8}$$

将位移函数式(3.4)代入有

$$\boldsymbol{\varepsilon}=\varepsilon_x=\frac{\mathrm{d}}{\mathrm{d}x}(\boldsymbol{N}\boldsymbol{u}^e)=\left[\frac{\mathrm{d}}{\mathrm{d}x}\left(1-\frac{x}{l}\right)\frac{\mathrm{d}}{\mathrm{d}x}\left(\frac{x}{l}\right)\right]\boldsymbol{u}^e=\frac{1}{l}[-1\quad 1]\boldsymbol{u}^e \tag{3.9}$$

或写成

$$\boldsymbol{\varepsilon}=\boldsymbol{B}\boldsymbol{u}^e \tag{3.10}$$

式中：$\boldsymbol{B}=1/l[-1\quad 1]$称为应变矩阵。应变矩阵 $\boldsymbol{B}$ 把单元的结点位移 $\boldsymbol{u}^e$ 和应变列阵 $\boldsymbol{\varepsilon}$ 联系起来。

对于拉(压)杆，应力与应变之间的关系有

$$\sigma_x=E\varepsilon_x \tag{3.11}$$

用矩阵表示为

$$\boldsymbol{\sigma}=\boldsymbol{D}\boldsymbol{\varepsilon} \tag{3.12}$$

式中：$\boldsymbol{\sigma}$ 是应力向量，在杆单元中只有一个元素；$\boldsymbol{D}$ 为 1×1 阶的弹性矩阵。

将式(3.10)代入式(3.12)得

$$\boldsymbol{\sigma}=\boldsymbol{D}\boldsymbol{\varepsilon}=\boldsymbol{D}\boldsymbol{B}\boldsymbol{u}^e=\boldsymbol{S}\boldsymbol{u}^e \tag{3.13}$$

式中：$\boldsymbol{S}=\boldsymbol{D}\boldsymbol{B}$ 称为应力矩阵，对于拉(压)杆单元有

$$S=\frac{E}{l}[-1\quad 1] \tag{3.14}$$

3.1.4 平衡关系

单元产生结点位移之后，相应地在单元端点有结点力作用，结点力向量用 $\boldsymbol{f}^e$ 表示。对于杆单元 $\boldsymbol{f}^e=(U_i,U_j)^{\mathrm{T}}$，单元在外力和内力作用下处于平衡状态，反映单元平衡状态的关系式就是刚度方程。下面利用最小势能原理推导单元的刚度方程。

最小势能原理是说：在满足连续条件和边界条件的位移中，满足平衡条件的位移其总势能最小，反之亦然。单元总势能 Π^e 为

$$\Pi^e=U^e+V^e \tag{3.15}$$

式中：U^e 为单元的应变能；V^e 为单元的外力势。

$$U^e=\frac{1}{2}\int_\Omega\boldsymbol{\varepsilon}^{\mathrm{T}}\boldsymbol{\sigma}\mathrm{d}V=\frac{1}{2}\int_\Omega(\boldsymbol{B}\boldsymbol{u}^e)^{\mathrm{T}}\boldsymbol{D}\boldsymbol{B}\boldsymbol{u}^e\mathrm{d}V= \\ \frac{1}{2}(\boldsymbol{u}^e)^{\mathrm{T}}\int_\Omega\boldsymbol{B}^{\mathrm{T}}\boldsymbol{D}\boldsymbol{B}\mathrm{d}Vu^e \tag{3.16}$$

令 $\boldsymbol{K}^e=\int_\Omega\boldsymbol{B}^{\mathrm{T}}\boldsymbol{D}\boldsymbol{B}\mathrm{d}V$，故

$$U^e=\frac{1}{2}(\boldsymbol{u}^e)^{\mathrm{T}}\boldsymbol{K}^e\boldsymbol{u}^e \tag{3.17}$$

外力势 $V^e=-(\boldsymbol{u}^e)^{\mathrm{T}}\boldsymbol{f}^e$，则总势能

$$\Pi^e=U^e+V^e=\frac{1}{2}(\boldsymbol{u}^e)^{\mathrm{T}}\boldsymbol{K}^e\boldsymbol{u}^e-(\boldsymbol{u}^e)^{\mathrm{T}}\boldsymbol{f}^e \tag{3.18}$$

根据最小势能原理，势能泛函取驻值的必要条件：

$$\frac{\partial \Pi^e}{\partial \boldsymbol{u}^e}=\boldsymbol{K}^e\boldsymbol{u}^e-f^e=0 \tag{3.19}$$

即

$$\boldsymbol{K}^e\boldsymbol{u}^e-\boldsymbol{f}^e=0 \tag{3.20}$$

故

$$\boldsymbol{K}^e\boldsymbol{u}^e=\boldsymbol{f}^e \tag{3.21}$$

式(3.21)即为杆单元的平衡方程。其中杆单元在局部坐标系单元刚度矩阵的显式为

$$\boldsymbol{K}^e=\int_\Omega \boldsymbol{B}^{\mathrm{T}}\boldsymbol{D}\boldsymbol{B}\,\mathrm{d}V=\int_0^l \frac{1}{l}\begin{bmatrix}-1\\1\end{bmatrix}\frac{1}{l}E\begin{bmatrix}-1 & 1\end{bmatrix}A\mathrm{d}x=\frac{EA}{l}\begin{bmatrix}1 & -1\\-1 & 1\end{bmatrix} \tag{3.22}$$

3.1.5 坐标变换

上面的分析均是建立在单元的局部坐标系上，这样得出的刚度矩阵简单一些。但是在研究结点的平衡时，由于每个结点通常总是连接两个以上的单元，与之有关的结点力分别属于不同的单元，这里如果采用单元专有的局部坐标就很不方便。另外，结点位移的量度也应沿着统一的坐标轴才容易体现位移的协调条件，因而要把局部坐标系的刚度矩阵转换到各单元统一的总体坐标系中。

设 $Oxyz$ 为总体坐标系，$O'x'y'z'$ 为局部坐标系，如图 3.4 所示。

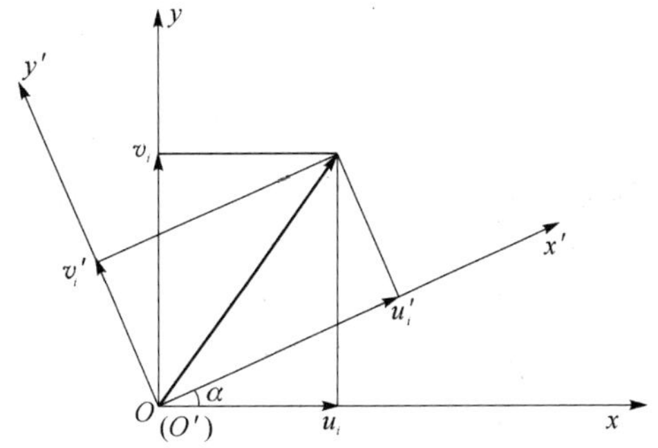

图 3.4　平面杆单元总体坐标系位移在局部轴方向分量

规定由总体坐标系平面 x 轴到局部坐标系 x' 轴的夹角 α 逆时针为正。杆单元总体坐标系下的结点位移分量用 u 和 v 表示，局部坐标下的位移分量用 u' 和 v' 表示。则平面杆单元结点 i 在总体坐标系和局部坐标系下的位移分量关系有：

$$\left.\begin{aligned}u_i'&=u_i\cos\alpha+v_i\sin\alpha\\v_i'&=-u_i\sin\alpha+v_i\cos\alpha\end{aligned}\right\} \tag{3.23}$$

同理，对于 j 结点有：

$$\left.\begin{aligned}u_j'&=u_j\cos\alpha+v_j\sin\alpha\\v_j'&=-u_j\sin\alpha+v_j\cos\alpha\end{aligned}\right\} \tag{3.24}$$

用矩阵表示为

$$\boldsymbol{u}_l'=\begin{Bmatrix}u_l'\\v_l'\end{Bmatrix}=\begin{bmatrix}\cos\alpha & \sin\alpha\\-\sin\alpha & \cos\alpha\end{bmatrix}\begin{Bmatrix}u_l\\v_l\end{Bmatrix}=\boldsymbol{\lambda}\boldsymbol{u}_l\qquad (l=i,j) \tag{3.25}$$

式中：$\boldsymbol{u}_l'$ 和 $\boldsymbol{u}_l$ 分别表示 l 结点在局部坐标系和总体坐标系中的位移向量；$\boldsymbol{\lambda}$ 矩阵是方向余弦矩阵。对两结点杆单元，当用总体坐标系位移 $\boldsymbol{u}^e$ 表示局部坐标系中位移 $(\boldsymbol{u}')^e$ 时有转换关系：

$$(\boldsymbol{u}')^e=\begin{Bmatrix} u_i' \\ v_i' \\ u_j' \\ v_j' \end{Bmatrix}=\begin{bmatrix} \boldsymbol{\lambda} & \\ & \boldsymbol{\lambda} \end{bmatrix}\begin{Bmatrix} u_i \\ v_i \\ u_j \\ v_j \end{Bmatrix}=\boldsymbol{T}\boldsymbol{u}^e \tag{3.26}$$

式中:$\boldsymbol{T}$ 矩阵称为坐标变换矩阵。$\boldsymbol{T}$ 矩阵是以 $\boldsymbol{\lambda}$ 阵为子阵的对角方阵。因 $\boldsymbol{T}$ 是正交矩阵,有 $\boldsymbol{T}^{-1}=\boldsymbol{T}^{\mathrm{T}}$。当用局部坐标系位移表示总体坐标系中的位移时有:

$$\boldsymbol{u}^e=\boldsymbol{T}^{-1}(\boldsymbol{u}')^e=\boldsymbol{T}^{\mathrm{T}}(\boldsymbol{u}')^e \tag{3.27}$$

利用类似的办法,可以建立起总体坐标系与局部坐标系间结点力的关系式:

$$\boldsymbol{f}^e=\boldsymbol{T}^{\mathrm{T}}(\boldsymbol{f}')^e \tag{3.28}$$

将式(3.21)代入式(3.28),再把式(3.26)代入得:

$$\boldsymbol{f}^e=\boldsymbol{T}^{\mathrm{T}}(\boldsymbol{f}')^e=\boldsymbol{T}^{\mathrm{T}}(\boldsymbol{K}')^e(\boldsymbol{u}')^e=\boldsymbol{T}^{\mathrm{T}}(\boldsymbol{K}')^e\boldsymbol{T}\boldsymbol{u}^e \tag{3.29}$$

令 $\boldsymbol{K}^e=\boldsymbol{T}^{\mathrm{T}}(\boldsymbol{K}')^e\boldsymbol{T}$,则

$$\boldsymbol{f}^e=\boldsymbol{K}^e\boldsymbol{u}^e \tag{3.30}$$

式(3.26)、(3.28)和式(3.30)就是两种坐标系中的全部转换关系,利用式(3.30)就可以很容易将局部坐标系的刚度矩阵转换为总体坐标系的刚度矩阵。对于图 3.4 所示的杆单元,其表示式为

$$\boldsymbol{K}^e=\frac{EA}{l}\begin{bmatrix} \cos\alpha & -\sin\alpha & 0 & 0 \\ \sin\alpha & \cos\alpha & 0 & 0 \\ 0 & 0 & \cos\alpha & -\sin\alpha \\ 0 & 0 & \sin\alpha & \cos\alpha \end{bmatrix}\begin{bmatrix} 1 & 0 & -1 & 0 \\ 0 & 0 & 0 & 0 \\ -1 & 0 & 1 & 0 \\ 0 & 0 & 0 & 0 \end{bmatrix}\begin{bmatrix} \cos\alpha & \sin\alpha & 0 & 0 \\ -\sin\alpha & \cos\alpha & 0 & 0 \\ 0 & 0 & \cos\alpha & \sin\alpha \\ 0 & 0 & -\sin\alpha & \cos\alpha \end{bmatrix}=$$

$$\frac{EA}{l}\begin{bmatrix} \cos^2\alpha & \cos\alpha\sin\alpha & -\cos^2\alpha & -\cos\alpha\sin\alpha \\ \cos\alpha\sin\alpha & \sin^2\alpha & -\cos\alpha\sin\alpha & -\sin^2\alpha \\ -\cos^2\alpha & -\cos\alpha\sin\alpha & \cos^2\alpha & \cos\alpha\sin\alpha \\ -\cos\alpha\sin\alpha & -\sin^2\alpha & \cos\alpha\sin\alpha & \sin^2\alpha \end{bmatrix} \tag{3.31}$$

依照同样道理,在空间桁架的计算中,也可以进行方便的转换。设局部坐标的 x'、y'、z'轴与总体坐标轴 x、y、z 之间夹角方向余弦为 $\cos(x',x)$、$\cos(x',y)$、$\cos(x',z)$、$\cos(y',x)$、$\cos(y',y)$、$\cos(y',z)$、$\cos(z',x)$、$\cos(z',y)$、$\cos(z',z)$,则相应的位移关系为

$$\left.\begin{aligned} u_i'&=u_i\cos(x',x)+v_i\cos(x',y)+w_i\cos(x',z) \\ v_i'&=u_i\cos(y',x)+v_i\cos(y',y)+w_i\cos(y',z) \\ w_i'&=u_i\cos(z',x)+v_i\cos(z',y)+w_i\cos(z',z) \end{aligned}\right\} \tag{3.32}$$

方向余弦矩阵 $\boldsymbol{\lambda}$ 为

$$\boldsymbol{\lambda}=\begin{bmatrix} \cos(x',x) & \cos(x',y) & \cos(x',z) \\ \cos(y',x) & \cos(y',y) & \cos(y',z) \\ \cos(z',x) & \cos(z',y) & \cos(z',z) \end{bmatrix} \tag{3.33}$$

于是空间杆单元坐标变换矩阵 $\boldsymbol{T}$ 为

$$\boldsymbol{T}=\begin{bmatrix}\boldsymbol{\lambda} & 0\\ 0 & \boldsymbol{\lambda}\end{bmatrix} \tag{3.34}$$

单元在两个坐标系中刚度矩阵转换关系同样有

$$\boldsymbol{K}^e=\boldsymbol{T}^{\mathrm{T}}(\boldsymbol{K}')^e\boldsymbol{T} \tag{3.35}$$

总结以上坐标变换矩阵，需要指出，由于 $\boldsymbol{T}$ 矩阵中仅仅包含有坐标的倾角，可见当坐标平移，$\boldsymbol{T}$ 矩阵变成矩阵 I，对刚度矩阵没有影响。因而如果仅平行地移动坐标轴，刚度矩阵中元素值不变，矩阵的阶数也不改变。

3.2　扭转杆单元

图 3.5 所示为一扭转杆单元。杆件发生自由扭转时，待求位移应是剖面的扭角 $\theta(x)$。在局部坐标系中，每一个点将具有一个基本未知位移，最简单的单元位移函数可以设为

$$\theta(x)=c_0+c_1x \tag{3.36}$$

与分析拉(压)杆单元一样，对扭转杆单元进行分析，其中的待定常数可以用两端结点的扭角 θ_i、θ_j 表示，从而任意截面的扭转角可由结点位移和形函数表示为

$$\theta(x)=N_i\theta_i+N_j\theta_j \tag{3.37}$$

式中：$N_i=1-\dfrac{x}{l}$，$N_j=\dfrac{x}{l}$为形函数。

由材料力学可知，扭矩为

$$M=GJ\frac{\mathrm{d}\theta}{\mathrm{d}x}=GJ\frac{\mathrm{d}\boldsymbol{N}}{\mathrm{d}x}\boldsymbol{\theta}^e=GJ\boldsymbol{B}\boldsymbol{\theta}^e \tag{3.38}$$

其中：

$$\boldsymbol{B}=\frac{\mathrm{d}\boldsymbol{N}}{\mathrm{d}x}=\begin{bmatrix}-\dfrac{1}{l} & \dfrac{1}{l}\end{bmatrix} \tag{3.39}$$

单元产生结点位移 $\boldsymbol{\theta}^e=(\theta_i,\theta_j)^{\mathrm{T}}$ 之后，相应地在单元端点有结点力矩作用，结点力向量用 $\boldsymbol{F}^e$ 表示。对于扭转杆单元 $\boldsymbol{F}^e=(M_i,M_j)^{\mathrm{T}}$，单元在外力和内力作用下处于平衡状态，反映单元平衡状态的关系式就是刚度方程。

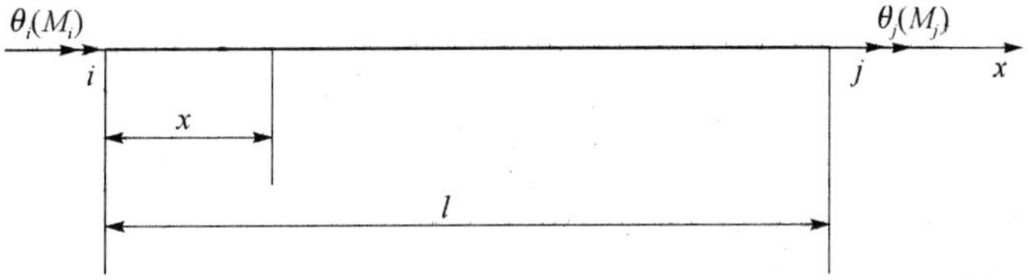

图 3.5　扭转杆单元

下面采用最小势能原理推导扭转杆单元特性公式。

扭转杆的势能为

$$\Pi^e = U^e + V^e = \frac{1}{2}\int_0^l \left(\boldsymbol{F}^{\mathrm{T}}\frac{\mathrm{d}\boldsymbol{\theta}}{\mathrm{d}x}\right)\mathrm{d}x - (\boldsymbol{F}^e)^{\mathrm{T}}\boldsymbol{\theta}^e \tag{3.40}$$

将式(3.37)、式(3.38)代入式(3.40)可得

$$\Pi^e = \frac{1}{2}(\boldsymbol{\theta}^e)^{\mathrm{T}}\left(\int_0^l \boldsymbol{B}^{\mathrm{T}}GJ\boldsymbol{B}\,\mathrm{d}x\right)\boldsymbol{\theta}^e - (\boldsymbol{M}^e)^{\mathrm{T}}\boldsymbol{\theta}^e \tag{3.41}$$

由泛函取驻值的必要条件有

$$\frac{\partial \Pi^e}{\partial \boldsymbol{\theta}^e} = \left(\int_0^l \boldsymbol{B}^{\mathrm{T}}GJ\boldsymbol{B}\,\mathrm{d}x\right)\boldsymbol{\theta}^e - (\boldsymbol{M}^e)^{\mathrm{T}} = 0 \tag{3.42}$$

可得单元刚度方程为

$$\boldsymbol{K}^e\boldsymbol{\theta}^e = \boldsymbol{M}^e \tag{3.43}$$

其中，$\int_0^l \boldsymbol{B}^{\mathrm{T}}GJ\boldsymbol{B}\,\mathrm{d}x = \boldsymbol{K}^e$ 为局部坐标扭转杆单元刚度矩阵，其显式形式为

$$\boldsymbol{K}^e = \frac{GJ}{l}\begin{bmatrix} 1 & -1 \\ -1 & 1 \end{bmatrix} \tag{3.44}$$

3.3 平面直梁单元

平面直梁单元如图 3.6 所示。

直梁是重要的结构元件，所谓直梁是指其横剖面尺寸远小于纵向尺寸的细长平直柱体，它主要承受垂直于中心线的横向载荷并发生弯曲变形。直梁理论建立在著名的平剖面假设基础上，认为变形前垂直于梁中心线的剖面，变形后仍为平面且外廓形状不变，并继续垂直于中心线，因此不存在剪切变形。这种梁理论称为工程梁理论。

现取一单元结点为 i、j，结点载荷列阵为 $\boldsymbol{f}^e$，相应位移为 $\boldsymbol{u}^e$，坐标选取如图 3.6 所示。

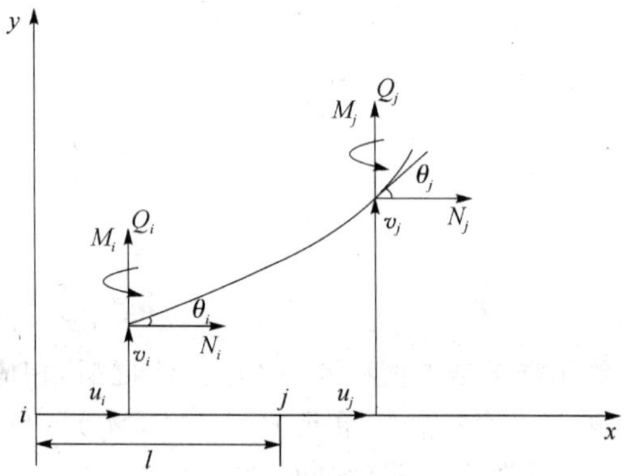

图 3.6 平面直梁单元

$$\left.\begin{aligned} \boldsymbol{f}^e &= [N_i \quad Q_i \quad M_i \quad N_j \quad Q_j \quad M_j]^{\mathrm{T}} \\ \boldsymbol{u}^e &= [u_i \quad v_i \quad \theta_i \quad u_j \quad v_j \quad \theta_j]^{\mathrm{T}} \end{aligned}\right\} \tag{3.45}$$

3.3.1 位移函数

先将轴力与剪力、弯矩分开考虑。首先回顾一下直梁弯曲时的变形情况，根据平剖面假设，原来垂直轴线的平面，变形后仍垂直于轴线。若梁中面挠度为 v，则因弯曲而引起的轴向位移为

$$u(x,y)=-y\left(\frac{\mathrm{d}v}{\mathrm{d}x}\right) \tag{3.46}$$

式中：y 是所讨论点离中面的距离，应变为

$$\varepsilon_x=\frac{\mathrm{d}u}{\mathrm{d}x}=-y\,\frac{\mathrm{d}^2v}{\mathrm{d}x^2} \tag{3.47}$$

又根据平衡关系有

$$\sigma_x=\frac{yM}{I} \tag{3.48}$$

式中：I 是切面惯性矩，$I=\int_A y^2\mathrm{d}A$。根据胡克定律，$\sigma_x=E\varepsilon_x$，有

$$\frac{yM}{I}=E\left(-y\,\frac{\mathrm{d}^2v}{\mathrm{d}x^2}\right) \tag{3.49}$$

因

$$M=-EI\,\frac{\mathrm{d}^2v}{\mathrm{d}x^2} \tag{3.50}$$

又根据剪力与弯矩的关系：$Q=\frac{\mathrm{d}M}{\mathrm{d}x}$，有

$$\frac{\mathrm{d}^2M}{\mathrm{d}x^2}=-q=\frac{\mathrm{d}^2}{\mathrm{d}x^2}\left(-EI\,\frac{\mathrm{d}^2v}{\mathrm{d}x^2}\right) \tag{3.51}$$

现讨论的梁 E、I 为常数，故

$$EI\,\frac{\mathrm{d}^4v}{\mathrm{d}x^4}=q \tag{3.52}$$

若梁上无分布剪力，即 $q=0$，则 $EI\,\frac{\mathrm{d}^4v}{\mathrm{d}x^4}=0$，由此可以判断 v 是 x 的 3 次函数。设：

$$v(x)=b_0+b_1x+b_2x^2+b_3x^3 \tag{3.53}$$

则梁的转角为

$$\theta(x)=\frac{\mathrm{d}v}{\mathrm{d}x}=b_1+2b_2x+3b_3x^2 \tag{3.54}$$

将 i、j 结点位移代入式(5.53)和式(3.54)有

$$\left.\begin{aligned}&v_i=b_0,\quad \theta_i=b_1\\&v_j=b_0+b_1l+b_2l^2+b_3l^3,\quad \theta_j=b_1+2b_2l+3b_3l^2\end{aligned}\right\} \tag{3.55}$$

用矩阵表示：

$$\begin{Bmatrix}v_i\\\theta_i\\v_j\\\theta_j\end{Bmatrix}=\begin{bmatrix}1&0&0&0\\0&1&0&0\\0&l&l^2&l^3\\0&1&2l&3l^2\end{bmatrix}\begin{Bmatrix}b_0\\b_1\\b_2\\b_3\end{Bmatrix} \tag{3.56}$$

从而得

$$\begin{Bmatrix} b_0 \\ b_1 \\ b_2 \\ b_3 \end{Bmatrix}=\begin{bmatrix} 1 & 0 & 0 & 0 \\ 0 & 1 & 0 & 0 \\ -\frac{3}{l^2} & -\frac{2}{l} & \frac{3}{l^2} & -\frac{1}{l} \\ \frac{2}{l^3} & \frac{1}{l^2} & -\frac{2}{l^3} & \frac{1}{l^2} \end{bmatrix}\begin{Bmatrix} v_i \\ \theta_i \\ v_j \\ \theta_j \end{Bmatrix} \tag{3.57}$$

$$v(x)=[1,x,x^2,x^3]\begin{bmatrix} 1 & 0 & 0 & 0 \\ 0 & 1 & 0 & 0 \\ -\frac{3}{l^2} & -\frac{2}{l} & \frac{3}{l^2} & -\frac{1}{l} \\ \frac{2}{l^3} & \frac{1}{l^2} & -\frac{2}{l^3} & \frac{1}{l^2} \end{bmatrix}\begin{Bmatrix} v_i \\ \theta_i \\ v_j \\ \theta_j \end{Bmatrix}=\mathbf{N}_v\begin{Bmatrix} v_i \\ \theta_i \\ v_j \\ \theta_j \end{Bmatrix} \tag{3.58}$$

单元的形状函数矩阵 $\mathbf{N}_v$ 为

$$\mathbf{N}_v=\left[1-\frac{3x^2}{l^2}+\frac{2x^3}{l^3},x-\frac{2x^2}{l}+\frac{x^3}{l^2},\frac{3x^2}{l^2}-\frac{2x^3}{l^3},-\frac{x^2}{l}+\frac{x^3}{l^2}\right]=[H_{0i} \quad H_{1i} \quad H_{0j} \quad H_{1j}] \tag{3.59}$$

式中：

$$\left.\begin{aligned} &H_{0i}=1-\frac{3x^2}{l^2}+\frac{2x^3}{l^3}, \quad H_{1i}=x-\frac{2x^2}{l}+\frac{x^3}{l^2} \\ &H_{0j}=\frac{3x^2}{l^2}-\frac{2x^3}{l^3}, \quad H_{1j}=-\frac{x^2}{l}+\frac{x^3}{l^2} \end{aligned}\right\} \tag{3.60}$$

设 $\xi=\frac{x}{l}$，则式(3.60)可写成

$$\left.\begin{aligned} &H_{0i}=1-3\xi^2+2\xi^3, \quad H_{1i}=l(\xi-2\xi^2+\xi^3) \\ &H_{0j}=3\xi^2-2\xi^3, \quad H_{1j}=l(\xi^3-\xi^2) \end{aligned}\right\}$$

以上 4 个函数即是二结点梁单元的形状函数。由于每结点有两个位移参数，因此每结点有两个形状函数。H_{0i}是指 i 结点零阶导数(即 i 点位移)对应的形函数，H_{1i}指 i 结点一阶导数(即 i 结点转角)对应的形函数，位移函数用内插多项式表示为：

$$v(x)=H_{0i}v_i+H_{1i}\theta_i+H_{0j}v_j+H_{1j}\theta_j=\mathbf{N}_v\begin{Bmatrix} v_i \\ \theta_i \\ v_j \\ \theta_j \end{Bmatrix} \tag{3.61}$$

现在分析形状函数的性质，当 $x=0$，即 $\xi=0$ 时，$H_{0i}(0)=1-3\xi^2+2\xi^3=1$；当 $x=l$，即 $\xi=1$ 时，$H_{0i}(1)=0$，其变化如图 3.7 (a)所示。它表示当 i 点垂直位移 $v_i=1$，单元其他位移等于零时，梁元的挠曲形状。又有：$\frac{\mathrm{d}H_{0i}}{\mathrm{d}x}=-\frac{6x}{l^2}+\frac{6x^2}{l^3}$，当 $x=0$ 时，$\left.\frac{\mathrm{d}H_{0i}}{\mathrm{d}x}\right|_{x=0}=0$；当 $x=l$ 时，$\left.\frac{\mathrm{d}H_{0i}}{\mathrm{d}x}\right|_{x=l}=0$，这说明 H_{0i}曲线在 i、j 点切线平行 x 轴，即 H_{0i}不引起结点转角值的改变。

$H_{1i}(\xi)=l(\xi-2\xi^2+\xi^3)$，当 $x=0$，即 $\xi=0$ 时，$H_{1i}(0)=0$；当 $x=l$，即 $\xi=1$ 时，$H_{1i}(1)=0$，这表示当 i 点产生单位转角 $\theta_i=1$，其他位移是零值时的挠曲线。又 $\dfrac{\mathrm{d}H_{1i}}{\mathrm{d}x}=1-\dfrac{4x}{l}+\dfrac{3x^2}{l^2}$，当 $x=0$ 时，$\left.\dfrac{\mathrm{d}H_{1i}}{\mathrm{d}x}\right|_{x=0}=1$；当 $x=l$ 时，$\left.\dfrac{\mathrm{d}H_{1i}}{\mathrm{d}x}\right|_{x=l}=0$，这说明 H_{1i} 不引起 i、j 结点位移值的改变，其变化如图 3.7 (b)所示。同样对于 H_{0j} 和 H_{1j} 也可进行类似分析，其变化如图 3.7 (c)、(d)所示。

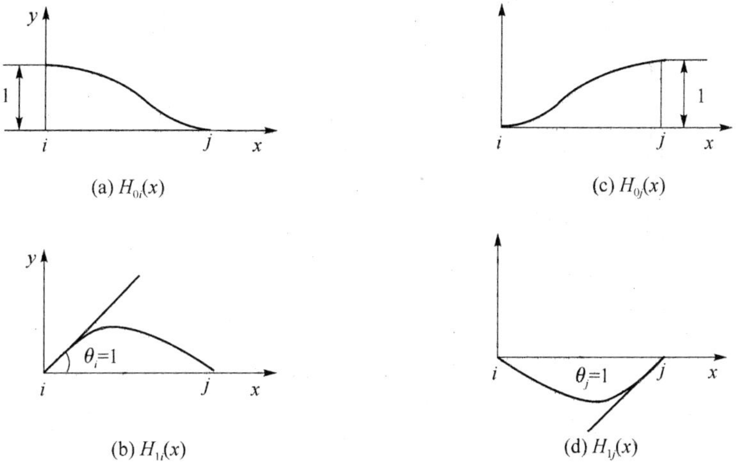

图 3.7　梁单元形状函数

上述形函数的性质如表 3.1 所列。

表 3.1　形函数性质

结　点	H_{0i}	$\dfrac{\mathrm{d}H_{0i}}{\mathrm{d}x}$	H_{1i}	$\dfrac{\mathrm{d}H_{1i}}{\mathrm{d}x}$
i	1	0	0	1
j	0	0	0	0

这样保证了在 i 点 $v=v_i$，$\dfrac{\mathrm{d}v}{\mathrm{d}x}=\theta=\theta_i$。

轴力 N 引起的位移 $u(x)$ 仍设为线性，$u(x)=a_0+a_1x$，将结点位移引入可求得

$$\begin{Bmatrix} a_0 \\ a_1 \end{Bmatrix}=\begin{bmatrix} 1 & 0 \\ -1/l & 1/l \end{bmatrix}\begin{Bmatrix} u_i \\ u_j \end{Bmatrix} \tag{3.62}$$

由此得

$$u(x)=[1,x]\begin{Bmatrix} a_0 \\ a_1 \end{Bmatrix}=[1,x]\begin{bmatrix} 1 & 0 \\ -1/l & 1/l \end{bmatrix}\begin{Bmatrix} u_i \\ u_j \end{Bmatrix}=\boldsymbol{N}_u\begin{Bmatrix} u_i \\ u_j \end{Bmatrix} \tag{3.63}$$

式中：$\boldsymbol{N}_u=\left[1-\dfrac{x}{l},\dfrac{x}{l}\right]=[1-\xi,\xi]$。

现将结点位移列阵合并为

$$\boldsymbol{u}^e=[u_i \quad v_i \quad \theta_i \quad u_j \quad v_j \quad \theta_j]^{\mathrm{T}} \tag{3.64}$$

位移函数改写为

$$\begin{Bmatrix} u(x) \\ v(x) \end{Bmatrix}=\boldsymbol{N}\boldsymbol{u}^e \tag{3.65}$$

则形状函数 $\boldsymbol{N}$ 为

$$\boldsymbol{N}=\begin{bmatrix} \boldsymbol{N}_u \\ \boldsymbol{N}_v \end{bmatrix}=\begin{bmatrix} 1-\xi & 0 & 0 & \xi & 0 & 0 \\ 0 & H_{0i} & H_{1i} & 0 & H_{0j} & H_{1j} \end{bmatrix} \tag{3.66}$$

位移函数求得后，可得到应变和应力的表达式。若忽略剪切影响，则 ε_N 是拉力引起的应变，ε_b 是弯曲引起的应变

$$\boldsymbol{\varepsilon}=\begin{Bmatrix} \varepsilon_N \\ \varepsilon_b \end{Bmatrix}=\begin{Bmatrix} \dfrac{\mathrm{d}u}{\mathrm{d}x} \\ -y\dfrac{\mathrm{d}^2 v}{\mathrm{d}x^2} \end{Bmatrix}=\begin{Bmatrix} \dfrac{\mathrm{d}\boldsymbol{N}_u}{\mathrm{d}x}\begin{Bmatrix} u_i \\ u_j \end{Bmatrix} \\ -y\dfrac{\mathrm{d}^2}{\mathrm{d}x^2}\boldsymbol{N}_v\begin{Bmatrix} v_i \\ \theta_i \\ v_j \\ \theta_j \end{Bmatrix} \end{Bmatrix}=$$

$$\begin{bmatrix} -\dfrac{1}{l} & 0 & 0 & \dfrac{1}{l} & 0 & 0 \\ 0 & y\left(\dfrac{6}{l^2}-\dfrac{12x}{l^3}\right) & -y\left(\dfrac{4}{l}+\dfrac{6x}{l^2}\right) & 0 & -y\left(\dfrac{6}{l^2}-\dfrac{12x}{l^3}\right) & y\left(\dfrac{2}{l}-\dfrac{6x}{l^2}\right) \end{bmatrix}\begin{Bmatrix} u_i \\ v_i \\ \theta_i \\ u_j \\ v_j \\ \theta_j \end{Bmatrix} \tag{3.67}$$

应力为

$$\boldsymbol{\sigma}=\begin{Bmatrix} \sigma_N \\ \sigma_b \end{Bmatrix}=E\boldsymbol{\varepsilon}=E\boldsymbol{B}\boldsymbol{u}^e \tag{3.68}$$

最后，梁的应力应是 σ_N 和 σ_b 的代数和。

3.3.2 梁元的刚度矩阵

现根据最小势能原理求梁元的刚度矩阵，梁的应变能为

$$U=\frac{1}{2}\int_{\Omega}\boldsymbol{\varepsilon}^{\mathrm{T}}\boldsymbol{\sigma}\mathrm{d}V=\frac{1}{2}\int_{\Omega}(\boldsymbol{u}^{e})^{\mathrm{T}}B^{\mathrm{T}}\boldsymbol{EBu}^{e}\mathrm{d}V=$$
$$\frac{1}{2}(\boldsymbol{u}^{e})^{\mathrm{T}}\int_{\Omega}\boldsymbol{B}^{\mathrm{T}}\boldsymbol{EB}\mathrm{d}V\boldsymbol{u}^{e}=\frac{1}{2}(\boldsymbol{u}^{e})^{\mathrm{T}}\boldsymbol{K}^{e}\boldsymbol{u}^{e} \tag{3.69}$$

梁上的结点载荷 $\boldsymbol{F}^{e}=[N_i,Q_i,M_i,N_j,Q_j,M_j]^{\mathrm{T}}$，并有分布力 $q(x)$ 作用。在选位移函数时虽然假设了 $q=0$，若作用有分布载荷 $q(x)$，位移函数仍可用 3 次幂函数近似，分析过程完全同前，只是外力势中增加 $-\int_0^l v(x)q(x)\mathrm{d}x$ 项，这时外力势 V 为

$$V=-(\boldsymbol{u}^{e})^{\mathrm{T}}F^{e}-\int_0^l v(x)q(x)\mathrm{d}x \tag{6.70}$$

总势能为

$$\Pi^{e}=U+V=\frac{1}{2}(\boldsymbol{u}^{e})^{\mathrm{T}}\boldsymbol{K}^{e}\boldsymbol{u}^{e}-(\boldsymbol{u}^{e})^{\mathrm{T}}\boldsymbol{F}^{e}-(\boldsymbol{u}^{e})^{\mathrm{T}}\int_0^l\boldsymbol{N}^{\mathrm{T}}\boldsymbol{q}(x)\mathrm{d}x=$$
$$\frac{1}{2}(\boldsymbol{u}^{e})^{\mathrm{T}}\boldsymbol{K}^{e}\boldsymbol{u}^{e}-(\boldsymbol{u}^{e})^{\mathrm{T}}F^{e}-(\boldsymbol{u}^{e})^{\mathrm{T}}\boldsymbol{Q}^{e} \tag{3.71}$$

式中：$\boldsymbol{Q}^{e}=\int_0^l\boldsymbol{N}^{\mathrm{T}}\boldsymbol{q}(x)\mathrm{d}x$ 是分布载荷的等效结点力，其中 $\boldsymbol{q}(x)=\begin{Bmatrix}0\\q(x)\end{Bmatrix}$。

Π^{e} 取驻值时有：$\dfrac{\partial\Pi^{e}}{\partial\boldsymbol{u}^{e}}=0$，得

$$\boldsymbol{K}^{e}\boldsymbol{u}^{e}=\boldsymbol{F}^{e}+\boldsymbol{Q}^{e} \tag{6.72}$$

式(6.72)就是刚度方程，现在分别计算其中各项。

刚度矩阵：

$$\boldsymbol{K}^{e}=E\int_{\Omega}\boldsymbol{B}^{\mathrm{T}}\boldsymbol{B}\mathrm{d}V \tag{6.73}$$

将式(3.67)中 $\boldsymbol{B}$ 代入，并进行积分，得

$$
\boldsymbol{K}^e=\begin{bmatrix}
\frac{EA}{l} & 0 & 0 & -\frac{EA}{l} & 0 & 0 \\
 & \frac{12EI_z}{l^3} & \frac{6EI_z}{l^2} & 0 & -\frac{12EI_z}{l^3} & \frac{6EI_z}{l^2} \\
 & & \frac{4EI_z}{l} & 0 & -\frac{6EI_z}{l^2} & \frac{2EI_z}{l} \\
 & & & \frac{EA}{l} & 0 & 0 \\
 & & & & \frac{12EI_z}{l^3} & -\frac{6EI_z}{l^2} \\
 & & & & & \frac{4EI_z}{l}
\end{bmatrix} \tag{3.74}
$$

式中：A 为梁截面积；$I_z=\iint y^2\mathrm{d}A$ 是截面对主轴的惯矩。

对薄壁短梁，高度 $H>\frac{l}{5}$（l 是跨度）时，应计及剪切影响，这时可对刚度矩阵进行如下修正：

$$
\boldsymbol{K}^e=\begin{bmatrix}
\frac{EA}{l} & 0 & 0 & -\frac{EA}{l} & 0 & 0 \\
 & \frac{12EI_z}{(1+\varphi)l^3} & \frac{6EI_z}{(1+\varphi)l^2} & 0 & -\frac{12EI_z}{(1+\varphi)l^3} & \frac{6EI_z}{(1+\varphi)l^2} \\
 & & \frac{(4+\varphi)EI_z}{(1+\varphi)l} & 0 & -\frac{6EI_z}{(1+\varphi)l^2} & \frac{(2-\varphi)EI_z}{(1+\varphi)l} \\
 & & & \frac{EA}{l} & 0 & 0 \\
 & & & & \frac{12EI_z}{(1+\varphi)l^3} & -\frac{6EI_z}{(1+\varphi)l^2} \\
 & & & & & \frac{(4+\varphi)EI_z}{(1+\varphi)l}
\end{bmatrix} \tag{3.75}
$$

式中：$\varphi=\frac{12EI_z}{GA_s}l^2$ 是剪切影响系数，A_s 是有效抗剪面积。

3.3.3 坐标变换

与拉（压）杆单元类似，实际结构中直梁单元需要由局部坐标系的刚度矩阵转换到总体坐标系中。

设 $Oxyz$ 为总体坐标系，$O'x'y'z'$为局部坐标系，如图 3.8 所示。

规定由总体坐标系平面 x 轴到局部坐标系 x'轴的夹角 α 逆时针为正。杆单元总体坐标

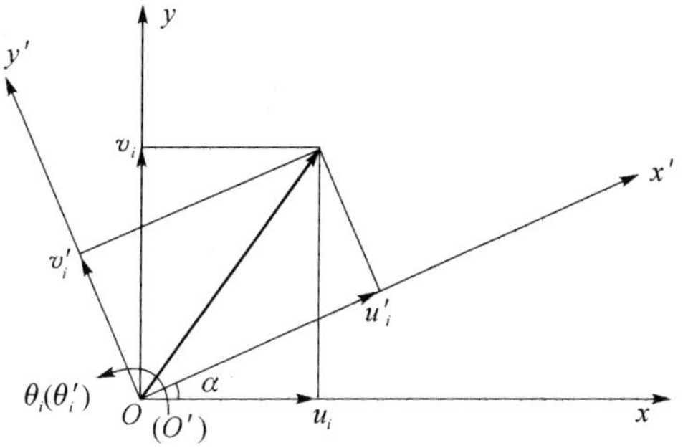

图 3.8　总体坐标系与局部坐标系

系下的结点位移分量用 u、v、θ 表示，局部坐标下的位移分量用 u'、v'、θ' 表示，则平面杆单元结点 i 在总体坐标系和局部坐标系下的位移分量关系有：

$$\left.\begin{aligned} u_i' &= u_i\cos\alpha + v_i\sin\alpha \\ v_i' &= -u_i\sin\alpha + v_i\cos\alpha \\ \theta_i' &= \theta_i \end{aligned}\right\} \tag{3.76}$$

同理，对于 j 结点有

$$\left.\begin{aligned} u_j' &= u_j\cos\alpha + v_j\sin\alpha \\ v_j' &= -u_j\sin\alpha + v_j\cos\alpha \\ \theta_j' &= \theta_j \end{aligned}\right\} \tag{3.77}$$

用矩阵表示为

$$\boldsymbol{u}_l' = \begin{Bmatrix} u_l' \\ v_l' \\ \theta_i' \end{Bmatrix} = \begin{bmatrix} \cos\alpha & \sin\alpha & 0 \\ -\sin\alpha & \cos\alpha & 0 \\ 0 & 0 & 1 \end{bmatrix} \begin{Bmatrix} u_l \\ v_l \\ \theta_i \end{Bmatrix} = \boldsymbol{\lambda}\boldsymbol{u}_l \quad (l=i,j) \tag{3.78}$$

从而，总体坐标系位移 $\boldsymbol{u}^e$ 和 $(\boldsymbol{u}')^e$ 的转换关系为

$$(\boldsymbol{u}')^e = \begin{Bmatrix} u_i' \\ v_i' \\ \theta_i' \\ u_j' \\ v_j' \\ \theta_j' \end{Bmatrix} = \begin{bmatrix} \boldsymbol{\lambda} & \\ & \boldsymbol{\lambda} \end{bmatrix} \begin{Bmatrix} u_i \\ v_i \\ \theta_i \\ u_j \\ v_j \\ \theta_j \end{Bmatrix} = \boldsymbol{T}\boldsymbol{u}^e \tag{3.79}$$

式中：$\boldsymbol{T}$ 矩阵称为坐标变换矩阵。$\boldsymbol{T}$ 矩阵是以 $\boldsymbol{\lambda}$ 阵为子阵的对角方阵。因 $\boldsymbol{T}$ 是正交矩阵，有 $\boldsymbol{T}^{-1} = \boldsymbol{T}^{\mathrm{T}}$。

类似于拉(压)杆单元，可得直梁元刚度矩阵变换关系仍为

$$\boldsymbol{K}^e = \boldsymbol{T}^{\mathrm{T}}(\boldsymbol{K}')^e\boldsymbol{T} \tag{3.80}$$

3.3.4 等效结点载荷

等效结点载荷是根据功的互等原理，将分布载荷转移到结点上所得到的载荷。这样的变更，对全结构的计算不会带来明显的误差，但对载荷区域单元的应力分布，将有较大的影响。根据虚功原理，当单元发生虚位移 $r^* = \boldsymbol{N}(\boldsymbol{u}^*)^e$ 时，分布力 $q(x)$ 所做的功为：

$$\int_0^l (r^*)q(x)\mathrm{d}x = (\boldsymbol{u}^e)^{\mathrm{T}}\int_0^l \boldsymbol{N}^{\mathrm{T}}q(x)\mathrm{d}x \tag{3.81}$$

它必须等于等效结点载荷所做的功，由此得到

$$[(\boldsymbol{u}^*)^e]^{\mathrm{T}}\boldsymbol{P}_q^e = [(\boldsymbol{u}^*)^e]^{\mathrm{T}}\int_0^l \boldsymbol{N}^{\mathrm{T}}q(x)\mathrm{d}x \tag{3.82}$$

从而得到分布载荷的等效结点载荷计算公式

$$\boldsymbol{f}_q^e = \int_0^l \boldsymbol{N}^{\mathrm{T}}q(x)\mathrm{d}x \tag{3.83}$$

1. 分布轴力 $p(x)$ 的等效结点载荷

分布轴力 $p(x)$ 的等效结点载荷如图 3.9(a)所示。

$$\boldsymbol{f} = \begin{Bmatrix} N_i^p \\ N_j^p \end{Bmatrix} = \int_0^l p(x)\boldsymbol{N}^{\mathrm{T}}\mathrm{d}x \tag{3.84}$$

$\boldsymbol{N}_u$ 是轴向位移形函数，线位移时

$$\boldsymbol{N}_u = \left[1-\frac{x}{l},\quad \frac{x}{l}\right]^{\mathrm{T}},\quad \boldsymbol{f} = \begin{Bmatrix} \int_0^l p(x)\left(1-\dfrac{x}{l}\right)\mathrm{d}x \\ \int_0^l p(x)\,\dfrac{x}{l}\mathrm{d}x \end{Bmatrix} \tag{3.85}$$

当 $p(x)$ 为均布载荷时，$p(x)=p$，则 $N_i^p = N_j^p = \frac{1}{2}pl$，即两结点各半。

2. 分布剪力 $q(x)$ 的等效结点载荷

分布剪力 $q(x)$ 的等效结点载荷如图 3.9(b)所示。

$$\boldsymbol{f}_q = \begin{Bmatrix} Q_i^q \\ M_i^q \\ Q_j^q \\ M_j^q \end{Bmatrix} = \int_0^l q(x)\boldsymbol{N}_v^{\mathrm{T}}\mathrm{d}x \tag{3.86}$$

$\boldsymbol{N}_v$ 是对应挠度的形状函数。当挠度选为 x 的 3 次式时

$$\boldsymbol{N}_v = \left[1-\frac{3x^2}{l^2}+\frac{2x^3}{l^3}\quad x-\frac{2x^2}{l}+\frac{x^2}{l^2}\quad \frac{3x^2}{l^2}-\frac{2x^3}{l^3}\quad -\frac{x^2}{l}+\frac{x^3}{l^2}\right] \tag{3.87}$$

$$\boldsymbol{f}_q=\begin{Bmatrix}Q_i^q\\M_i^q\\Q_j^q\\M_j^q\end{Bmatrix}=\begin{Bmatrix}\int_0^l q(x)\left(1-\frac{3x^2}{l^2}+\frac{2x^3}{l^3}\right)\mathrm{d}x\\ \int_0^l q(x)\left(x-\frac{2x^2}{l}+\frac{3x^2}{l^2}\right)\mathrm{d}x\\ \int_0^l q(x)\left(\frac{3x^2}{l^2}-\frac{2x^3}{l^3}\right)\mathrm{d}x\\ \int_0^l q(x)\left(-\frac{x^2}{l}+\frac{x^3}{l^2}\right)\mathrm{d}x\end{Bmatrix}=\begin{bmatrix}1&0&-\frac{3}{l^2}&\frac{2}{l^3}\\0&1&-\frac{2}{l}&\frac{1}{l^2}\\0&0&\frac{3}{l^2}&-\frac{2}{l^3}\\0&0&-\frac{1}{l}&\frac{1}{l^2}\end{bmatrix}\begin{Bmatrix}Q_0\\Q_1\\Q_2\\Q_3\end{Bmatrix}\tag{3.88}$$

式中：

$$Q_0=\int_0^l q(x)\mathrm{d}x,\qquad Q_1=\int_0^l q(x)x\mathrm{d}x,$$
$$Q_2=\int_0^l q(x)x^2\mathrm{d}x,\quad Q_3=\int_0^l q(x)x^3\mathrm{d}x$$

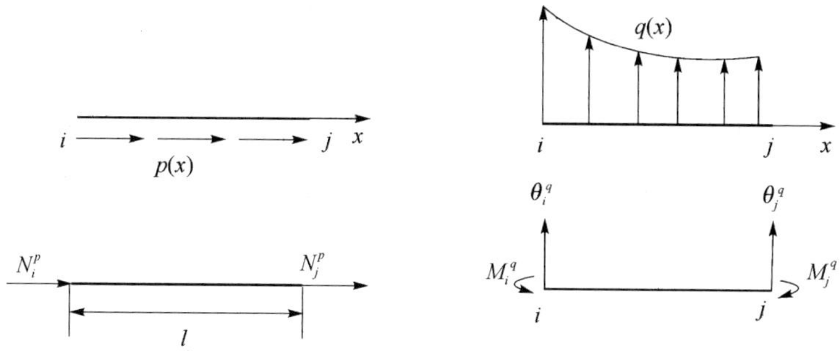

(a) 轴力　　(b) 剪力

图 3.9　等效结点载荷

对不同的 $q(x)$，积分后的等效结点载荷见表 3.2。

表 3.2　几种典型载荷分布形式

分布力 $q(x)$	Q_i^q	M_i^q	Q_j^q	M_j^q
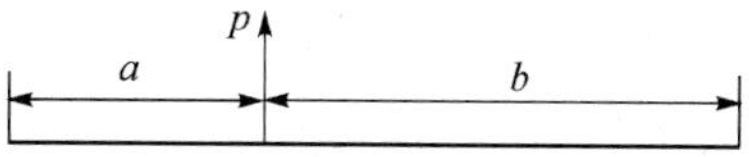	$\frac{pb^2(3a+b)}{l^3}$	$\frac{pab^2}{l^2}$	$\frac{pa^2(a+3b)}{l^3}$	$\frac{-pa^2b}{l^2}$
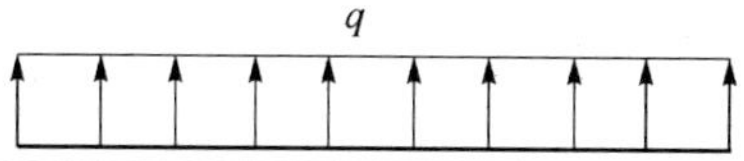	$\frac{ql}{2}$	$\frac{ql^2}{12}$	$\frac{ql}{2}$	$-\frac{ql^2}{12}$
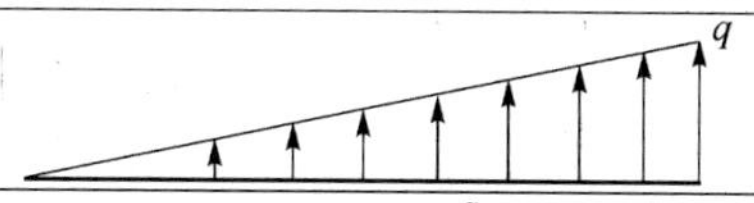	$0.15ql$	$\frac{ql^2}{30}$	$0.35ql$	$-\frac{ql^2}{20}$
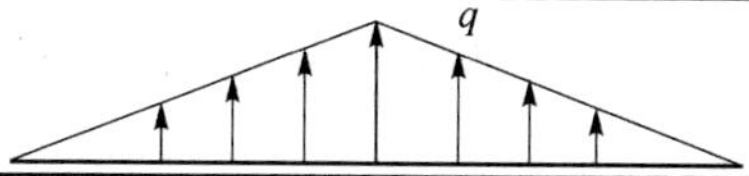	$0.25ql$	$\frac{5ql^2}{96}$	$0.25ql$	$-\frac{5ql^2}{96}$

3. 分布力矩 $m_z(x)$的等效结点载荷

分布力矩 $m_z(x)$的等效结点载荷如图 3.10 所示。

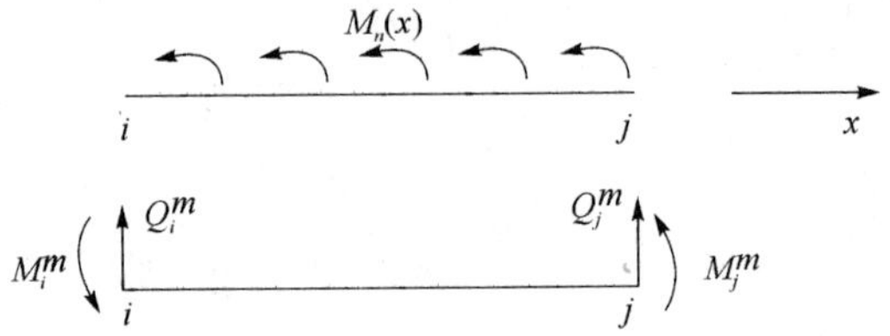

图 3.10 分布力矩的等效结点载荷

对应 m_z 的位移时，转角 $\theta=\dfrac{\mathrm{d}v}{\mathrm{d}x}$，因此相应的形状函数矩阵为 $\boldsymbol{N}'_v$。

$$\boldsymbol{f}_m=\begin{Bmatrix} Q_i^m \\ M_i^m \\ Q_j^m \\ M_j^m \end{Bmatrix}=\int_0^l m_z(x)(\boldsymbol{N}'_v)^{\mathrm{T}}\mathrm{d}x \tag{3.89}$$

当挠度为 x 的 3 次式时

$$\boldsymbol{f}_m=\begin{Bmatrix} Q_i^m \\ M_i^m \\ Q_j^m \\ M_j^m \end{Bmatrix}=\begin{bmatrix} 1 & 0 & -\dfrac{3}{l^2} & \dfrac{2}{l^3} \\ 0 & 1 & -\dfrac{2}{l} & \dfrac{1}{l^2} \\ 0 & 0 & \dfrac{3}{l^2} & -\dfrac{2}{l^3} \\ 0 & 0 & -\dfrac{1}{l} & \dfrac{1}{l^2} \end{bmatrix}\begin{Bmatrix} Q'_0 \\ Q'_1 \\ Q'_2 \\ Q'_3 \end{Bmatrix} \tag{3.90}$$

式中：$Q'_0=0$，$Q'_1=\int_0^l m_z(x)\mathrm{d}x$，$Q'_2=\int_0^l 2m_z(x)x\mathrm{d}x$，$Q'_3=\int_0^l 3m_z(x)x^2\mathrm{d}x$。

当 $m_z(x)=m_z$ 为均匀分布情况时：

$$[Q_i^m \quad M_i^m \quad Q_j^m \quad M_j^m]^{\mathrm{T}}=[-m_z \quad 0 \quad m_z \quad 0]^{\mathrm{T}} \tag{3.91}$$

3.4 总体刚度矩阵和总体载荷列向量

形成总体刚度矩阵主要有两种途径：

① 结构总体刚度矩阵可以通过直接处理整个结构的方法（势能原理）而得到。通过这种途径得到的结构总体刚度矩阵物理意义清晰，但它不是一种容易编制程序的系统化方法。

② 通过组装单元刚度矩阵以形成总体刚度矩阵。事实上，结构总体刚度矩阵的元素是由单元刚度矩阵的元素组成的，只要确定了单元刚度矩阵各元素在结构总体刚度矩阵中的位置，就可以由单元刚度矩阵直接集成结构总体刚度矩阵。

这里介绍第二种方法。

把单元杆端位移分量(局部码)所对应的结构结点位移向量的序号(整体位移码)组成一向量,它成为单元的定位向量。利用单元定位向量可以完全确定单元刚度矩阵的每个元素在结构(原始)刚度矩阵中的行码和列码。

由定位向量对号入座集装结构总体刚度矩阵的具体做法:先求出单元 e 在整体坐标系中的刚度矩阵 $\boldsymbol{K}^e$,然后将单元 e 的定位向量分别写在单元刚度矩阵 $\boldsymbol{K}^e$ 的上方和右侧(或左侧)。这样,$\boldsymbol{K}^e$ 的每一行或每一列就与单元定位向量的一个分量相对应,这个分量即为 $\boldsymbol{K}^e$ 中相应的行和列在结构总体刚度矩阵 $\boldsymbol{K}$ 中的行码或列码。于是,按照由单元定位向量中分量的行码和列码,就能够将单元刚度矩阵 $\boldsymbol{K}^e$ 的元素正确地叠加到结构刚度矩阵 $\boldsymbol{K}$ 中去,如图 3.11 所示。

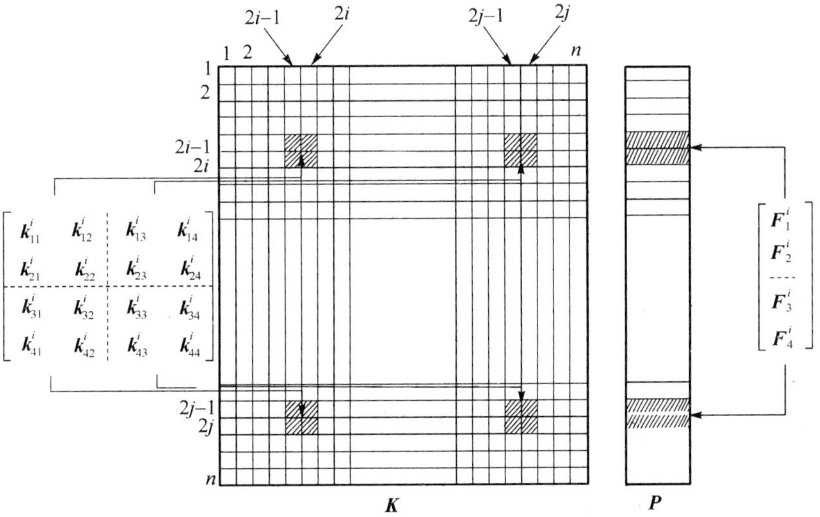

图 3.11　直接刚度法集成示意图

考虑如图 3.12 所示的平面桁架结构。图中,1(1,2)、2(3,4)、3(5,6)中括号前面的数字代表整体结点编号,括号中的数字即为位移向量的序号,对于平面直杆单元,有如下关系式:$i(2i-1,2i)$。

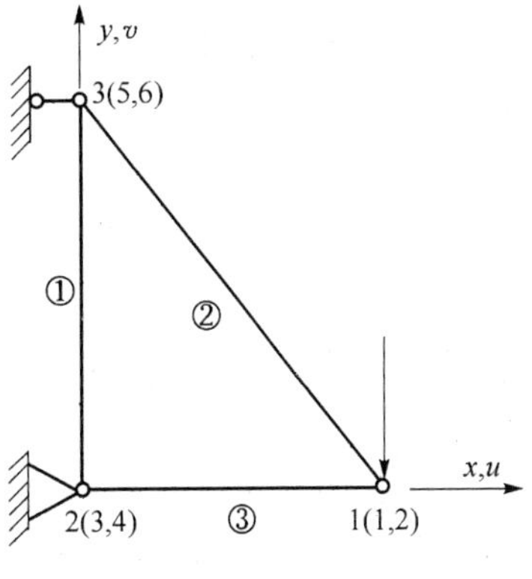

图 3.12　3 杆平面桁架结构

由前面知,拉(压)杆单元刚度矩阵为一个 4 阶矩阵,设每个杆单元的单元刚度矩阵分别如下:

$$\boldsymbol{K}^1=\begin{matrix} 3 & 4 & 5 & 6 & \\ \left[\begin{matrix} \boldsymbol{k}_{11}^1 & \boldsymbol{k}_{12}^1 & \boldsymbol{k}_{13}^1 & \boldsymbol{k}_{14}^1 \\ \boldsymbol{k}_{21}^1 & \boldsymbol{k}_{22}^1 & \boldsymbol{k}_{23}^1 & \boldsymbol{k}_{24}^1 \\ \boldsymbol{k}_{31}^1 & \boldsymbol{k}_{32}^1 & \boldsymbol{k}_{33}^1 & \boldsymbol{k}_{34}^1 \\ \boldsymbol{k}_{41}^1 & \boldsymbol{k}_{42}^1 & \boldsymbol{k}_{43}^1 & \boldsymbol{k}_{44}^1 \end{matrix}\right.\end{matrix}\left.\begin{matrix} \\ \end{matrix}\right]\begin{matrix} 3 \\ 4 \\ 5 \\ 6 \end{matrix} \tag{3.92}$$

$$\boldsymbol{K}^2=\begin{matrix} 1 & 2 & 5 & 6 & \\ \left[\begin{matrix} \boldsymbol{k}_{11}^2 & \boldsymbol{k}_{12}^2 & \boldsymbol{k}_{13}^2 & \boldsymbol{k}_{14}^2 \\ \boldsymbol{k}_{21}^2 & \boldsymbol{k}_{22}^2 & \boldsymbol{k}_{23}^2 & \boldsymbol{k}_{24}^2 \\ \boldsymbol{k}_{31}^2 & \boldsymbol{k}_{32}^2 & \boldsymbol{k}_{33}^2 & \boldsymbol{k}_{34}^2 \\ \boldsymbol{k}_{41}^2 & \boldsymbol{k}_{42}^2 & \boldsymbol{k}_{43}^2 & \boldsymbol{k}_{44}^2 \end{matrix}\right. & & & & \left.\begin{matrix} 1\\2\\5\\6 \end{matrix}\right. \end{matrix} \tag{3.93}$$

$$\boldsymbol{K}^3=\begin{matrix} 1 & 2 & 3 & 4 & \\ \left[\begin{matrix} \boldsymbol{k}_{11}^3 & \boldsymbol{k}_{12}^3 & \boldsymbol{k}_{13}^3 & \boldsymbol{k}_{14}^3 \\ \boldsymbol{k}_{21}^3 & \boldsymbol{k}_{22}^3 & \boldsymbol{k}_{23}^3 & \boldsymbol{k}_{24}^3 \\ \boldsymbol{k}_{31}^3 & \boldsymbol{k}_{32}^3 & \boldsymbol{k}_{33}^3 & \boldsymbol{k}_{34}^3 \\ \boldsymbol{k}_{41}^3 & \boldsymbol{k}_{42}^3 & \boldsymbol{k}_{43}^3 & \boldsymbol{k}_{44}^3 \end{matrix}\right. & & & & \left.\begin{matrix} 1\\2\\3\\4 \end{matrix}\right. \end{matrix} \tag{3.94}$$

利用单元定位向量叠加结构刚度矩阵为

$$\boldsymbol{K}=\begin{bmatrix} \boldsymbol{k}_{11}^2+\boldsymbol{k}_{11}^3 & \boldsymbol{k}_{12}^2+\boldsymbol{k}_{12}^3 & \boldsymbol{k}_{13}^3 & \boldsymbol{k}_{14}^3 & \boldsymbol{k}_{13}^2 & \boldsymbol{k}_{14}^2 \\ \boldsymbol{k}_{21}^2+\boldsymbol{k}_{21}^3 & \boldsymbol{k}_{22}^2+\boldsymbol{k}_{22}^3 & \boldsymbol{k}_{23}^3 & \boldsymbol{k}_{24}^3 & \boldsymbol{k}_{23}^2 & \boldsymbol{k}_{24}^2 \\ \boldsymbol{k}_{31}^3 & \boldsymbol{k}_{32}^3 & \boldsymbol{k}_{11}^1+\boldsymbol{k}_{33}^3 & \boldsymbol{k}_{12}^1+\boldsymbol{k}_{34}^3 & \boldsymbol{k}_{13}^1 & \boldsymbol{k}_{14}^1 \\ \boldsymbol{k}_{41}^3 & \boldsymbol{k}_{42}^3 & \boldsymbol{k}_{21}^1+\boldsymbol{k}_{43}^3 & \boldsymbol{k}_{22}^1+\boldsymbol{k}_{44}^3 & \boldsymbol{k}_{23}^1 & \boldsymbol{k}_{24}^1 \\ \boldsymbol{k}_{31}^2 & \boldsymbol{k}_{32}^2 & \boldsymbol{k}_{31}^1 & \boldsymbol{k}_{32}^1 & \boldsymbol{k}_{33}^1+\boldsymbol{k}_{33}^2 & \boldsymbol{k}_{34}^1+\boldsymbol{k}_{34}^2 \\ \boldsymbol{k}_{41}^2 & \boldsymbol{k}_{42}^2 & \boldsymbol{k}_{41}^1 & \boldsymbol{k}_{42}^1 & \boldsymbol{k}_{43}^1+\boldsymbol{k}_{43}^2 & \boldsymbol{k}_{44}^1+\boldsymbol{k}_{44}^2 \end{bmatrix} \begin{matrix} 1\\2\\3\\4\\5\\6 \end{matrix} \tag{3.95}$$

（列编号：1　2　3　4　5　6）

单元载荷列向量与结构总体载荷列向量的集成与刚度矩阵的集成方法类似，亦可见图 3.11。

下面介绍产生带状矩阵的结点编号。如果所有的非零系数集中在对角线附近，则该矩阵是“带状的”。带状化是利用矩阵稀疏性的一个简单方法，因为带以外的零系数既不必存储，也不必处理。

K 中非零系数的数目与结点编号无关，但是改变结点编号可以改变 **K** 中非零系数的排列。图 3.13 的桁架产生图 3.14 的刚度矩阵。在带外只有零元素，而由于某些杆件是水平的或垂直的，在带内才出现零元素。拼装过程决定了在任何一个结构的刚度矩阵中，除非第 i 个自由度和第 j 个自由度都在同一单元内，否则在第 i 行对角线右面第 j 列元素为零。

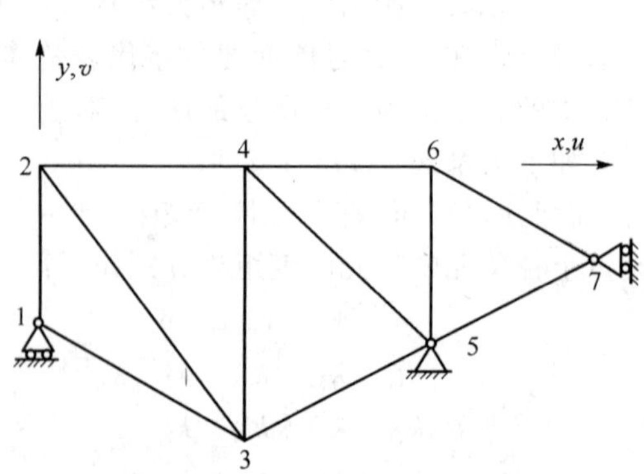

图 3.13　平面桁架

图 3.14 中，符号 B 给出的半带宽为 6

(在下面我们将更清楚地定义 B)。总带宽包括对角线左边的元素,因此是 $2B-1$,为了减小半带宽,通常可沿结构的较短尺寸方向进行结点编号。

半带宽 B 确定如下,找出 $\boldsymbol{K}$ 的第 i 行的最后一个非零元素的列号 j,计算 $b_i=1+(j-i)$。对所有的行都做上述操作,然后将最大的 b_i 取为 B。在计算机程序中,通过扫描所有的单元来求 B。令 L 为每个结点自由度数(例如对于平面桁架拉压杆单元,$L=2$);又令 J 和 K 分别是在该单元的最小和最大结点号码。当单元矩阵扩展为结构大小时,它将占据 i 列到 j 列,其中 $i=1+(J-1)L$,$j=LK$,在这一范围内有 $b=1+(j-i)=L(K-J+1)$个系数。所有单元最大的 b 就是 B。

一个对称阵的信息内容全在于半带内的 $N\times B$ 个系数。实际上,矩阵的阶数 N 可能远远大于 B,所以存储 $N\times B$ 个,而不是所有 N^2 个矩阵系数显然是有利的。

图 3.14 (b)给出一个简单的存储半带的格式。逐行向左移动,即第 2 行移动 1 列,第 3 行移动 2 列,第 i 行移动 $i-1$ 列。这样一来,矩阵的所有对角线系数出现在该数组的第 1 列。

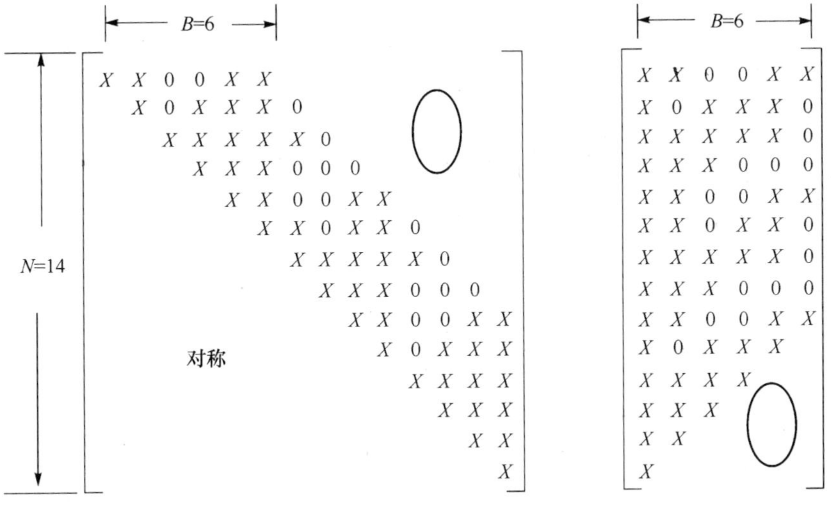

(a) 桁架的刚度矩阵　　(b) 同一刚度矩阵的带状形式存储

图 3.14　刚度矩阵

3.5　刚度矩阵的物理意义和性质

设某单元或结构具有 n 个结点位移(或自由度):

$$\boldsymbol{U}=[u_1 \quad u_2 \quad \cdots \quad u_i \quad \cdots \quad u_j \quad \cdots \quad u_n \quad]^{\mathrm{T}}$$

对应的结点载荷记为

$$\boldsymbol{f}=[f_1 \quad f_2 \quad \cdots \quad f_i \quad \cdots \quad f_j \quad \cdots \quad f_n \quad]^{\mathrm{T}}$$

其刚度方程记为

$$f=KU \tag{3.96}$$

或者

$$\begin{bmatrix} f_1 \\ f_2 \\ \vdots \\ f_i \\ \vdots \\ f_j \\ \vdots \\ f_n \end{bmatrix} = \begin{bmatrix} K_{11} & K_{12} & \cdots & K_{1i} & \cdots & K_{1j} & \cdots & K_{1n} \\ K_{21} & K_{22} & \cdots & K_{2i} & \cdots & K_{2j} & \cdots & K_{2n} \\ \vdots & \vdots & & \vdots & & \vdots & & \vdots \\ K_{i1} & K_{i2} & \cdots & K_{ii} & \cdots & K_{ij} & \cdots & K_{in} \\ \vdots & \vdots & & \vdots & & \vdots & & \vdots \\ K_{j1} & K_{j2} & \cdots & K_{ji} & \cdots & K_{jj} & \cdots & K_{jn} \\ \vdots & \vdots & & \vdots & & \vdots & & \vdots \\ K_{n1} & K_{n2} & \cdots & K_{ni} & \cdots & K_{nj} & \cdots & K_{nn} \end{bmatrix} \begin{bmatrix} u_1 \\ u_2 \\ \vdots \\ u_i \\ \vdots \\ u_j \\ \vdots \\ u_n \end{bmatrix}$$

在上式中，令

$$u_i=1,\quad u_1=u_2=\cdots=u_i=u_{i+1}=\cdots=u_n=0$$

也就是说，如果结点位移 u_i 为单位值而其他为零(固定不动) 则由上式可以得到：

$$[f_1 \quad f_2 \quad \cdots \quad f_i \quad \cdots \quad f_j \quad \cdots \quad f_n]^{\mathrm{T}}=[K_{1i} \quad K_{2i} \quad \cdots \quad K_{ii} \quad \cdots \quad K_{ji} \quad \cdots \quad K_{ni}]^{\mathrm{T}}$$

由此可见，刚度矩阵的诸元素(刚度系数)在数值上等于造成某种特定变形状态时所需要施加的各结点上的力。刚度矩阵的第 i 列，就是为使第 i 个结点位移为 1，而其余结点位移均为零时，所必须施加于结点上的全部力系。例如图 3.15 所示的例子。

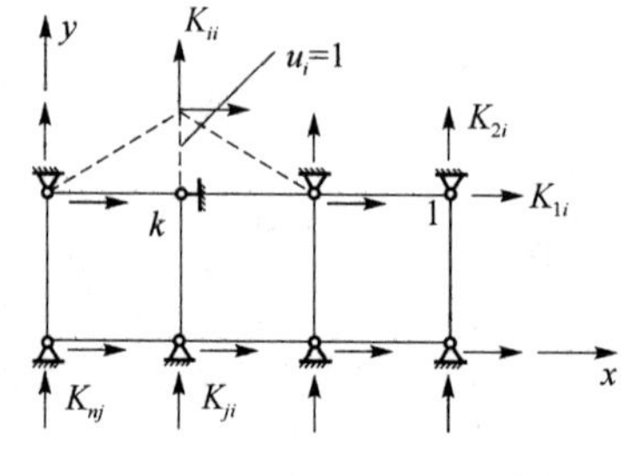

图 3.15　刚度系数的物理意义

如图 3.15 所示，令结点 k 的垂直方向位移 $u_i=1$，而该点的水平位移以及其他结点的全部位移均固定不动，则 k 点施加的垂直力的大小就等于 K_{ii}，而其他支反力的大小分别等于 K_{1i}，$K_{2i}\cdots K_{ji}\cdots K_{ni}$，这些系数的值愈大，说明这个结构(或单元)愈难以发生变形，因而显得它愈加刚硬。它们说明了单元或结构抵抗变形的能力，因而得名为“刚度系数”。另外，这些系数所体现的刚度特性又反映了各结点位移和结点力相互之间的影响，所以又称之为“刚度影响系数”。其中，K_{11}，$K_{22}\cdots K_{ii}\cdots$ 系数反映结点位移与本身对应的结点力之间的影响，称为“自身影响系数”。它们在刚度矩阵中总处在主对角线上，故又称为“主系数”；其他的系数如 K_{12}，$K_{21}\cdots K_{ij}$

…反映不对应的结点力同结点位移之间的影响，称为“交叉影响系数”。它们在刚度矩阵中总是占据主对角线两旁的位置，故又称为“副系数”。

总之，任一刚度系数在数值上等于使结构(或单元)产生单位位移而其余结点位移为零时第 i 个结点力的值。我们强调指出，尽管它们在数值上可能相等，但量纲却不一定相同。刚度系数的因次显然是

力的量纲/位移的量纲

这里，力和位移都是指的广义力和广义位移。

刚度矩阵与应变能有密切的关系。对于线性弹性体来说，应变能可以表成：

$$W=\frac{1}{2}\boldsymbol{U}^{\mathrm{T}}\boldsymbol{f} \tag{3.97}$$

将刚度方程代入式(3.97)

$$W=\frac{1}{2}\boldsymbol{U}^{\mathrm{T}}\boldsymbol{K}\boldsymbol{U} \tag{3.98}$$

综上所述，可以得出刚度矩阵有以下性质：

① 主系数必为正值：

$$K_{ii}>0 \quad (i=1,2,\cdots,n)$$

由于指定位移 u_i 是正的单位1，外力 K_{ii} 也必定是正值。否则，外力功将成为负值，这在物理上是不可能的。

② 刚度矩阵是正定的，为说明这种性质，将应变能表达写成展开的形式：

$$\begin{aligned} W = & \frac{1}{2}(K_{11}u_1^2+\cdots+K_{1i}u_1u_i+\cdots+K_{1j}u_1u_j+\cdots+K_{1n}u_1u_n+\cdots+ \\ & K_{i1}u_iu_1+\cdots+K_{ii}u_i^2+\cdots+K_{ij}u_iu_j+\cdots+K_{in}u_iu_n+\cdots+ \\ & K_{j1}u_ju_1+\cdots+K_{ji}u_ju_i+\cdots+K_{jj}u_j^2+\cdots+K_{jn}u_ju_n+\cdots+ \\ & K_{n1}u_nu_1+\cdots+K_{ni}u_nu_i+\cdots+K_{nj}u_nu_j+\cdots+K_{nn}u_n^2) = \\ & \frac{1}{2}\sum_{i=1}^{n}\sum_{j=1}^{n}K_{ij}u_iu_j \end{aligned} \tag{3.99}$$

也就是说，W 是关于变量 $\boldsymbol{U}$ 的二次齐次多项式。在线性代数里，这种多项式称为“二次型”。而由多项式系数所组成方阵 $\boldsymbol{K}$ 称为这二次型的矩阵。我们知道，不论位移列阵 $\boldsymbol{U}$ 取何种数值，除非 $\boldsymbol{U}=\boldsymbol{0}$，应变能 W 总是正值。这样的二次型在数学上称为是“正定的”，表达这种二次型的矩阵也就称为“正定矩阵”。

③ 刚度矩阵是对称矩阵，这一性质是由功的互等定理决定的。对于线性弹性体，第一种加载状态下的诸力在第二种加载状态下移动相应位移时所作的功，等于第二种加载状态下的诸力在第一种加载状态下移动相应位移时所做的功。

根据前面所述刚度系数的物理意义，系数 K_{ij} 和 K_{ji} 分别包含在这样两种加载状态的诸力中，其对应的外力功是 $1\times K_{ij}=K_{ji}\times 1$，故 $K_{ij}=K_{ji}$。

④ 刚度矩阵的任一行(或列)代表一个平衡力系。

当结点位移列阵的单元全部为线位移时,任一行(或列)的代数和应为零。

由前所述,刚度矩阵的任一列在数值上等于某种特定位移状态下的全部外力和支反力,它们当然构成一个平衡力系。而由对称性可知,任一行也具有同样性质。

在具体计算过程中,可以利用这一性质检查计算结果的正误。

⑤ 在代入边界条件之前,刚度方阵是奇异矩阵而不可求逆。

结构(或单元)在考虑边界约束之前,其位移是不定的,刚度方程可有无穷多组解答,因而系数矩阵必定是奇异的。

⑥ 大型结构的整体刚度矩阵必定是高度稀疏的;经过适当的结点编号,它常常可变成带状矩阵。所谓稀疏就是说有许多刚度系数为零;所谓带状,就是说非零的系数全部分布于主对角线附近 。

3.6 位移边界条件

在用有限元方法对结构进行整体分析时,建立了整体刚度矩阵 $\boldsymbol{K}$,也得到了结构的刚度平衡方程,即 $\boldsymbol{KU}=\boldsymbol{f}$。结构刚度方程的求解相当于总刚 $\boldsymbol{K}$ 求逆的过程。但是,从数学上看,未经处理的总刚是对称、半正定的奇异矩阵,它的行列式值为零,不能立即求逆。从物理意义看,在进行整体分析时,结构处于自由状态,在结点载荷 $\boldsymbol{F}$ 的条件下,仍不能通过平衡方程唯一地解出结点位移 $\boldsymbol{U}$。为了使问题可解,必须对结构加以足够的位移约束,也就是应用位移边界条件。首先要通过施加适当的约束,消除结构的刚体位移,再根据问题要求设定其他已知位移。因此,处理位移边界条件在有限元分析步骤中十分重要。

约束的种类包括使某些自由度上位移为零,$u_i=0$,或给定其位移值,$u_i=u^*$,还有给定支承刚度等,这里只讨论第一种情况。处理约束的方法,常用的有删行删列法(分块法)、置大数法和置 1 法等,下面分别予以介绍。

1. 删行删列法

为了理解这个方法,把方程 $\boldsymbol{KU}=\boldsymbol{f}$ 分块如下:

$$\begin{bmatrix} K_{11} & K_{12} \\ K_{21} & K_{22} \end{bmatrix}\begin{Bmatrix} u_1 \\ u_2 \end{Bmatrix}=\begin{Bmatrix} f_1 \\ f_2 \end{Bmatrix} \tag{3.100}$$

式中:u_2 假设是被约束的结点位移;u_1 是无约束的(自由)结点位移。因而 f_1 是已知的结点力;f_2 是未知的结点力。方程(3.100)可以写为

$$K_{11}u_1+K_{12}u_2=f_1 \tag{3.101}$$

即

$$K_{11}u_1=f_1-K_{12}u_2 \tag{3.102}$$

和

$$K_{12}^{\mathrm{T}}u_1+K_{22}u_2=f_2 \tag{3.103}$$

其中，K_{11} 不是奇异的，因而可以解方程(3.102)得出

$$u_1 = K_{11}^{-1}(f_1 - K_{12}u_2) = K_{11}^{-1}f_1 \tag{3.104}$$

式(3.104)可重写为

$$K_{11}u_1 = f_1 \tag{3.105}$$

即式(3.100)可通过删除总体刚度矩阵和总体载荷列向量对应于 u_2 的各行和各列(即删行删列法)，对压缩矩阵进行求解。

这种方法的优点是道理简单。如果删去的行列很多，则总体刚度矩阵的阶数可大为缩小。通常用人工计算时常采用该方法。若用计算机算题，在程序编制上会带来麻烦，因为刚度矩阵压缩以后，刚度矩阵中各元素的下标必然改变，因而一般不采用这种算法。

2. 置 1 法

由于全部给定的结点位移通常都不在位移向量 $\boldsymbol{U}$ 的开始或终了，故分块法的编号方法是很麻烦的。因此，为了引入给定的边界条件 $u_2=0$，可以采用下述等价的方法。

可以把方程(3.102)和 $Iu_2=u_2$ 合在一起写为

$$\begin{bmatrix} K_{11} & 0 \\ 0 & I \end{bmatrix}\begin{Bmatrix} u_1 \\ u_2 \end{Bmatrix}=\begin{Bmatrix} f_1 - K_{12}u_2 \\ u_2 \end{Bmatrix} \tag{3.106}$$

在实际计算中，方程(3.102)所示的过程可以在不重新排列所述方程的情况下，用下述方法来进行。

① 除对角线元素以外，使 $\boldsymbol{K}$ 中对应于 u_j 的行和列为零，而对角线元素为 1，即

$$K_{ji} = K_{ij} = 0 \quad (i=1,2,\cdots,j-1,j+1,\cdots,n)$$

$$K_{jj} = 1$$

② 使载荷向量中对应于 u_j 的分量值为零，即

$$f_j = 0$$

对全部给定的结点位移 u_j(u_j 为 u_2 的分量)反复运用上述过程。应当指出，由于这个过程保持了方程的对称性，因此，$\boldsymbol{K}$ 可以按带状存储，而且几乎不会增加编制程序的工作量。

3. 置大数法

置大数法的思路是：在总体刚度矩阵中，把指定位移所对应的行和列的对角元素 K_{jj} 乘上一个很大的数，如 10^{15}，此行其他元素保持不变。于是，原平衡方程组变为

$$\begin{bmatrix} K_{11} & K_{12} & \cdots & K_{1n} \\ K_{21} & K_{22} & \cdots & K_{2n} \\ \vdots & \vdots & & \vdots \\ K_{j1} & K_{j2} & 10^{15}K_{jj} & K_{jn} \\ \vdots & \vdots & & \vdots \\ K_{n1} & K_{n2} & \cdots & K_{nn} \end{bmatrix}\begin{Bmatrix} u_1 \\ u_2 \\ \vdots \\ u_j \\ \vdots \\ u_n \end{Bmatrix}=\begin{Bmatrix} f_1 \\ f_2 \\ \vdots \\ f_j \\ \vdots \\ f_n \end{Bmatrix} \tag{3.107}$$

除第 i 行外，其他各行仍保持原来的平衡特性，而第 i 个方程式展开为

$$K_{j1}u_1+K_{j2}u_2+\cdots 10^{15}K_{jj}u_j+\cdots+K_{jn}u_n=f_j \tag{3.108}$$

由于上式中的 $10^{15}K_{jj}$ 比其他项的系数大得多，求和后可略去其小量，则上式变为

$$10^{15}K_{jj}u_j=f_j \tag{3.109}$$

从而 $u_j\approx 0$。

这样就用近似方程组，得到近似满足边界条件的解。

3.7　总刚度平衡方程的求解

应用有限元法，最终都是归结为解总体刚度平衡方程，它实际上是以总体刚度矩阵为系数矩阵的大型线性代数方程组。通过对结构施加位移边界条件，消除了结构的刚体位移，从而消除总体刚度矩阵的奇异性，解这个线性代数方程组可求出结点位移 $\boldsymbol{u}$。

现已知总体刚度矩阵具有大型、对称、稀疏、带状分布、正定、主元占优势的特点。稀疏表示刚度矩阵含有大量的零元素；带状表示非零元素集中在主对角线两侧。求解方程组应抓住上述特点，才能提高效率。

首先，要为总刚度矩阵选择适当的存储方式，常用的有：

- 整体存储总刚。总刚的全部元素以二维数组形式存放在计算机内存中，存储效率最低，适用于小型问题的分析。
- 等带宽二维存储总刚。总刚的下三角或上三角的带内元素取最大半带宽以二维数组形式存放在计算机内存中。其行数同整体总刚，列数等于最大半带宽。
- 一维变带宽存储总刚。将总刚下三角实际半带宽内元素逐行存放在一个一维数组内。

其次，根据总刚度矩阵的存储方式，选择适当的求解刚度方程的方法：

线性代数方程组的解法分直接解法（如高斯消去法、三角分解法）和迭代解法（如高斯—赛德尔迭代、超松弛迭代），我们主要讨论几种常用的直接解法。

- 高斯消去法。适合整体存储总刚。由于需要集合完整总刚，内存利用和计算效率都比较低。但高斯消去法原理和程序简单，作为初学便于理解。
- 对称消元法。利用刚度矩阵对称，且每次消元的子阵均对称的性质，对高斯消去法稍加改进形成。这样就只需组装总刚的上三角或下三角部分。
- 带消元法。将对称消元法进一步改造，使之适合总刚的等带宽二维存储。
- 因子化法（三角分解）。又称 Cholesky 分解，适合一维变带宽存储总刚。这种方法存储效率高，计算速度快，应用较为普遍。

3.8　算　例

如图 3.16 所示为 3 根杆子组成的简单桁架结构，结点编号以及单元的几何、物理参数见图 3.16，求结点 1 的位移、各杆内力、支座反力。

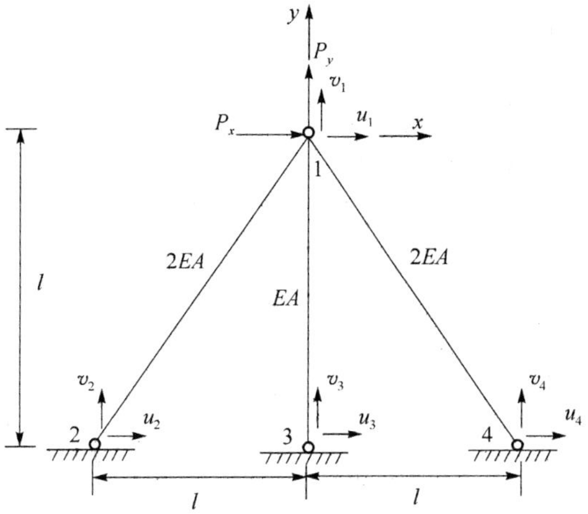

图 3.16　3 杆桁架

解:先计算各单元相对总体坐标系的刚度矩阵。

杆 1-2,取 1 为局部坐标系原点,由 1 指向 2 为 x 轴正向,由 $\bar{x}$ 轴到 x 轴按逆时针为正,则 $\alpha=225°$,$\cos\alpha=-\dfrac{1}{\sqrt{2}}$,$\sin\alpha=-\dfrac{1}{\sqrt{2}}$,局部坐标系下的单刚为

$$\boldsymbol{K}'_{1-2}=\frac{2AE}{\sqrt{2}l}\begin{bmatrix}1 & -1\\ -1 & 1\end{bmatrix} \tag{3.110}$$

$$\boldsymbol{\lambda}_{1-2}=\begin{bmatrix}\cos\alpha & \sin\alpha\\ -\sin\alpha & \cos\alpha\end{bmatrix}=\begin{bmatrix}-\dfrac{1}{\sqrt{2}} & -\dfrac{1}{\sqrt{2}}\\ \dfrac{1}{\sqrt{2}} & -\dfrac{1}{\sqrt{2}}\end{bmatrix} \tag{3.111}$$

$$\boldsymbol{T}_{1-2}=\begin{bmatrix}\boldsymbol{\lambda} & \\ & \boldsymbol{\lambda}\end{bmatrix} \tag{3.112}$$

总体坐标系下的单刚为

$$\boldsymbol{K}_{1-2}=\boldsymbol{T}^{\mathrm{T}}\boldsymbol{K}'_{1-2}\boldsymbol{T}=\frac{EA}{\sqrt{2}l}\begin{bmatrix}1 & 1 & -1 & -1\\ 1 & 1 & -1 & -1\\ -1 & -1 & 1 & 1\\ -1 & -1 & 1 & 1\end{bmatrix} \tag{3.113}$$

杆 1-3,$\alpha=270°$,$\cos\alpha=0$,$\sin\alpha=-1$,故

$$\boldsymbol{K}_{1-3}=\frac{EA}{l}\begin{bmatrix}0 & 0 & 0 & 0\\ 0 & 1 & 0 & -1\\ 0 & 0 & 0 & 0\\ 0 & -1 & 0 & 1\end{bmatrix} \tag{3.114}$$

杆 1－4，$\alpha=315°$，$\cos\alpha=\frac{1}{\sqrt{2}}$，$\sin\alpha=-\frac{1}{\sqrt{2}}$，故

$$\boldsymbol{K}_{1-4}=\frac{EA}{\sqrt{2}l}\begin{bmatrix}1 & -1 & -1 & 1\\ -1 & 1 & 1 & -1\\ -1 & 1 & 1 & -1\\ 1 & -1 & -1 & 1\end{bmatrix} \tag{3.115}$$

组成全结构刚度矩阵，对 3 个杆单元单刚按对应行列组装叠加成结构总刚。用删行删列法处理，缩聚之后的结构刚度方程为：

$$\frac{EA}{\sqrt{2}l}\begin{bmatrix}2 & 0\\ 0 & 2+\sqrt{2}\end{bmatrix}\begin{Bmatrix}u_1\\ v_1\end{Bmatrix}=\begin{Bmatrix}F_x\\ F_y\end{Bmatrix} \tag{3.116}$$

式中：F_x 和 F_y 为作用在结点 1 的 x 和 y 方向的载荷，求解上面方程得

$$\begin{Bmatrix}u_1\\ v_1\end{Bmatrix}=\frac{l}{EA}\begin{bmatrix}\frac{1}{\sqrt{2}} & 0\\ 0 & \frac{1}{1+\sqrt{2}}\end{bmatrix}\begin{Bmatrix}F_x\\ F_y\end{Bmatrix}=\begin{Bmatrix}\frac{F_x l}{\sqrt{2}EA}\\ \frac{F_y l}{(1+\sqrt{2})EA}\end{Bmatrix} \tag{3.117}$$

结构位移求得之后，可求单元结点力

$$\boldsymbol{f}^e=K^e\boldsymbol{u}^e \tag{3.118}$$

例如，对于杆 1－2 有

$$\begin{Bmatrix}U_1\\ V_1\\ U_2\\ V_2\end{Bmatrix}=\frac{EA}{l}\frac{1}{\sqrt{2}}\begin{bmatrix}1 & 1 & -1 & -1\\ 1 & 1 & -1 & -1\\ -1 & -1 & 1 & 1\\ -1 & -1 & 1 & 1\end{bmatrix}\begin{Bmatrix}u_1\\ v_1\\ u_2\\ v_2\end{Bmatrix}=\frac{EA}{\sqrt{2}l}\begin{bmatrix}1 & 1 & -1 & -1\\ 1 & 1 & -1 & -1\\ -1 & -1 & 1 & 1\\ -1 & -1 & 1 & 1\end{bmatrix}\begin{Bmatrix}\frac{F_x l}{\sqrt{2}EA}\\ \frac{F_y}{(1+\sqrt{2})EA}\\ 0\\ 0\end{Bmatrix} \tag{3.119}$$

因

$$\boldsymbol{F}'^e=\boldsymbol{T}\boldsymbol{F}^e \tag{3.120}$$

故

$$\boldsymbol{F}^e_{1-2}=\begin{Bmatrix}U'_1\\ V'_1\\ U'_2\\ V'_2\end{Bmatrix}=\begin{bmatrix}-\frac{1}{\sqrt{2}} & -\frac{1}{\sqrt{2}} & 0 & 0\\ \frac{1}{\sqrt{2}} & -\frac{1}{\sqrt{2}} & 0 & 0\\ 0 & 0 & -\frac{1}{\sqrt{2}} & -\frac{1}{\sqrt{2}}\\ 0 & 0 & \frac{1}{\sqrt{2}} & -\frac{1}{\sqrt{2}}\end{bmatrix}\begin{Bmatrix}U_1\\ V_1\\ U_2\\ V_2\end{Bmatrix} \tag{3.120}$$

同理,可计算出杆 1-3,杆 1-4 的结点力。

当然,以上计算出的结点力,如杆 1-2 必有 $V_1'=0$,$V_2'=0$,$U_1'=U_2'$,U_1'或 U_2'为杆 1-2 的内力,如果为正,表示与局部坐标系 x 轴正向一致,反之为负。根据已计算的单元结点力,单元内力及支座反力不难求得。

由以上分析可知,不论对什么样的杆系结构,其分析过程都是一样的,一般分析步骤为:

① 单元刚度矩阵分析,先在局部坐标系内建立单元刚度矩阵,再变换到总体坐标系;

② 叠加形成结构整体刚度矩阵,建立结构平衡方程 $\boldsymbol{KU}=\boldsymbol{f}$;

③ 引入位移约束条件,求解结构平衡方程;

④ 求解各结点位移、各单元的内力及应力。

习 题

3.1 给出利用最小势能原理建立结构有限元平衡方程的一般过程。

3.2 推导拉(压)杆单元形状函数,利用最小势能原理推导拉(压)杆单元在局部坐标系中的单元刚度方程。

3.3 给出将局部坐标系中的拉(压)杆单元刚度矩阵,通过坐标变换得到整体坐标系中的单元刚度矩阵推导过程。

3.4 推导平面直梁单元形状函数,利用最小势能原理推导平面直梁单元在局部坐标系中的单元刚度方程。

3.5 计算表 3.1 中所列直梁单元承受的 4 种典型载荷分布形式的等效结点载荷(要求计算过程!)。

3.6 计算图 3.16 所示 3 杆平面桁架结构总体刚度矩阵(结构尺寸和杆材料特性如图上标注)。

3.7 计算图 3.17 所示几种编号方式的平面桁架总体刚度矩阵的半带宽 B。

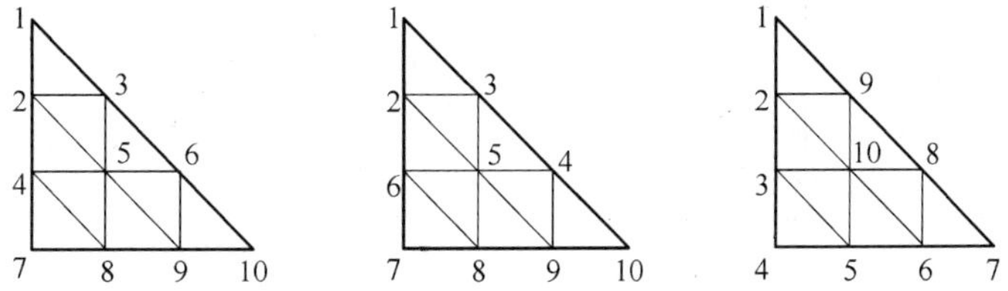

图 3.17 平面桁架

3.8 计算图 3.18 所示 3 杆平面桁架结构的结点位移、各杆轴力和轴向正应力。1 结点处受 x 和 y 方向的载荷大小为 $Px=Py=10\,000.0$ N。杆单元材料弹性模量 $E=2.0\times10^{11}$ N/m^2,截面积 $A=1.0\times10^{-4}$ m^2。

3.9 求图 3.19 所示平面刚架 2 结点处结点位移和梁内力。在 2 结点处受一集中弯矩 $M=100.0\ \text{N}\cdot\text{m}$作用。其中梁截面积 $A=0.5\ \text{m}^2$，惯性矩 $I=\frac{1}{24}\text{m}^4$，弹性模量 $E=3\times10^4\ \text{N/mm}^2$，尺寸 $l=1.0\ \text{m}$。

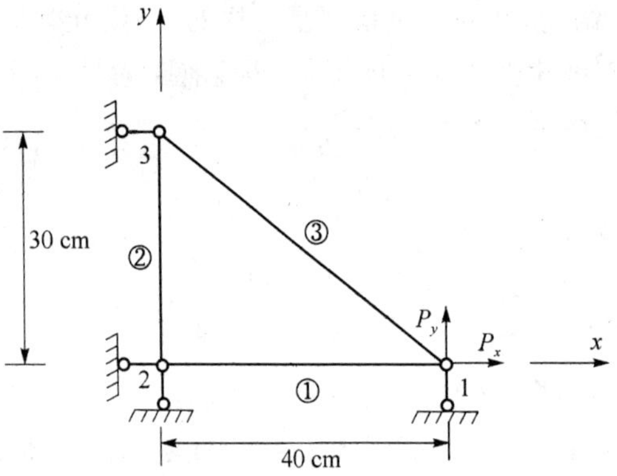

图 3.18 3 杆平面桁架结构

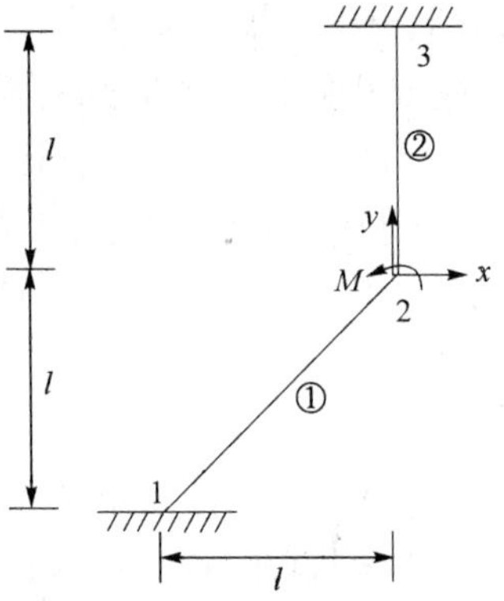

图 3.19 2 杆平面刚架

3.10 求图 3.20 所示平面刚架 2 结点和 3 结点位移。在 2 号单元上作用均布力 $q=1\,000.0\ \text{N/m}$。其中梁截面积 $A=0.5\ \text{m}^2$，惯性矩 $I=1.0\times10^{-4}\ \text{m}^4$，弹性模量 $E=3\times10^4\ \text{N/mm}^2$，尺寸 $l=1.0\ \text{m}$。

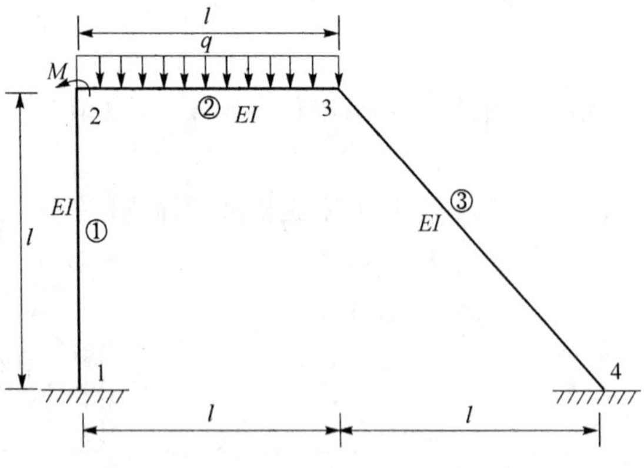

图 3.20 3 杆平面刚架

第 4 章　平面问题有限元分析

4.1　概　述

杆系结构分析所得的结果是精确解，连续体分析一般随划分单元逐渐缩小而精度不断得到提高，这就存在如何提高精度、如何保证收敛、如何整理计算结果和如何提高效率(减少工作量)等新的问题。

弹性力学平面问题可分为平面应力和平面应变两类。对等厚度薄板状结构，其厚度远小于板面另两方向的尺度，在板边受有平行于板面并沿板厚度均匀分布或受有平行于板面的自重等作用(平行于板面之外的载荷作用)，如深梁等，此类问题称为平面应力问题。另一类是很长的棱柱状结构，其长度远大于横截面尺寸且沿长度受有不变的载荷作用，因此可以取出一个单位厚度的隔离体来代表整个结构的受力和变形特征，如水坝、挡土墙等。此类问题称为平面应变问题。对这两类问题它们的区别仅在本构关系[12-13]。

在分析时，需要给出与弹性矩阵有关的显式，除指明弹性矩阵元素的具体表示外，其他地方均用矩阵符号 $\boldsymbol{D}$ 表示。对于各向同性弹性体，两类问题的弹性矩阵分别为

平面应力

$$\boldsymbol{D}=\frac{E}{1-\mu^2}\begin{bmatrix}1 & \mu & 0\\ \mu & 1 & 0\\ 0 & 0 & (1-\mu)/2\end{bmatrix} \tag{4.1}$$

平面应变

$$\boldsymbol{D}=\frac{E(1-\mu)}{(1+\mu)(1-2\mu)}\begin{bmatrix}1 & \dfrac{\mu}{1-\mu} & 0\\ \dfrac{\mu}{1-\mu} & 1 & 0\\ 0 & 0 & \dfrac{1-2\mu}{2(1-\mu)}\end{bmatrix} \tag{4.2}$$

实际上，从以上两式可以看出，在式(4.1)中用 $\dfrac{E}{1-\mu^2}$ 代替 E，用 $\dfrac{\mu}{1-\mu}$ 代替 μ 即可得到式(4.2)。因此，在以下均以平面应力问题来说明。

4.2　常应变三角形单元

4.2.1　离散化

离散化既是将连续体用假想的线或面分割成有限个部分，各部分之间用有限个点相连。每个部分成为一个单元，连接点称为结点。对于平面问题，最简单、最常见的离散方式是将其分割成有限个三角形单元，单元之间在三角形顶点上相连，如图 4.1(a)所示。这种单元称为常应变三角形单元。当边界为曲线时则以直线代替，显然这样会带来误差，这种误差称为离散误差。要减少这个误差，须增加单元数量或选用曲边单元。关于曲边单元将在后面介绍。具体实施时与杆系结构离散类似，还要对单元和结点编码、选坐标系等。

图 4.1(b)是从图 4.1(a)所示离散体系中取出的第 e 个单元。如图 4.1(b)所示，单元的每个结点与两个位移分量，称为结点位移，记为

$$\boldsymbol{u}_i=\begin{Bmatrix} u_i \\ v_i \end{Bmatrix} \tag{4.3}$$

一个单元上有 3 个结点，将 3 个结点位移排在一起称为单元结点位移，记为

$$\boldsymbol{u}^e=\begin{bmatrix}\boldsymbol{u}_i^{\mathrm{T}} & \boldsymbol{u}_j^{\mathrm{T}} & \boldsymbol{u}_k^{\mathrm{T}}\end{bmatrix}^{\mathrm{T}} \tag{4.4}$$

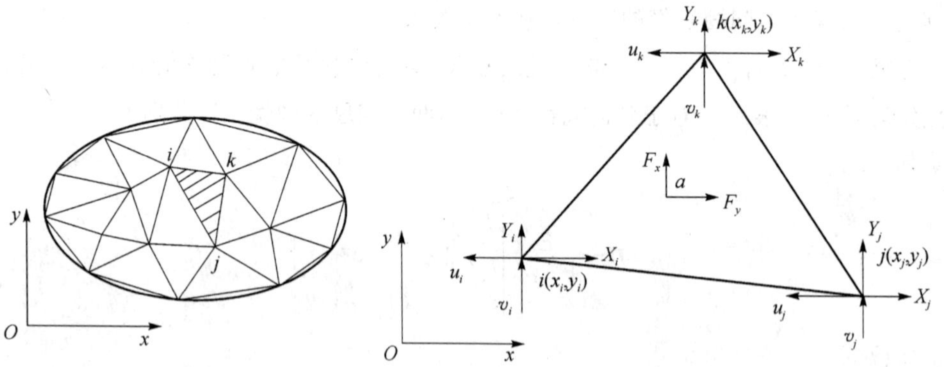

(a) 单元之间在三角形顶点相连　　(b) 第e个单元的结点与位移分量

图 4.1　常应变三角形单元示意

每个结点上有 2 个力(理解成结点或其他单元对单元的作用)，称为结点力，记为

$$\boldsymbol{F}_i=\begin{Bmatrix} F_{xi} \\ F_{yi} \end{Bmatrix} \tag{4.5}$$

将 3 个结点力排在一起称为单元结点力，记为

$$\boldsymbol{F}^e=\begin{bmatrix}\boldsymbol{F}_i^{\mathrm{T}} & \boldsymbol{F}_j^{\mathrm{T}} & \boldsymbol{F}_k^{\mathrm{T}}\end{bmatrix}^{\mathrm{T}} \tag{4.6}$$

单元上作用的体积力记为

$$\boldsymbol{F}_V^e = \begin{Bmatrix} X \\ Y \end{Bmatrix} \tag{4.7}$$

若单元的边界是物体边界，并且该边界有表面力作用，该表面力记为

$$\boldsymbol{F}_S^e = \begin{Bmatrix} \overline{X} \\ \overline{Y} \end{Bmatrix} \tag{4.8}$$

体积力和表面力均是坐标方向的分布集度。

4.2.2　位移模式与形函数

与杆系结构一样，在作单元分析时，为确定单元结点力与单元结点位移关系，需要将单元任一点位移用单元结点位移表示。一般情况下，单元内任一点的实际位移是坐标的很复杂的函数，仅利用单元的 6 个结点位移是不能精确表示的。一般情况由结点位移表示的单元内位移只是实际位移的形式表达，则随着单元尺寸的减少，结果收敛于实际位移。我们把在有限元分析中用来代替单元实际位移的位移形式称为位移模式。可见，位移模式的选择直接关系到结果的收敛性和精度，是很关键的一步。一般从泰勒级数展开的意义出发，选多项式作为位移模式。这不仅运算简单，并且可由项数的多少直接控制结果的精度。按这样的思路，对当前单元，因仅有 6 个结点位移，且考虑位移在 x、y 方向应是均衡的，不应随坐标交换而变，故可选下式为单元的位移模式：

$$\left.\begin{aligned} u &= \alpha_1 + \alpha_2 x + \alpha_3 y \\ v &= \alpha_4 + \alpha_5 x + \alpha_6 y \end{aligned}\right\} \tag{4.9}$$

或用矩阵方程表示

$$\boldsymbol{u} = \begin{Bmatrix} u \\ v \end{Bmatrix} = \begin{bmatrix} 1 & x & y & 0 & 0 & 0 \\ 0 & 0 & 0 & 1 & x & y \end{bmatrix} \boldsymbol{\alpha} = \boldsymbol{N}_0 \boldsymbol{\alpha} \tag{4.10}$$

式中：

$$\boldsymbol{N}_0 = \begin{bmatrix} 1 & x & y & 0 & 0 & 0 \\ 0 & 0 & 0 & 1 & x & y \end{bmatrix}$$

$$\boldsymbol{\alpha} = [\alpha_1, \alpha_2, \alpha_3, \alpha_4, \alpha_5, \alpha_6]^{\mathrm{T}}$$

$\boldsymbol{u}$ 为单元内任意一点的位移向量；$\boldsymbol{\alpha}$ 为待定系数（称为广义坐标），可由结点位移确定。求出 $\boldsymbol{\alpha}$ 后代入式(4.10)可将 $\boldsymbol{u}$ 用结点位移表示。具体计算过程如下：

$$\boldsymbol{u}^e = \boldsymbol{N}_1 \boldsymbol{\alpha} \tag{4.11}$$

式中：

$$\boldsymbol{N}_1 = \begin{bmatrix} 1 & x_i & y_i & 0 & 0 & 0 \\ 0 & 0 & 0 & 1 & x_i & y_i \\ 1 & x_j & y_j & 0 & 0 & 0 \\ 0 & 0 & 0 & 1 & x_j & y_j \\ 1 & x_k & y_k & 0 & 0 & 0 \\ 0 & 0 & 0 & 1 & x_k & y_k \end{bmatrix} \tag{4.12}$$

或

$$\boldsymbol{u}_u^e=\begin{Bmatrix}u_i\\u_j\\u_k\end{Bmatrix}=\begin{bmatrix}1&x_i&y_i\\1&x_j&y_j\\1&x_k&y_k\end{bmatrix}\begin{Bmatrix}\alpha_1\\\alpha_2\\\alpha_3\end{Bmatrix}=\boldsymbol{N}_2\boldsymbol{\alpha}_1 \tag{4.13}$$

$$\boldsymbol{u}_v^e=\begin{Bmatrix}u_i\\u_j\\u_k\end{Bmatrix}=\begin{bmatrix}1&x_i&y_i\\1&x_j&y_j\\1&x_k&y_k\end{bmatrix}\begin{Bmatrix}\alpha_4\\\alpha_5\\\alpha_6\end{Bmatrix}=\boldsymbol{N}_2\boldsymbol{\alpha}_2 \tag{4.14}$$

从式(4.12)或从式(4.13)、式(4.14)可求得

$$\boldsymbol{\alpha}=\boldsymbol{N}_1^{-1}\boldsymbol{u}^e \tag{4.15}$$

式中：

$$\boldsymbol{N}_1^{-1}=\frac{1}{2\Delta}\begin{bmatrix}a_i&0&a_j&0&a_k&0\\b_i&0&b_j&0&b_k&0\\c_i&0&c_j&0&c_k&0\\0&a_i&0&a_j&0&a_k\\0&b_i&0&b_j&0&b_k\\0&c_i&0&c_j&0&c_k\end{bmatrix} \tag{4.16}$$

其中：

$$2\Delta=\begin{vmatrix}1&x_i&y_i\\1&x_j&y_j\\1&x_k&y_k\end{vmatrix}=2\text{ 倍单元面积}$$

$$\left.\begin{aligned}a_i=x_jy_k-x_ky_j,b_i=y_j-y_k,c_i=x_k-x_j\\a_j=x_ky_i-x_iy_k,b_j=y_k-y_i,c_j=x_i-x_k\\a_k=x_iy_j-x_jy_i,b_k=y_i-y_j,c_k=x_j-x_i\end{aligned}\right\} \tag{4.17}$$

为了不使式(4.16)中的面积出现负值，单元结点编码 i、j、k 应按逆时针方向编排。上式中的后两组式子通过脚标轮换得到。将第一组式子中的 i 换成 j，j 换成 k，k 换成 i 即可得到第二组式子。后面在遇到类似情况时只写一组式子，其他式子不再列出而用记号 $i\to j\to k\to i$ 表示。

将式(4.15)代入式(4.16)得单元位移模式为

$$\boldsymbol{u}=\boldsymbol{N}_0\boldsymbol{N}_1^{-1}\boldsymbol{u}^e=\boldsymbol{N}\boldsymbol{u}^e \tag{4.18}$$

式中：

$$\boldsymbol{N}=\boldsymbol{N}_0\boldsymbol{N}_1^{-1}=\begin{bmatrix}N_i&0&N_j&0&N_k&0\\0&N_i&0&N_j&0&N_k\end{bmatrix}=[N_i\boldsymbol{I}_2\quad N_j\boldsymbol{I}_2\quad N_k\boldsymbol{I}_2] \tag{4.19}$$

$$N_i=\frac{1}{2\Delta}(a_i+b_ix+c_iy),\quad i\to j\to k\to i \tag{4.20}$$

$N_r(r=i,j,k)$称为单元的形函数，$\boldsymbol{N}$ 称为单元的形函数矩阵。

形函数 $N_r(r=i,j,k)$是坐标的函数，其图形见图 4.2。它们表示单元一个结点的位移为 1 其他结点的位移为零时，单元上各点位移的变化情况，反映了单元的位移状态。由式(4.20)可推出形函数具有如下性质：

- 形函数 N_i 在结点 i 的值 $N_i(x_i,y_i)=1$，在 jk 边上，包括 j、k 结点，其值为零。对于 N_j、N_k 也有类似的结论。此性质也可简称为“本点为 1，他点为零”。
- 在单元任意一点上，$N_i+N_j+N_k=1$。

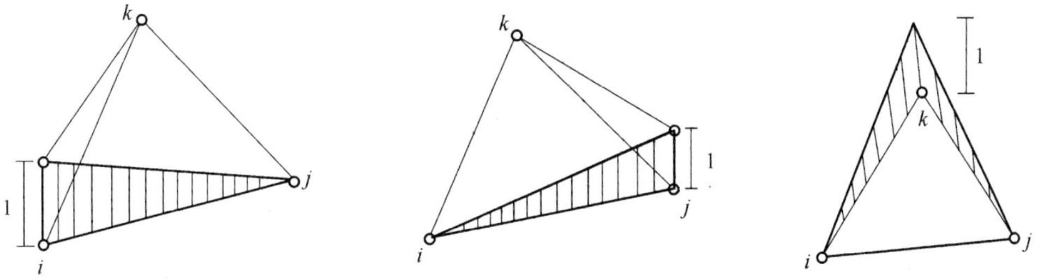

图 4.2　单元形函数

由性质 1 和式(4.18)可知：单元边界上的位移只与该边界的两个结点的位移有关，与另一结点无关，且该位移是线性变化的。由于相邻单元在公共的结点上具有相同的位移，因此相邻单元在公共边界上具有相同的位移。这表明选择的位移模式(4.9)能保证相邻单元之间位移的协调性。以上建立位移模式的方法称为广义坐标法。

4.2.3　基于最小势能原理的单元特性分析

下面用最小势能原理推导单元的刚度矩阵和单元的等效结点载荷列阵。单元刚度矩阵和单元等效结点载荷列阵的意义与杆系单元相同。

1. 单元势能

为了计算势能，首先由单元位移确定单元应变和应力，得到应变能。再由单元位移和单元上的受力计算外力势能。

将单元位移式(4.16)代入平面问题的几何方程

$$\boldsymbol{\varepsilon}=\begin{Bmatrix}\varepsilon_x\\ \varepsilon_y\\ \gamma_{xy}\end{Bmatrix}=\begin{Bmatrix}\dfrac{\partial u}{\partial x}\\ \dfrac{\partial v}{\partial y}\\ \dfrac{\partial u}{\partial y}+\dfrac{\partial v}{\partial x}\end{Bmatrix}=\begin{bmatrix}\dfrac{\partial}{\partial x} & 0\\ 0 & \dfrac{\partial}{\partial y}\\ \dfrac{\partial}{\partial y} & \dfrac{\partial}{\partial x}\end{bmatrix}\boldsymbol{u}=\boldsymbol{A}^{\mathrm{T}}\boldsymbol{u} \tag{4.21}$$

式中：微分算子矩阵 $\boldsymbol{A}$ 为

$$\boldsymbol{A}=\begin{bmatrix}\dfrac{\partial}{\partial x} & 0 & \dfrac{\partial}{\partial y}\\ 0 & \dfrac{\partial}{\partial y} & \dfrac{\partial}{\partial x}\end{bmatrix} \tag{4.22}$$

可得单元中任一点的应变矩阵为

$$\boldsymbol{\varepsilon}=\boldsymbol{A}^{\mathrm{T}}\boldsymbol{N}\boldsymbol{u}^e=\boldsymbol{B}\boldsymbol{u}^e \tag{4.23}$$

式中：

$$\boldsymbol{B}=\begin{bmatrix}\dfrac{\partial N_i}{\partial x} & 0 & \dfrac{\partial N_j}{\partial x} & 0 & \dfrac{\partial N_k}{\partial x} & 0\\ 0 & \dfrac{\partial N_i}{\partial y} & 0 & \dfrac{\partial N_j}{\partial y} & 0 & \dfrac{\partial N_k}{\partial y}\\ \dfrac{\partial N_i}{\partial y} & \dfrac{\partial N_i}{\partial x} & \dfrac{\partial N_j}{\partial y} & \dfrac{\partial N_j}{\partial x} & \dfrac{\partial N_k}{\partial y} & \dfrac{\partial N_k}{\partial x}\end{bmatrix}=[\boldsymbol{B}_i \quad \boldsymbol{B}_j \quad \boldsymbol{B}_k] \tag{4.24}$$

称为(常应变三角形单元)应变矩阵。将式(4.17)代入式(4.21)可得：

$$\boldsymbol{B}_l=\frac{1}{2\Delta}\begin{bmatrix}b_l & 0\\ 0 & c_l\\ c_l & b_l\end{bmatrix} \qquad (l=i,j,k) \tag{4.25}$$

可见，采用线性位移函数，应变矩阵是一个常数矩阵，因而单元中的应变及应力是常数，这就是把这种单元称为常应变单元的原因。

将式(4.25)代入物理方程可得单元应力，对线弹性各向同性体有：

$$\boldsymbol{\sigma}=\boldsymbol{D}\boldsymbol{\varepsilon}=\boldsymbol{D}\boldsymbol{B}\boldsymbol{u}^e=\boldsymbol{S}\boldsymbol{u}^e \tag{4.26}$$

式中：

$$\boldsymbol{S}=\boldsymbol{D}\boldsymbol{B}=[\boldsymbol{D}\boldsymbol{B}_i \quad \boldsymbol{D}\boldsymbol{B}_j \quad \boldsymbol{D}\boldsymbol{B}_k]=[\boldsymbol{S}_i \quad \boldsymbol{S}_j \quad \boldsymbol{S}_k] \tag{4.27}$$

称为单元应力矩阵。对两类平面问题 $\boldsymbol{S}$ 分别为

平面应力

$$\boldsymbol{S}_i=\frac{E}{2\Delta(1-\mu^2)}\begin{bmatrix}b_i & \mu c_i\\ \mu b_i & c_i\\ \dfrac{1-\mu}{2}c_i & \dfrac{1-\mu}{2}b_i\end{bmatrix} \tag{4.28}$$

$$i\rightarrow j\rightarrow k\rightarrow i$$

平面应变

$$\boldsymbol{S}_i=\frac{E(1-\mu)}{2\Delta(1+\mu)(1-2\mu)}\begin{bmatrix}b_i & \dfrac{\mu}{1-\mu}c_i\\ \dfrac{\mu}{1-\mu}b_i & c_i\\ \dfrac{1-2\mu}{2(1-\mu)}c_i & \dfrac{1-2\mu}{2(1-\mu)}b_i\end{bmatrix} \tag{4.29}$$

$$i\rightarrow j\rightarrow k\rightarrow i$$

根据式(4.25)和式(4.26)单元的应变能为

$$U(\boldsymbol{u}) = \frac{1}{2}\int_{\Omega}\boldsymbol{\sigma}^{\mathrm{T}}\boldsymbol{\varepsilon}\mathrm{d}V = \frac{t\Delta}{2}(\boldsymbol{u}^e)^{\mathrm{T}}\boldsymbol{B}^{\mathrm{T}}\boldsymbol{D}\boldsymbol{B}\boldsymbol{u}^e \tag{4.30}$$

式中：t、Δ 分别为单元的厚度与总面积。

若单元不包含物体边界(也即没有边界属于 S_σ)，此时外力势为

$$P_F = -\int_V(\boldsymbol{F}_V^e)^{\mathrm{T}}\boldsymbol{u}\mathrm{d}V - (\boldsymbol{F}^e)^{\mathrm{T}}\boldsymbol{u}^e = -\left(t\int_{\Delta}(\boldsymbol{F}_V^e)^{\mathrm{T}}\boldsymbol{N}\mathrm{d}A + (\boldsymbol{F}^e)^{\mathrm{T}}\right)\boldsymbol{u}^e \tag{4.31}$$

若单元至少有一边是物体边界时，外力势中应增加表面力的外力势，也即

$$\begin{aligned} P_F &= -\left[\int_V(\boldsymbol{F}_V^e)^{\mathrm{T}}\boldsymbol{u}\mathrm{d}V + \int_{S_\sigma}(\boldsymbol{F}_S^e)^{\mathrm{T}}\boldsymbol{u}\mathrm{d}S + (\boldsymbol{F}^e)^{\mathrm{T}}\boldsymbol{u}^e\right] = \\ &-\left[t\left(\int_{\Delta}(\boldsymbol{F}_V^e)^{\mathrm{T}}\boldsymbol{N}\mathrm{d}A + \int_{L_\sigma}(\boldsymbol{F}_S^e)^{\mathrm{T}}\boldsymbol{N}\mathrm{d}L\right) + (\boldsymbol{F}^e)^{\mathrm{T}}\right]\boldsymbol{u}^e \end{aligned} \tag{4.32}$$

由式(4.30)和式(4.32)得单元势能为

$$\Pi = U(\mathrm{d}) + P_F = \frac{t\Delta}{2}(\boldsymbol{u}^e)^{\mathrm{T}}\boldsymbol{B}^{\mathrm{T}}\boldsymbol{D}\boldsymbol{B}\boldsymbol{u}^e + P_F \tag{4.33}$$

2. 单元特性分析

令单元势能的一阶变分等于零，也即 $\delta\Pi_a = 0$，则可得：

$$t\Delta\boldsymbol{B}^{\mathrm{T}}\boldsymbol{D}\boldsymbol{B}\boldsymbol{u}^e + \delta P_f = 0 \tag{4.34}$$

当单元属于内部时

$$\delta P_f = -\left(\boldsymbol{F}^e + t\int_{\Delta}\boldsymbol{N}^{\mathrm{T}}\boldsymbol{F}_V\mathrm{d}A\right) \tag{4.35}$$

当单元在边界处时

$$\delta P_f = -\left[\boldsymbol{F}^e + t\left(\int_{\Delta}\boldsymbol{N}^{\mathrm{T}}\boldsymbol{F}_V\mathrm{d}A + \int_{L_\sigma}\boldsymbol{N}^{\mathrm{T}}\boldsymbol{F}_S\mathrm{d}L\right)\right] \tag{4.36}$$

若记

$$\boldsymbol{K}^e = t\Delta\boldsymbol{B}^{\mathrm{T}}\boldsymbol{D}\boldsymbol{B} = \begin{bmatrix} \boldsymbol{k}_{ii} & \boldsymbol{k}_{ij} & \boldsymbol{k}_{ik} \\ \boldsymbol{k}_{ji} & \boldsymbol{k}_{jj} & \boldsymbol{k}_{jk} \\ \boldsymbol{k}_{ki} & \boldsymbol{k}_{kj} & \boldsymbol{k}_{kk} \end{bmatrix} \tag{4.37}$$

等效结点载荷

$$\boldsymbol{f}^e = t\int_{\Delta}\boldsymbol{N}^{\mathrm{T}}\boldsymbol{F}_V\mathrm{d}A \tag{4.38}$$

或

$$\boldsymbol{f}^e = t\left(\int_{\Delta}\boldsymbol{N}^{\mathrm{T}}\boldsymbol{F}_V\mathrm{d}A + \int_{L_\sigma}\boldsymbol{N}^{\mathrm{T}}\boldsymbol{F}_S\mathrm{d}L\right) \tag{4.39}$$

则式(4.34)可改写为

$$\boldsymbol{K}^e\boldsymbol{u}^e=\boldsymbol{F}^e+\boldsymbol{f}^e \tag{4.40}$$

矩阵 $\boldsymbol{K}^e$ 和 $\boldsymbol{f}^e$ 分别称为单元刚度矩阵和单元等效结点载荷矩阵。

式(4.37)中子矩阵，平面应力时

$$\boldsymbol{k}_{rs}=\frac{Et}{4(1-\mu^2)\Delta}\begin{bmatrix} b_rb_s+\frac{1-\mu}{2}c_rc_s & \mu b_rcs+\frac{1-\mu}{2}c_rb_s \\ \mu c_rb_s+\frac{1-\mu}{2}b_rc_s & c_rc_s+\frac{1-\mu}{2}b_rb_s \end{bmatrix} \quad (r,s=i,j,k) \tag{4.41}$$

平面应变时，将上式中 E 变成$\frac{E}{1-\mu^2}$、μ 变成$\frac{\mu}{1-\mu}$即可。

4.3 单元等效结点载荷列阵

单元结点载荷由下列公式确定：

$$\left.\begin{aligned} \boldsymbol{f}^e &= \boldsymbol{f}_V^e+\boldsymbol{f}_S^e \\ \boldsymbol{f}_V^e &= \int_{\Omega^e}\boldsymbol{N}^{\mathrm{T}}\boldsymbol{F}_Vt\,\mathrm{d}x\mathrm{d}y \\ \boldsymbol{f}_S^e &= \int_{S_\sigma^e}\boldsymbol{N}^{\mathrm{T}}\boldsymbol{F}_St\,\mathrm{d}S \end{aligned}\right\} \tag{4.42}$$

现在计算几种常见载荷。

1. 均质等厚单元的自重

三角形单元作用体积力如图 4.3 所示。

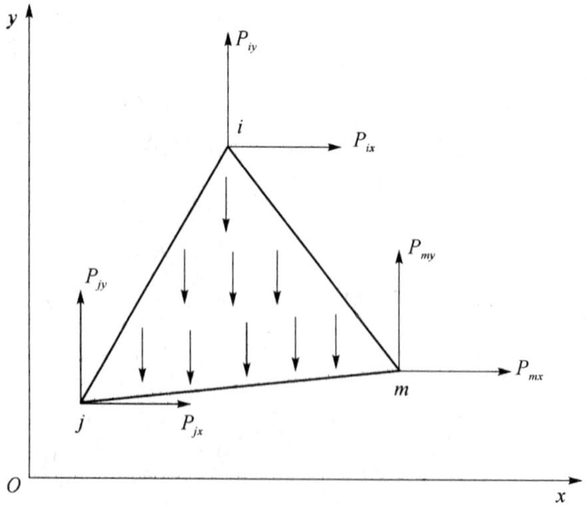

图 4.3 三角形单元作用体积力

单元的单位体积重量为 ρ。根据式(4.38)，现有

$$\boldsymbol{F}_{\rho}=\begin{Bmatrix}0\\-\rho\end{Bmatrix}$$

$$\boldsymbol{f}_{\rho}^{e}=\begin{Bmatrix}F_i\\F_j\\F_m\end{Bmatrix}_{\rho}=\int_{\Omega^e}\begin{bmatrix}N_i\\N_j\\N_m\end{bmatrix}\begin{Bmatrix}0\\-\rho\end{Bmatrix}t\,\mathrm{d}x\mathrm{d}y \tag{4.43}$$

式中：

$$\mathbf{N}_l=\begin{bmatrix}N_l & 0\\0 & N_l\end{bmatrix}\qquad(l=i,j,m)$$

其中，每个结点的等效结点载荷是

$$\boldsymbol{f}_{i\rho}=\begin{Bmatrix}f_{ix}\\f_{iy}\end{Bmatrix}_{\rho}=\int_{\Omega^e}\begin{bmatrix}N_i & 0\\0 & N_i\end{bmatrix}\begin{Bmatrix}0\\-\rho\end{Bmatrix}t\,\mathrm{d}x\mathrm{d}y=$$
$$\begin{Bmatrix}0\\-\int_{\Omega^e}N_i\rho t\,\mathrm{d}x\mathrm{d}y\end{Bmatrix}=\begin{Bmatrix}0\\-\frac{1}{3}\rho tA\end{Bmatrix}\quad(i,j,m) \tag{4.44}$$

特别地，

$$\int_V N_i^{\alpha}N_j^{\beta}N_m^{\gamma}\mathrm{d}V=\frac{\alpha!\beta!\gamma!}{(\alpha+\beta+\gamma+2)!}2tA$$

$$\int_{S_{ij}}N_i^{\alpha}N_j^{\beta}\mathrm{d}S=\frac{\alpha!\beta!}{(\alpha+\beta+1)!}tl_{ij}$$

自重的等效结点载荷是

$$\boldsymbol{f}_{\rho}=-\frac{1}{3}\rho tA[0\quad 1\quad 0\quad 1\quad 0\quad 1]^{\mathrm{T}} \tag{4.45}$$

2. 均布侧压

作用在 ij 边，q 以压为正，如图 4.4。令 ij 边长为 l，与 x 轴的夹角为 α，侧压 q 在 x 和 y 方向的分量 q_x 和 q_y 为

$$\left.\begin{aligned}q_x&=q\sin\alpha=\frac{q}{l}(y_i-y_j)\\q_y&=-q\cos\alpha=\frac{q}{l}(x_j-x_i)\end{aligned}\right\} \tag{4.46}$$

作用在单元边界上的面积力

$$\boldsymbol{F}_S=\begin{Bmatrix}q_x\\q_y\end{Bmatrix}=\frac{q}{l}\begin{Bmatrix}y_i-y_j\\x_j-x_i\end{Bmatrix} \tag{4.47}$$

在单元边界上可取局部坐标 s 如图 4.4 所示，沿 ij 边插值函数可写做

$$N_i=1-\frac{s}{l},\quad N_j=\frac{s}{l},\quad N_m=0 \tag{4.48}$$

将式(4.47)及式(4.48)代入式(4.42)的第 3 式便可求得侧压作用下的单元等效结点载荷：

$$\left.\begin{aligned}
f_{ix} &= \int_l N_i q_x t\,\mathrm{d}s = \int_l \left(1-\frac{s}{l}\right) q_x t\ \mathrm{d}s = \frac{t}{2}q(y_i - y_j) \\
f_{iy} &= \frac{t}{2}q(x_j - x_i) \\
f_{jx} &= \int_l N_j q_x t\,\mathrm{d}s = \int_l \frac{s}{l} q_x t\,\mathrm{d}s = \frac{t}{2}q(y_i - y_j) \\
f_{jy} &= \frac{t}{2}q(x_j - x_i) \\
f_{mx} &= F_{my} = 0
\end{aligned}\right\} \tag{4.49}$$

因此

$$\boldsymbol{f}_S = \frac{1}{2}qt[y_i - y_j \quad x_j - x_i \quad y_i - y_j \quad x_j - x_i \quad 0 \quad 0] \tag{4.50}$$

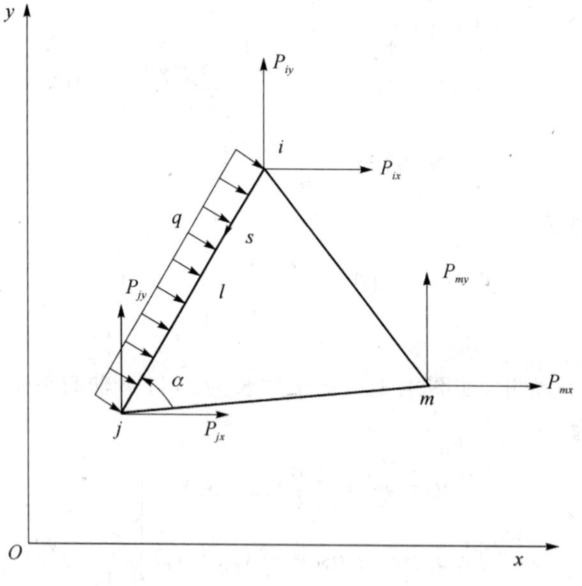

图 4.4　单元边上作用均布侧压

3. x 向均布力

x 向均布力作用在 ij 边，如图 4.5 所示。这时边界上面积力为

$$\boldsymbol{T} = \begin{Bmatrix} q \\ 0 \end{Bmatrix} \tag{4.51}$$

单元等效结点载荷为

$$\boldsymbol{f}^{e}=\frac{1}{2}qlt\begin{bmatrix}1 & 0 & 1 & 0 & 0 & 0\end{bmatrix}^{\mathrm{T}} \tag{4.52}$$

4. x 方向三角形分布载荷

x 方向三角形分布载荷作用在 ij 边，如图 4.6 所示。这时边界上面积力写做局部坐标 s 的函数

$$\boldsymbol{T}=\begin{Bmatrix}(1-\frac{s}{l})q \\ 0\end{Bmatrix} \tag{4.53}$$

单元等效结点载荷为

$$\boldsymbol{f}^{e}=\frac{1}{2}qlt\begin{bmatrix}\frac{2}{3} & 0 & \frac{1}{3} & 0 & 0 & 0\end{bmatrix}^{\mathrm{T}} \tag{4.54}$$

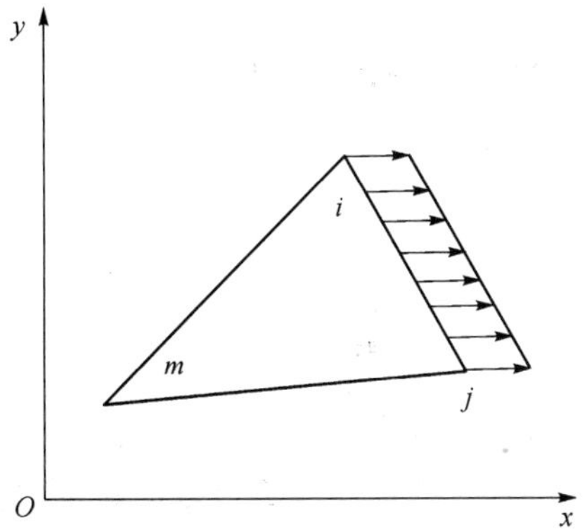

图 4.5　单元边上作用 x 方向均布力

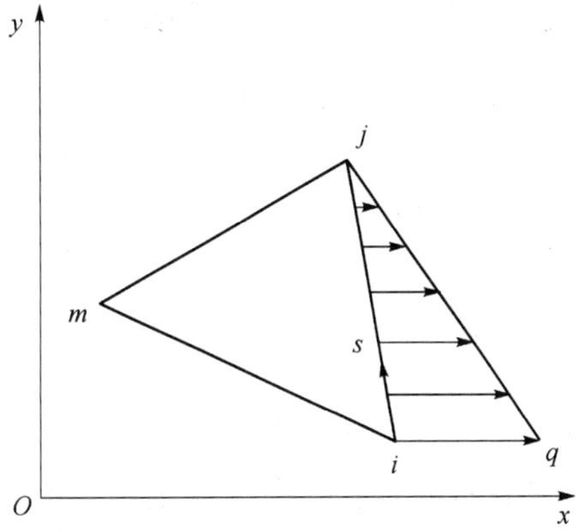

图 4.6　单元边上作用 x 方向三角形分布载荷

4.4　矩形双线性单元

常应变三角形单元的单元应力是常数，当采用它分析应力变化大的变形体时，必须加密划分网格才能达到较好的计算结果。这样做将使结点数目增加，未知量增多，工作量增大。下面介绍的矩形双线性单元的单元内应力是线性的，比常应变单元更接近于变形体的应力状态，可以用较少的单元得到较好的结果。

图 4.7 (a)所示为有 4 个结点的平面矩形单元，共有 8 个结点位移参数。令

$$\xi=\frac{x}{a},\quad \eta=\frac{y}{b} \tag{4.55}$$

在正则坐标系下原矩形单元映射为边长为 2 的正方形单元如图 4.7(b)所示。

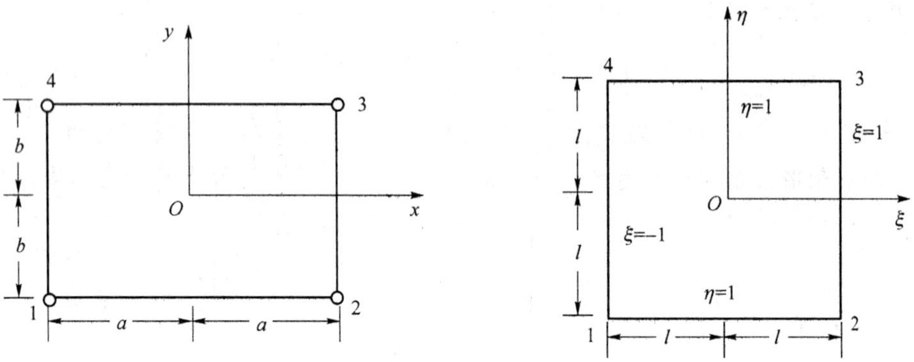

(a) 平面矩形单元　　(b) 正方形单元

图 4.7 矩形双线性单元

4.4.1 位移模式与形函数

与三角形单元类似，在取多项式为位移模式时，可设单元的位移模式为：

$$\left.\begin{aligned} u&=\alpha_1+\alpha_2\xi+\alpha_3\eta+\alpha_4\xi\eta \\ v&=\alpha_5+\alpha_6\xi+\alpha_7\eta+\alpha_8\xi\eta \end{aligned}\right\} \tag{4.56}$$

或

$$\begin{Bmatrix} u \\ v \end{Bmatrix}=\begin{bmatrix} 1 & \xi & \eta & \xi\eta & 0 & 0 & 0 & 0 \\ 0 & 0 & 0 & 0 & 1 & \xi & \eta & \xi\eta \end{bmatrix}\boldsymbol{\alpha} \tag{4.57}$$

式中：$\boldsymbol{\alpha}=[\alpha_1 \quad \alpha_2 \quad \alpha_3 \quad \alpha_4 \quad \alpha_5 \quad \alpha_6 \quad \alpha_7 \quad \alpha_8]^{\mathrm{T}}$ 可用广义坐标法由结点位移表示。由于采用该法时要进行矩阵求逆运算，比较繁琐。下面由形函数所具有的性质或形函数应满足的收敛准则直接确定单元的形函数，并得到由结点位移表示的位移模式。

在 $\xi\eta$ 坐标系下，单元的 4 条边界线的方程分别是

$$\left.\begin{aligned} \eta+1=0, \quad \xi-1=0 \\ \eta-1=0, \quad \xi+1=0 \end{aligned}\right\} \tag{4.58}$$

形函数具有的性质：本点处形函数为 1，他点处形函数为 0。

例如：

$$\left.\begin{aligned} &N_1(\xi_1,\eta_1)=1 \\ &N_1(\xi_2,\eta_2)=N_1(\xi_3,\eta_3)=N_1(\xi_4,\eta_4)=0 \end{aligned}\right\} \tag{4.59}$$

由式(4.58)可知如下函数：

$$\left.\begin{aligned} N_1 &= \alpha(\xi-1)(\eta-1) \\ N_2 &= \beta(\xi+1)(\eta-1) \\ N_3 &= \gamma(\xi+1)(\eta+1) \\ N_4 &= \delta(\xi-1)(\eta+1) \end{aligned}\right\} \tag{4.60}$$

将自动满足“他点处形函数为0”的性质。将其代入本点坐标且令其等于1可求得

$$\alpha=-\beta=\gamma=-\delta=\frac{1}{4} \tag{4.61}$$

将式(4.61)代回式(4.60)且引入如下记号：

$$\xi_0=\xi_i\xi \quad \eta_0=\eta_i\eta \quad (i=1,2,3,4) \tag{4.62}$$

则形函数可写为

$$N_i=(1+\xi_0)(1+\eta_0)/4 \quad (i=1,2,3,4) \tag{4.63}$$

形函数图形如图4.8所示。

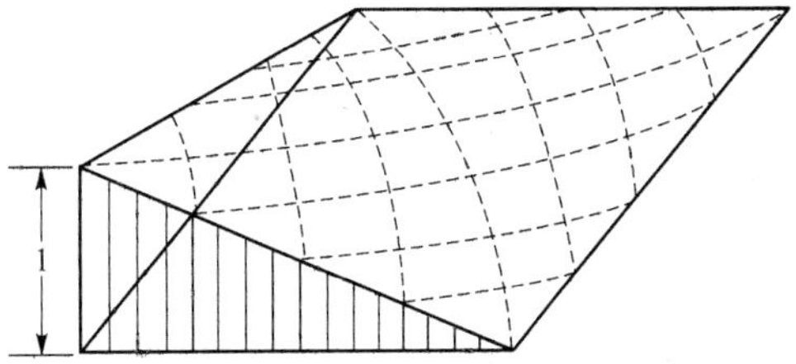

图4.8 双线性单元形函数示意图

单元的位移模式为

$$\begin{Bmatrix} u \\ v \end{Bmatrix}=\boldsymbol{N}\boldsymbol{u}^e \tag{4.64}$$

式中:形函数矩阵 $\boldsymbol{N}$ 为

$$\boldsymbol{N}=\begin{bmatrix} N_1 & 0 & N_2 & 0 & N_3 & 0 & N_4 & 0 \\ 0 & N_1 & 0 & N_2 & 0 & N_3 & 0 & N_4 \end{bmatrix} \tag{4.65}$$

用广义坐标法可得到同样的结果。

由于位移模式中包含常数项、一次项,并且可验证 $\sum N_i=1$，故满足完备性条件。在边界上,位移是按线性变化的,相邻单元边界的位移也是协调的。因此这种单元是完备协调单元。

采取与三角形单元完全相同的方法可得应变矩阵

$$\boldsymbol{B}=[\boldsymbol{B}_1 \quad \boldsymbol{B}_2 \quad \boldsymbol{B}_3 \quad \boldsymbol{B}_4] \tag{4.66}$$

其中

$$\boldsymbol{B}_i=\begin{bmatrix} \dfrac{\partial}{\partial x} & 0 \\ 0 & \dfrac{\partial}{\partial y} \\ \dfrac{\partial}{\partial y} & \dfrac{\partial}{\partial x} \end{bmatrix}\begin{bmatrix} N_i & 0 \\ 0 & N_i \end{bmatrix} \tag{4.67}$$

将式(4.55)和式(4.62)代入式(4.67)得

$$\boldsymbol{B}_i=\frac{1}{4ab}\begin{bmatrix} b\xi_i(1+\eta_0) & 0 \\ 0 & a\eta_i(1+\xi_0) \\ a\eta_i(1+\xi_0) & b\xi_i(1+\eta_0) \end{bmatrix} \quad (i=1,2,3,4) \tag{4.68}$$

平面应力的应力矩阵

$$\boldsymbol{S}=[\boldsymbol{S}_1 \quad \boldsymbol{S}_2 \quad \boldsymbol{S}_3 \quad \boldsymbol{S}_4] \tag{4.69}$$

其中

$$\boldsymbol{S}_i=\frac{E}{4ab(1-\mu^2)}\begin{bmatrix} b\xi_i(1+\eta_0) & \mu a\eta_i(1+\xi_0) \\ \mu b\xi_i(1+\eta_0) & a\eta_i(1+\xi_0) \\ \frac{1-\mu}{2}a\eta_i(1+\xi_0) & \frac{1-\mu}{2}b\xi_i(1+\eta_0) \end{bmatrix} \quad (i=1,2,3,4) \tag{4.70}$$

平面应变问题将式(4.70)中 $E\rightarrow\frac{E}{1-\mu^2}$，$\mu\rightarrow\frac{\mu}{1-\mu}$即可。

4.4.2 单元刚度矩阵和单元等效载荷列阵

利用势能原理或变形体虚位移原理可推得单元的刚度矩阵和等效结点荷载如下：

单元刚度矩阵

$$\boldsymbol{K}^e=\begin{bmatrix} \boldsymbol{k}_{11} & \boldsymbol{k}_{12} & \boldsymbol{k}_{13} & \boldsymbol{k}_{14} \\ \boldsymbol{k}_{21} & \boldsymbol{k}_{22} & \boldsymbol{k}_{23} & \boldsymbol{k}_{24} \\ \boldsymbol{k}_{31} & \boldsymbol{k}_{32} & \boldsymbol{k}_{33} & \boldsymbol{k}_{34} \\ \boldsymbol{k}_{41} & \boldsymbol{k}_{42} & \boldsymbol{k}_{43} & \boldsymbol{k}_{44} \end{bmatrix} \tag{4.71}$$

其中

$$\boldsymbol{k}_{ij}=abt\int_{-1}^{1}\int_{-1}^{1}\boldsymbol{B}_i^{\mathrm{T}}\boldsymbol{D}\boldsymbol{B}_j\,\mathrm{d}\xi\mathrm{d}\eta$$

平面应力时

$$\boldsymbol{k}_{ij}=\frac{Et}{4(1-\mu^2)}\begin{bmatrix} \frac{b}{a}(1+\frac{1}{3}\eta_i\eta_j)\xi_i\xi_j+\frac{1-\mu}{2}\frac{a}{b}(1+\frac{1}{3}\xi_i\xi_j)\eta_i\eta_j & \mu\xi_i\eta_j+\frac{1-\mu}{2}\eta_i\xi_j \\ \mu\eta_i\xi_j+\frac{1-\mu}{2}\xi_i\eta_j & \frac{b}{a}(1+\frac{1}{3}\xi_i\xi_j)\eta_i\eta_j+\frac{1-\mu}{2}\frac{b}{a}(1+\frac{1}{3}\eta_i\eta_j)\xi_i\xi_j \end{bmatrix} \tag{4.72}$$

$$(i,j=1,2,3,4)$$

平面应变时，将式(4.72)中 $E\rightarrow\frac{E}{1-\mu^2}$，$\mu\rightarrow\frac{\mu}{1-\mu}$即可。

4.4.3 单元等效结点荷载矩阵

$$\boldsymbol{f}^e=t\left(\int_{-1}^{1}\int_{-1}^{1}\boldsymbol{N}^{\mathrm{T}}\boldsymbol{F}_V ab\,\mathrm{d}\xi\mathrm{d}\eta+\Sigma\int_{L_\sigma}\boldsymbol{N}^{\mathrm{T}}\boldsymbol{F}_S\,\mathrm{d}L\right) \tag{4.73}$$

式(4.73)中，后一项只有单元处于边界且受有表面力时才有。

从前面式子可看到单元内应变分量不是常数，这是由于位移函数中增加了 $\xi\eta$ 项(相当于 xy 项)。其精度要比常应变三角形高。但是这种单元不能适应斜交边界情况，对于曲线边界也不如三角形单元拟合得好。为了解决这个问题，可将这两种单元混合使用，但这将增加程序的复杂性。

4.5　应力计算结果的整理

在位移元分析中首先求得结点位移，然后由几何方程和本构关系求得应力，因此位移的精度高于应力。而且对于许多单元来说所构造的位移场仅仅是位移协调(C^0 级)，应变并不协调。因此，对应力的计算结果一般均需进行整理。常用的处理方法有：

1. 绕结点平均法

设常应变三角形单元划分如图 4.9 所示，因每一单元均是常应变(常应力)，故相邻单元应力阶状变化。所谓绕结点平均法系指：

对内结点 1～5 分别计算与结点相关各单元应力的平均值作为此点的应力，也即：

$$\sigma_j = \sum_{i=1}^{6} \sigma_i^j / 6$$

根据所求得的内结点应力，利用外插公式插值计算边界点的应力(如图 4.9 所示的 σ_0、σ_6)。实践表明经绕结点平均处理后的结果具有良好的表征性(也即能较好反映实际应力)。

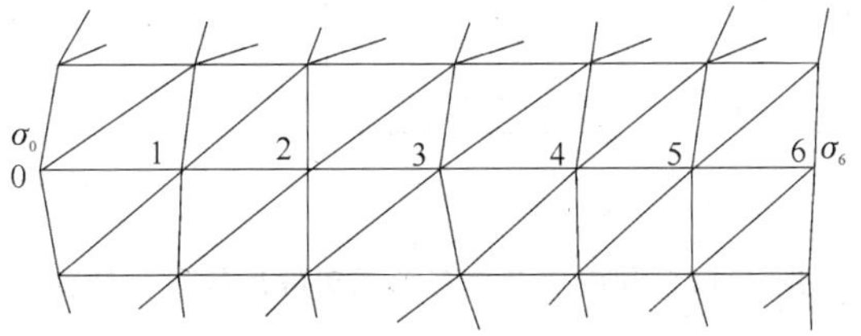

图 4.9　双线性单元形函数示意图

2. 两单元平均法

仍以图 4.9 情况说明，所谓两单元平均法系指：

- 以相邻两单元应力的平均值作为公共边中点的应力；
- 用外插法求边界单元边中点应力等。

上述两种处理主要用具普通的低阶单元应力处理，都具有较好的表征性。但必须注意：截面变化处本来应力就应该是不连续的，进行上述处理反而不符实际；为进行外插，“内点”数不应少于 3。

习 题

4.1 如图 4.10(a)和图 4.10(b)所示三角形平面单元,写出其形状函数 N_i、N_j、N_k。

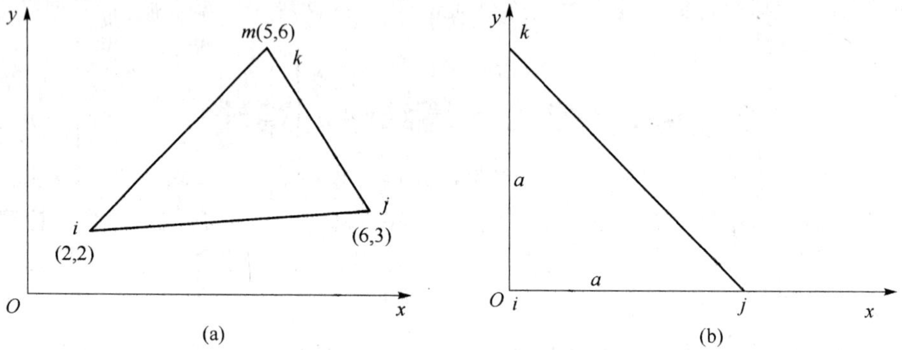

图 4.10 三角形平面应变单元

4.2 从带宽最小的角度出发,如图 4.11 所示的结点编号哪一种最好,其"带宽"是多少?

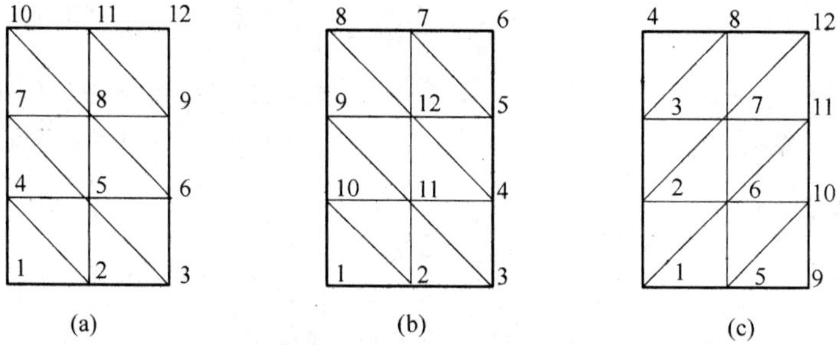

图 4.11 常应变三角形单元离散后的平板结构

4.3 列出图 4.12 所示各常应变三角形单元的等效结点载荷列向量。

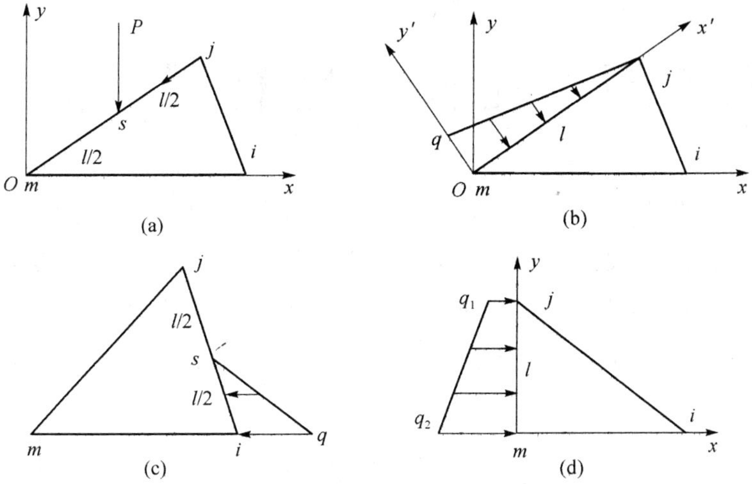

图 4.12　常应变三角形单元

4.4　求图 4.13 平面应力问题(仅一个平面三角形单元)的 k 结点处竖向位移,其中 $q_0=10.0$ N/m,$s=0.5$ m,弹性模量 $E=2.0\times10^{11}$ N/m^2,泊松比 $\mu=0.3$,厚度 $t=0.05$ m。

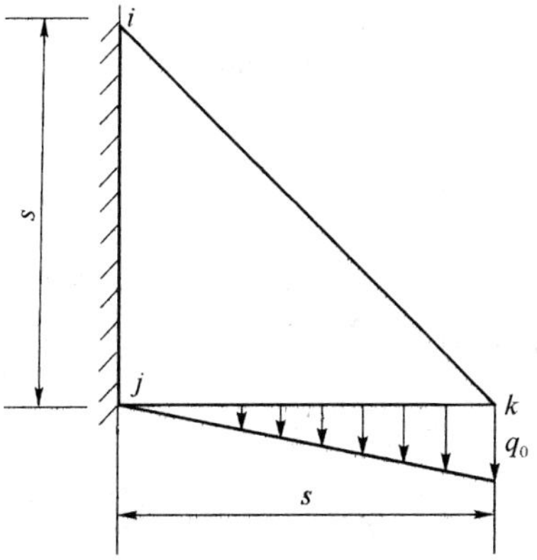

图 4.13　平面应力问题

第5章　空间问题有限元分析

在实际工程中，有些结构由于形体复杂并且3个方向尺寸同量级，此时必须按空间问题求解。用有限元分析空间问题从原理上说与平面问题并无差别，只需将平面问题的方法稍加变动和加以推广即可用于空间问题。但因空间离散化不像平面问题直观，当人工离散时很容易产生错误，并且相对于平面问题，空间问题的未知量数目剧增，这是由平面有限元分析转为空间有限元分析的主要困难[14-16]。

5.1　三维应力状态

一般的实际物体都是立体的，弹性体受力作用后，其内部各点将沿 x、y、z 3个坐标的方向发生位移，是三维问题。如各点沿 x、y、z 3方向的位移以 u、v、w 表示，这些位移一般应为点坐标的函数，即

$$\left.\begin{aligned} u&=u(x,y,z)\\ v&=v(x,y,z)\\ w&=w(x,y,z)\end{aligned}\right\}\tag{5.1}$$

弹性体一般变形情况下，有3个方向的线应变 ε_x、ε_y、ε_z 和3个角应变 γ_{xy}、γ_{yz}、γ_{zx}，由弹性力学可知，应变与位移的几何关系为

$$\left.\begin{aligned} \varepsilon_x&=\frac{\partial u}{\partial x},\quad \gamma_{xy}=\frac{\partial u}{\partial y}+\frac{\partial v}{\partial x}\\ \varepsilon_y&=\frac{\partial v}{\partial y},\quad \gamma_{yz}=\frac{\partial v}{\partial z}+\frac{\partial w}{\partial y}\\ \varepsilon_z&=\frac{\partial w}{\partial z},\quad \gamma_{zx}=\frac{\partial w}{\partial x}+\frac{\partial u}{\partial z}\end{aligned}\right\}\tag{5.2}$$

式(5.2)可视为平面问题的推广，而平面问题则为三维问题的特殊情况。

三维弹性体的应变一般有上述6项分量组成，这些分量可用一列向量 $\boldsymbol{\varepsilon}$ 表示，则式(5.2)可用矩阵形式表示为

$$\boldsymbol{\varepsilon}=\begin{Bmatrix}\varepsilon_x\\ \varepsilon_y\\ \varepsilon_z\\ \gamma_{xy}\\ \gamma_{yz}\\ \gamma_{zx}\end{Bmatrix}=\begin{bmatrix}\frac{\partial}{\partial x} & 0 & 0\\ 0 & \frac{\partial}{\partial y} & 0\\ 0 & 0 & \frac{\partial}{\partial z}\\ \frac{\partial}{\partial y} & \frac{\partial}{\partial x} & 0\\ 0 & \frac{\partial}{\partial z} & \frac{\partial}{\partial y}\\ \frac{\partial}{\partial z} & 0 & \frac{\partial}{\partial x}\end{bmatrix}\begin{Bmatrix}u\\ v\\ w\end{Bmatrix}=\boldsymbol{L}\boldsymbol{u} \tag{5.3}$$

弹性体受力作用，内部任一点的应力状态也是三维的，有 3 项正应力 σ_x、σ_y、σ_z 和 3 对剪应力 $\tau_{xy}=\tau_{yx}$、$\tau_{yz}=\tau_{zy}$、$\tau_{zx}=\tau_{xz}$，共有 6 项独立的应力分量，这些应力分量也可用列阵表示：

$$\boldsymbol{\sigma}=[\sigma_x\quad \sigma_x\quad \sigma_x\quad \tau_{xy}\quad \tau_{yz}\quad \tau_{zx}]^{\mathrm{T}}$$

在线弹性范围内，应力应变间的物理关系可用矩阵形式表示为

$$\boldsymbol{\sigma}=\boldsymbol{D}\boldsymbol{\varepsilon} \tag{5.4}$$

对于各向同性的弹性体，在三维应力状态下，弹性系数矩阵 $\boldsymbol{D}$ 的一般形式为

$$\boldsymbol{D}=\frac{E(1-\upsilon)}{(1+\upsilon)(1-2\upsilon)}\begin{bmatrix}1 & & & & & \\ \frac{\upsilon}{1-\upsilon} & 1 & & & & \\ \frac{\upsilon}{1-\upsilon} & \frac{\upsilon}{1-\upsilon} & 1 & & & \\ 0 & 0 & 0 & \frac{1-2\upsilon}{2(1-\upsilon)} & & \\ 0 & 0 & 0 & 0 & \frac{1-2\upsilon}{2(1-\upsilon)} & \\ 0 & 0 & 0 & 0 & 0 & \frac{1-2\upsilon}{2(1-\upsilon)}\end{bmatrix} \tag{5.5}$$

5.2　四面体常应变单元

最简单的空间单元——四面体单元如图 5.1 所示，i、j、k、m 为 4 个结点，为使单元体积不出现负值，结点的编号按如下规定：在右手坐标中，当右手螺旋按 $i\rightarrow j\rightarrow k$ 转向时，拇指指向 m。

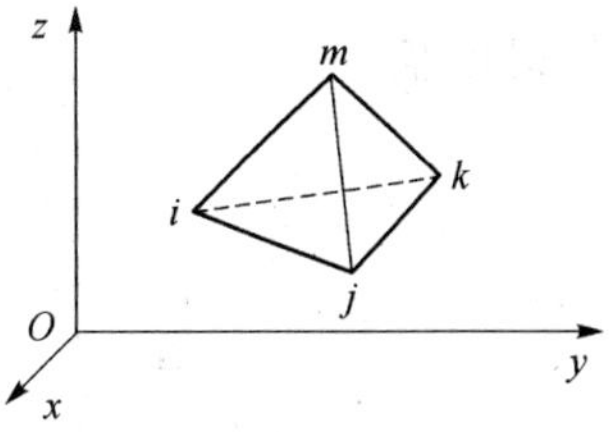

图 5.1　四面体单元

单元变形时，各结点都有沿 x、y、z 的 3 项位移，单元有 4 个结点，共有 12 项结点位移，合起来用一列向量可表示为

$$\boldsymbol{u}^e=[u_i,v_i,w_i,u_j,v_j,w_j,u_k,v_k,w_k,u_m,v_m,w_m]^{\mathrm{T}} \tag{5.6}$$

单元变形时,单元各点也有沿 x、y、z 方向的位移 u、v、w,一般应为坐标 x、y、z 的函数。对于这种简单的四面体单元,其内部位移可假设为坐标的线性函数,全单元有 12 个自由度,每个单元有 3 个位移函数,每个位移函数取 4 项为

$$\left.\begin{aligned}u&=\alpha_1+\alpha_2x+\alpha_3y+\alpha_4z\\v&=\alpha_5+\alpha_6x+\alpha_7y+\alpha_8z\\w&=\alpha_9+\alpha_{10}x+\alpha_{11}y+\alpha_{12}z\end{aligned}\right\} \tag{5.7}$$

式中:α_1、α_5、α_9 反映刚体平移;α_2、α_7、α_{12} 反映常量正应变;其余各项反映绕 3 坐标轴旋转的刚体转动及常量剪应变。

式(5.7)含 12 个待定常数,可以由单元的 12 项结点位移决定。将 4 个结点的坐标值代入式(5.7)中的 u 式,在 i、j、k、m 的 4 个结点,分别有

$$\left.\begin{aligned}u_i&=\alpha_1+\alpha_2x_i+\alpha_3y_i+\alpha_4z_i\\u_j&=\alpha_1+\alpha_2x_j+\alpha_3y_j+\alpha_4z_j\\u_k&=\alpha_1+\alpha_2x_k+\alpha_3y_k+\alpha_4z_k\\u_m&=\alpha_1+\alpha_2x_m+\alpha_3y_m+\alpha_4z_m\end{aligned}\right\} \tag{5.8}$$

由式(5.8)求出 α_1、α_2、α_3、α_4,再代回式(5.7)的 u 式,整理后得

$$u_i=N_iu_i+N_ju_j+N_ku_k+N_mu_m$$

同理,可求得

$$v_i=N_iv_i+N_jv_j+N_kv_k+N_mv_m$$

$$w_i=N_iw_i+N_jw_j+N_kw_k+N_mw_m$$

将以上 3 式用矩阵表示为

$$\begin{Bmatrix}u\\v\\w\end{Bmatrix}=\boldsymbol{N}\boldsymbol{u}^e \tag{5.9}$$

式中:$\boldsymbol{N}$ 为形状函数矩阵,可表示为

$$\boldsymbol{N}=[N_i\boldsymbol{I},N_j\boldsymbol{I},N_k\boldsymbol{I},N_m\boldsymbol{I}] \tag{5.10}$$

式中:$\boldsymbol{I}$ 为 3 阶单位矩阵,而各点的形状函数可按下式计算得到

$$N_i=\frac{1}{6V}(a_i+b_ix+c_iy+d_iz)\quad(i,j,k,m) \tag{5.11}$$

如记矩阵

$$\boldsymbol{\Lambda}=\begin{matrix} & a & b & c & d & \\ & \left[\begin{matrix}1\\1\\1\\1\end{matrix}\right. & \begin{matrix}x_i\\x_j\\x_k\\x_m\end{matrix} & \begin{matrix}y_i\\y_j\\y_k\\y_m\end{matrix} & \left.\begin{matrix}z_i\\z_j\\z_k\\z_m\end{matrix}\right] & \begin{matrix}i\\j\\k\\h\end{matrix}\end{matrix}\quad\text{(与特征值矩阵相同)} \tag{5.12}$$

则有 $V=\frac{1}{6}|\boldsymbol{\Lambda}|$，$V$ 为四面体单元体积，其他各数皆可由 $\boldsymbol{\Lambda}$ 确定，如

$$\left.\begin{aligned}
a_i&=\begin{vmatrix} x_j & y_j & z_j \\ x_k & y_k & z_k \\ x_m & y_m & z_m \end{vmatrix}\\
b_i&=-\begin{vmatrix} 1 & y_j & z_j \\ 1 & y_k & z_k \\ 1 & y_m & z_m \end{vmatrix}\\
c_i&=\begin{vmatrix} 1 & x_j & z_j \\ 1 & x_k & z_k \\ 1 & x_m & z_m \end{vmatrix}\\
d_i&=-\begin{vmatrix} 1 & x_j & y_j \\ 1 & x_k & y_k \\ 1 & x_m & y_m \end{vmatrix}
\end{aligned}\right\} \tag{5.13}$$

a_i、b_i、c_i、d_i 为矩阵 $\boldsymbol{\Lambda}$ 第 1 行各元素的代数余子式。同样可以确定 a_j、b_j、c_j、d_j、$\cdots a_m$、b_m、c_m、d_m 等，它们是矩阵 $\boldsymbol{\Lambda}$ 第 2、3、4 行各元素的代数余子式。

简单四面体单元内，位移是坐标的线性函数，单元体的任一三角形界面，变形后仍保持为一平面，且由该面上 3 个结点的位移决定。因而相邻两单元的三角形交界面上，在变形过程中，其位移是一致的；即两相邻单元的位移在交界面上是连续的，因此常应变四面体元是协调元。

将式(5.9)代入几何关系式(5.2)，经过微分运算，可以得到单元内应变为

$$\boldsymbol{\varepsilon}=\boldsymbol{LNu}^e=\boldsymbol{Bu}^e \tag{5.14}$$

其中，应变矩阵(几何矩阵)是形状函数矩阵 $\boldsymbol{N}$ 经微分算子 $\boldsymbol{L}$ 作用所得的结果，$\boldsymbol{B}$ 中任一个子矩阵 $\boldsymbol{B}_i$ 的显式应为

$$\boldsymbol{B}_i=\frac{1}{6V}\begin{bmatrix} b_i & 0 & 0 \\ 0 & c_i & 0 \\ 0 & 0 & d_i \\ c_i & b_i & 0 \\ 0 & d_i & c_i \\ d_i & 0 & b_i \end{bmatrix} \quad (i,j,k,m) \tag{5.15}$$

式中：V 及 b_i、c_i、d_i 等按式(5.13)决定。可见，这里 $\boldsymbol{B}_i$ 的每项元素都是由结点坐标决定的常数，因而简单四面体单元内，各点的应变都是一样的，这是一种常应变单元。这一点与平面问

题常应变三角形单元是相似的。由于单元内位移都假定为线性变化,因而由位移一阶导数组成的应变,自然就是常值了。

单元内应变为常值,按物理方程(5.4),单元内的应力也是常值。一般受力情况下,三维体内有限大小的四面体内的应力并不是常值,用常应力单元来代替它,当然是近似的,单元间的应力是不连续的。只有当单元划分得很小时,单元内的应力才接近于常值,用有限元法计算出的应力在单元间的不连续才是比较小的,可以作为真实应力分布的近似。一般把这种单元应力的计算值作为单元中心一点的应力近似值是比较适当的。

将式(5.5)及式(5.15)代入$\boldsymbol{K}^e=\int_{V^e}\boldsymbol{B}^{\mathrm{T}}\boldsymbol{DB}\mathrm{d}V$即可计算得到单元刚度矩阵。由于简单四面体单元为常应变单元,故积分有

$$\boldsymbol{K}^e=\boldsymbol{B}^{\mathrm{T}}\boldsymbol{DB}V^e \tag{5.16}$$

式中:V^e为单元体积。按结点分块,此单元刚度矩阵可以表示为

$$\boldsymbol{K}^e=\begin{bmatrix}\boldsymbol{k}_{ii} & \boldsymbol{k}_{ij} & \boldsymbol{k}_{ik} & \boldsymbol{k}_{im}\\ \boldsymbol{k}_{ji} & \boldsymbol{k}_{jj} & \boldsymbol{k}_{jk} & \boldsymbol{k}_{jm}\\ \boldsymbol{k}_{ki} & \boldsymbol{k}_{kj} & \boldsymbol{k}_{kk} & \boldsymbol{k}_{\mathrm{km}}\\ \boldsymbol{k}_{mi} & \boldsymbol{k}_{mj} & \boldsymbol{k}_{mk} & \boldsymbol{k}_{mm}\end{bmatrix} \tag{5.17}$$

其中,任一子矩阵为

$$[\boldsymbol{k}_{rs}]_{3\times3}=\boldsymbol{B}_r^{\mathrm{T}}\boldsymbol{DB}_sV^e \quad (r,s=i,j,k,m) \tag{5.18}$$

三维弹性体内如受有均布的体积力(如重力)作用,对于这种简单的四面体单元,可以逐个单元计算出其整个单元的全部体积力,再平均分配到4个结点力,每个结点分配到1/4的单元体积力。如果单元的某个表面作用有均布的面积力,也可以将此面上的全部面积力平均分配到相连的3个结点上,即每个结点分配到三角形上面积力总和的1/3。如果体积力、面积力不是均布的,则不应平均分配,而应按下式计算:

$$\left.\begin{aligned}\boldsymbol{F}_V^e&=\int_{V^e}\boldsymbol{N}^{\mathrm{T}}\boldsymbol{q}\mathrm{d}V\\ \boldsymbol{F}_S^e&=\int_{S^e}\boldsymbol{N}^{\mathrm{T}}\boldsymbol{p}\mathrm{d}S\end{aligned}\right\} \tag{5.19}$$

式中:$\boldsymbol{F}_V^e$和$\boldsymbol{F}_S^e$为e单元内分布体积力和分布面积力分配到单元结点的载荷;$\boldsymbol{N}$为形状函数矩阵;$\boldsymbol{q}$和$\boldsymbol{p}$分别为单位体积力和单位面积力;V^e和S^e则为受有分布力的单元体积和面积。

用简单四面体单元分析三维应力,虽然单元刚度矩阵,载荷分配等计算简单,程序简单,但精度是比较低的(单元内应力为常值)。为得到一定准确度的结果,往往需将结构划分为成千甚至上万个单元,增加了整个问题求解的自由度,总的计算效益是不理想的。对三维问题的有限元分析,一般采用复杂一些的、精度高一些的单元,如5.3节介绍的六面体单元,其综合效益会更好。

5.3 直六面体单元

如同在平面问题中采用矩形单元一样，在空间问题中也可以采用六面体单元。如图 5.2 表示直六面体单元，有 8 个主结点，每个结点 3 个位移分量，共 24 个自由度，每个位移函数可以包括以下 8 项：

$$u(x,y,z)=a_1+a_2x+a_3y+a_4z+a_5xy+a_6yz+a_7zx+a_8xyz \tag{5.20}$$

其他两个位移函数也取相同基底，可以写出类似的位移函数。与平面矩形单元类似，各结点的形状函数可用拉格朗日插值得到。

$$\left.\begin{aligned}
&N_1=\frac{1}{8abc}(a+x)(b-y)(c-z),N_2=\frac{1}{8abc}(a+x)(b+y)(c-z)\\
&N_3=\frac{1}{8abc}(a+x)(b-x)(c-z),N_4=\frac{1}{8abc}(a-x)(b-y)(c-z)\\
&N_5=\frac{1}{8abc}(a-x)(b-y)(c+z),N_6=\frac{1}{8abc}(a+x)(b+y)(c+z)\\
&N_7=\frac{1}{8abc}(a-x)(b+y)(c+z),N_8=\frac{1}{8abc}(a-x)(b-y)(c+z)
\end{aligned}\right\} \tag{5.21}$$

记 $\epsilon=\dfrac{x}{a}$，$\eta=\dfrac{y}{b}$，$\zeta=\dfrac{z}{c}$，则式(5.21)可用无量纲自然坐标表示为

$$\left.\begin{aligned}
&N_1(\xi,\eta,\zeta)=\frac{1}{8}(1+\xi)(1-\eta)(1-\zeta)\\
&N_2(\xi,\eta,\zeta)=\frac{1}{8}(1+\xi)(1+\eta)(1-\zeta)\\
&N_3(\xi,\eta,\zeta)=\frac{1}{8}(1-\xi)(1+\eta)(1-\zeta)\\
&N_4(\xi,\eta,\zeta)=\frac{1}{8}(1-\xi)(1-\eta)(1-\zeta)\\
&N_5(\xi,\eta,\zeta)=\frac{1}{8}(1+\xi)(1-\eta)(1+\zeta)\\
&N_6(\xi,\eta,\zeta)=\frac{1}{8}(1+\xi)(1+\eta)(1+\zeta)\\
&N_7(\xi,\eta,\zeta)=\frac{1}{8}(1-\xi)(1+\eta)(1+\zeta)\\
&N_8(\xi,\eta,\zeta)=\frac{1}{8}(1-\xi)(1-\eta)(1+\zeta)
\end{aligned}\right\} \tag{5.22}$$

或通用式写成

$$N_i(\xi,\eta,\zeta)=\frac{1}{8}(1+\xi_i\xi)(1+\eta_i\eta)(1+\zeta_i\zeta)\quad(i=1,2,\cdots,8) \tag{5.23}$$

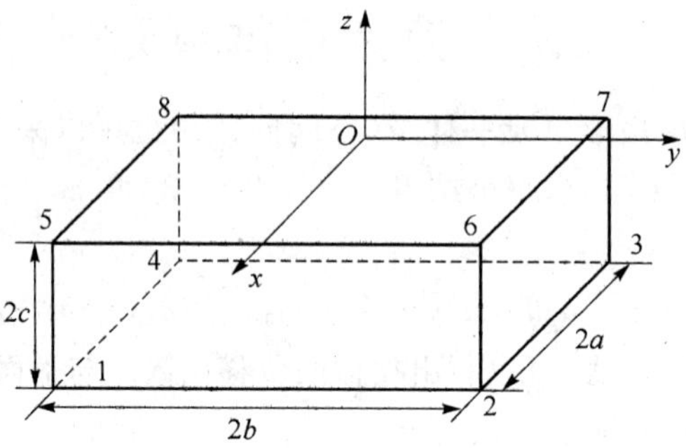

图 5.2　直六面体单元

习　题

5.1　证明常应变四面体单元是完备协调单元。

5.2　试建立直六面体单元的形函数。

第 6 章 轴对称问题的有限元分析

轴对称问题是弹性空间问题的一个特殊问题，这类问题的特点是物体为某一平面绕其中心轴旋转而形成的回转体。由于一般形状的轴对称物体，用弹性力学的解析方法进行应力计算，很难得到精确解，因此采用有限元法进行应力分析，在工程上十分需要，同时用有限元计算得到的数值解，近似程度也比较高。

空间轴对称问题，一般来说是三维问题，但是由于对称性，轴对称平面中的两个位移分量可以确定物体的应变和应力状态。采用柱坐标系，用 z 和 r 分别表示一点处的轴向和径向坐标，w 和 u 为相应位移[17-19]。

6.1 单元位移函数

单元在子午面分割，绕对称轴 z 旋转后形成环单元，如图 6.1 所示，而在子午面形成的网格形同平面问题一样。单元界面可以是三角形，也可以是矩形、任意四边形，我们选三角形单元，如图 6.2 所示。

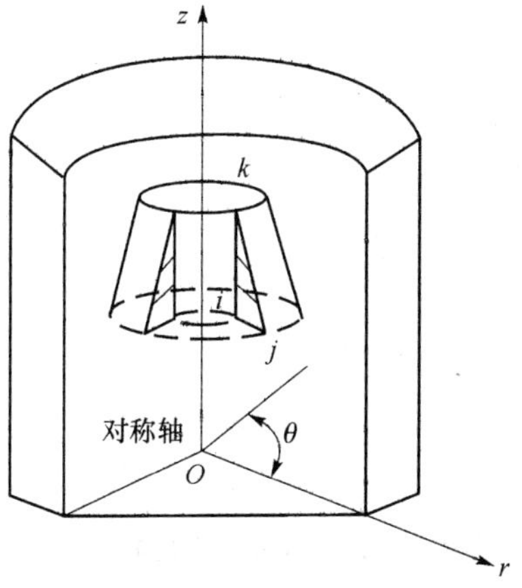

图 6.1 轴对称物体图

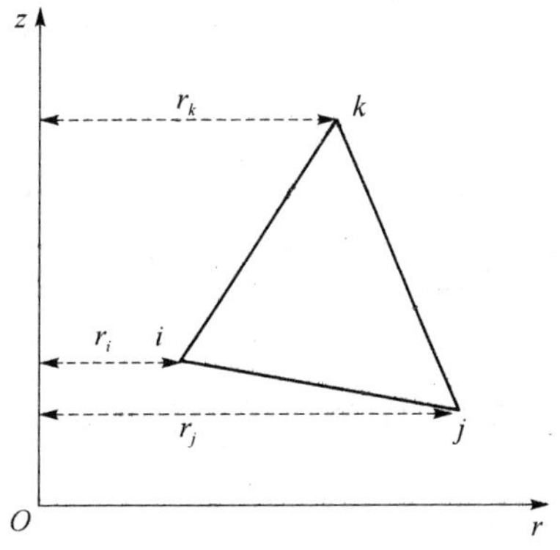

图 6.2 三角形环单元

由于对称性，在对称面上，单元结点位移为

$$\boldsymbol{u}^e=[\boldsymbol{u}_i^{\mathrm{T}} \quad \boldsymbol{u}_j^{\mathrm{T}} \quad \boldsymbol{u}_k^{\mathrm{T}}]^{\mathrm{T}}=[u_i \quad w_i \quad u_j \quad w_j \quad u_k \quad w_k]^{\mathrm{T}} \tag{6.1}$$

依照平面问题，选线性位移模式

$$u=\alpha_1+\alpha_2 r+\alpha_3 z, \quad w=\alpha_4+\alpha_5 r+\alpha_6 z \tag{6.2}$$

与平面问题处理方法一样，有

$$\left.\begin{aligned} u &= N_i u_i + N_j u_j + N_k u_k = \sum_{m=i,j,k} N_m u_m \\ w &= N_i w_i + N_j w_j + N_k w_k = \sum_{m=i,j,k} N_m w_m \end{aligned}\right\} \tag{6.3}$$

式中：

$$N_m = \frac{(a_m + b_m r + c_m z)}{2\Delta} \quad (m=i,j,k) \tag{6.4}$$

$$\Delta = \frac{1}{2}\begin{vmatrix} 1 & r_i & z_i \\ 1 & r_j & z_j \\ 1 & r_k & z_k \end{vmatrix} \tag{6.5}$$

$$\left.\begin{aligned} a_i &= \begin{vmatrix} r_j & z_j \\ r_k & z_k \end{vmatrix} = r_j z_k - r_k z_j, \quad b_i = \begin{vmatrix} 1 & z_j \\ 1 & z_k \end{vmatrix} = z_j - z_k, \quad c_i = \begin{vmatrix} 1 & r_j \\ 1 & r_k \end{vmatrix} = r_k - r_j \\ a_j &= \begin{vmatrix} r_k & z_k \\ r_i & z_i \end{vmatrix} = r_k z_i - r_i z_k, \quad b_j = \begin{vmatrix} 1 & z_k \\ 1 & z_i \end{vmatrix} = z_k - z_i, \quad c_j = \begin{vmatrix} 1 & r_k \\ 1 & r_i \end{vmatrix} = r_i - r_k \\ a_k &= \begin{vmatrix} r_i & z_i \\ r_j & z_j \end{vmatrix} = r_i z_j - r_j z_i, \quad b_k = \begin{vmatrix} 1 & z_i \\ 1 & z_j \end{vmatrix} = z_i - z_j, \quad c_k = \begin{vmatrix} 1 & r_i \\ 1 & r_j \end{vmatrix} = r_j - r_i \end{aligned}\right\} \tag{6.6}$$

表达成矩阵形式

$$\boldsymbol{u} = \begin{Bmatrix} u \\ w \end{Bmatrix} = \begin{bmatrix} N_i & 0 & N_j & 0 & N_k & 0 \\ 0 & N_i & 0 & N_j & 0 & N_k \end{bmatrix} \begin{Bmatrix} \boldsymbol{u}_i \\ \boldsymbol{u}_j \\ \boldsymbol{u}_k \end{Bmatrix} =$$

$$\boldsymbol{N}\boldsymbol{u}^e = [N_i\boldsymbol{I} \quad N_j\boldsymbol{I} \quad N_k\boldsymbol{I}]\boldsymbol{u}^e \tag{6.7}$$

式中：

$$\boldsymbol{I} = \begin{bmatrix} 1 & 0 \\ 0 & 1 \end{bmatrix}$$

6.2　单元应变与应力

6.2.1　单元应变

根据弹性力学对轴对称体进行应力分析。在弹性力学中，空间轴对称的几何方程为

$$\boldsymbol{\varepsilon} = \begin{Bmatrix} \varepsilon_r \\ \varepsilon_\theta \\ \varepsilon_z \\ \gamma_{rz} \end{Bmatrix} = \begin{Bmatrix} \dfrac{\partial u}{\partial r} \\ \dfrac{u}{r} \\ \dfrac{\partial w}{\partial z} \\ \dfrac{\partial w}{\partial r} + \dfrac{\partial u}{\partial z} \end{Bmatrix} \tag{6.8}$$

与平面问题相比，多了一项 ε_θ。这项应变的产生主要是由于径向位移 u 引起的，因为径向方向有了位移 u 以后，原来的周长 $2\pi r$ 发生了改变，因而产生了环向应变 ε_θ，这样也就产生了环向应力 σ_θ。因此，轴对称问题的应力分量不是 3 个，而是 4 个。将式(6.3)、式(6.4)代入式(6.8)求解后得到：

$$\boldsymbol{\varepsilon}=\frac{1}{2\Delta}\begin{bmatrix} b_i & 0 & b_j & 0 & b_k & 0 \\ f_i & 0 & f_j & 0 & f_k & 0 \\ 0 & c_i & 0 & c_j & 0 & c_k \\ c_i & b_i & c_j & b_j & c_k & b_k \end{bmatrix}\begin{Bmatrix} u_i \\ w_i \\ u_j \\ w_j \\ u_k \\ w_k \end{Bmatrix} \tag{6.9}$$

$$f_m=\frac{a_m}{r}+b_m+\frac{c_m z}{r}\quad (m=i,j,k) \tag{6.10}$$

式(6.9)可改写为

$$\boldsymbol{\varepsilon}=\boldsymbol{B}\boldsymbol{u}^e=[\boldsymbol{B}_i \quad \boldsymbol{B}_j \quad \boldsymbol{B}_k]\boldsymbol{u}^e \tag{6.11}$$

其中

$$\boldsymbol{B}_m=\frac{1}{2\Delta}\begin{bmatrix} b_m & 0 \\ f_m & 0 \\ 0 & c_m \\ c_m & b_m \end{bmatrix}\quad (m=i,j,k) \tag{6.12}$$

由此可见，轴对称问题的几何方程式(6.11)，在形式上和平面问题是一样的，但是轴对称问题中的 $\boldsymbol{B}$ 和 $\boldsymbol{\varepsilon}$ 并不完全是常量元素，其中各点的应变将是 r、z 的函数，故 $\boldsymbol{B}$ 是 r、z 的函数。

因为 $\boldsymbol{B}$ 是 r、z 的函数，所以单元中各点的应变将随 r、z 而变化，即单元中各点的应变不同。为了简化计算，通常用单元形心坐标$(\bar{z},\bar{r})$近似代替 f_i 中的 r、z 值，即用单元形心$(\bar{z},\bar{r})$处的应变作为单元的平均应变，变成常应变单元，即

$$\left.\begin{aligned} & z\approx\bar{z}=\frac{1}{3}(z_i+z_j+z_k) \\ & r\approx\bar{r}=\frac{1}{3}(r_i+r_j+r_k) \\ & f_m\approx\bar{f}_m=\frac{a_m}{\bar{r}}+b_m+\frac{c_m\bar{z}}{\bar{r}}\quad (m=i,j,k) \end{aligned}\right\} \tag{6.13}$$

6.2.2 单元应力

根据物理方程推导的单元应力公式为

$$\boldsymbol{\sigma}=\begin{Bmatrix}\sigma_r\\ \sigma_\theta\\ \sigma_z\\ \tau_{rz}\end{Bmatrix}=\frac{E(1-\mu)}{(1+\mu)(1-2\mu)}\begin{bmatrix}1 & \frac{\mu}{1-\mu} & \frac{\mu}{1-\mu} & 0\\ \frac{\mu}{1-\mu} & 1 & \frac{\mu}{1-\mu} & 0\\ \frac{\mu}{1-\mu} & \frac{\mu}{1-\mu} & 1 & 0\\ 0 & 0 & 0 & \frac{1-2\mu}{2(1-\mu)}\end{bmatrix}\begin{Bmatrix}\varepsilon_r\\ \varepsilon_\theta\\ \varepsilon_z\\ \gamma_{rz}\end{Bmatrix} \tag{6.14}$$

$$\boldsymbol{\sigma}=\boldsymbol{D\varepsilon}=\boldsymbol{DBu}^e=\boldsymbol{Su}^e=[\boldsymbol{S}_i \quad \boldsymbol{S}_j \quad \boldsymbol{S}_k]\boldsymbol{u}^e \tag{6.15}$$

$$\boldsymbol{S}_m=\frac{2A_3}{\Delta}\begin{bmatrix}b_m+A_1 f_m & A_1 c_m\\ A_1 b_m+f_m & A_1 c_m\\ A_1(b_m+f_m) & c_m\\ A_2 c_m & A_2 b_m\end{bmatrix} \quad (m=i,j,k) \tag{6.16}$$

式中：

$$A_1=\frac{\mu}{1-\mu},\quad A_2=\frac{1-2\mu}{2(1-\mu)},\quad A_3=\frac{(1-\mu)E}{4(1+\mu)(1-2\mu)}$$

为了简化计算，消除对称轴上由于 $r=0$ 引起的麻烦，用 $\bar{z}$、$\bar{r}$ 近似代替 r、z。由式(6.12)和式(6.16)计算所得的应变、应力则是单元形心处的应变、应力的近似值。

6.3 单元刚度矩阵

与平面问题一样，用虚位移原理推导单元刚度矩阵。在轴对称情况下，单元的虚位移方程为

$$(\boldsymbol{u}^{e^*})^{\mathrm{T}}\boldsymbol{f}^e=\iiint(\boldsymbol{\varepsilon}^*)^{\mathrm{T}}\boldsymbol{\sigma}r\,\mathrm{d}r\mathrm{d}\theta\mathrm{d}z \tag{6.17}$$

等式左边为单元等效结点力 $\boldsymbol{f}^e$ 所做的虚功，等式右边为整个三角形单元中应力的虚功。

假设单元的虚位移为

$$\boldsymbol{u}^*=\boldsymbol{N}\boldsymbol{u}^{e^*}$$

由于对称性

$$\int_0^{2\pi}\mathrm{d}\theta=2\pi$$

将

$$\boldsymbol{\varepsilon}^*=\boldsymbol{B}\boldsymbol{u}^{e^*} \tag{6.18}$$

代入式(6.17)，可得

$$\begin{aligned}(\boldsymbol{u}^{e^*})^{\mathrm{T}}\boldsymbol{f}^e&=(\boldsymbol{u}^{e^*})^{\mathrm{T}}2\pi\iint\boldsymbol{B}^{\mathrm{T}}\boldsymbol{DB}r\,\mathrm{d}r\mathrm{d}z\boldsymbol{u}^e\\ \boldsymbol{f}^e&=2\pi\iint\boldsymbol{B}^{\mathrm{T}}\boldsymbol{DB}r\,\mathrm{d}r\mathrm{d}z\boldsymbol{u}^e\end{aligned} \tag{6.19}$$

单元刚度矩阵

$$\boldsymbol{K}^e=2\pi\iint\boldsymbol{B}^{\mathrm{T}}\boldsymbol{DB}r\,\mathrm{d}r\mathrm{d}z \tag{6.20}$$

写成分块形式

$$\boldsymbol{K}^e = \begin{bmatrix} \boldsymbol{k}_{ii} & \boldsymbol{k}_{ij} & \boldsymbol{k}_{ik} \\ \boldsymbol{k}_{ji} & \boldsymbol{k}_{jj} & \boldsymbol{k}_{jk} \\ \boldsymbol{k}_{ki} & \boldsymbol{k}_{kj} & \boldsymbol{k}_{kk} \end{bmatrix} \tag{6.21}$$

其中：子矩阵

$$\boldsymbol{k}_{st} = 2\pi\iint \boldsymbol{B}_s^{\mathrm{T}} \boldsymbol{D} \boldsymbol{B}_t r\,\mathrm{d}r\mathrm{d}z \quad (s=i,j,k;t=i,j,k) \tag{6.22}$$

取单元形心坐标 $\bar{z}$、$\bar{r}$ 代替 $\boldsymbol{B}$ 中的 r、z，则

$$\boldsymbol{k}_{st} = 2\pi \boldsymbol{B}_s^{\mathrm{T}} \boldsymbol{D} \boldsymbol{B}_t \bar{r}\Delta \tag{6.23}$$

于是有

$$\boldsymbol{k}_{st} = \frac{2\pi r A_3}{\Delta}\begin{bmatrix} b_s(b_t + A_1\bar{f}_t) + \bar{f}_s(\bar{f}_t + A_1 b_t) + A_2 c_s c_t & A_1 c_t(b_s + \bar{f}_s) + A_2 b_t c_s \\ A_1 c_s(b_t + \bar{f}_t) + A_2 b_s c_t & c_s c_t + A_2 b_s b_t \end{bmatrix} \tag{6.24}$$

6.4　整体刚度矩阵

单元数 n_e，结点数 n，把单元的 $\boldsymbol{u}^e$、$\boldsymbol{f}^e$ 和 $\boldsymbol{K}^e$ 扩大到整个结构的自由度数，叠加得到：

$$\sum_{e=1}^{n_e} \boldsymbol{f}^e = \left(\sum_{e=1}^{n_e} 2\pi\iint \boldsymbol{B}^{\mathrm{T}} \boldsymbol{D} \boldsymbol{B} r\,\mathrm{d}r\mathrm{d}z\right)\boldsymbol{U} \tag{6.25}$$

整体载荷阵列为

$$\boldsymbol{f} = \sum_{e=1}^{n_e} \boldsymbol{f}^e \tag{4.26}$$

整体刚度矩阵为

$$\boldsymbol{K} = \sum_{e=1}^{n_e} \boldsymbol{K}^e = \sum_{e=1}^{n_e} 2\pi\iint \boldsymbol{B}^{\mathrm{T}} \boldsymbol{D} \boldsymbol{B} r\,\mathrm{d}r\mathrm{d}z \tag{6.27}$$

故有

$$\boldsymbol{KU} = \boldsymbol{f} \tag{6.28}$$

整体刚度矩阵 $\boldsymbol{K}$ 写成分块形式

$$\boldsymbol{K} = \begin{bmatrix} \boldsymbol{K}_{11} & \cdots & \boldsymbol{K}_{1i} & \cdots & \boldsymbol{K}_{1j} & \cdots & \boldsymbol{K}_{1m} & \cdots & \boldsymbol{K}_{1n} \\ \vdots & & \vdots & & \vdots & & \vdots & & \vdots \\ \boldsymbol{K}_{i1} & \cdots & \boldsymbol{K}_{ii} & \cdots & \boldsymbol{K}_{ij} & \cdots & \boldsymbol{K}_{im} & \cdots & \boldsymbol{K}_{in} \\ \vdots & & \vdots & & \vdots & & \vdots & & \vdots \\ \boldsymbol{K}_{j1} & \cdots & \boldsymbol{K}_{ji} & \cdots & \boldsymbol{K}_{jj} & \cdots & \boldsymbol{K}_{jm} & \cdots & \boldsymbol{K}_{jn} \\ \vdots & & \vdots\ \vdots & & \vdots & & \vdots & & \vdots \\ \boldsymbol{K}_{m1} & \cdots & \boldsymbol{K}_{mi} & \cdots & \boldsymbol{K}_{mj} & \cdots & \boldsymbol{K}_{mm} & \cdots & \boldsymbol{K}_{mn} \\ \vdots & & \vdots & & \vdots & & \vdots & & \vdots \\ \boldsymbol{K}_{n1} & \cdots & \boldsymbol{K}_{ni} & \cdots & \boldsymbol{K}_{nj} & \cdots & \boldsymbol{K}_{nm} & \cdots & \boldsymbol{K}_{nn} \end{bmatrix} \tag{6.29}$$

其中：子矩阵为

$$\boldsymbol{K}_{st} = \sum_{e=1}^{n_e} \boldsymbol{k}_{st} \quad (s = 1,2,\cdots,n;t = 1,2,\cdots,n)$$

6.5 等效结点载荷

现在讨论等效结点载荷的计算。

$\boldsymbol{KU}=\boldsymbol{f}$ 的右边载荷列阵为

$$\boldsymbol{f} = \sum_{e=1}^{n_e} \boldsymbol{f}^e = [\boldsymbol{f}_1^{\mathrm{T}} \quad \boldsymbol{f}_2^{\mathrm{T}} \quad \cdots \quad \boldsymbol{f}_n^{\mathrm{T}}]^{\mathrm{T}} \tag{6.30}$$

其中：

$$\boldsymbol{f}_i=[f_{ri} \quad f_{zi}]^{\mathrm{T}} \quad (i=1,2,\cdots,n)$$

等效结点载荷按照虚功原理有

$$(\boldsymbol{u}^{e^*})^{\mathrm{T}}\boldsymbol{f}_i^e = (\boldsymbol{u}^*)^{\mathrm{T}}2\pi r_c \boldsymbol{f}_g + \iint (\boldsymbol{u}^*)^{\mathrm{T}}\boldsymbol{f}_S r\,\mathrm{d}\theta\mathrm{d}S + \iiint (\boldsymbol{u}^*)^{\mathrm{T}}\boldsymbol{f}_V r\,\mathrm{d}r\mathrm{d}\theta\mathrm{d}z \tag{6.31}$$

式中：r_c 为集中载荷 f_g 作用点的径向坐标；f_S 为表面力；f_V 为体积力。

单元中各点虚位移为

$$\boldsymbol{u}^* = \boldsymbol{N}\boldsymbol{u}^{e^*}$$

单元中各点的等效结点载荷为

$$\boldsymbol{f}^e=\boldsymbol{f}_g^e+\boldsymbol{f}_S^e+\boldsymbol{f}_V^e \tag{6.32}$$

其中：集中力的等效结点载荷为

$$\boldsymbol{f}_g^e=2\pi r\boldsymbol{N}^{\mathrm{T}}\boldsymbol{f}_g \tag{6.33}$$

表面力的等效结点载荷为

$$\boldsymbol{f}_S^e = 2\pi\int \boldsymbol{N}^{\mathrm{T}}\boldsymbol{f}_S r\,\mathrm{d}S \tag{6.34}$$

体积力的等效结点载荷为

$$\boldsymbol{f}_V^e = 2\pi\iint \boldsymbol{N}^{\mathrm{T}}\boldsymbol{f}_V r\,\mathrm{d}r\mathrm{d}z \tag{6.35}$$

对整体而言，载荷为

$$\boldsymbol{f} = \sum_{e=1}^{n_e}(\boldsymbol{f}_g^e + \boldsymbol{f}_S^e + \boldsymbol{f}_V^e) = \boldsymbol{f}_g + \boldsymbol{f}_S + \boldsymbol{f}_V \tag{6.36}$$

由于积分号后的被积函数有变量 r，无法采用静力等效原理。

6.5.1 体积力

对三角形单元来说

1. 自　重

$f_{Vr}=0, f_{Vz}=-\rho$，ρ 为重度，于是单元的自重移置到结点 i、j、k 等效结点载荷为

$$\boldsymbol{f}_{Vm}^{e}=\begin{Bmatrix} f_{Vrm}^{e} \\ f_{Vzm}^{e} \end{Bmatrix}=2\pi\iint N_{m}\begin{Bmatrix} 0 \\ -\rho \end{Bmatrix} r\mathrm{d}r\mathrm{d}z \quad (m=i,j,k) \tag{6.37}$$

记 $r=\sum\limits_{m=i,j,k} r_{m}N_{m}$，有

$$\iint N_{m} r\mathrm{d}r\mathrm{d}z=\iint N_{m}(r_{i}N_{i}+r_{j}N_{j}+r_{k}N_{k})\mathrm{d}r\mathrm{d}z \quad (m=i,j,k) \tag{6.38}$$

由积分公式

$$\iint N_{i}^{\alpha}N_{j}^{\beta}N_{k}^{\gamma}\mathrm{d}x\mathrm{d}y=\frac{\alpha!\beta!\gamma!}{(\alpha+\beta+\gamma+2)!}2\Delta$$

得

$$\iint N_{i} r\mathrm{d}r\mathrm{d}z=(\frac{r_{i}}{6}+\frac{r_{j}}{12}+\frac{r_{k}}{12})\Delta=\frac{\Delta}{12}(3\bar{r}+r_{i})$$

$$\iint N_{j} r\mathrm{d}r\mathrm{d}z=(\frac{r_{j}}{6}+\frac{r_{i}}{12}+\frac{r_{k}}{12})\Delta=\frac{\Delta}{12}(3\bar{r}+r_{j})$$

$$\iint N_{k} r\mathrm{d}r\mathrm{d}z=(\frac{r_{k}}{6}+\frac{r_{i}}{12}+\frac{r_{j}}{12})\Delta=\frac{\Delta}{12}(3\bar{r}+r_{k})$$

$$\boldsymbol{f}_{Vm}^{e}=\begin{Bmatrix} f_{Vrm}^{e} \\ f_{Vzm}^{e} \end{Bmatrix}=\begin{Bmatrix} 0 \\ -\dfrac{\pi\rho\Delta}{6}(3\bar{r}+r_{m}) \end{Bmatrix} \quad (m=i,j,k) \tag{6.39}$$

2. 离心力

此时

$$P_{r}=\rho\omega^{2}r,\quad P_{z}=0 \tag{6.40}$$

式中：ω 为角速度。

于是单元的离心力移置到结点 i、j、k 的等效结点载荷为

$$\boldsymbol{F}_{Vm}^{e}=\begin{Bmatrix} F_{Vrm}^{e} \\ F_{Vzm}^{e} \end{Bmatrix}=2\pi\iint N_{m}\begin{Bmatrix} \rho\omega^{2}r \\ 0 \end{Bmatrix} r\mathrm{d}r\mathrm{d}z \quad (m=i,j,k) \tag{6.41}$$

对其积分得

$$\iint N_{m}r^{2}\mathrm{d}r\mathrm{d}z=\iint L_{m}(r_{i}L_{i}+r_{j}L_{j}+r_{k}L_{k})\mathrm{d}r\mathrm{d}z \quad (m=i,i,k)$$

利用积分公式

$$\iint N_{i}r^{2}\mathrm{d}r\mathrm{d}z=\frac{\Delta}{30}(r_{i}^{2}+r_{j}^{2}+r_{k}^{2}+6\bar{r}r_{i}+r_{j}r_{k})$$

$$\iint N_{j}r^{2}\mathrm{d}r\mathrm{d}z=\frac{\Delta}{30}(r_{i}^{2}+r_{j}^{2}+r_{k}^{2}+6\bar{r}r_{j}+r_{k}r_{i})$$

$$\iint N_k r^2 \,\mathrm{d}r\mathrm{d}z = \frac{\Delta}{30}(r_i^2 + r_j^2 + r_k^2 + 6\bar{r}r_k + r_i r_j)$$

于是有

$$\left.\begin{aligned} \boldsymbol{f}_{Vi}^e &= \begin{Bmatrix} f_{Vri}^e \\ f_{Vzi}^e \end{Bmatrix} = \begin{Bmatrix} \dfrac{\pi\rho\omega^2\Delta}{15}(9\bar{r}^2 + 2r_i^2 - r_j r_k) \\ 0 \end{Bmatrix} \\ \boldsymbol{f}_{Vj}^e &= \begin{Bmatrix} f_{Vrj}^e \\ f_{Vzj}^e \end{Bmatrix} = \begin{Bmatrix} \dfrac{\pi\rho\omega^2\Delta}{15}(9\bar{r}^2 + 2r_j^2 - r_k r_i) \\ 0 \end{Bmatrix} \\ \boldsymbol{f}_{Vk}^e &= \begin{Bmatrix} f_{Vrk}^e \\ f_{Vzk}^e \end{Bmatrix} = \begin{Bmatrix} \dfrac{\pi\rho\omega^2\Delta}{15}(9\bar{r}^2 + 2r_k^2 - r_i r_j) \\ 0 \end{Bmatrix} \end{aligned}\right\} \tag{6.42}$$

6.5.2 表面力

设 rOz 平面上单元 ij 边上受有线性分布的径向表面力，如图 6.3 所示。

在结点 i 的集度为 q_i，在结点 j 的集度为 q_j，ij 边长为 l。

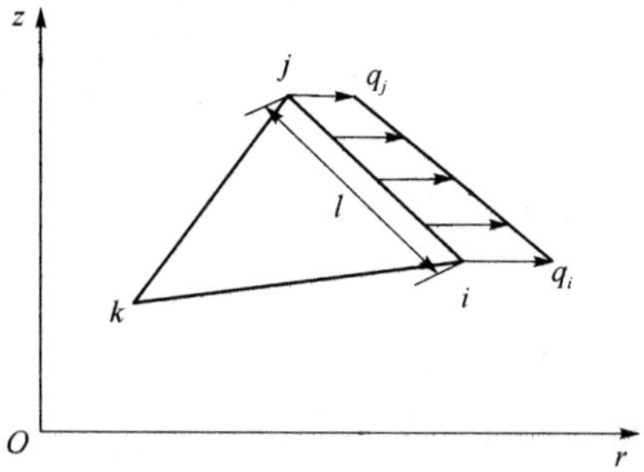

图 6.3　受表面力的三角形单元

在此情况下有

$$q_r = q_i N_i + q_j N_j, \quad q_z = 0$$

于是结点 i 集中等效结点载荷为

$$\boldsymbol{F}_{Si}^e = \begin{Bmatrix} F_{Sri}^e \\ F_{Szi}^e \end{Bmatrix} = 2\pi\iint N_i \begin{Bmatrix} q_i N_i + q_j N_j \\ 0 \end{Bmatrix} r\mathrm{d}S \tag{6.43}$$

在 ij 边上形函数 $N_k = 0$，利用积分公式 $\int_l N_i^\alpha N_j^\beta \mathrm{d}S = \dfrac{\alpha!\beta!}{(\alpha+\beta+1)!}l$，有

$$\int N_i N_i r\mathrm{d}S = \int N_i^2 (r_i N_i + r_j N_j)\mathrm{d}S = \frac{l}{12}(3r_i + r_j)$$

$$\int N_i N_j r\mathrm{d}S = \int N_i N_j (r_i N_i + r_j N_j)\mathrm{d}S = \frac{l}{12}(r_i + r_j)$$

$$\boldsymbol{f}_{Si}^e = 2\pi \begin{Bmatrix} \dfrac{1}{12}q_i(3r_i + r_j) + \dfrac{1}{12}q_j(r_i + r_j) \\ 0 \end{Bmatrix} = \frac{\pi l}{6}\begin{Bmatrix} q_i(3r_i + r_j) + q_j(r_i + r_j) \\ 0 \end{Bmatrix} \tag{6.44}$$

类似有

$$\boldsymbol{f}_{Sj}^e = \frac{\pi l}{6}\begin{Bmatrix} q_i(r_i + r_j) + q_j(r_i + 3r_j) \\ 0 \end{Bmatrix} \tag{6.45}$$

$$f_{Sk}^{e}=\begin{Bmatrix}0\\0\end{Bmatrix} \tag{6.46}$$

习　题

6.1　求图 6.4 所示轴对称单元在图示载荷作用下的等效结点载荷。

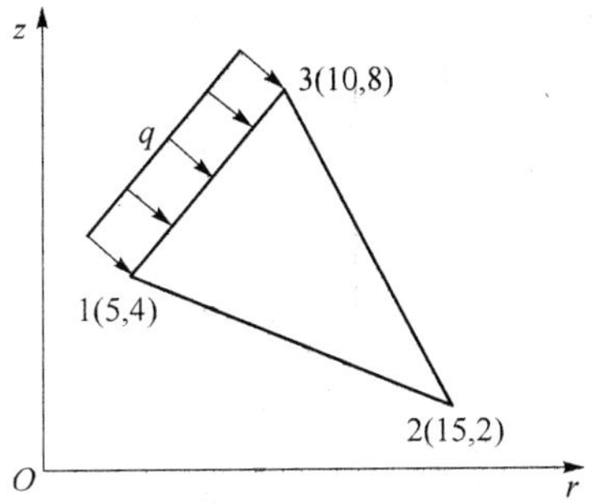

图 6.4　轴对称单元

6.2　设轴对称体绕 z 轴做匀速转动，角速度为 ω，质量密度为 ρ，求图 6.4 所示轴对称单元的等效结点载荷。

6.3　轴对称问题有限单元法中的结点位移向量是什么？3 结点三角形环状单元是否是常应变单元？为什么？

6.4　两个轴对称等边直角三角形单元，形状、大小、方位都相同，位置如图 6.5 所示，弹性模量为 E，泊松比为 $\mu=0.15$，试分别计算它们的单元刚度矩阵。

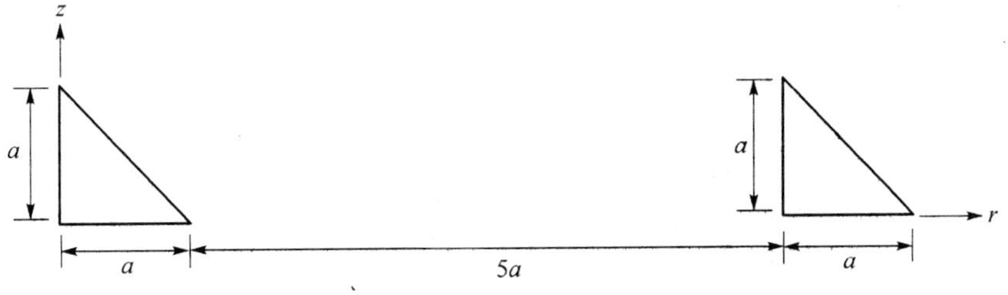

图 6.5　两个轴对称等边直角三角形单元

第 7 章　板壳问题有限元分析

本章将讨论弹性板壳的有限元问题。对于薄板小挠度问题，它的变形完全由横向挠度 w 所确定。因此可以取 w 和它的若干阶导数作为结点参数建立平板单元。在分析壳体中应力时，虽然平板的基本假定同样有效，但是壳体的变形有很大程度的不同，它除了弯曲变形以外还存在中面变形。因而，壳体中内力包括弯曲内力和中面内力[20,21]。

7.1　薄板问题的有限元法

板壳结构在工程中有着广泛的应用。由于它在几何上具有一个方向的尺寸比其他两个方向的尺寸小得多的特点，因此引入了一定的假设，可使之简化为二维问题。

要引入假设对问题进行合理简化则需涉及结构的分类，结构的分类不仅与几何形状有关，而且与结构的受力特征有关。

薄的平板：载荷在面内→平面应力(u,v)；

载荷垂直于面→平板弯曲问题(w,θ_x,θ_y)；

面内＋垂直于面→平板壳问题$(u,v,w,\theta_x,\theta_y)$。

如图 7.1 所示的薄板，在受到垂直于板面的载荷作用后，将产生弯曲。如果板的挠度与其厚度相比是较小的，在分析薄板弯曲问题时有如下假定：

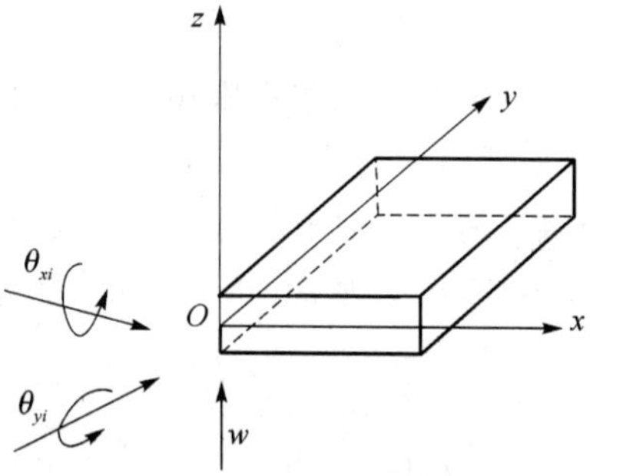

图 7.1　薄　板

① 弯曲前板内垂直于中面的直线段在弯曲后仍保持为直线，并垂直于中性曲面，且该直线段的长度不变。这就是著名的 Kirchhoff 假设；

② 垂直于中面的应力可忽略；

③ 薄板中面只发生弯曲变形，没有面内的伸缩变形。

首先，根据第①条假设

$$\varepsilon_z=\frac{\partial w}{\partial z}=0 \tag{7.1}$$

可知

$$w=w(x,y) \tag{7.2}$$

薄板弯曲后，板的法线与曲面在 x 方向和 y 方向的切线都保持互相垂直，因而没有剪应变，即

$$\gamma_{yz}=\frac{\partial v}{\partial z}+\frac{\partial w}{\partial y}=0,\quad \gamma_{zx}=\frac{\partial w}{\partial x}+\frac{\partial u}{\partial z}=0 \tag{7.3}$$

由式(7.3)可知

$$\frac{\partial v}{\partial z}=-\frac{\partial w}{\partial y},\quad \frac{\partial u}{\partial z}=-\frac{\partial w}{\partial x} \tag{7.4}$$

式(7.4)对 z 积分，注意到 w 与 z 无关，得

$$v=-z\frac{\partial w}{\partial y}+f_1(x,y),\quad u=-z\frac{\partial w}{\partial x}+f_2(x,y) \tag{7.5}$$

式中：$f_1(x,y)$ 和 $f_2(x,y)$ 是任意函数。根据第③条假设，即

$$(u)_{z=0}=(v)_{z=0}=0 \tag{7.6}$$

有 $f_1(x,y)=f_2(x,y)=0$。

从而

$$\left.\begin{aligned} u&=-z\frac{\partial w}{\partial x}\\ v&=-z\frac{\partial w}{\partial y}\\ w&=w(x,y)\end{aligned}\right\} \tag{7.7}$$

可见，薄板小挠度弯曲被简化为中面的弯曲问题。只要中面挠度 w 确定，任何点的位移都可确定。

根据上述分析，薄板内不等于零的应变分量有如下 3 个：

$$\boldsymbol{\varepsilon}=\begin{Bmatrix}\varepsilon_x\\ \varepsilon_y\\ \gamma_{xy}\end{Bmatrix}=\begin{Bmatrix}\dfrac{\partial u}{\partial x}\\ \dfrac{\partial v}{\partial y}\\ \dfrac{\partial u}{\partial y}+\dfrac{\partial v}{\partial x}\end{Bmatrix}=-z\begin{Bmatrix}\dfrac{\partial^2 w}{\partial x^2}\\ \dfrac{\partial^2 w}{\partial y^2}\\ 2\dfrac{\partial^2 w}{\partial x\partial y}\end{Bmatrix}=z\boldsymbol{C} \tag{7.8}$$

根据薄板的简化假定，σ_z 略去不计，于是

$$\boldsymbol{\sigma}=\begin{Bmatrix}\sigma_x\\ \sigma_y\\ \tau_{xy}\end{Bmatrix}=\boldsymbol{D\varepsilon}=-z\boldsymbol{D}\begin{Bmatrix}\dfrac{\partial^2 w}{\partial x^2}\\ \dfrac{\partial^2 w}{\partial y^2}\\ 2\dfrac{\partial^2 w}{\partial x\partial y}\end{Bmatrix}, \tag{7.9}$$

式中：

$$\boldsymbol{D}=\frac{E}{1-\mu^2}\begin{bmatrix}1 & \mu & 0\\ \mu & 1 & 0\\ 0 & 0 & \dfrac{1-\mu}{2}\end{bmatrix} \tag{7.10}$$

从平板理论可知，对微元 $h\mathrm{d}x\mathrm{d}y$，作用的弯矩为 M_x、M_y 和转矩 M_{xy}，它是正应力 σ_x、σ_y 和切应力 τ_{xy} 在板截面上的合力矩，如图 7.2 所示。

设 M_x、M_y 和 M_{xy} 表示单位宽度上的内力矩，于是有

$$\boldsymbol{M}=\begin{Bmatrix} M_x \\ M_y \\ M_{xy} \end{Bmatrix}=\int_{-\frac{h}{2}}^{\frac{h}{2}} z\boldsymbol{\sigma}\,\mathrm{d}z=-\frac{h^3}{12}\boldsymbol{D}\begin{Bmatrix} \dfrac{\partial^2 w}{\partial x^2} \\ \dfrac{\partial^2 w}{\partial y^2} \\ 2\dfrac{\partial^2 w}{\partial x\partial y} \end{Bmatrix} \tag{7.11}$$

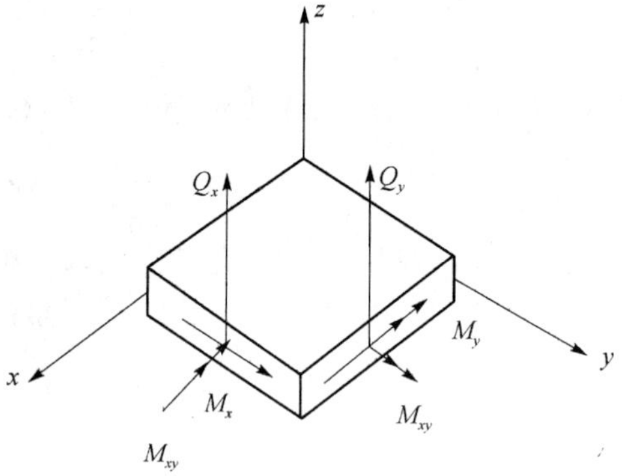

图 7.2　平板内力

式中：h 是薄板厚度。

比较式(7.9)和式(7.11)，有

$$\boldsymbol{\sigma}=\frac{12z}{h^3}\boldsymbol{M} \tag{7.12}$$

7.1.1　矩形单元的位移函数

将平板中面用一系列矩形单元划分，得到一个离散的系统以代替原来的平板。欲使各单元至少在结点上有挠度及其斜率的连续性，必须把挠度及其在 x 和 y 方向的一阶偏导数制定为结点位移(或称广义位移)。通常将结点 i 的位移列阵写成

$$\boldsymbol{u}_i=\begin{Bmatrix} w_i \\ \theta_{xi} \\ \theta_{yi} \end{Bmatrix}=\begin{Bmatrix} w_i \\ \left(\dfrac{\partial w}{\partial y}\right)_i \\ -\left(\dfrac{\partial w}{\partial x}\right)_i \end{Bmatrix} \tag{7.13}$$

相应的结点载荷阵为

$$\boldsymbol{f}_i=\begin{Bmatrix} F_{zi} \\ M_{\theta xi} \\ M_{\theta yi} \end{Bmatrix} \tag{7.14}$$

它们的符号规定：对于挠度 w 和与之对应的结点力 F_{zi}，以沿着 z 轴正方向为正；对于转角 θ_x、θ_y 和与之对应的结点力矩 $M_{\theta x}$、$M_{\theta y}$，则按右手定则标出的矢量沿坐标轴正方向为正。

对于矩形单元，有 4 个结点，每个结点 3 个位移分量，共有 12 个位移分量。位移模式选择如下(采用局部坐标 $\xi O\eta$)：

$$\begin{aligned} w=&\alpha_1+\alpha_2\xi+\alpha_3\eta+\alpha_4\xi^2+\alpha_5\xi\eta+\alpha_6\eta^2+\alpha_7\xi^3+\alpha_8\xi^2\eta+ \\ &\alpha_9\xi\eta^2+\alpha_{10}\eta^3+\alpha_{11}\xi^3\eta+\alpha_{12}\xi\eta^3 \end{aligned} \tag{7.15}$$

式(7.15)前 3 项反映了薄板单元的 3 个刚体位移,即沿 z 方向的平动以及绕 x、y 轴的转动。第 4、第 5、第 6 三个二次项反映平板单元的常应变状态。最后两项的选取是使在单元边界有 3 次式的形式。按照上式可以计算出转角为

$$\left.\begin{aligned}\theta_x&=\frac{\partial w}{\partial y}=\frac{\partial w}{b\partial\eta}=\frac{1}{b}(\alpha_3+\alpha_5\xi+2\alpha_6\eta+\alpha_8\xi^2+2\alpha_9\xi\eta+3\alpha_{10}\eta^2+\alpha_{11}\xi^3+3\alpha_{12}\xi\eta^2)\\ \theta_y&=\frac{\partial w}{\partial x}=\frac{\partial w}{a\partial\xi}=\frac{1}{a}(\alpha_2+2\alpha_4\xi+\alpha_5\eta+3\alpha_7\xi^2+2\alpha_8\xi\eta+\alpha_9\eta^2+3\alpha_{11}\xi^2\eta+\alpha_{12}\eta^3)\end{aligned}\right\}\tag{7.16}$$

将矩形单元 4 个结点坐标(ξ_i,η_i)分别代入式(7.15)和式(7.16),得到 12 个方程,求解 $\alpha_1\cdots\alpha_{12}$,得到

$$w=\sum_{i=1}^{4}(N_iw_i+N_{xi}\theta_{xi}+N_{yi}\theta_{yi})=\sum_{i=1}^{4}\boldsymbol{N}_i\boldsymbol{u}_i\tag{7.17}$$

其中,形函数为

$$\left.\begin{aligned}&\boldsymbol{N}_i=[N_i\quad N_{xi}\quad N_{yi}]\quad(i=1,2,3,4)\\ &N_i=\frac{(1+\xi_0)(1+\eta_0)(2+\xi_0+\eta_0-\xi^2-\eta^2)}{8}\\ &N_{xi}=\frac{-b\eta_i(1+\xi_0)(1+\eta_0)(1-\eta^2)}{8}\\ &N_{yi}=\frac{-a\xi_i(1+\xi_0)(1+\eta_0)(1-\xi^2)}{8}\end{aligned}\right\}\tag{7.18}$$

式中:

$$\xi_0=\xi_i\xi,\quad \eta_0=\eta_i\eta$$

7.1.2 矩形单元的刚度矩阵

将式(7.17)代入几何方程式(7.8),可以将单元应变应用结点位移列阵表示为

$$\boldsymbol{\varepsilon}=\boldsymbol{B}\boldsymbol{u}^e=[\boldsymbol{B}_1\quad \boldsymbol{B}_2\quad \boldsymbol{B}_3\quad \boldsymbol{B}_4]\boldsymbol{u}^e\tag{7.19}$$

式中

$$\boldsymbol{B}_i=-z\begin{bmatrix}\dfrac{\partial^2N_i}{\partial x^2}\\ \dfrac{\partial^2N_i}{\partial y^2}\\ 2\dfrac{\partial^2N_i}{\partial x\partial y}\end{bmatrix}=-z\begin{bmatrix}\dfrac{1}{a^2}\dfrac{\partial^2N_i}{\partial\xi^2}\\ \dfrac{1}{b^2}\dfrac{\partial^2N_i}{\partial\eta^2}\\ \dfrac{2}{ab}\dfrac{\partial^2N_i}{\partial\xi\partial\eta}\end{bmatrix}=-\frac{z}{ab}\begin{bmatrix}\dfrac{b}{a}\dfrac{\partial^2N_i}{\partial\xi^2}\\ \dfrac{a}{b}\dfrac{\partial^2N_i}{\partial\eta^2}\\ 2\dfrac{\partial^2N_i}{\partial\xi\partial\eta}\end{bmatrix}\tag{7.20}$$

记为

$$\frac{\partial^2N_i}{\partial x^2}=N_{i,xx},\quad \frac{\partial^2N_i}{\partial\xi^2}=N_{i,\xi\xi}$$

将式(7.18)代入化简为

$$\boldsymbol{B}_i = \frac{z}{4ab}\begin{bmatrix} 3\,\dfrac{b}{a}\xi_0(1+\eta_0) & 0 & b\xi_i(1+3\xi_0)(1+\eta_0) \\ 3\,\dfrac{a}{b}\eta_0(1+\xi_0) & -a\eta_i(1+\xi_0)(1+3\eta_0) & 0 \\ \xi_i\eta_i(3\xi^2+3\eta^2-4) & -b\xi_i(3\eta^2+2\eta_0-1) & a\eta_i(3\xi^2+2\xi_0-1) \end{bmatrix} \quad (i=1,2,3,4) \tag{7.21}$$

于是矩形单元刚度矩阵为

$$\boldsymbol{K}^e = \begin{bmatrix} \boldsymbol{k}_{11} & \boldsymbol{k}_{12} & \boldsymbol{k}_{13} & \boldsymbol{k}_{14} \\ \boldsymbol{k}_{21} & \boldsymbol{k}_{22} & \boldsymbol{k}_{23} & \boldsymbol{k}_{24} \\ \boldsymbol{k}_{31} & \boldsymbol{k}_{32} & \boldsymbol{k}_{33} & \boldsymbol{k}_{34} \\ \boldsymbol{k}_{41} & \boldsymbol{k}_{42} & \boldsymbol{k}_{43} & \boldsymbol{k}_{44} \end{bmatrix} \tag{7.22}$$

其中

$$\boldsymbol{k}_{ij} = \iiint \boldsymbol{B}_i^{\mathrm{T}}\boldsymbol{D}\boldsymbol{B}_j\,\mathrm{d}x\mathrm{d}y\mathrm{d}z = \int_{-\frac{h}{2}}^{\frac{h}{2}}\int_{-1}^{1}\int_{-1}^{1}\boldsymbol{B}_i^{\mathrm{T}}\boldsymbol{D}\boldsymbol{B}_j ab\,\mathrm{d}\xi\mathrm{d}\eta\mathrm{d}z \tag{7.23}$$

代入 $\boldsymbol{D}$、$\boldsymbol{B}_i$ 和 $\boldsymbol{B}_j$，于是有

$$\boldsymbol{k}_{ij} = \frac{D}{ab}\int_{-1}^{1}\int_{-1}^{1}\left(\frac{b^2}{a^2}N_{i,\xi\xi}^{\mathrm{T}}N_{j,\xi\xi} + \mu N_{i,\xi\xi}^{\mathrm{T}}N_{j,\eta\eta}^{\mathrm{T}} + \mu N_{i,\eta\eta}^{\mathrm{T}}N_{j,\xi\xi}^{\mathrm{T}} + 2(1-\mu)N_{i,\xi\eta}^{\mathrm{T}}N_{j,\xi\eta}\right)\mathrm{d}\xi\mathrm{d}\eta \tag{7.24}$$

式中：

$$D = \frac{Eh^3}{12(1-\mu^2)}$$

把式(7.21)代入式(7.24)得

$$\boldsymbol{k}_{ij} = \begin{bmatrix} k_{11} & k_{12} & k_{13} \\ k_{21} & k_{22} & k_{23} \\ k_{31} & k_{32} & k_{33} \end{bmatrix} \tag{7.25}$$

式中：

$$k_{11} = 3H_0\left[15\left(\frac{b^2}{a^2}\bar{\xi}_0 + \frac{a^2}{b^2}\bar{\eta}_0\right) + \left(14-4\mu+5\,\frac{a^2}{b^2}+5\,\frac{b^2}{a^2}\right)\bar{\xi}_0\bar{\eta}_0\right]$$

$$k_{12} = -3Hb\left[\left(2+3\mu+5\,\frac{a^2}{b^2}\right)\bar{\xi}_0\eta_i + 15\,\frac{a^2}{b^2}\eta_i + 5\mu\bar{\xi}_0\eta_i\right]$$

$$k_{13} = 3Ha\left[\left(2+3\mu+5\,\frac{b^2}{a^2}\right)\xi_i\bar{\eta}_0 + 15\,\frac{b^2}{a^2}\xi_i + 5\mu\bar{\eta}_0\xi_j\right]$$

$$k_{21} = -3Hb\left[\left(2+3\mu+5\,\frac{a^2}{b^2}\right)\bar{\xi}_0\eta_j + 15\,\frac{a^2}{b^2}\eta_j + 5\mu\bar{\xi}_0\eta_i\right]$$

$$k_{22}=Hb^2\left[2(1-\mu)\bar{\xi}_0(3+5\bar{\eta}_0)+5\frac{a^2}{b^2}(3+\bar{\xi}_0)(3+\bar{\eta}_0)\right]$$

$$k_{23}=-15H\mu ab(\xi_i+\xi_j)(\eta_i+\eta_j)$$

$$k_{31}=3Ha\left[\left(2+3\mu+5\frac{b^2}{a^2}\right)\xi_j\bar{\eta}_0+15\frac{b^2}{a^2}\xi_j+5\mu\xi_i\bar{\eta}_0\right]$$

$$k_{32}=-15H\mu ab(\xi_i+\xi_j)(\eta_i+\eta_j)$$

$$k_{33}=Ha^2\left[2(1-\mu)\bar{\eta}_0(3+5\bar{\xi}_0)+5\frac{b^2}{a^2}(3+\bar{\xi}_0)(3+\bar{\eta}_0)\right]$$

式中：

$$H=\frac{D}{60ab},\quad \bar{\xi}_0=\xi_i\xi_j,\quad \bar{\eta}_0=\eta_i\eta_j$$

7.1.3　矩形单元的等效结点载荷和内力矩

平板单元受有分布横向载荷 q，等效结点载荷为

$$\boldsymbol{f}_i^e=\begin{Bmatrix}F_{zi}\\M_{\theta xi}\\M_{\theta yi}\end{Bmatrix}=\int_{-1}^{1}\int_{-1}^{1}q(\boldsymbol{N}_i)^{\mathrm{T}}ab\,\mathrm{d}\xi\mathrm{d}\eta\quad(i=1,2,3,4)\tag{7.26}$$

$q=q_0$ 为常量时，将式(7.18)代入式(7.26)得

$$\boldsymbol{f}_i^e=\begin{Bmatrix}F_{zi}\\M_{\theta xi}\\M_{\theta yi}\end{Bmatrix}=\begin{Bmatrix}q_0ab\\-\dfrac{q_0ab^2}{3}\eta_i\\\dfrac{q_0a^2b}{3}\xi_i\end{Bmatrix}\tag{7.27}$$

为了计算应力矩阵 $\boldsymbol{\sigma}$，需计算 $\boldsymbol{M}$。由式(7.8)与式(7.19)相等，当 $z=\dfrac{h}{2}$ 时，有

$$\begin{Bmatrix}\dfrac{\partial^2 w}{\partial x^2}\\\dfrac{\partial^2 w}{\partial y^2}\\2\dfrac{\partial^2 w}{\partial x\partial y}\end{Bmatrix}=-\frac{2}{h}\sum_{i=1}^{4}(\boldsymbol{B}_i)_{z=\frac{h}{2}}\boldsymbol{u}_i\tag{7.28}$$

将式(7.28)代入式(7.11)，可得

$$\boldsymbol{M}=\sum_{i=1}^{4}h^2D(\boldsymbol{B}_i)_{z=\frac{h}{2}}\frac{\boldsymbol{u}_i}{6}\tag{7.29}$$

式中：

$$
DB_i = \frac{Ez}{8(1-\mu^2)ab} \times
$$

$$
\begin{bmatrix}
6\frac{b}{a}\xi_0(1+\eta_0)+6\mu\frac{a}{b}\eta_0(1+\xi_0) & -2\mu a\eta_i(1+\xi_0)(1+\eta_0) & 2b\xi_i(1+3\xi_0)(1+\eta_0) \\
6\mu\frac{b}{a}\xi_0(1+\eta_0)+6\frac{a}{b}\eta_0(1+\xi_0) & -2a\eta_i(1+\xi_0)(1+3\eta_0) & 2\mu b\xi_i(1+3\xi_0)(1+\eta_0) \\
(1-\mu)\xi_i\eta_i(3\xi^2+3\eta^2-4) & -(1-\mu)b\xi_i(3\eta^2+2\eta_0-1) & (1-\mu)a\eta_i(3\xi^2+2\xi_0-1)
\end{bmatrix}
$$

$$
(i = 1,2,3,4) \tag{7.30}
$$

7.2　薄壳问题的有限元法

用有限元法分析弹性的薄壳，有两种途径：一是用薄板单元组成的折板系统替代原来的薄壳，由薄板的平面应力和弯曲应力状态组合得到薄壳的应力状态；二是直接采用曲面单元，根据壳体理论得到单元的刚度矩阵。

这里的弹性薄壳分析，是用薄板单元组成的折板系统去代替原来的薄壳。由于壳体的内力可分为薄膜内力和弯曲内力，因而组成壳体结构的平板桥单元，其受力也可分为两类：像薄膜一样承受平面内力；像薄板一样承受弯曲内力。这样平板薄壳单元的刚度就由两部分组成：一部分为平面刚度；另一部分为弯曲刚度。在小变形的情况下，薄壳的单元刚度就由这两部分叠加而成，且认为平面应力和弯曲作用不互相耦合。因而应力状态就是平面应力和弯曲应力叠加而成的。其计算特点是：在分析单元特性时，要建立一个单元坐标系或局部坐标系。单元坐标系和总体坐标系的相对位置是随单元的不同而变化的。单元坐标系的原点取在矩形中心，z'轴垂直直板平面，x'轴和y'轴分别与矩形边平行，构成右手坐标系（带撇的为局部坐标系），x、y和z轴为总体坐标系，如图 7.3 所示。

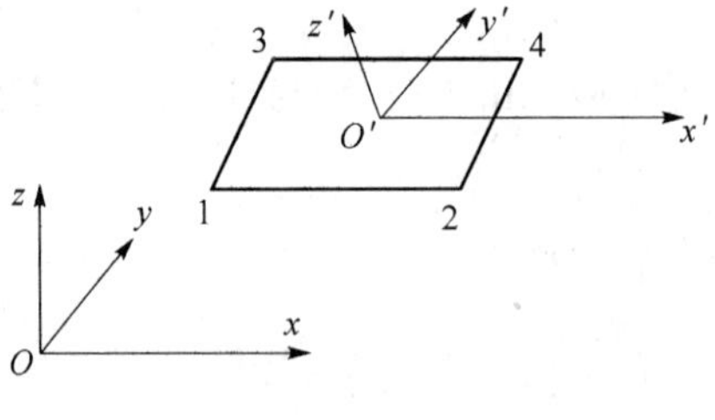

图 7.3　矩形单元局部坐标系

7.2.1　结构载荷列阵

平面单元在局部坐标系 $O'x'y'z'$中，结点 i 有 5 个广义位移

$$
\boldsymbol{u}_i' = [u_i' \quad v_i' \quad w_i' \quad \theta_{xi}' \quad \theta_{yi}']^{\mathrm{T}} \tag{7.31}
$$

式中：u'_i、v'_i对应于平面应力问题；w'_i、θ'_{xi}、θ'_{yi}对应于平板弯曲问题。

对应结点的载荷列阵

$$\boldsymbol{f}'_i=[F'_{xi}\quad F'_{yi}\quad F'_{zi}\quad M'_{\theta xi}\quad M'_{\theta yi}] \tag{7.32}$$

式中：F'_{xi}、F'_{yi}对应于平面应力问题；F'_{zi}、$M'_{\theta xi}$、$M'_{\theta yi}$对应于平板弯曲问题。

为方便进行坐标变换，记

$$\left.\begin{aligned}\boldsymbol{u}'_i&=[u'_i\quad v'_i\quad w'_i\quad \theta'_{xi}\quad \theta'_{yi}\quad \theta'_{zi}]^{\mathrm{T}}\\ \boldsymbol{f}'_i&=[F'_{xi}\quad F'_{yi}\quad F'_{zi}\quad M'_{\theta xi}\quad M'_{\theta yi}\quad M'_{\theta zi}]\end{aligned}\right\} \tag{7.33}$$

事实上，$M'_{\theta zi}=0$。将以上结点力和结点位移变换到整体坐标中，整体坐标中的位移和结点力列阵为

$$\left.\begin{aligned}\boldsymbol{u}_i&=[u_i\quad v_i\quad w_i\quad \theta_{xi}\quad \theta_{yi}\quad \theta_{zi}]^{\mathrm{T}}\\ \boldsymbol{f}_i&=[F_{xi}\quad F_{yi}\quad F_{zi}\quad M_{\theta xi}\quad M_{\theta yi}\quad M_{\theta zi}]\end{aligned}\right\} \tag{7.34}$$

前 3 项分别表示位移和力，后 3 项分别为转角和力矩。式(7.27)和式(7.28)之间的坐标变换公式为

$$\boldsymbol{u}_i=\boldsymbol{\lambda}\boldsymbol{u}'_i$$

$$\boldsymbol{f}_i=\boldsymbol{\lambda}\boldsymbol{f}'_i$$

式中：

$$\left.\begin{aligned}\boldsymbol{\lambda}&=\begin{bmatrix}\boldsymbol{t} & 0\\ 0 & \boldsymbol{t}\end{bmatrix}\\ \boldsymbol{t}&=[e_1\quad e_2\quad e_3]\end{aligned}\right\} \tag{7.35}$$

展开后 $\boldsymbol{\lambda}$ 的表达式如下：

$$\boldsymbol{\lambda}=\begin{bmatrix}\cos(x,x') & \cos(x,y') & \cos(x,z') & 0 & 0 & 0\\ \cos(y,x') & \cos(y,y') & \cos(y,z') & 0 & 0 & 0\\ \cos(z,x') & \cos(z,y') & \cos(z,z') & 0 & 0 & 0\\ 0 & 0 & 0 & \cos(x,x') & \cos(x,y') & \cos(x,z')\\ 0 & 0 & 0 & \cos(y,x') & \cos(y,y') & \cos(y,z')\\ 0 & 0 & 0 & \cos(z,x') & \cos(z,y') & \cos(z,z')\end{bmatrix} \tag{7.36}$$

式中：(x,x')为 x 轴与 x'轴夹角，其余类推。

于是壳体单元 e 在局部坐标下结点位移列阵为

$$\boldsymbol{u}'^{e}=[\boldsymbol{u}'^{\mathrm{T}}_1\quad \boldsymbol{u}'^{\mathrm{T}}_2\quad \cdots\quad \boldsymbol{u}'^{\mathrm{T}}_n]^{\mathrm{T}} \tag{7.37}$$

在整体坐标系下结点位移列阵为

$$\boldsymbol{u}^{e}=[\boldsymbol{u}^{\mathrm{T}}_1\quad \boldsymbol{u}^{\mathrm{T}}_2\quad \cdots\quad \boldsymbol{u}^{\mathrm{T}}_n]^{\mathrm{T}} \tag{7.38}$$

对应的单元结点力在局部坐标系和整体坐标系下分别为

$$\boldsymbol{f}'^{e}=[\boldsymbol{f}'^{\mathrm{T}}_1\quad \boldsymbol{f}'^{\mathrm{T}}_2\quad \cdots\quad \boldsymbol{f}'^{\mathrm{T}}_n]^{\mathrm{T}} \tag{7.39}$$

$$\boldsymbol{f}^e=[\boldsymbol{f}_1^{\mathrm{T}} \quad \boldsymbol{f}_2^{\mathrm{T}} \quad \cdots \quad \boldsymbol{f}_n^{\mathrm{T}}]^{\mathrm{T}} \tag{7.40}$$

$n=3$ 时，为三角形单元；$n=4$ 时，为四边形单元。

7.2.2 单元刚度矩阵

先建立局部坐标系下的单元刚度矩阵 $\boldsymbol{K}'^e$，然后得到整体坐标系下的单元刚度矩阵 $\boldsymbol{K}^e$。

将 $\boldsymbol{K}'^e$ 与 $\boldsymbol{K}^e$ 对应于单元结点划分为 $n\times n$ 个子矩阵。每个子矩阵为 6×6，于是 $\boldsymbol{K}'^e$ 的子矩阵为

$$\boldsymbol{k}'_{rs}=\begin{array}{c} \begin{matrix} 2 & \quad 3 & \quad 1 \end{matrix} \\ \begin{bmatrix} \boldsymbol{k}'^{p}_{rs} & 0 & 0 \\ 0 & \boldsymbol{k}'^{b}_{rs} & 0 \\ 0 & 0 & 0 \end{bmatrix} \end{array}\begin{matrix} 2 \\ 3 \\ 1 \end{matrix} \quad (r,s=1,2,\cdots,n) \tag{7.41}$$

式中：$\boldsymbol{k}'^{p}_{rs}$、$\boldsymbol{k}'^{b}_{rs}$ 分别是平面应力问题和平板弯曲问题的相应子矩阵。

单元 e 中任意结点 i 的平衡方程，在 2 个坐标系中分别为

$$\left.\begin{aligned} \boldsymbol{f}'_i &= \sum_{e=1}^{n_e}\boldsymbol{k}'_{ij}\boldsymbol{u}'_j \\ \boldsymbol{f}_i &= \sum_{e=1}^{n_e}\boldsymbol{k}_{ij}\boldsymbol{u}'_j \end{aligned}\right\} \tag{7.42}$$

式中：$\boldsymbol{k}_{ij}$ 是 $\boldsymbol{K}^e$ 的子矩阵。如前面所示，变换公式为

$$\left.\begin{aligned} \boldsymbol{u}_j &= \boldsymbol{\lambda}\boldsymbol{u}'_j \\ \boldsymbol{f}_i &= \boldsymbol{\lambda}\boldsymbol{f}'_i \end{aligned}\right\} \tag{7.43}$$

于是

$$\boldsymbol{\lambda}\boldsymbol{f}'_i = \sum_{e=1}^{n_e}\boldsymbol{k}_{ij}\boldsymbol{\lambda}\boldsymbol{u}'_j \tag{7.44}$$

将式(7.44)代入式(7.42)得

$$\boldsymbol{\lambda}\boldsymbol{k}'_{ij}=\boldsymbol{k}_{ij}\boldsymbol{\lambda} \tag{7.45}$$

可证明：$\boldsymbol{\lambda}^{\mathrm{T}}=\boldsymbol{\lambda}^{-1}$（$\boldsymbol{\lambda}$ 为正交矩阵），

则

$$\boldsymbol{k}_{ij}=\boldsymbol{\lambda}\boldsymbol{k}'_{ij}\boldsymbol{\lambda}^{-1}=\boldsymbol{\lambda}\boldsymbol{k}'_{ij}\boldsymbol{\lambda}^{\mathrm{T}} \tag{7.46}$$

7.2.3 结点应力计算

① 集合单元刚度矩阵以及等效结点力。

先求 $\sum\limits_{e=1}^{n_e}\boldsymbol{k}_{ij}$ 和 $\sum\limits_{e=1}^{n_e}\boldsymbol{f}_i$，然后将其放入整体刚度矩阵 $\boldsymbol{K}$ 和等效结点载荷 $\boldsymbol{f}$ 的相应位置。

② 修改整体刚度矩阵，求平衡方程

$$\boldsymbol{KU}=\boldsymbol{f} \tag{7.47}$$

③ 计算应力。

结点位移可按照局部坐标转换公式 $\boldsymbol{u}_i'=\boldsymbol{\lambda}^{\mathrm{T}}\boldsymbol{u}_i$ 求解，结点应力可先按平面应力公式计算 σ_x^p、σ_y^p、τ_{xy}^p，然后再按弯曲公式计算 M_x、M_y、M_{xy}，进而求解 σ_x^b、σ_y^b、τ_{xy}^b，最后进行叠加，得

$$\left.\begin{aligned}\sigma_x&=\sigma_x^p+\sigma_x^b\\ \sigma_y&=\sigma_y^p+\sigma_y^b\\ \tau_{xy}&=\tau_{xy}^p+\tau_{xy}^b\end{aligned}\right\} \tag{7.48}$$

习　题

7.1　在薄板弯曲理论中做了哪些假设？为什么能用中面挠度函数 w 来确定任一点的位移与应力？任一点位移与应力如何用 w 来表示？

7.2　试述薄壳单元分析的基本假定。

7.3　验证四边形矩形薄板单元是完备的、非协调单元。

7.4　四边固定的方形板，边长为 l，厚度为 h，弹性模量为 E，泊松比 $\mu=1/6$，板上受均匀分布载荷 q_0。试利用对称条件，只取 1/4 板作为 1 个单元，求方形板中心的挠度。

7.5　将上题改为板中心受集中载荷 P，试计算方形板中心的挠度。

第 8 章　高阶单元与等参数单元

在做有限元分析时，当单元数目确定后精度主要取决于单元形式。要提高精度也就是要减少分析误差。而误差的主要来源之一是单元的位移函数与实际位移的差异。要减少这种误差就要靠增加单元上结点个数(或增加结点上的自由度数)，以提高位移函数的多项式阶次。当增加单元上的结点而得到一种新单元的形式时，只要推出其形函数，其他分析就可以按照确定的过程、公式进行。由此可见，形函数的确定是十分重要的。本章讨论形函数的确定方法并给出高阶单元的形函数。

工程中一些结构的形状是比较复杂的，有的具有曲面边界。如用一般简单单元分析此类结构，往往需要将结构划分为大量的单元，用小的直边单元去近似结构的曲面边界。另一方面，在一个单元内多取一些结点，单元本身的精度就提高了，可以用较少的单元来解决结构分析问题。实际计算表明，对于复杂的三维的问题，使用精度较高的复杂单元是更有利的，总计算量可以少，划分单元也比较方便。参数单元可以具有曲面形状，以便于拼成复杂的实际结构，也可以方便地构造多结点、高精度的参数单元，其构造方法有很多相似之处，这是一系列的单元，目前应用是很成功的[1,3]。

8.1　高阶单元

8.1.1　建立形函数的方法

下面以图 8.1 所示单元为例说明，讲述建立单元形函数的方法。

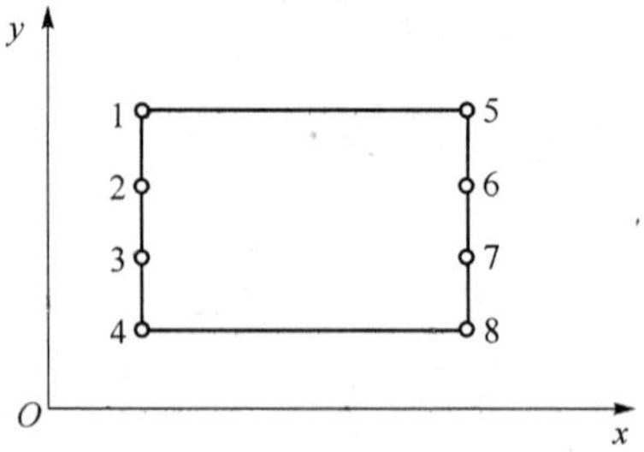

图 8.1　矩形单元

设位移模式是关于坐标 x、y 的多项式。为了保证单元位移 u(和 v)在单元之间的连续性，u 沿上、下两边必须按线性变化，因为这两个边每边只有两个结点，只有线性函数才能由两点唯一确定。同样理由，u 沿竖向应该按 3 次多项式变化，由竖向 4 个结点的值唯一确定。再由该函数应有常数和一次项及有 8 个结点，可知该函数应是

$$u=\alpha_1+\alpha_2 x+\alpha_3 y+\alpha_4 xy+\alpha_5 y^2+\alpha_6 xy^2+\alpha_7 y^3+\alpha_8 xy^3 \tag{8.1}$$

可以验证它满足收敛准则。代入结点坐标及结点位移可得一组联立方程，即

$$\begin{Bmatrix} u_1 \\ u_2 \\ \vdots \\ u_8 \end{Bmatrix} = \begin{bmatrix} 1 & x_1 & y_1 & x_1y_1 & y_1^2 & x_1y_1^2 & y_1^3 & x_1y_1^3 \\ 1 & x_2 & y_2 & x_2y_2 & y_2^2 & x_2y_2^2 & y_8^3 & x_2y_2^3 \\ \vdots & & & & & & & \vdots \\ 1 & x_8 & y_8 & x_8y_8 & y_8^2 & x_8y_8^2 & y_8^3 & x_8y_8^3 \end{bmatrix} \begin{Bmatrix} \alpha_1 \\ \alpha_2 \\ \vdots \\ \alpha_8 \end{Bmatrix} \tag{8.2}$$

或

$$\boldsymbol{u}^e = \boldsymbol{C\alpha} \tag{8.3}$$

方程(8.3)的解为

$$\boldsymbol{\alpha} = \boldsymbol{C}^{-1}\boldsymbol{u}^e \tag{8.4}$$

代入式(8.1)得

$$u = \boldsymbol{P\alpha} = \boldsymbol{PC}^{-1}\boldsymbol{u}^e \tag{8.5}$$

式中

$$\boldsymbol{P} = [1 \quad x \quad y \quad xy \quad y^2 \quad xy^2 \quad y^3 \quad xy^3] \tag{8.6}$$

因此，由 $\boldsymbol{u} = \boldsymbol{N}\boldsymbol{u}^e = [\boldsymbol{N}_1 \quad \boldsymbol{N}_2 \quad \cdots \quad \boldsymbol{N}_8]\boldsymbol{u}^e$ 定义的该单元形函数可由下式得到：

$$\boldsymbol{N} = \boldsymbol{PC}^{-1} \tag{8.7}$$

在实际利用这种方法确定形函数时，遇到的主要困难是求逆运算。要求出适用于各种单元的一般形式的逆矩阵 $\boldsymbol{C}^{-1}$ 是相当困难的，有时 $\boldsymbol{C}^{-1}$ 可能不存在。因此一般总是利用形函数的性质和在边界上由连续性所要求的基本变化形式直接确定形函数。如本例，通过分析可知它是 x 的线性函数，y 的 3 次函数。可由一个适当的 x 的线性函数和一个 y 的 3 次函数相乘获得，并由性质确定待定参数。

研究矩形单元的形函数一般是在正则坐标系下进行的。当得到正则坐标表示的形函数后，无论是变换到实际坐标，还是变换在单元分析中得到的表达式都是非常方便的。正则坐标系与直角坐标系的关系见图 8.2。

8.1.2　多项式的完备性

前面例子中图 8.1 的形函数，尽管关于 y 坐标是 3 次的，但对于 x 坐标却是 1 次的，它所包含的完全多项式的阶数为 1。一般情况下利用它分析，不管单元多么小，其结果只有一阶精度，这可由泰勒级数展开得到解释。或者说精度的阶次是与位移函数中所包含的完全多项式的阶数有关。一般情况下，应当寻求自由度最少具有最高次完全多项式的位移函数。具体选择时可参照帕斯卡三角形(图 8.3)进行。如完全 1 次需 3 项，完全 2 次需 6 项等。

选择多项式阶次时还需考虑另一个因素，即多项式不应有偏惠的坐标方向(当取了帕斯卡三角形对称轴某一侧的项也同时应取与其对称的项)。如矩形双线性单元取 1、x、y、xy 4 项，而不能取 1、x、y、x^2 4 项(当包含 x^2 项时跨单元将不能保证位移连续)。

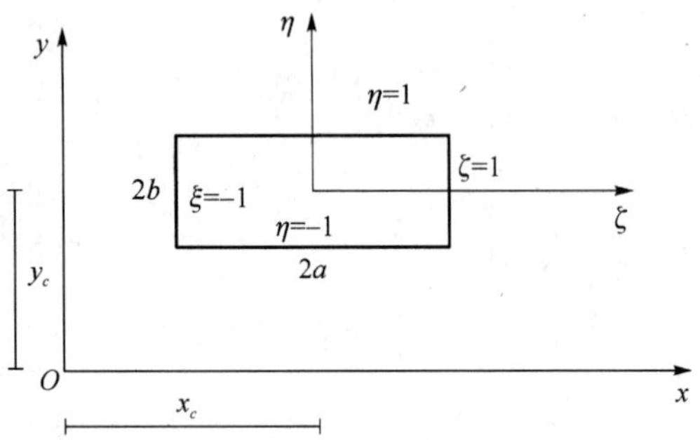

图 8.2 矩形的正则坐标

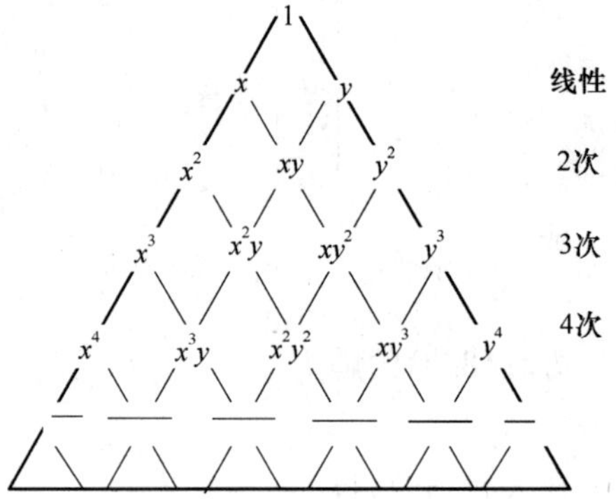

图 8.3 帕斯卡三角形示意

8.1.3 矩形单元——Lagrange 族单元

将两个坐标的适当的拉氏多项式相乘可得到任意所需阶次的多项式。考查一维拉格朗日插值多项式：

$$L_k^n(\xi)=\frac{(\xi-\xi_0)(\xi-\xi_1)\cdots(\xi-\xi_{k-1})(\xi-\xi_{k+1})\cdots(\xi-\xi_n)}{(\xi_k-\xi_0)(\xi_k-\xi_1)\cdots(\xi_k-\xi_{k-1})(\xi_k-\xi_{k+1})\cdots(\xi_k-\xi_n)}=\prod_{\substack{j=0\\ j\neq k}}^{n}\frac{(\xi-\xi_j)}{(\xi_k-\xi_j)} \tag{8.8}$$

式中：n 是该多项式的次数；$\xi_1,\xi_2,\cdots,\xi_n$ 是插值点的坐标。它具有下面的性质

$$L_k^n(\xi_r)=\begin{cases}0, & \xi_r\neq\xi_k\\ 1, & \xi_r=\xi_k\end{cases}$$

对于图 8.4 所示的具有一系列边界结点和内部结点的矩形单元，利用拉氏多项式的性质可以这样确定它的形函数：

对于(I,J)结点（I 表示结点所在行数，J 表示结点列数）的形函数为

$$N_i=N_{IJ}=L_I^n(\xi)L_J^m(\eta) \tag{8.9}$$

式中：n 及 m 分别是单元在 ξ 和 η 方向的划分段数。下面给出两个拉氏单元的形函数。

1. 线性拉氏单元

对于图 8.5 所示 4 结点单元由式(8.9)可知，其形函数为

$$N_1=L_0^1(\xi)L_0^1(\eta),N_2=L_1^1(\xi)L_0^1(\eta),$$

$$N_3=L_1^1(\xi)L_1^1(\eta),N_4=L_0^1(\xi)L_1^1(\eta)$$

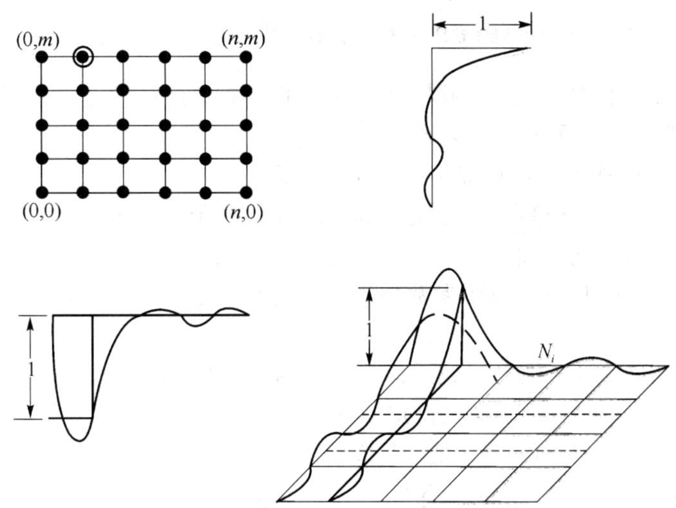

图 8.4　Lagrange 矩形单元的一个典型

2. 二次拉氏单元

图 8.6 所示 9 结点单元的形函数为

$$\left.\begin{aligned} N_1 &= L_{00}^{22}(\xi,\eta)=L_0^2(\xi)L_0^2(\eta)=\frac{1}{4}\xi\eta(1-\xi)(1-\eta) \\ N_5 &= L_{10}^{22}(\xi,\eta)=L_1^2(\xi)L_0^2(\eta)=\frac{1}{2}(1-\xi^2)\eta(\eta-1) \\ N_9 &= L_{11}^{22}(\xi,\eta)=L_1^2(\xi)L_1^2(\eta)=(1-\xi^2)(1-\eta^2) \end{aligned}\right\} \tag{8.10}$$

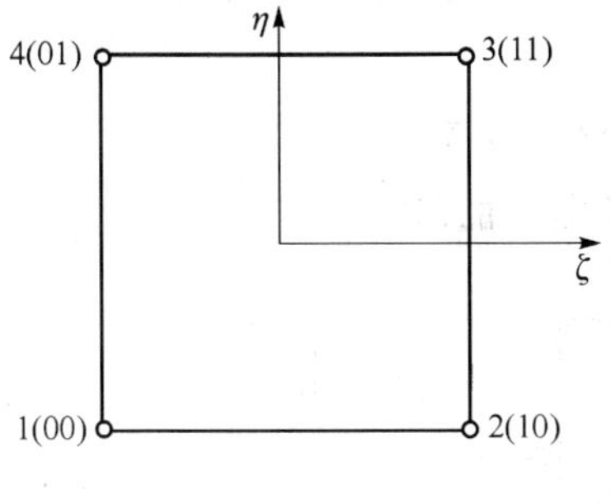

图 8.5　线性拉氏元

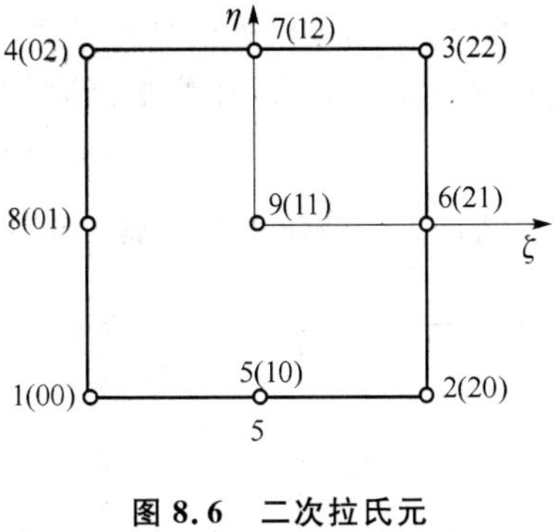

图 8.6　二次拉氏元

其他结点的形函数这里省略，读者可自行推出。

拉氏单元形函数的建立是比较简单的，但是由于存在大量的内结点等原因，实际除线性及二次单元外很少使用。

8.1.4 矩形单元——Serendipity 族单元

利用单元边界结点的值，根据形函数应满足的条件凑出形函数是通常采用的方法。在这类单元中，最常用的一些单元都只有边界结点。

对于下面常用的一些单元可按如下方法构造形函数：

- 对于结点 $i(i=1,2,\cdots)$，找出能覆盖其余结点的若干几何方程，这些方程可以是直线，也可以是曲线、平面和曲面。
- 适当选用上述几何方程，以带参数的连乘作为形函数 N_i，使形函数“他点为零”的条件自动满足。
- 以 i 点的自然坐标(正则坐标或后面将提到的面积坐标、体积坐标等)代入几何方式连乘式，用“本点为 1”的性质确定待定参数。
- 根据结点的相似性，进行适当的变量代换以代替每点直接求取，建立全部结点的形函数。
- 验证对单元中任一点是否满足 $\sum_i N_i \equiv 1$ 的条件。

1. 4 结点(线性)单元

图 8.7 (a)所示单元的形函数为

$$N_i=\frac{1}{4}(1+\xi_0)(1+\eta_0) \quad (i=1,2,3,4) \tag{8.11}$$

式中：

$$\xi_0=\xi_i\xi,\eta_0=\eta_i\eta \tag{8.12}$$

2. 8 结点(2 次)单元

对于图 8.7 (b)所示单元的 1 结点，将上、右边线方程及 5、8 结点连线方程的左端相乘得

$$(\xi-1)(\eta-1)(1+\xi+\eta)$$

此多项式在除 1 结点以外的其他结点处的值均为零。展开后包含完全 2 次多项式，可以满足边界的连续性要求，可以作为形函数，即

$$N_1=\alpha(\xi-1)(\eta-1)(1+\xi+\eta) \tag{8.13}$$

由 N_1 在结点 1 的值等于 1 的条件可确定待定系数 α 的值为$\frac{1}{4}$。

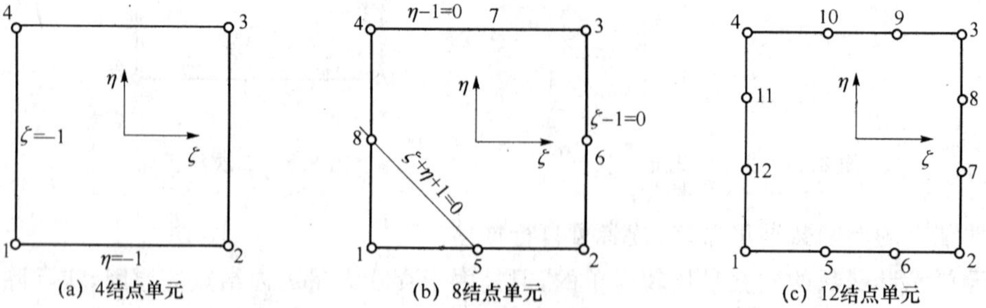

图 8.7 索氏单元示意图

其他点的形函数可仿此得到，即

$$N_i=\begin{cases}\dfrac{1}{4}(1+\xi_0)(1+\eta_0)(\xi_0+\eta_0-1) & (i=1,2,3,4)\\ \dfrac{1}{2}(1-\xi^2)(1+\eta_0) & (i=5,7)\\ \dfrac{1}{2}(1-\eta^2)(1+\xi_0) & (i=6,8)\end{cases} \tag{8.14}$$

3. 12结点(3次)单元

仿照8结点单元情况，可建立图8.7 (*c*)所示单元的形函数。

对于角结点，令

$$N_i=\alpha\times 2\text{ 个边线方程左端}\times\text{过边点的圆周方程左端}$$

对于边结点，令

$$N_i=\beta\times 3\text{ 个边线方程左端}\times\text{过相邻边点并垂直 } i \text{ 点所在边的直线方程左端}$$

将各方程左端的多项式代入，并利用 N_i 在本点值为1的性质，可得形函数为

$$N_i=\begin{cases}\dfrac{1}{32}(1+\xi_0)(1+\eta_0)(9(\xi^2+\eta^2)-10) & (i=1,2,3,4)\\ \dfrac{9}{32}(1+\xi_0)(1-\eta^2)(1+9\eta_0) & (i=7,8,11,12)\\ \dfrac{9}{32}(1+\eta_0)(1-\xi^2)(1+9\xi_0) & (i=5,6,9,10)\\ \xi_0=\xi_i\xi,\ \eta_0=\eta_i\eta\end{cases} \tag{8.15}$$

8.2 平面4结点等参单元

8.2.1 坐标变换与等参单元

对于一般形状的平面区域，可以划分成任意四边形单元，它比三角形常应力单元精度高，比矩形单元适应性强，便于适应一般的边界，也便于按需要划分疏密不均的网格。图8.8(a)所示的任意四边形单元，它相对于统一坐标系 xy 处于一般的位置，可以其4个角点为结点，结点编号如图8.8(a)。为了便于单元分析，可按单元的几何形状，在单元内建立一个局部坐标系，使单元边界上的 ξ、η 坐标具有特定的值。

如在图8.8(a)中，3－4边上使 $\eta=1$，1－2边上使 $\eta=-1$，2－3边上使 $\xi=1$，1－4边上使 $\xi=-1$。显然这是一种随单元形状而不同的局部坐标系，坐标网格一般不是正交的。每个单元内，坐标 ξ、η 的值皆在 -1 与 $+1$ 之间，各单元都是一样的区间。此坐标系可称为单元的自然坐标系，其坐标区域是 2×2 的正方形，如图8.8(b)所示。正方形的4个边对应于实际单元的

边界；4 个顶点一一对应于 4 个结点；正方形内任一点 $P(\xi,\eta)$ 都对应于实际单元内的一个点 $P(x,y)$。这也相当于通过坐标变换把实际单元“映射”为一个正方形，有人把图 8.8(a)称为实单元，图 8.8(b)称为母单元。实单元与母单元的一一对应关系可写为

$$\begin{Bmatrix} x \\ y \end{Bmatrix}=\begin{bmatrix} N_1 & 0 & N_2 & 0 & N_3 & 0 & N_4 & 0 \\ 0 & N_1 & 0 & N_2 & 0 & N_3 & 0 & N_4 \end{bmatrix}\begin{Bmatrix} x_1 \\ y_1 \\ x_2 \\ y_2 \\ x_3 \\ y_3 \\ x_4 \\ y_4 \end{Bmatrix} \tag{8.16}$$

式中：

$$\left.\begin{aligned} N_1=\frac{1}{4}(1-\xi)(1-\eta), \quad N_2=\frac{1}{4}(1+\xi)(1-\eta) \\ N_3=\frac{1}{4}(1+\xi)(1+\eta), \quad N_4=\frac{1}{4}(1-\xi)(1+\eta) \end{aligned}\right\} \tag{8.17}$$

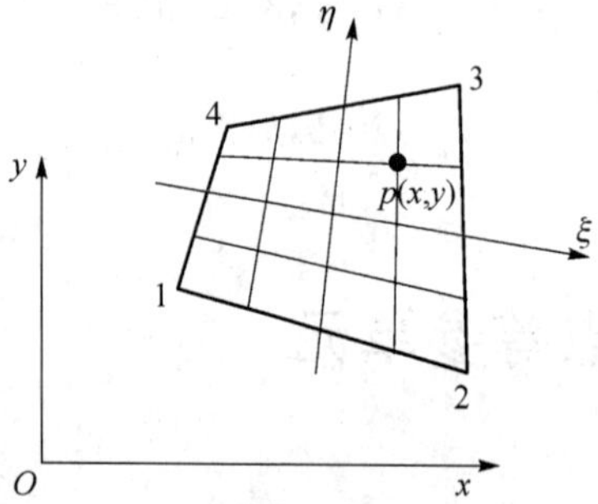

(a) 实单元

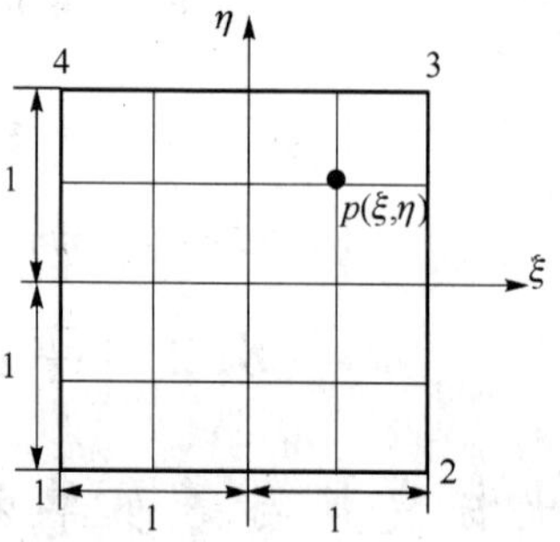

(b) 母单元

图 8.8 等参变换

由式(8.16)可见，这也是用结点的坐标值 x_1、y_1、x_2、y_2、x_3、y_3、x_4、y_4 插值表示出单元内的坐标 x、y，与单元分析中常用的结点位移插值一样，N_1、N_2、N_3、N_4 也可称为形状函数。只不过这里的形状函数都表示为自然坐标 ξ、η 的显函数，如式(8.17)，$N_i(\xi,\eta)$ 称为几何形状函数。

事实上，只须说明变换式(8.16)将 $\xi\eta$ 平面上的相应点、线变成图 8.8(a)中相应的点、线就可以了。比如把($\xi=1,\eta=-1$)和($\xi=1,\eta=1$)代入式(8.16)和式(8.17)，则得($x=x_2,y=y_2$)和($x=x_3,y=y_3$)，所以图 8.8(b)中的 2(1,−1)、3(1,1)和图 8.8(a)中 2(x_2,y_2)、3(x_3,y_3)相

对应。若 $\xi=0$，$\eta=0$ 代入式(8.16)，则 $x=\frac{1}{4}(x_1+x_2+x_3+x_4)$，$y=\frac{1}{4}(y_1+y_2+y_3+y_4)$，说明 8.8(b)图的形心和 8.8(a)图的形心完全相对应。可以证明：两个单元的等百分线也一一对应。$\xi\eta$ 面中 $\xi=1$ 的直线，通过式(8.16)变换之后即是 xy 平面上 2-3 直线。式(8.16)是单元几何位置的一种插值表示，也是一种坐标变换，它确定了直角坐标 x、y 与单元自然坐标 ξ、η 间的关系。由式(8.17)可以看出，这种变换中含有乘积项 $\xi\eta$，这不是一种简单的线性变换关系。

形函数表达式(8.17)可理解为真实单元在无因次斜坐标系 $\xi\eta$ 中的插值函数。于是单元的位移函数是

$$\begin{Bmatrix} u \\ v \end{Bmatrix}=\begin{bmatrix} N_1 & 0 & N_2 & 0 & N_3 & 0 & N_4 & 0 \\ 0 & N_1 & 0 & N_2 & 0 & N_3 & 0 & N_4 \end{bmatrix}\begin{Bmatrix} u_1 \\ v_1 \\ u_2 \\ v_2 \\ u_3 \\ v_3 \\ u_4 \\ v_4 \end{Bmatrix}=\boldsymbol{N}\boldsymbol{u}^e \tag{8.18}$$

这就是我们习惯的位移插值表达式，$\boldsymbol{N}$ 为形函数矩阵，这里采用了同样的形函数式(8.17)，用同样的结点插值表示出单元的几何坐标 x、y 与位移 u、v，这种单元称为等参单元。也可以用不同的结点，不同的形函数分别插值单元几何坐标 x、y 和位移 u、v，有所谓超参数单元和亚参数单元，但应用较少。

8.2.2　单元刚度矩阵的计算

为计算单元刚度矩阵，需求单元内的应变，对平面问题，应有

$$\begin{Bmatrix} \varepsilon_x \\ \varepsilon_y \\ \gamma_{xy} \end{Bmatrix}=\begin{bmatrix} \frac{\partial}{\partial x} & 0 \\ 0 & \frac{\partial}{\partial y} \\ \frac{\partial}{\partial y} & \frac{\partial}{\partial x} \end{bmatrix}\begin{Bmatrix} u \\ v \end{Bmatrix}=\boldsymbol{L}\boldsymbol{N}\boldsymbol{u}^e=\boldsymbol{B}\boldsymbol{u}^e \tag{8.19}$$

由于参数单元给出的形函数 N_i 都是自然坐标 ξ、η 的函数，如式(8.17)，因而计算形函数 N_i 对 x、y 的导数时需要做必要的变换。

按坐标变换关系式(8.16)，x、y 与 ξ、η 间是有一定函数关系的，按复杂函数的求导规则，有

$$\frac{\partial N_i}{\partial \xi}=\frac{\partial N_i}{\partial x}\frac{\partial x}{\partial \xi}+\frac{\partial N_i}{\partial y}\frac{\partial y}{\partial \xi}$$

$$\frac{\partial N_i}{\partial \eta}=\frac{\partial N_i}{\partial x}\frac{\partial x}{\partial \eta}+\frac{\partial N_i}{\partial y}\frac{\partial y}{\partial \eta}$$

或

$$\begin{Bmatrix}\dfrac{\partial N_i}{\partial \xi}\\\dfrac{\partial N_i}{\partial \eta}\end{Bmatrix}=\begin{bmatrix}\dfrac{\partial x}{\partial \xi} & \dfrac{\partial y}{\partial \xi}\\\dfrac{\partial x}{\partial \eta} & \dfrac{\partial y}{\partial \eta}\end{bmatrix}\begin{Bmatrix}\dfrac{\partial N_i}{\partial x}\\\dfrac{\partial N_i}{\partial y}\end{Bmatrix}=\boldsymbol{J}\begin{Bmatrix}\dfrac{\partial N_i}{\partial x}\\\dfrac{\partial N_i}{\partial y}\end{Bmatrix}$$

由上式可以解出

$$\begin{Bmatrix}\dfrac{\partial N_i}{\partial x}\\\dfrac{\partial N_i}{\partial y}\end{Bmatrix}=\boldsymbol{J}^{-1}\begin{Bmatrix}\dfrac{\partial N_i}{\partial \xi}\\\dfrac{\partial N_i}{\partial \eta}\end{Bmatrix}\tag{8.20}$$

这里有

$$\boldsymbol{J}=\begin{bmatrix}\dfrac{\partial x}{\partial \xi} & \dfrac{\partial y}{\partial \xi}\\\dfrac{\partial x}{\partial \eta} & \dfrac{\partial y}{\partial \eta}\end{bmatrix}$$

$\boldsymbol{J}$ 为坐标变换的雅克比矩阵，其中各元素可由式(8.16)求出，即

$$\frac{\partial x}{\partial \xi}=\sum_{i=1}^{4}\frac{\partial N_i}{\partial \xi}x_i,\quad \frac{\partial y}{\partial \xi}=\sum_{i=1}^{4}\frac{\partial N_i}{\partial \xi}y_i$$

$$\frac{\partial x}{\partial \eta}=\sum_{i=1}^{4}\frac{\partial N_i}{\partial \eta}x_i,\quad \frac{\partial y}{\partial \eta}=\sum_{i=1}^{4}\frac{\partial N_i}{\partial \eta}y_i$$

将式(8.4)中的应变矩阵 $\boldsymbol{B}$ 按结点分块表示有 $\boldsymbol{B}=[\boldsymbol{B}_1,\boldsymbol{B}_2,\boldsymbol{B}_3,\boldsymbol{B}_4]$，其中，

$$\boldsymbol{B}_i=\begin{bmatrix}\dfrac{\partial N_i}{\partial x} & 0\\0 & \dfrac{\partial N_i}{\partial y}\\\dfrac{\partial N_i}{\partial y} & \dfrac{\partial N_i}{\partial x}\end{bmatrix}\quad (i=1,2,3,4)$$

将式(8.5)决定的 $\dfrac{\partial N_i}{\partial x}$、$\dfrac{\partial N_i}{\partial y}$ 代入上式，即可得出此单元的应变矩阵 $\boldsymbol{B}$，而单元的刚度矩阵同样可由下式决定：

$$\boldsymbol{K}^e=\iiint_{V^e}\boldsymbol{B}^{\mathrm{T}}\boldsymbol{D}\boldsymbol{B}\,\mathrm{d}V=\iint\boldsymbol{B}^{\mathrm{T}}\boldsymbol{D}\boldsymbol{B}t\,\mathrm{d}S$$

一般情况下，N_i 及 $\dfrac{\partial N_i}{\partial \xi}$、$\dfrac{\partial N_i}{\partial \eta}$ 等皆为 ξ、η 的函数，因而 $\boldsymbol{B}$、$\boldsymbol{J}$ 等皆为 ξ、η 的函数，上述积分应在自然坐标系内进行，其面积元素 $\mathrm{d}S$ 也应以 $\mathrm{d}\xi$、$\mathrm{d}\eta$ 表示。

$$dS = dxdy = |\boldsymbol{J}|d\xi d\eta \tag{8.21}$$

式中：$|\boldsymbol{J}|$为雅克比矩阵$\boldsymbol{J}$的行列式。

有了应变矩阵$\boldsymbol{B}$及面积元素的表达式(8.21)，就可以求积计算单元的刚度矩阵：

$$\boldsymbol{K}^e = \int_{-1}^{1}\int_{-1}^{1} \boldsymbol{B}^T \boldsymbol{D}\boldsymbol{B}_t \ |\ \boldsymbol{J}\ |\ d\xi d\eta \tag{8.22}$$

式(8.22)对应于自然坐标ξ、η的积分上、下限是简单的，但是，式中$\boldsymbol{B}$、$\boldsymbol{J}$皆为函数矩阵，中间还要求函数矩阵$\boldsymbol{J}$的逆，很难求出积的解析表达式。一般参数单元的计算都采用数值积分求式(8.21)近似值。等参单元计算中，为了减少计算点的数目和便于编制程序，多采用高斯数值积分方法。

经过坐标变换，单元具有双重特性：一方面，x、y坐标系下单元的几何特征、载荷等，都来自实际结构，充分反映了实际情况；另一方面，大量计算工作是在母单元内进行的，由于它的形状简单、规则，计算比较方便，并便于循环，特别有利于在计算机上进行计算，兼有两方面的优点。

8.2.3　等参变换的条件和等参单元的收敛性

1. 等参变换的条件

从微积分学知识已知，两个坐标之间一对一变换的条件是 Jacobi 行列式$|\boldsymbol{J}|$不得为 0，等参变换作为一种坐标变换也必须服从此条件。如$|\boldsymbol{J}|=0$，则表明笛卡儿坐标中体积微元（或面积微元）为 0，即在自然坐标中的体积微元$d\xi d\eta d\zeta$（或面积微元$d\xi d\eta$）对应笛卡儿坐标中的一个点，这种变换显然不是一一对应的。另外因为$|\boldsymbol{J}|=0$，$\boldsymbol{J}^{-1}$将不成立，所以两个坐标之间偏导数的变换式(8.20)不能实现。

现在着重研究在有限元分析的实际中如何防止出现$|\boldsymbol{J}|=0$的情况，为简单起见，先讨论二维情况，从式(8.21)已知$dS=|\boldsymbol{J}|d\xi d\eta$，另一方面笛卡尔坐标中的面积微元可直接表示成

$$dS = |d\xi \times d\eta| = |d\xi|\ |d\eta| \sin(d\xi, d\eta) \tag{8.23}$$

所以从式(8.23)和式(8.21)可得

$$|\boldsymbol{J}| = \frac{|d\xi|\ |d\eta| \sin(d\xi, d\eta)}{d\xi d\eta} \tag{8.24}$$

从式(8.24)可见，只要以下 3 种情况之一成立，即

$$|d\xi| = 0, \quad 或 \quad |d\eta| = 0, \quad 或 \sin(d\xi, d\eta) = 0 \tag{8.25}$$

就将出现$|\boldsymbol{J}|=0$的情况。因此在笛卡尔坐标内划分单元时，要注意防止以上所列举情况的发生。图 8.9 表示出应防止出现的不正常情况的单元。图 8.9(b) 所示单元结点 3、4 退化为一个结点，在该结点$|d\xi|=0$；图 8.9(c)所示单元结点 2、3 退化为一个结点，在该点$|d\eta|=0$；图 8.9(d)所示单元在结点 1、2、3，$\sin(d\xi, d\eta)>0$，而在结点 4，$\sin(d\xi, d\eta)<0$。因为$\sin(d\xi,$

$d\eta$)在单元内连续变化，所以单元内肯定存在 $\sin(d\xi, d\eta)=0$，即 $d\xi$ 和 $d\eta$ 共线的情况。这是由于单元过分歪曲而发生的。

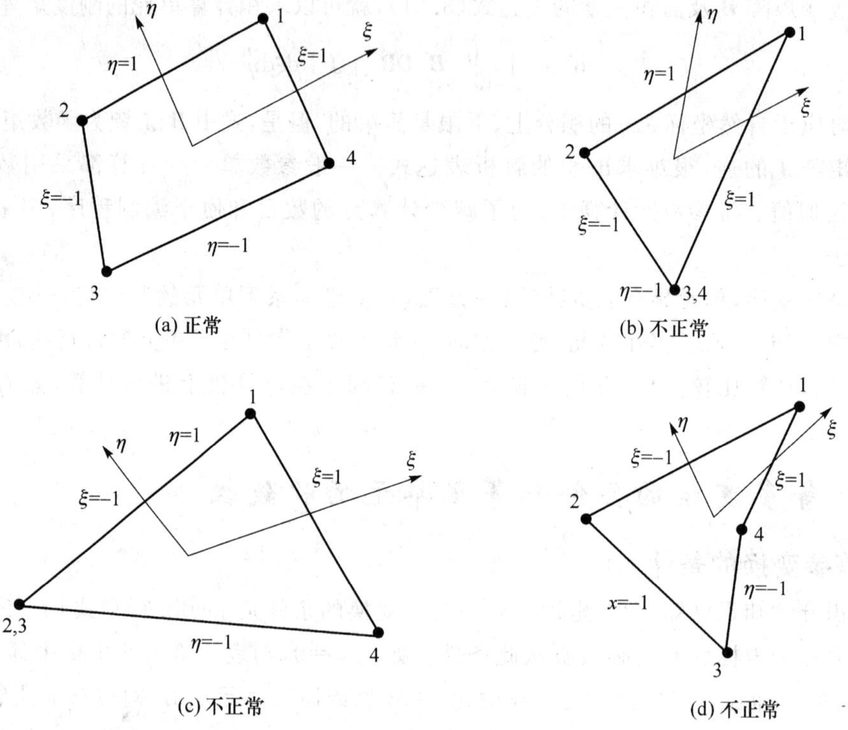

图 8.9 单元划分的正常与不正常情况

以上讨论可以推广到三维情况，即为保证变换的一一对应，应防止因任意的 2 个结点退化为 1 个结点而导致 $|d\xi|$、$|d\eta|$、$|d\zeta|$ 中的任一个为 0，还应防止因单元过分歪曲导致的 $|d\xi|$、$|d\eta|$、$|d\zeta|$ 中的任何 2 个发生共线的情况。

2. 等参单元的收敛性

在前面我们已讨论了有限元分析中解的收敛性条件，即单元必须是协调的和完备的。现在来讨论等参单元是满足此条件的。

为研究单元集合体的协调性，需要考虑单元之间的公共边(或面)。为了保证协调，相邻单元在这些公共边(或面)上应有完全相同的结点，同时每一单元沿这些边(或面)的坐标和位移函数应采用相同的插值函数加以确定。显然，只要适当划分网格和选择单元，等参单元是完全能满足协调性条件的。图 8.10(a)所示正是这种情况，而 8.10(b)所示就不满足协调性条件。

现考察一个三维等参单元，坐标和位移函数的插值表示是

$$x = \sum_{i=1}^{n} N_i x_i, \quad y = \sum_{i=1}^{n} N_i y_i, \quad z = \sum_{i=1}^{n} N_i z_i \tag{8.26}$$

$$u = \sum_{i=1}^{n} N_i u_i \tag{8.27}$$

现给各个结点参数以和形式的线性变化位移函数

$$u = a + bx + cy + \mathrm{d}z \tag{8.28}$$

相对应的数值，即

$$\delta_i = a + bx_i + cy_i + \mathrm{d}z_i \quad (i=1,2,\cdots,n) \tag{8.29}$$

将式(8.29)代入式(8.27)并利用式(8.26)，就得到单元内的函数表示式

$$u = a\sum_{i=1}^{n} N_i + bx + cy + \mathrm{d}z \tag{8.30}$$

从式(8.30)可以看到，如果插值函数满足条件

$$\sum_{i=1}^{n} N_i = 1 \tag{8.31}$$

则式(8.30)和式(8.28)完全一致，说明在单元内确实得到了原来基于各个结点的线性变化的位移函数，即单元能够表示线性变化的位移函数，即满足完备性要求。

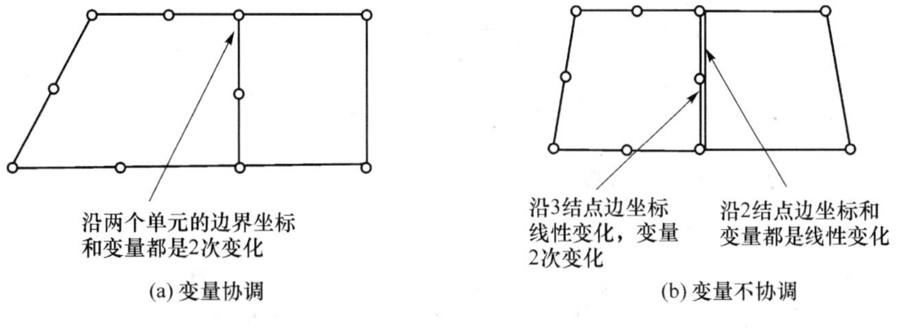

图 8.10　单元交界面上变量协调和不协调的情况

我们知道在构造插值函数时，条件式(8.31)是确实满足了的。由此还可以进一步看到等参元的好处，在母单元内只要满足条件，则子单元可以满足更严格的完备性要求。

8.3　8 结点曲边等参单元

8.3.1　位移函数

前面所介绍的等参单元方法，可以推广到更多结点的单元中。图 8.11(a)所示为 8 结点真实单元，同样可取 8 结点正方形作为母单元，如图 8.11(b)所示。满足收敛准则的 8 结点母单元形函数为

$$
\left.\begin{aligned}
&N_1=\frac{1}{4}(1-\xi)(1-\eta)(-\xi-\eta-1), \quad &&N_2=\frac{1}{4}(1+\xi)(1-\eta)(\xi-\eta-1)\\
&N_3=\frac{1}{4}(1+\xi)(1+\eta)(\xi+\eta-1), &&N_4=\frac{1}{4}(1-\xi)(1+\eta)(-\xi+\eta-1)\\
&N_5=\frac{1}{2}(1-\xi^2)(1-\eta), &&N_6=\frac{1}{2}(1+\xi)(1-\eta^2)\\
&N_7=\frac{1}{2}(1-\xi^2)(1+\eta), &&N_8=\frac{1}{2}(1-\xi)(1-\eta^2)
\end{aligned}\right\} \tag{8.32}
$$

同前一样，用式(8.32)的形函数构成真实单元的位移函数

$$
u=\sum_{i=1}^{8}N_i(\xi,\eta)u_i, \quad v=\sum_{i=1}^{8}N_i(\xi,\eta)v_i \tag{8.33}
$$

和坐标变换式

$$
x=\sum_{i=1}^{8}N_i(\xi,\eta)x_i, \quad y=\sum_{i=1}^{8}N_i(\xi,\eta)y_i \tag{8.34}
$$

通过式(8.19)的坐标变换，使得图 8.11(b)所示 $\xi\eta$ 平面上的 8 结点分别映射成图 8.11(a)所示 xy 平面上的 8 结点，它们的坐标是 $x_i,y_i(i=1,2,\cdots,8)$。由形函数表达式容易看出，每一条边都是一条 2 次曲线。在单元的任一边界上，两局部坐标之一为 ±1，如令 $\xi=1$，得

$$
x=-\frac{x_2}{2}\eta(1-\eta)+\frac{x_3}{2}\eta(1+\eta)+x_6(1-\eta^2)
$$

$$
y=-\frac{y_2}{2}\eta(1-\eta)+\frac{y_3}{2}\eta(1+\eta)+y_6(1-\eta^2)
$$

它是 η 的 2 次函数，所以是曲边 2～6～3 的方程，曲线完全可以由边上 3 个结点的坐标唯一地确定。

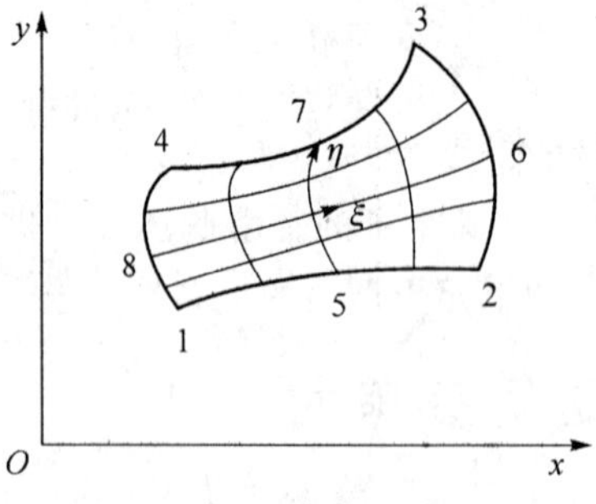

(a) 实单元

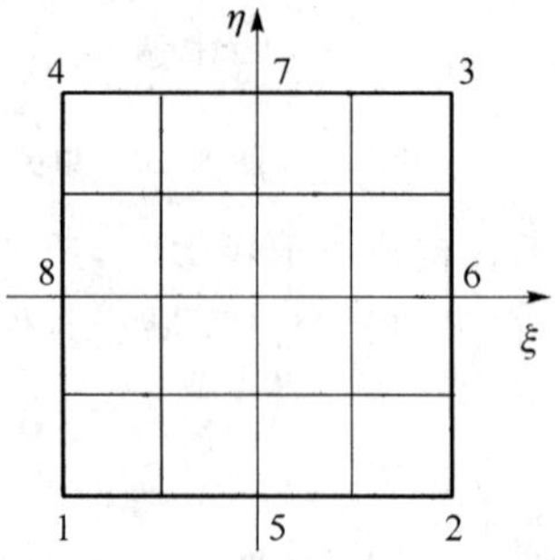

(b) 母单元

图 8.11 8 结点等参单元

反之，整体坐标 xy 平面上的所有曲边形单元，都可以使用坐标变换式映射到 $\xi\eta$ 平面上的正方形单元。

对于 8 结点等参单元的具体分析，完全类同于 4 结点等参单元，只是雅克比矩阵写成：

$$|\boldsymbol{J}| = \begin{bmatrix} \dfrac{\partial x}{\partial \xi} & \dfrac{\partial y}{\partial \xi} \\ \dfrac{\partial x}{\partial \eta} & \dfrac{\partial x}{\partial \eta} \end{bmatrix} = \begin{bmatrix} \sum\limits_{i=1}^{8} \dfrac{\partial N_i}{\partial \xi} x_i & \sum\limits_{i=1}^{8} \dfrac{\partial N_i}{\partial \xi} y_i \\ \sum\limits_{i=1}^{8} \dfrac{\partial N_i}{\partial \eta} x_i & \sum\limits_{i=1}^{8} \dfrac{\partial N_i}{\partial \eta} y_i \end{bmatrix} \tag{8.35}$$

单元的几何矩阵

$$\boldsymbol{B} = \begin{bmatrix} \dfrac{\partial N_1}{\partial x} & 0 & \cdots & \dfrac{\partial N_8}{\partial x} & 0 \\ 0 & \dfrac{\partial N_1}{\partial y} & \cdots & 0 & \dfrac{\partial N_8}{\partial y} \\ \dfrac{\partial N_1}{\partial y} & \dfrac{\partial N_1}{\partial x} & \cdots & \dfrac{\partial N_8}{\partial y} & \dfrac{\partial N_8}{\partial x} \end{bmatrix} \tag{8.36}$$

单元的刚度矩阵形成等，完全同 8.1 节所述。

8 结点等参单元的构成，为处理结构的曲边边界提供了优良的条件。在单元划分时内部单元可取为 8 结点直四边形单元，边界单元的边界边可取为曲边，这相当于用 3 点构成的抛物线去逼近原结构曲边界，这要比用三角形单元和任意四边形单元逼近曲边界减少离散化过程带来的误差。因此 8 结点等参单元的引入不仅可提高单元内部插值精度，还能较好地处理曲线边界。

8.3.2 等参单元等效结点载荷

1. 集中力

设单元上任意点受有集中载荷 $\boldsymbol{P}=\{P_x, P_y\}^{\mathrm{T}}$，见图 8.12，则移置到单元各结点上的等效结点载荷为

$$\begin{Bmatrix} P_{ix} \\ P_{iy} \end{Bmatrix}^e = (N_i)_c \boldsymbol{P}$$

式中：$(N_i)_c$ 是形函数 N_i 在载荷作用点上的值。如 $\xi=0, \eta=0$ 处作用集中载荷 $P_x=1$，将 $\xi=0, \eta=0$ 代入式(7.17)得

$$(N_1)_c = -\frac{1}{4}, \quad (N_2)_c = -\frac{1}{4}, \quad (N_3)_c = -\frac{1}{4}, \quad (N_4)_c = -\frac{1}{4}$$

$$(N_5)_c = \frac{1}{2}, \quad (N_6)_c = \frac{1}{2}, \quad (N_7)_c = \frac{1}{2}, \quad (N_8)_c = \frac{1}{2}$$

2. 体积力

设单元的单位体积力是 $\boldsymbol{q}=\{q_x,q_y\}^{\mathrm{T}}$，则等效结点载荷为

$$\boldsymbol{P}_{iq}^{e}=\begin{Bmatrix}P_{ix}\\P_{iy}\end{Bmatrix}^{e}=\int_{-1}^{1}\int_{-1}^{1}N_i qt\,|\boldsymbol{J}|\,\mathrm{d}\xi\mathrm{d}\eta$$

均布体积力在规则矩形单元中产生的结点载荷如图 8.13 所示，这与人们的直观结果是不一致的，但是它将比直观分配的结点载荷给出精确的应力和位移。

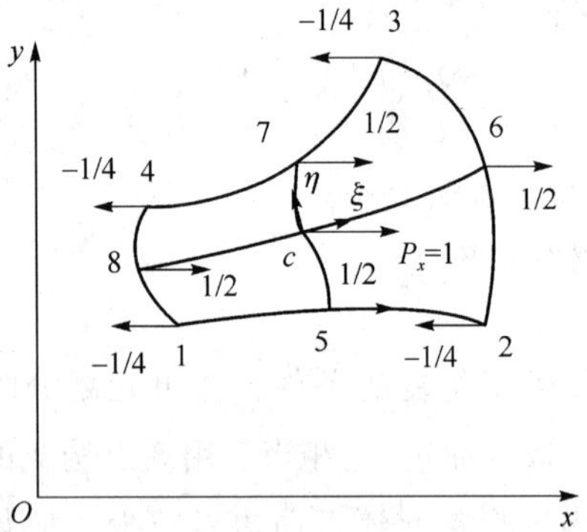

图 8.12　集中力作用下的等效结点载荷

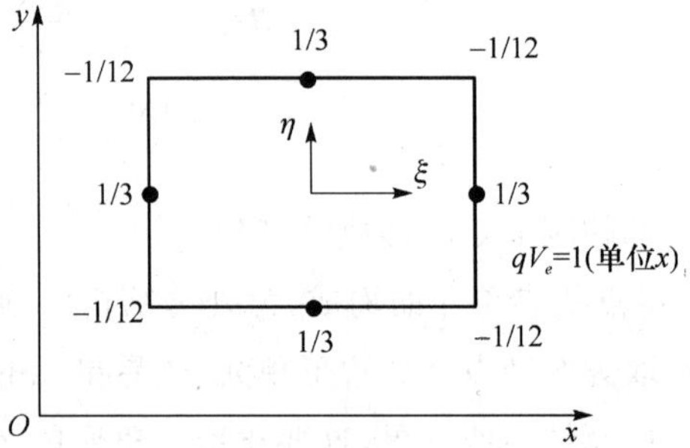

图 8.13　分布体积力的等效结点载荷

3. 表面力

设单元某边上承受的单位表面力是 $\boldsymbol{P}=\{P_x,P_y\}^{\mathrm{T}}$，则这条边上 3 个结点的等效结点载荷分别是

$$\boldsymbol{P}_{iq}^{e}=\begin{Bmatrix}P_{ix}\\P_{iy}\end{Bmatrix}^{e}=\int_{r}N_i\begin{Bmatrix}P_x\\P_y\end{Bmatrix}t\,\mathrm{d}s$$

式中：r 为承受表面力的单元边界；s 是其弧长。

如图 8.14(a)所示，在 3～4 边上作用均布载荷，其等效结点力如图 8.14(b)所示，当 $Lp_yt=1$ 时

$$P_{3y}=\int_r N_3P_yt\,\mathrm{d}s=P_yt\int_r N_3\,\mathrm{d}s=P_yt\int_r\frac{1}{4}(1+\xi)(1+\eta)(\xi+\eta-1)\,|_{\eta=1}\,\mathrm{d}s=$$

$$P_yt\int_r\frac{1}{2}(1+\xi)\,\mathrm{d}s=\frac{P_yt}{2}\frac{L}{2}\int_{-1}^{1}(\xi^2+\xi)\,\mathrm{d}\xi=\frac{L}{6}P_yt=\frac{1}{6}$$

至此，得出了 8 结点等参数单元力学特性的全部计算公式，在这些公式中，通常都需要用数值积分进行计算。

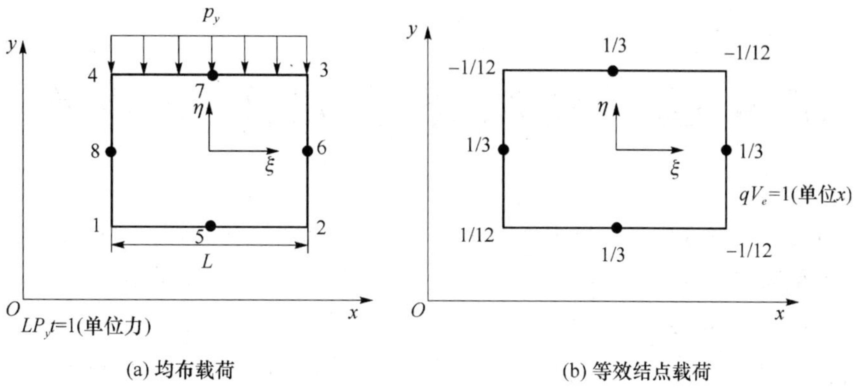

图 8.14　表面力等效结点载荷

对等参单元局部坐标系中的任一点(ξ,η)，经式(8.34)可求出其对应的总体坐标(x,y)。因此计算单元中应力，通常设定一组局部坐标(ξ_c,η_c)，求出其对应力，再根据坐标变换将(ξ_c,η_c)变换为(x_c,y_c)，即找到总体坐标系下的点(x_c,y_c)，得到该点的应力值。

习　题

8.1　什么是等参单元？等参单元具有哪些优越性？

8.2　实现等参数变换的基本条件是什么？哪些情况会使等参数变换不成立？划分等参单元时应注意哪些问题？

8.3　应用等参单元时，为什么要采用高斯积分？

8.4　写出如图 8.15 所示 4 结点等参单元的坐标变换式。

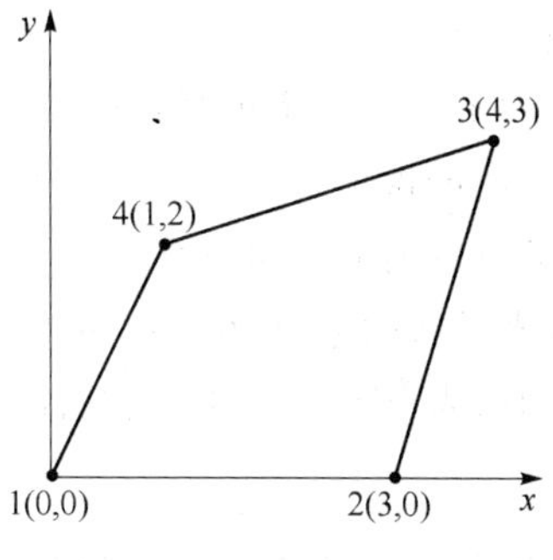

图 8.15　4 结点等参单元

第 9 章　结构动力有限元分析

结构动力分析随着近代工程技术和物理学的发展已成为工程和技术科学领域的一个重要学科。尽数十年来，随着原子能电站、水坝、高层建筑、高耸结构、大跨桥梁、海洋平台等结构的兴建，结构动力分析显得愈来愈重要。因为这些结构受到随时间变化的动荷载作用时，如地震作用、机械设备的振动作用，风、浪、流、水的冲击作用等，仅靠静力分析很难满足工程设计要求，需要进行动力分析[1]。

9.1　动力问题有限元的基本概念

动力问题有限元的基本概念包括：

① 结构离散化。和静力问题有限元相同，动力问题有限元仍将结构视做仅在结点处联结的有限元的的集合体。基本未知量仍为独立的结点位移 $\boldsymbol{u}$。由于动力响应与时间有关，故 $\boldsymbol{u}=\boldsymbol{u}(t)$。$\boldsymbol{u}(t)$同时是确定结构全部质量位置的参数，所以又称做动力自由度。

② 位移模式。设定每个单元的动位移分布规律，通常采用与静力有限元相同的位移模式，且假设形函数与时间无关。单元运动加速度引起的惯性力和单元能量耗散引起的阻尼力应视做单元体积力和附加应力。

③ 单元集成。集合所有单元的运动方程，建立结构的总体运动方程。求解总体运动方程即可得到结构的动力反应。

有限元动力分析的主要内容包括：

① 自由振动分析。当动荷载为零，由初始位移和初始速度引起的结构振动称做自由振动。自由振动分析是求解结构进行简谐振动时的固有频率和振动形式(振型)。最后归结为广义特征值的求解问题或转换为标准特征值的求解问题。

② 动力响应分析。由于动荷载引起的结构振动称做受迫振动或动力响应。受迫振动分析是求解结构的动响应(动位移、动内力等)，可采用“振型叠加法”和“直接积分法”(或称“逐步积分法”)。

9.2　运动方程式

9.2.1　惯性力和阻尼力

设单元材料密度为 ρ，则根据达朗伯原理，单元内单位体积的惯性力为

$$\boldsymbol{F}_m = -\rho \ddot{\boldsymbol{u}} \tag{9.1}$$

其大小与质点的加速度成正比，方向与加速度方向相反。

单元的阻尼力是很复杂的，最重要的是粘性阻尼，它与质点的速度或应变率有关。若设阻尼力与质点运动速度成正比，方向与速度方向相反，单元材料的阻尼力系数为 μ_1，则单位体积内的阻尼力为

$$\boldsymbol{F}_c = -\mu_1 \dot{\boldsymbol{u}} \tag{9.2}$$

若设阻尼力与应变速度成正比，方向与应力方向一致，单元材料的阻尼力系数为 μ_2，则有此引起的附加应力为

$$\boldsymbol{\sigma}_c = \mu_2 \boldsymbol{D} \dot{\boldsymbol{\varepsilon}} \tag{9.3}$$

虽然以上两种阻尼力都存在，但常用的是第一种。

9.2.2　运动方程的建立

设单元单位体积力为 $\boldsymbol{F}_V$，表面力为 $\boldsymbol{F}_S$，并考虑惯性力 $\boldsymbol{F}_m$ 和阻尼力 $\boldsymbol{F}_c$、$\boldsymbol{\sigma}_c$，根据虚位移原理 $W_{变} = W_{外}$：

$$\int_V (\boldsymbol{\sigma} + \mu_2 \boldsymbol{D} \dot{\varepsilon})^{\mathrm{T}} \boldsymbol{\varepsilon}^* \mathrm{d}V = \int_V (\boldsymbol{F}_V - \rho \ddot{\boldsymbol{u}} - \mu_1 \dot{\boldsymbol{u}})^{\mathrm{T}} \boldsymbol{u}^* \mathrm{d}V + \int_S \boldsymbol{F}_S^{\mathrm{T}} \boldsymbol{u}^* \mathrm{d}S \tag{9.4}$$

将虚应变 $\boldsymbol{\varepsilon}^* = \boldsymbol{B}\boldsymbol{u}^{e^*}$，虚位移 $\boldsymbol{u}^* = \boldsymbol{N}\boldsymbol{u}^{e^*}$，应力 $\boldsymbol{\sigma} = \boldsymbol{DB}\boldsymbol{u}^e$，应变 $\boldsymbol{\varepsilon} = \boldsymbol{B}\boldsymbol{u}^e$ 代入式(9.4)，考虑虚位移的任意性，并移项后，得

$$\begin{aligned} &\int_V \boldsymbol{N}^{\mathrm{T}} \rho \boldsymbol{N} \mathrm{d}V \ddot{\boldsymbol{u}}^e + \left(\int_V \boldsymbol{N}^{\mathrm{T}} \mu_1 \boldsymbol{N} \mathrm{d}V + \int_V \boldsymbol{B}^{\mathrm{T}} \mu_2 \boldsymbol{DB} \mathrm{d}V \dot{\boldsymbol{u}}^e\right) + \int_V \boldsymbol{B}^{\mathrm{T}} \boldsymbol{DB} \mathrm{d}V \boldsymbol{u}^e = \\ &\int_V \boldsymbol{N}^{\mathrm{T}} \boldsymbol{F}_V \mathrm{d}V + \int_S \boldsymbol{N}^{\mathrm{T}} \boldsymbol{F}_S \mathrm{d}S \end{aligned} \tag{9.5}$$

即

$$\boldsymbol{M}^e \ddot{\boldsymbol{u}}^e(t) + \boldsymbol{C}^e \dot{\boldsymbol{u}}^e(t) + \boldsymbol{K}^e \boldsymbol{u}^e(t) = \boldsymbol{f}^e(t) \tag{9.6}$$

式中：

$$\boldsymbol{M}^e = \int_V \boldsymbol{N}^{\mathrm{T}} \rho \boldsymbol{N} \mathrm{d}V \tag{9.7}$$

$$\boldsymbol{C}^e = \int_V \boldsymbol{N}^{\mathrm{T}} \mu_1 \boldsymbol{N} \mathrm{d}V + \int_V \boldsymbol{B}^{\mathrm{T}} \mu_2 \boldsymbol{DB} \mathrm{d}V \tag{9.8}$$

$$\boldsymbol{K}^e = \int_V \boldsymbol{B}^{\mathrm{T}} \boldsymbol{DB} \mathrm{d}V \tag{9.9}$$

$$\boldsymbol{f}^e = \int_V \boldsymbol{N}^{\mathrm{T}} \boldsymbol{F}_V \mathrm{d}V + \int_S \boldsymbol{N}^{\mathrm{T}} \boldsymbol{F}_S \mathrm{d}S \tag{9.10}$$

按照与静力有限元相同的方法，将所有单元的运动方程进行集成，即得结构的总体运动方程：

$$\boldsymbol{M}\ddot{\boldsymbol{u}}(t)+\boldsymbol{C}\dot{\boldsymbol{u}}(t)+\boldsymbol{K}\boldsymbol{u}(t)=\boldsymbol{f}(t) \tag{9.11}$$

式中：$\boldsymbol{M}$、$\boldsymbol{C}$、$\boldsymbol{K}$ 分别为结构的总体质量矩阵、总体阻尼矩阵和总体刚度矩阵；$\ddot{\boldsymbol{u}}$、$\dot{\boldsymbol{u}}$、$\boldsymbol{u}$ 分别为结构结点加速度向量、速度向量和位移向量；$\boldsymbol{f}$ 为结构总体等效结点荷载向量。

9.2.3 动力方程与静力方程的区别

动力方程与静力方程的区别如下：

① 动力方程比静力方程要多建立一个质量矩阵 $\boldsymbol{M}$ 和阻尼矩阵 $\boldsymbol{C}$。

② 静力方程为线性代数方程组，动力方程为关于时间的二阶微分方程组。

③ 静力问题要寻求线性代数方程组的有效解法，动力问题要寻求二阶常微分方程组的有效解法。

9.3 质量矩阵

建立质量矩阵有两种方法：一是将全部质量换算成集中质量放在结点上，形成集中质量矩阵；二是根据能量原理计算每一单元的质量影响系数，形成一致质量矩阵。下面分别介绍这两种方法。

9.3.1 集中质量矩阵

1. 单元集中质量矩阵

将分布质量按某种原则换算成结点集中质量，按单元动力自由度顺序放入相应位置，即可形成单元集中质量矩阵。

当质量均匀分布时，最简单且常用的方法是按照结点所分担的线段、面积和体积确定该结点的集中质量大小。

因为假设质量集中成质点，故没有转动惯量，与转动自由度相应的惯量为零。

(1) 一般平面杆单元

如图 9.1 所示，设材料密度为 ρ，单元长 l，截面面积为 A，则单元质量 $m=\rho Al$。每个结点分担单元的 1/2 长度，故

$$\boldsymbol{M}^e=\frac{m}{2}\begin{bmatrix}1 & & & & & \\ & 1 & & & 0 & \\ & & 0 & & & \\ & & & 1 & & \\ & 0 & & & 1 & \\ & & & & & 0\end{bmatrix}_{6\times 6}$$

若不考虑轴向变形，如图 9.2 所示，则

$$
\boldsymbol{M}^e=\frac{m}{2}\begin{bmatrix} 2 & & & & \\ & 1 & & 0 & \\ & & 0 & & \\ & 0 & & 1 & \\ & & & & 0 \end{bmatrix}_{5\times 5}
$$

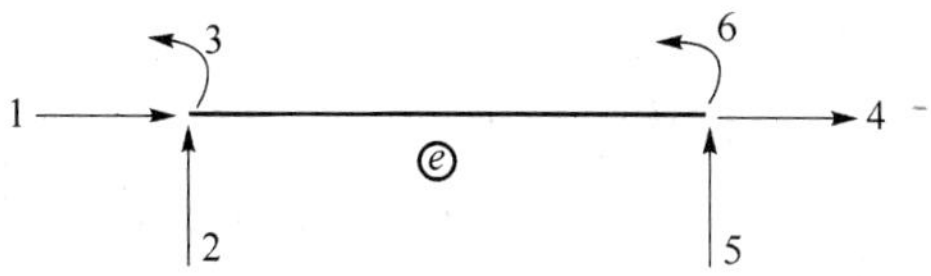

图 9.1　平面杆单元动力自由度编号

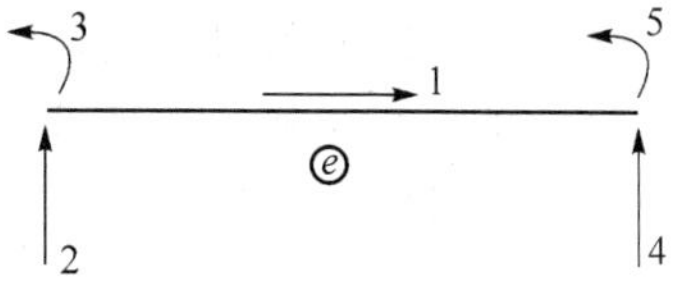

图 9.2　忽略轴向变形平面杆单元动力自由度编号

(2) 平面 3 结点三角形单元

如图 9.3 所示,设单元面积为 A,厚度为 t,则单元质量 $m=\rho At$。每个结点分担单元面积的1/3,故

$$
\boldsymbol{M}^e=\frac{m}{3}\begin{bmatrix} 1 & & & & & \\ & 1 & & 0 & & \\ & & 1 & & & \\ & & & 1 & & \\ & 0 & & & 1 & \\ & & & & & 1 \end{bmatrix}_{6\times 6}
$$

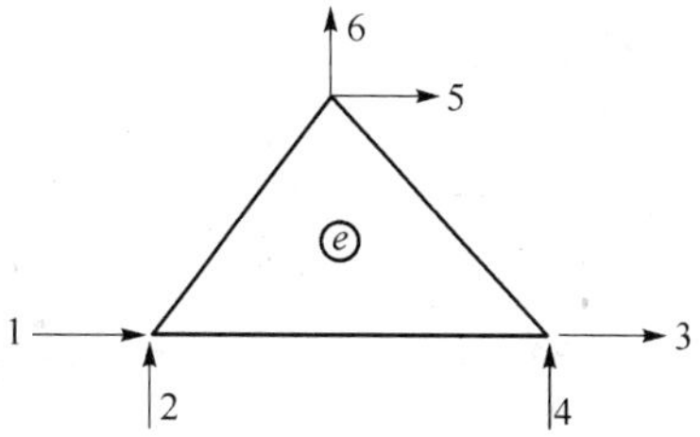

图 9.3　平面三角形单元动力自由度编号

(3) 平面 4 结点矩形单元

如图 9.4 所示,设单元面积为 A,厚度为 t,则单元质量 $m=\rho At$。每个结点分担单元面积的 1/4,故

$$
\boldsymbol{M}^e=\frac{m}{4}\begin{bmatrix} 1 & & & & & & & \\ & 1 & & & 0 & & & \\ & & 1 & & & & & \\ & & & 1 & & & & \\ & & & & 1 & & & \\ & & & & & 1 & & \\ & 0 & & & & & 1 & \\ & & & & & & & 1 \end{bmatrix}_{8\times 8}
$$

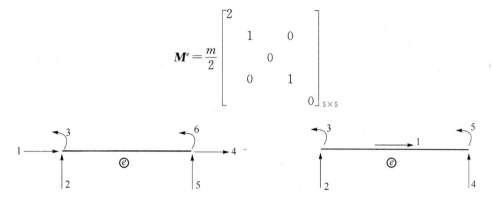

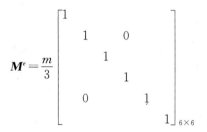

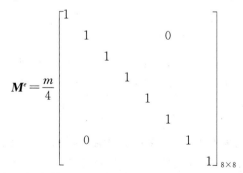

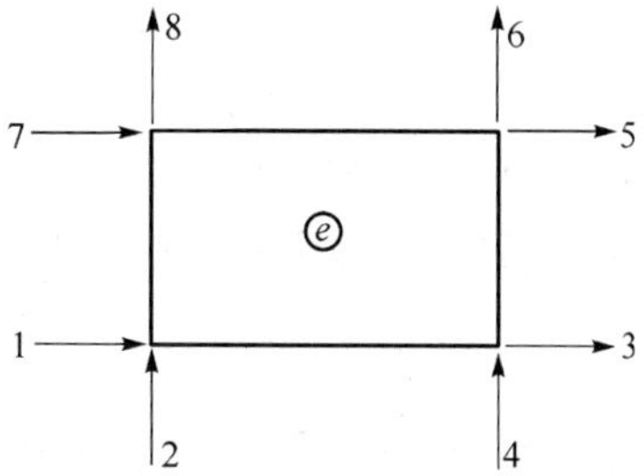

图 9.4　平面矩形单元动力自由度编号

对于高次单元,可采用加权平均的方法得到集中质量矩阵。其中第 i 自由度对应的集中质量为

$$m_i = m \frac{m'_i}{\sum m'_i}$$

式中：m'_i 为高次单元一致质量矩阵中相应的对角线元素；$\sum m'_i$ 为一致质量矩阵中对角线元素之和。

2. 总体质量矩阵

按照与集成总体刚度矩阵相同的方法，可形成总体质量矩阵。

由上可见，单元集中质量矩阵为对角矩阵，集成的总体质量矩阵也为对角矩阵，其中包括与转动自由度对应的零对角线元素。但如果一个转动自由度对应的是一个具有有限转动惯量的刚体质量，则该自由度对应的对角线元素为转动惯量。

9.3.2 一致质量矩阵

当采用与建立单元刚度矩阵相同的形函数(即单元动位移与静位移取相同的位移模)时，按公式(9.7)求得的单元质量矩阵称做单元一致质量矩阵；由此集成的总体质量矩阵称做总体一致质量矩阵。

一般说来，用一致质量矩阵算得的频率是结构真实频率的上限，用集中质量矩阵算得的频率是结构真实频率的下限；单元一致质量矩阵为满阵，数值计算费时；总体一致质量矩阵具有总体刚度矩阵同样的带宽。集中质量矩阵为对角阵，占用内存较少，计算简单，节约机时。工程上采用集中质量矩阵计算的情况居多。

9.4 阻尼矩阵

9.4.1 单元阻尼矩阵

使振动衰减的作用或使振动能量耗散的作用称做阻尼。

前面已导出单元阻尼矩阵公式(9.8)

$$\boldsymbol{C}^e = \int_V \boldsymbol{N}^{\mathrm{T}} \mu_1 \boldsymbol{N} \mathrm{d}V + \int_V \boldsymbol{B}^{\mathrm{T}} \mu_2 \boldsymbol{D}\boldsymbol{B} \mathrm{d}V$$

式中：第一项是假定阻尼力正比于质点运动速度的结果，通常将介质阻尼简化为这种情况，如单元阻尼系数 μ_1 为常数。这时单元阻尼矩阵比例于单元质量矩阵：

$$\boldsymbol{C}_V = \mu_1 \int_V \boldsymbol{N}^{\mathrm{T}} \boldsymbol{N} \mathrm{d}V = \frac{\mu_1}{\rho} \boldsymbol{M}^e \tag{9.12}$$

第二项是假定阻尼力比例于应变速度的结果，通常材料内摩擦引起的结构阻尼可简化为这种情况，如单元阻尼系数 μ_2 也为常数。这时单元阻尼矩阵比例于单元刚度矩阵：

$$\boldsymbol{C}_s = \mu_2 \int_V \boldsymbol{B}^{\mathrm{T}} \boldsymbol{D}\boldsymbol{B} \mathrm{d}V = \mu_2 \boldsymbol{K}^e \tag{9.13}$$

假设阻尼作用为上述两种阻尼，即得到单元阻尼矩阵为

$$\boldsymbol{C}^e=\boldsymbol{C}_V+\boldsymbol{C}_s \tag{9.14}$$

9.4.2 总体阻尼矩阵

理论上似乎可按式(9.14)建立单元阻尼矩阵，然后集成总体阻尼矩阵。但阻尼机理非常复杂，它与结构物周围介质的粘性，结构本身的粘性，内摩擦耗能，基础下土体产生的能量扩散等都有关系。事实上，单元阻力系数 μ_1 和 μ_2 是很难确定的。因此，通常先建立总体质量矩阵 $\boldsymbol{M}$ 和总体刚度矩阵 $\boldsymbol{K}$，然后将它们乘上适当系数作为总体阻尼矩阵：

$$\boldsymbol{C}=\alpha\boldsymbol{M}+\beta\boldsymbol{K} \tag{9.15}$$

这种阻尼形式是 Rayleigh 于 1877 年提出的，故称做 Rayleigh 阻尼。式中 α 和 β 为常数，可按下式确定：

$$\alpha=\frac{2\omega_i\omega_j(\xi_i\omega_j-\xi_j\omega_i)}{\omega_j^2-\omega_i^2},\beta=\frac{2(\xi_j\omega_j-\xi_i\omega_i)}{\omega_j^2-\omega_i^2} \tag{9.16}$$

9.5 无阻尼自由振动分析——特征值问题

在没有荷载和不考虑阻尼的情况下，由式(9.6)可得无阻尼自由振动方程：

$$\boldsymbol{M}\ddot{\boldsymbol{u}}+\boldsymbol{K}\boldsymbol{u}=0 \tag{9.17}$$

这是一个常系数齐次线性微分方程组，其解的形式为

$$\boldsymbol{u}=\boldsymbol{u}_0\sin\omega t \tag{9.18}$$

将式(9.18)代入式(9.17)，得

$$(\boldsymbol{K}-\omega^2\boldsymbol{M})\boldsymbol{u}_0=0 \tag{9.19}$$

式(9.19)是齐次线性代数方程组，有非零解的条件是系数行列式等于零，即

$$|\boldsymbol{K}-\omega^2\boldsymbol{M}|=0 \tag{9.20}$$

如果 $\boldsymbol{K}$ 和 $\boldsymbol{M}$ 的阶数是 n，则式(9.20)是 ω^2 的 n 次方程，称为结构自由振动特征方程，ω^2 称为特征值。该方程可解出几个特征值，将其代入式(9.19)，可解出 n 个 $\boldsymbol{\phi}_0$ 值。$\boldsymbol{\phi}_0$ 称为特征向量。ω_i 即结构第 i 个固有频率，$\boldsymbol{\phi}_0$ 即结构第 i 个振型。ω_i 按从小到大顺序排列：

$$0\leqslant\omega_1\leqslant\omega_2\leqslant\cdots\omega_n \tag{9.21}$$

式(9.19)在数学上称为广义特征值问题，一般记为

$$\boldsymbol{K}\boldsymbol{\phi}_0=\omega^2\boldsymbol{M}\boldsymbol{\phi}_0 \tag{9.22}$$

通常有两类方法求解式(9.22)。一是按求广义特征值问题的相应方法求解，例如广义雅可比法、子空间迭代法等。二是先将式(9.22)变换为标准特征值问题：

$$\boldsymbol{A}\boldsymbol{\phi}_0=\lambda\boldsymbol{\phi}_0 \tag{9.23}$$

再按相应方法求解。

若 $\boldsymbol{M}^{-1}$存在，可将式(9.22)前乘 $\boldsymbol{M}^{-1}$，则 $\boldsymbol{A}=\boldsymbol{M}^{-1}\boldsymbol{K},\lambda=\omega^2$；

若 $\boldsymbol{K}^{-1}$存在，可将式(9.22)前乘 $\boldsymbol{K}^{-1}$，则 $\boldsymbol{A}=\boldsymbol{K}^{-1}\boldsymbol{M},\lambda=\dfrac{1}{\omega^2}$。

特征值问题与总体刚度矩阵 $\boldsymbol{K}$ 及总体质量矩阵 $\boldsymbol{M}$ 性质有关。如果 $\boldsymbol{K}$ 是正定的，则 $\omega_i^2>0$ $(i=1,2,\cdots,n)$；如果 $\boldsymbol{K}$ 是半正定的，则 $\omega_i^2\geqslant 0(i=1,2,\cdots,n)$，特征值为零的个数等于结构刚体位移自由度的个数。如果集中质量矩阵 $\boldsymbol{M}$ 为半正定，其对角线上有 r 个零元素，则 $\omega_n^2=\omega_{n-1}^2=\cdots=\omega_{n-r+1}^2=\infty$，即 n 个特征值的最后 r 个为无穷大。

9.6 振型的性质

9.6.1 振型的规格化

振型的各元素是相对值。设 ϕ_{0_i} 是方程的解，则 $\phi_i=\alpha\phi_{0_i}$ 也是该方程的解，显然：

$$\boldsymbol{K}(\alpha\phi_{0_i})=\omega_i^2\boldsymbol{M}(\alpha\phi_{0_i})$$

或

$$\boldsymbol{K}\phi_i=\omega_i^2\boldsymbol{M}\phi_i$$

式中：α 为一非零常数。可见振型的幅值是任意的，只有形状是唯一的。为了便于分析和比较，通常将振型规格化。

规格化常用的方法有 3 种：

① 以第一个元素为 1 规格化；

② 以振型中的最大元素为 1 进行规格化；

③ 以特性矩阵 $\boldsymbol{M}$、$\boldsymbol{K}$ 进行规格化，即使振型满足：$\phi_i^{\mathrm{T}}\boldsymbol{M}\phi_i=1,\phi_i^{\mathrm{T}}\boldsymbol{K}\phi_i=\omega_i^2$，这时振型向量的各个元素应除以 $\sqrt{\phi_i^{\mathrm{T}}\boldsymbol{M}\phi_i}$。

9.6.2 振型的正交性

设某 n 个自由度体系的特征值问题有 s 个特征对。ϕ_i 为第 i 个规格化振型，则有如下关系式

$$\boldsymbol{K\Phi}=\boldsymbol{M\Phi\Lambda}^2$$

式中：

$$\boldsymbol{\Phi}=[\phi_1\phi_2\cdots\phi_n]=\begin{bmatrix}\phi_{11} & \phi_{12} & \cdots & \phi_{1s}\\ \phi_{21} & \phi_{22} & \cdots & \phi_{2s}\\ \vdots & \vdots & & \vdots\\ \phi_{n1} & \phi_{n2} & \cdots & \phi_{ns}\end{bmatrix}$$

是 $n\times s$ 阶振型矩阵或称特征向量矩阵；

$$\boldsymbol{\Lambda}^2=\begin{bmatrix}\omega_1^2 & & & 0\\ & \omega_2^2 & & \\ & & \ddots & \\ 0 & & & \omega_s^2\end{bmatrix}$$

是 $s\times s$ 阶特征值对角矩阵。

如果 $\phi_i(i=1,2,\cdots s)$ 为第 3 种规格化振型，则可由(9.19)式得出振型关于 $\boldsymbol{M}$ 和 $\boldsymbol{K}$ 的正交性条件为

$$\phi_i^{\mathrm{T}}\boldsymbol{M}\phi_j=\delta_{ij}$$

$$\phi_i^{\mathrm{T}}\boldsymbol{K}\phi_j=\omega_i^2\delta_{ij}$$

$$\delta_{ij}=\begin{cases}1 & i=j\\ 0 & i\neq j\end{cases}$$

s 个振型有 $\boldsymbol{\Phi}^{\mathrm{T}}\boldsymbol{M}\boldsymbol{\Phi}=\boldsymbol{I},\boldsymbol{\Phi}^{\mathrm{T}}\boldsymbol{K}\boldsymbol{\Phi}=\boldsymbol{\Lambda}^2$。

9.7　有阻尼的自由振动分析

若阻尼矩阵不允许忽略，略去方程(9.11)的激励项，讨论有阻尼系统的自由振动。假设粘性阻尼与速度成正比，因此自由振动方程为

$$\boldsymbol{M}\ddot{\boldsymbol{u}}+\boldsymbol{C}\dot{\boldsymbol{u}}+\boldsymbol{K}\boldsymbol{u}=0 \tag{9.24}$$

又

$$\boldsymbol{M}\dot{\boldsymbol{u}}-\boldsymbol{M}\dot{\boldsymbol{u}}=0 \tag{9.25}$$

将式(9.25)与式(9.24)联立，并以矩阵形式表示，可得

$$\underset{(2n\times 2n)}{\begin{bmatrix}\boldsymbol{C} & \boldsymbol{M}\\ \boldsymbol{M} & 0\end{bmatrix}}\underset{(2n\times 1)}{\begin{Bmatrix}\dot{\boldsymbol{u}}\\ \ddot{\boldsymbol{u}}\end{Bmatrix}}+\underset{(2n\times 2n)}{\begin{bmatrix}\boldsymbol{K} & 0\\ 0 & -\boldsymbol{M}\end{bmatrix}}\underset{(2n\times 1)}{\begin{Bmatrix}\boldsymbol{u}\\ \dot{\boldsymbol{u}}\end{Bmatrix}}=\underset{(2n\times 1)}{\begin{bmatrix}0\\ 0\end{bmatrix}} \tag{9.26}$$

$\bar{\boldsymbol{u}}=\begin{Bmatrix}\boldsymbol{u}\\ \dot{\boldsymbol{u}}\end{Bmatrix}_{(2n\times 1)}$ 称为状态向量。

式(9.26)可改写为

$$\boldsymbol{A}\dot{\bar{\boldsymbol{u}}}+\boldsymbol{B}\bar{\boldsymbol{u}}=0 \tag{9.27}$$

式中：

$$\boldsymbol{A}=\begin{bmatrix}\boldsymbol{C} & \boldsymbol{M}\\ \boldsymbol{M} & 0\end{bmatrix},\quad \boldsymbol{B}=\begin{bmatrix}\boldsymbol{K} & 0\\ 0 & -\boldsymbol{M}\end{bmatrix}$$

设式(9.27)的解为

$$\bar{\boldsymbol{u}}=\boldsymbol{\Psi}e^{\lambda t},\quad \dot{\bar{\boldsymbol{u}}}=\boldsymbol{\Psi}\lambda e^{\lambda t} \tag{9.28}$$

式中：$\boldsymbol{\Psi}=[\psi_1\,\psi_2\cdots\psi_n]^{\mathrm{T}}$，将式(9.28)代入式(9.27)，得

$$(\boldsymbol{A}\lambda+\boldsymbol{B})\begin{pmatrix}\boldsymbol{\Psi}\\ \boldsymbol{\Psi}\lambda\end{pmatrix}=0 \tag{9.29}$$

求解后，可得 $2n$ 个复特征值和特征向量，分别记为

$$\lambda_1,\lambda_2,\cdots\lambda_n,\lambda_1^*,\lambda_2^*,\cdots\lambda_n^*$$

$$\begin{Bmatrix}\boldsymbol{\Psi}_1\\ \boldsymbol{\Psi}_1\lambda_1\end{Bmatrix},\begin{Bmatrix}\boldsymbol{\Psi}_2\\ \boldsymbol{\Psi}_2\lambda_2\end{Bmatrix},\cdots\begin{Bmatrix}\boldsymbol{\Psi}_n\\ \boldsymbol{\Psi}_n\lambda_n\end{Bmatrix},\begin{Bmatrix}\boldsymbol{\Psi}_1^*\\ \boldsymbol{\Psi}_1^*\lambda_1^*\end{Bmatrix},\begin{Bmatrix}\boldsymbol{\Psi}_2^*\\ \boldsymbol{\Psi}_2^*\lambda_2^*\end{Bmatrix},\cdots\begin{Bmatrix}\boldsymbol{\Psi}_n^*\\ \boldsymbol{\Psi}_n^*\lambda_n^*\end{Bmatrix}$$

阻尼的存在使系统的自由振动成为衰减振动，振动的频率和衰减系数由复特征值的虚部和实部完全确定。

9.8 结构动力响应分析

动力响应分析就是求系统运动方程

$$\boldsymbol{M}\ddot{\boldsymbol{u}}(t)+\boldsymbol{C}\dot{\boldsymbol{u}}(t)+\boldsymbol{K}\boldsymbol{u}(t)=\boldsymbol{F}(t) \tag{9.30}$$

满足初始条件 $\boldsymbol{u}=\boldsymbol{u}(0),\dot{\boldsymbol{u}}=\dot{\boldsymbol{u}}(0)$的解，即求结构在动荷载 $\boldsymbol{F}(t)$作用下位移 $\boldsymbol{u}(t)$及速度 $\dot{\boldsymbol{u}}(t)$和加速度 $\ddot{\boldsymbol{u}}(t)$。

求解结构的动力响应有两种基本方法：振型叠加法和直接积分法。前者用于解线性结构的动力响应；后者既可用于解线性结构，也可在增量法中用于解非线性结构的动力响应。

9.8.1 振型叠加法

振型叠加法又称振型分解法。其基本思想是通过坐标变换，将一个多自由度体系的 n 个耦合运动方程，分解为 n 个非耦合运动方程，问题的解为 n 个非耦合运动方程解的线性组合。

n 个自由度的结构一般有 n 个固有振型，可构成 n 个独立的位移模式。结构任意位移状态可表示为这 n 个独立位移模式的线性组合：

$$\boldsymbol{u}(t)=\phi_1 y_1(t)+\phi_2 y_2(t)+\cdots+\phi_n y_n(t)=\boldsymbol{\Phi Y} \tag{9.31}$$

式中：

$$\boldsymbol{\Phi}=[\phi_1\quad\phi_2\quad\cdots\quad\phi_n] \tag{9.32}$$

为振型矩阵；$\boldsymbol{Y}=[y_1 y_2\cdots y_n]^{\mathrm{T}}$ 为振型坐标或广义坐标向量，是时间的函数。

将式(9.31)代入式(9.30)，并注意到 ϕ_i 不随时间变化，得

$$\boldsymbol{M\Phi}\ddot{\boldsymbol{Y}}+\boldsymbol{C\Phi}\dot{\boldsymbol{Y}}+\boldsymbol{K\Phi Y}=\boldsymbol{F}(t) \tag{9.33}$$

用 $\phi_i(i=1,2,\cdots n)$左乘式(9.33)两边各项，并考虑正交条件

$$\phi_i^{\mathrm{T}}\boldsymbol{K}\phi_j=0\quad(i\neq j)$$

$$\phi_i^{\mathrm{T}}\boldsymbol{M}\phi_j=0\quad(i\neq j)$$

若采用瑞利阻尼 $\boldsymbol{C}=\alpha\boldsymbol{M}+\beta\boldsymbol{K}$，则同时有 $\phi_i^{\mathrm{T}}\boldsymbol{C}\phi_j=0(i\neq j)$。

于是，可得 n 个解耦的二阶线性方程

$$M_i \ddot{y}_i + C_i \dot{y}_i + K_i y_i = F_i(t) \tag{9.34}$$

或写成

$$\ddot{y}_i + 2\xi_i \omega_i \dot{y}_i + \omega_i^2 y_i = \frac{F_i(t)}{M_i} \tag{9.35}$$

式中：

$$M_i = \phi_i^{\mathrm{T}} \boldsymbol{M} \phi_i$$

$$K_i = \phi_i^{\mathrm{T}} \boldsymbol{K} \phi_i = \omega_i^2 M_i$$

$$C_i = \phi_i^{\mathrm{T}} \boldsymbol{C} \phi_i = 2\xi_i \omega_i M_i$$

$$F_i(t) = \phi_i^{\mathrm{T}} \boldsymbol{F}(t)$$

其中：ξ_i 为第 i 振型阻尼比；M_i、K_i、C_i、F_i 相应称为广义质量、广义刚度、广义阻尼和广义荷载。

初始条件 $\boldsymbol{u}(0)$和 $\dot{\boldsymbol{u}}(0)$也可通过变换

$$\boldsymbol{u}(0) = \boldsymbol{\Phi Y}(0), \quad \dot{\boldsymbol{u}}(t) = \boldsymbol{\Phi} \dot{\boldsymbol{Y}}(0)$$

每式两边同乘 $\phi_i \boldsymbol{M}$，考虑 $\boldsymbol{\Phi}$ 与 $\boldsymbol{M}$ 的正交性质，得

$$\left.\begin{aligned} y_i &= \frac{\phi_i^{\mathrm{T}} \boldsymbol{M u}(0)}{M_i} \qquad (i=1,2,\cdots n) \\ \dot{y}_i(0) &= \frac{\phi_i^{\mathrm{T}} \boldsymbol{M} \dot{\boldsymbol{u}}(0)}{M_i} \quad (i=1,2,\cdots n) \end{aligned}\right\} \tag{9.36}$$

这样，就得一组 n 个自由度的联立方程(9.30)，分解为 n 个独立的单自由度运动方程(9.36)。解出每个振型坐标 y_i 的响应，然后按(9.31)式叠加，即可得到用原坐标 $\boldsymbol{u}(0)$表示的响应。

计算步骤：

① 建立结构运动方程式(9.30)。

② 求结构自振频率 ω_i 和振型 $\phi_i(i=1,2,\cdots m, m \leqslant n)$。

③ 计算广义质量 M_i 和广义荷载 $F_i(i=1,2,\cdots m, m \leqslant n)$。

④ 计算每个独立方程式(9.35)的动力响应。可用杜哈梅积分求解

$$y_i(t) = y_{i0} + \frac{1}{M_i \omega'_i} \int_0^t F_i(\tau) e^{-\xi_i \omega_i (t-\tau)} \sin\omega'_i (t-\tau) \mathrm{d}\tau$$

式中：$\omega'_i = \omega_i \sqrt{1-\xi_i^2}$ 为考虑阻尼时自振频率；y_{i0} 为初始条件引起的自由振动响应。若初速度和初位移均不为零，则

$$y_{i0}(t) = e^{-\xi_i \omega_i (t-\tau)} \left[y_i(0) \cos\omega'_i t + \frac{\dot{y}_i(0) + y_i(0) \xi_i \omega_i}{\omega'_i} \sin\omega'_i t \right]$$

⑤ 计算结构动力响应 $\boldsymbol{u}(t) = \boldsymbol{\Phi Y}$。

应该指出，结构对于大多数类型荷载的响应，一般低阶振型起的作用大，高阶振型的作用趋小，且有限元法对于低阶特征解近似性好，高阶则较差。因而，在满足一定精度的条件下，可

舍去一些高振型的影响。例如,工程结构的地震响应仅要求考虑前十阶或十几阶低阶振型即可。

9.8.2 直接积分法

直接积分法与振型迭加法不同,无需先进行振型分析,也不对运动方程进行基底变换,而是直接对运动方程进行逐步数值积分。

直接积分法的基本思想是:

- 对时间离散时,不要求任何时刻都满足运动方程,而仅要求在离散点上满足运动方程。
- 在时间间隔 Δt 内位移、速度和加速度的变化规律及其间关系是假设的,采用不同的假设得到不同的直接积分法。

直接积分法的计算过程是:假设 $t=0$ 时刻的状态向量 $\boldsymbol{u}_{t=0}$、$\dot{\boldsymbol{u}}_{t=0}$、$\ddot{\boldsymbol{u}}_{t=0}$ 是已知的。如将时间求解域 $0\leqslant t\leqslant T$ 进行离散,即可由已知的 $t=0$ 时刻的状态向量计算 $t=0+\Delta t$ 时刻的状态向量,进而计算 $t=t+\Delta t$ 时刻的状态向量,直至 $t=T$ 时刻终止,这样便可得到动力响应全过程。

直接积分的方法很多,各种方法在数学上的收敛性和稳定性不同,计算精度也不同,本小节仅介绍工程中常用的线性加速度法、Wilson－θ 法和 Newmark 法。

1. 线性加速度法

该法假定在时间间隔 Δt 内,加速度呈线性变化,如图 9.5 所示。

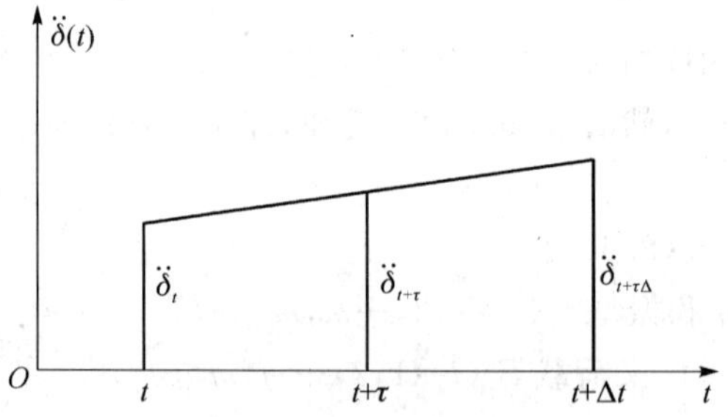

图 9.5 线性加速度示意

$$\ddot{\boldsymbol{u}}_{t+\tau}=\ddot{\boldsymbol{u}}_t+\frac{\tau}{\Delta t}(\ddot{\boldsymbol{u}}_{t+\Delta t}-\ddot{\boldsymbol{u}}_t)\quad(0\leqslant\tau\leqslant\Delta t)\tag{9.37}$$

式(9.37)两边对 τ 积分:

$$\int_0^\tau \ddot{\boldsymbol{u}}_{t+\tau}\mathrm{d}\tau=\int_0^\tau \ddot{\boldsymbol{u}}_t\mathrm{d}\tau+\frac{\tau}{\Delta t}(\ddot{\boldsymbol{u}}_{t+\tau}-\ddot{\boldsymbol{u}}_t)\mathrm{d}\tau$$

得

$$\dot{\boldsymbol{u}}_{t+\tau}=\dot{\boldsymbol{u}}_t+\ddot{\boldsymbol{u}}_t\tau+\frac{\tau^2}{2\Delta t}(\ddot{\boldsymbol{u}}_{t+\Delta t}-\ddot{\boldsymbol{u}}_t)\tag{9.38}$$

式(9.38)两边对 τ 再积分,得

$$\dot{\boldsymbol{u}}_{t+\tau}=\dot{\boldsymbol{u}}_t+\ddot{\boldsymbol{u}}_t\tau+\frac{\tau^2}{2\Delta t}(\ddot{\boldsymbol{u}}_{t+\Delta t}-\ddot{\boldsymbol{u}}_t) \tag{9.39}$$

当 $\tau=\Delta t$ 时，有

$$\dot{\boldsymbol{u}}_{t+\Delta t}=\dot{\boldsymbol{u}}_t+\frac{\Delta t}{2}\ddot{\boldsymbol{u}}_t+\frac{\Delta t}{2}\ddot{\boldsymbol{u}}_{t+\Delta t} \tag{9.40}$$

$$\boldsymbol{u}_{t+\Delta t}=\boldsymbol{u}_t+\Delta t\dot{\boldsymbol{u}}_t+\frac{\Delta t^2}{3}\ddot{\boldsymbol{u}}_t+\frac{\Delta t^2}{6}\ddot{\boldsymbol{u}}_{t+\Delta t} \tag{9.41}$$

由式(9.40)和式(9.41)可求得 $\ddot{\boldsymbol{u}}_{t+\Delta t}$、$\dot{\boldsymbol{u}}_{t+\Delta t}$、$\boldsymbol{u}_{t+\Delta t}$与 t 时刻状态向量的关系

$$\ddot{\boldsymbol{u}}_{t+\Delta t}=\frac{6}{\Delta t^2}(\boldsymbol{u}_{t+\Delta t}-\boldsymbol{u}_t)-\frac{6}{\Delta t}\dot{\boldsymbol{u}}_t-2\ddot{\boldsymbol{u}}_t \tag{9.42}$$

$$\dot{\boldsymbol{u}}_{t+\Delta t}=\frac{3}{\Delta t}(\boldsymbol{u}_{t+\Delta t}-\boldsymbol{u}_t)-2\dot{\boldsymbol{u}}_t-\frac{\Delta t}{2}\ddot{\boldsymbol{u}}_t \tag{9.43}$$

$\boldsymbol{u}_{t+\Delta t}$可由 $t+\Delta t$ 时刻的运动方程求得，该方程为

$$\boldsymbol{M}\ddot{\boldsymbol{u}}_{t+\Delta t}+C\dot{\boldsymbol{u}}_{t+\Delta t}+\boldsymbol{K}\boldsymbol{u}_{t+\Delta t}=F_{t+\Delta t} \tag{9.44}$$

将式(9.42)、(9.43)代入式(9.44)，得

$$\boldsymbol{K}_{t+\Delta t}\boldsymbol{u}_{t+\Delta t}=\overline{\boldsymbol{F}}_{t+\Delta t} \tag{9.45}$$

式中：

$$\left.\begin{aligned}\overline{\boldsymbol{K}}_{t+\Delta t}&=\boldsymbol{K}+\frac{6}{(\Delta t)^2}\boldsymbol{M}+\frac{3}{\Delta t}\boldsymbol{C}\\ \overline{\boldsymbol{F}}_{t+\Delta t}&=\boldsymbol{F}_{t+\Delta t}+\boldsymbol{M}\left(\frac{6}{(\Delta t)^2}\boldsymbol{u}_t+\frac{6}{\Delta t}\dot{\boldsymbol{u}}_t+2\ddot{\boldsymbol{u}}_t\right)+\boldsymbol{C}\left(\frac{3}{\Delta t}u_t+2\dot{\boldsymbol{u}}_t+\frac{\Delta t}{2}\ddot{\boldsymbol{u}}_t\right)\end{aligned}\right\} \tag{9.46}$$

这样，由已知的 t 时刻状态向量 $\boldsymbol{u}_t$、$\dot{\boldsymbol{u}}_t$、$\ddot{\boldsymbol{u}}_t$ 和 $t+\Delta t$ 时刻的荷载 $\boldsymbol{F}_{t+\Delta t}$，便可由式(9.46)、(9.42)、(9.43)求得 $t+\Delta t$ 时刻的状态向量 $\boldsymbol{u}_{t+\Delta t}$、$\dot{\boldsymbol{u}}_{t+\Delta t}$、$\ddot{\boldsymbol{u}}_{t+\Delta t}$。重复上述过程，即可求得动力响应全过程。

若每个步长 Δt 相等，则 $\boldsymbol{K}_{t+\Delta t}$为常量，只要分解一次，以后每次计算只是简单的回代。该法假定步长 Δt 内加速度线性变化，故 $\ddot{\boldsymbol{u}}_{t+\Delta t}$为常量，更高阶微分为零，因此其截断误差为 4 阶。

若离散后结构的最小周期为 $\boldsymbol{T}_1$，则当步长 $\boldsymbol{\Delta t}\leqslant\left(\frac{1}{5}\sim\frac{1}{6}\right)\boldsymbol{T}_1$ 时，该法才是稳定的。最小周期的量级是相当小的。例如，平面 3 结点三角形单元网格，如忽略阻尼，时间步长的上界可由下式估算：

$$(\boldsymbol{\Delta t})^2\leqslant\frac{\boldsymbol{\rho}(1+\boldsymbol{\mu})}{\boldsymbol{E}}\boldsymbol{\Delta x\Delta y} \tag{9.47}$$

式中：$\boldsymbol{E}$ 为弹性模量；$\boldsymbol{\mu}$ 为泊松比；$\boldsymbol{\rho}$ 为材料密度；$\boldsymbol{\Delta x}$、$\boldsymbol{\Delta y}$ 为最小网格间距。对于混凝土结构，若取 $\boldsymbol{\Delta x}=\boldsymbol{\Delta y}=1$ **m**，由上式得到的步长上界为 0.000 3 **s**。可见，为了保证计算结果的稳定性，需要减小步长，耗费机时，否则计算结果将失去意义。因而该法需要改进，下面的 **Wilson** - $\boldsymbol{\theta}$ 法较好地解决了这一问题。

2. Wilson - $\boldsymbol{\theta}$ 法

Wilson - $\boldsymbol{\theta}$ 法假定在某一时间间隔 $\boldsymbol{\Delta t}$ 以外，加速度仍可线性外推，如图 9.6 所示，然后采用某一大于 $\boldsymbol{\Delta t}$ 的时间间隔 $\boldsymbol{\theta\Delta t}$($\boldsymbol{\theta}>1$)计算出响应值后，再线性内插得到 $\boldsymbol{\Delta t}$ 时间内的实际响应值。当 $\boldsymbol{\theta}=1$ 时，该法即退化为线性加速度法。

由图 9.6 可见，$\boldsymbol{\tau}$ 时刻的加速度为

$$\ddot{\boldsymbol{u}}_{t+\tau}=\ddot{\boldsymbol{u}}_{t}+\frac{\tau}{\theta\Delta t}(\ddot{\boldsymbol{u}}_{t+\theta\Delta t}-\ddot{\boldsymbol{u}}_{t})\quad(0\leqslant\tau\leqslant\theta\Delta t)\tag{9.48}$$

式(9.48)两边对 τ 积分两次并移项得

$$\left.\begin{aligned}\dot{\boldsymbol{u}}_{t+\tau}&=\dot{\boldsymbol{u}}_{t}+\ddot{\boldsymbol{u}}_{t}\tau+\frac{\tau^2}{2\theta\Delta t}(\ddot{\boldsymbol{u}}_{t+\theta\Delta t}-\ddot{\boldsymbol{u}}_{t})\\ \boldsymbol{u}_{t+\tau}&=\dot{\boldsymbol{u}}_{t}+\dot{\boldsymbol{u}}_{t}\tau+\frac{\tau^2}{2}\ddot{\boldsymbol{u}}_{t}+\frac{1}{6\theta\Delta t}\tau^3(\ddot{\boldsymbol{u}}_{t+\theta\Delta t}-\ddot{\boldsymbol{u}}_{t})\end{aligned}\right\}\tag{9.49}$$

在式(9.49)中令 $\tau=\theta\Delta t$，得

$$\left.\begin{aligned}\dot{\boldsymbol{u}}_{t+\theta\Delta t}&=\dot{\boldsymbol{u}}_{t}+\frac{\theta\Delta t}{2}(\ddot{\boldsymbol{u}}_{t+\Delta t}-\ddot{\boldsymbol{u}}_{t})\\ \boldsymbol{u}_{t+\theta\Delta t}&=\boldsymbol{u}_{t}+\theta\Delta t\dot{\boldsymbol{u}}_{t}+\frac{\theta^2\Delta t^2}{3}\ddot{\boldsymbol{u}}_{t}+\frac{\theta^2\Delta t^2}{6}\ddot{\boldsymbol{u}}_{t+\theta\Delta t}\end{aligned}\right\}\tag{9.50}$$

由式(9.50)可求得 $\ddot{\boldsymbol{u}}_{t+\theta\Delta t}$、$\dot{\boldsymbol{u}}_{t+\theta\Delta t}$ 与 $u_{t+\theta\Delta t}$ 和 t 时刻状态向量的关系

$$\left.\begin{aligned}\ddot{\boldsymbol{u}}_{t+\theta\Delta t}&=\frac{6}{\theta^2\Delta t^2}(\boldsymbol{u}_{t+\theta\Delta t}-\boldsymbol{u}_{t})-\frac{6}{\theta\Delta t}\dot{\boldsymbol{u}}_{t}-2\ddot{\boldsymbol{u}}_{t}\\ \dot{\boldsymbol{u}}_{t+\theta\Delta t}&=\frac{3}{\theta\Delta t}(\boldsymbol{u}_{t+\theta\Delta t}-\boldsymbol{u}_{t})-2\dot{\boldsymbol{u}}_{t}-\frac{\theta\Delta t}{2}\ddot{\boldsymbol{u}}_{t}\end{aligned}\right\}\tag{9.51}$$

$\boldsymbol{u}_{t+\theta\Delta t}$ 可由 $t+\theta\Delta t$ 时刻的运动方程求得。考虑到 $\theta\Delta t$ 内加速度线性变化，故荷载向量在 $\theta\Delta t$ 内也为线性变化，如图 9.7 所示。

$$\boldsymbol{F}_{t+\theta\Delta t}=\boldsymbol{F}_{t}+\theta(\boldsymbol{F}_{t+\Delta t}-\boldsymbol{F}_{t})\tag{9.52}$$

$\theta\Delta t$ 时刻的运动方程为

$$\boldsymbol{M}\ddot{\boldsymbol{u}}_{t+\theta\Delta t}+\boldsymbol{C}\dot{\boldsymbol{u}}_{t+\theta\Delta t}+\boldsymbol{K}\boldsymbol{u}_{t+\theta\Delta t}=\boldsymbol{F}_{t+\theta\Delta t}\tag{9.53}$$

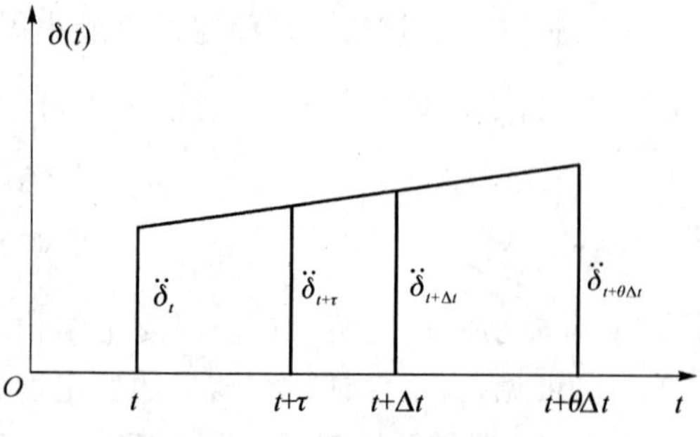

图 9.6 Wilson－θ 法示意

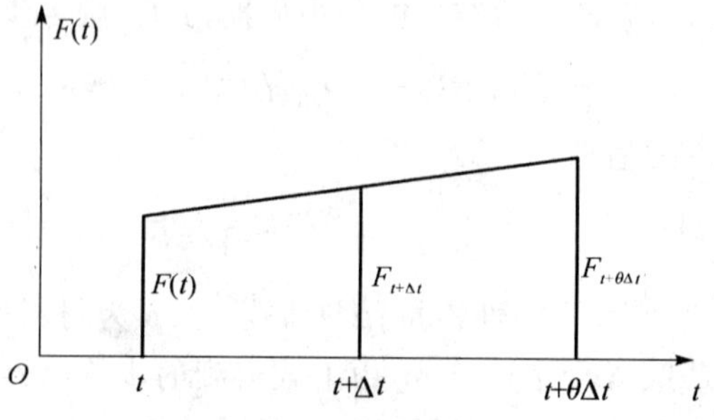

图 9.7 内载荷变化

将式(9.51)代入式(9.53)，即可求得 $\boldsymbol{u}_{t+\theta\Delta t}$，然后，在式(9.48)、(9.49)中令 $\tau=\Delta t$，并考虑式(9.51)的第一式，可求得 $t+\Delta t$ 时刻的状态向量。以 $t+\Delta t$ 时刻作为新的起点时刻，重复上述过程，即可求得动力响应全过程。

可以证明，当 $\theta\geqslant 1.37$ 时，该法是无条件稳定的。但随着 θ 增大，计算误差也增大，因此通常取 $\theta=1.4$。在地震荷载作用下，对于一般阻尼比为 5% 的钢筋混凝土结构，时间步长 $\Delta t\leqslant(0.06\sim0.1)T$ 即可求得较好结果，T 为地震波振动过程中出现概率最多的周期。

Wilson-θ 法是一种比较有效的方法，现列出其计算步骤如下：

(1) 初始计算

① 形成刚度矩阵 $\boldsymbol{K}$、质量矩阵 $\boldsymbol{M}$ 和阻尼矩阵 $\boldsymbol{C}$。

② 确定初始值 $\boldsymbol{u}_0$、$\dot{\boldsymbol{u}}_0$、$\ddot{\boldsymbol{u}}_0$。

③ 选取时间步长 Δt，计算积分常数(取 $\theta=1.4$)

$$\left.\begin{aligned}&\alpha_0=\frac{6}{(\theta\Delta t)^2},\alpha_1=\frac{3}{\theta\Delta t},\alpha_2=2\alpha_1\\&\alpha_3=\frac{\theta\Delta t}{2},\alpha_4=\frac{\alpha_0}{\theta},\alpha_5=-\frac{\alpha_2}{\theta}\\&\alpha_6=1-\frac{3}{\theta},\alpha_7=\frac{\Delta t}{2},\alpha_8=\frac{\Delta t^2}{6}\end{aligned}\right\}$$

④ 形成有效刚度矩阵

$$\bar{\boldsymbol{K}}=\boldsymbol{K}+\alpha_0\boldsymbol{M}+\alpha_1\boldsymbol{C}$$

⑤ 对 $\bar{\boldsymbol{K}}$ 进行三角分解

$$\bar{\boldsymbol{K}}=\boldsymbol{LDL}^{\mathrm{T}}$$

(2) 对每一个时间步长需要计算的内容

① 计算 $t+\theta\Delta t$ 时刻的有效荷载

$$\bar{\boldsymbol{F}}_{t+\theta\Delta t}=\boldsymbol{F}_{t+\theta\Delta t}+\boldsymbol{M}(\alpha_0\boldsymbol{u}_t+\alpha_2\dot{\boldsymbol{u}}_t+2\ddot{\boldsymbol{u}}_t)+\boldsymbol{C}(\alpha_1\boldsymbol{u}_t+2\dot{\boldsymbol{u}}_t+\alpha_3\ddot{\boldsymbol{u}}_t)$$

② 求解在时刻 $t+\theta\Delta t$ 的位移

$$\boldsymbol{LDL}^{\mathrm{T}}\boldsymbol{u}_{t+\theta\Delta t}=\bar{\boldsymbol{F}}_{t+\theta\Delta t}$$

③ 计算 $t+\Delta t$ 时刻的加速度、速度和位移

$$\ddot{\boldsymbol{u}}_{t+\Delta t}=\alpha_4(\boldsymbol{u}_{t+\theta\Delta t}-\boldsymbol{u}_t)+\alpha_5\dot{\boldsymbol{u}}_t+\alpha_6\ddot{\boldsymbol{u}}_t$$

$$\dot{\boldsymbol{u}}_{t+\Delta t}=\dot{\boldsymbol{u}}_t+\alpha_7(\ddot{\boldsymbol{u}}_{t+\Delta t}+\ddot{\boldsymbol{u}}_t)$$

$$\boldsymbol{u}_{t+\Delta t}=\boldsymbol{u}_t+\Delta t\dot{\boldsymbol{u}}_t+\alpha_8(\ddot{\boldsymbol{u}}_{t+\Delta t}+2\ddot{\boldsymbol{u}}_t)$$

3. Newmark 法

Newmark 法实质上是线性加速度法的推广。其采用如下假设：

$$\dot{\boldsymbol{u}}_{t+\Delta t}=\dot{\boldsymbol{u}}_t+[(1-\gamma)\ddot{\boldsymbol{u}}_t+\gamma\ddot{\boldsymbol{u}}_{t+\Delta t}]\Delta t \tag{9.54}$$

$$\boldsymbol{u}_{t+\Delta t}=\boldsymbol{u}_t+\dot{\boldsymbol{u}}_t\Delta t+\left[\left(\frac{1}{2}-\beta\right)\ddot{\boldsymbol{u}}_t+\beta\ddot{\boldsymbol{u}}_{t+\Delta t}\right]\Delta t^2 \tag{9.55}$$

式中：γ 和 β 是按积分精度和稳定性要求而确定的参数。当 $\gamma=\frac{1}{2}$，$\beta=\frac{1}{6}$ 时，它就是线性加速度法。

由式(9.55)可解得

$$\ddot{\boldsymbol{u}}_{t+\Delta t}=\frac{1}{\beta\Delta t^2}(\boldsymbol{u}_{t+\Delta t}-\boldsymbol{u}_t)-\frac{1}{\beta\Delta t}\dot{\boldsymbol{u}}_t-\left(\frac{1}{2\beta}-1\right)\ddot{\boldsymbol{u}}_t \tag{9.56}$$

将式(9.56)代入式(9.54)，可得

$$\dot{\boldsymbol{u}}_{t+\Delta t}=\frac{\gamma}{\beta\Delta t^2}(\boldsymbol{u}_{t+\Delta t}-\boldsymbol{u}_t)+\left(1-\frac{\gamma}{\beta}\right)\dot{\boldsymbol{u}}_t+\left(1-\frac{\gamma}{2\beta}\right)\Delta t\,\ddot{\boldsymbol{u}}_t \tag{9.57}$$

$\boldsymbol{u}_{t+\Delta t}$ 可由 $t+\Delta t$ 时刻的运动方程求得。该方程为

$$\boldsymbol{M}\ddot{\boldsymbol{u}}_{t+\Delta t}+\boldsymbol{C}\dot{\boldsymbol{u}}_{t+\Delta t}+\boldsymbol{K}\boldsymbol{u}_{t+\Delta t}=\boldsymbol{F}_{t+\Delta t} \tag{9.58}$$

将式(9.56)、式(9.57)代入式(9.58)，就可求得 $\boldsymbol{u}_{t+\Delta t}$。然后由式(9.56)、式(9.57)求得 $\ddot{\boldsymbol{u}}_{t+\Delta t}$ 和 $\dot{\boldsymbol{u}}_{t+\Delta t}$。

研究表明，当 $\gamma\geqslant 0.5$，$\beta\geqslant 0.25(\gamma+0.5)^2$ 时，Newmark 法是无条件稳定的。对于弹性动力分析，一般取 $\gamma=0.5$，$\beta=0.25$ 就能取得良好结果。

Newnark 法计算步骤如下：

(1) 初始计算

① 形成刚度矩阵 $\boldsymbol{K}$、质量矩阵 $\boldsymbol{M}$ 及阻尼矩阵 $\boldsymbol{C}$。

② 计算初始值 $\boldsymbol{u}_0$、$\dot{\boldsymbol{u}}_0$、$\ddot{\boldsymbol{u}}_0$。

③ 选择时间步长 Δt，参数 γ、β，计算积分常数

$$\gamma\geqslant 0.50,\quad \beta\geqslant 0.25(\gamma+0.5)^2$$

$$\alpha_0=\frac{1}{\beta\Delta t^2},\qquad \alpha_1=\frac{\gamma}{\beta\Delta t},\qquad \alpha_2=\frac{1}{\beta\Delta t}$$

$$\alpha_3=\frac{1}{2\beta}-1,\qquad \alpha_4=\frac{\gamma}{\beta}-1,\quad \alpha_5=\frac{\Delta t}{2}\left(\frac{\gamma}{\beta}-2\right)$$

$$\alpha_6=\Delta t(1-\gamma),\quad \alpha_7=\gamma\Delta t$$

④ 形成有效刚度矩阵

$$\bar{\boldsymbol{K}}=\boldsymbol{K}+\alpha_0\boldsymbol{M}+\alpha_1\boldsymbol{C}$$

⑤ 对 $\bar{\boldsymbol{K}}$ 进行三角分解

$$\bar{\boldsymbol{K}}=\boldsymbol{L}\boldsymbol{D}\boldsymbol{L}^{\mathrm{T}}$$

(2) 对每个时间步长需要计算的内容

① 计算 $t+\Delta t$ 时刻的有效荷载

$$\bar{\boldsymbol{F}}_{t+\Delta t}=\boldsymbol{F}_{t+\Delta t}+\boldsymbol{M}(\alpha_0\boldsymbol{u}_t+\alpha_2\dot{\boldsymbol{u}}_t+\alpha_3\ddot{\boldsymbol{u}}_t)+\boldsymbol{C}(\alpha_1\boldsymbol{u}_t+\alpha_4\dot{\boldsymbol{u}}_t+\alpha_5\ddot{\boldsymbol{u}}_t)$$

② 求解 $t+\Delta t$ 时刻的位移

$$\boldsymbol{LDL}^{\mathrm{T}}\boldsymbol{u}_{t+\Delta t}=\overline{\boldsymbol{F}}_{t+\Delta t}$$

③ 计算 $t+\Delta t$ 时刻的加速度和速度

$$\ddot{\boldsymbol{u}}_{t+\Delta t}=\alpha_0(\boldsymbol{u}_{t+\Delta t}-\boldsymbol{u}_t)-\alpha_2\dot{\boldsymbol{u}}_t-\alpha_3\ddot{\boldsymbol{u}}_t$$

$$\dot{\boldsymbol{u}}_{t+\Delta t}=\dot{\boldsymbol{u}}_t+\alpha_6\ddot{\boldsymbol{u}}_t+\alpha_7\ddot{\boldsymbol{u}}_{t+\Delta t}$$

习　题

9.1　叙述动力方程与静力方程的区别。

9.2　说明一致质量矩阵和集中质量矩阵的特点。

9.3　写出当振型向量以矩阵 $\boldsymbol{M}$、$\boldsymbol{K}$ 进行规格化时，振型关于 $\boldsymbol{M}$、$\boldsymbol{K}$ 的正交性条件。

9.4　求解结构动力响应的两类基本方法是什么？它们各自的特点和适用范围是什么？直接积分法中较常用的方法有哪 3 种？它们的基本假设条件是什么？

第10章 区间有限元分析

10.1 有界不确定参数结构静力有限元分析

在结构的静力分析中，能计算出结构位移的精确值具有重要意义。但是，由于结构参数存在误差或不确定性，特别是一些随时间、空间而变化的荷载，如风载荷、活载荷等，更是具有很大的误差或不确定性，这使得给出精确的结构位移存在很大困难。以往分析不确定参数，对结构静力位移影响的主要方法是随机有限元方法。在结构静力位移的概率模型中，所有的方法需要知道不确定参数的概率统计特性。但是，在有些情况下，通过随机样本试验，估计不确定参数的概率分布密度是困难的甚至是不可能的。而且，即使能够得到所需结构参数的统计信息，由于样本的大小受到实际情况和经济上考虑的限制，这些结构参数也必然存在某种程度的不确定性和误差。在这种情况下，给出结构位移所在的范围或界限便具有重大的理论意义和工程意义。针对结构参数的误差或不确定性，作者等人曾利用区间数学提出了确定有界不确定性参数结构静力位移的区间矩阵摄动法等。为提高计算效率和求解问题的精度，本章将提出不同于区间矩阵摄动法的区间参数摄动法。通过对两种摄动方法的分析和数值运算可以看出，相对于区间矩阵摄动法，区间参数摄动法不但可提高求解结构特征值的计算效率，而且所计算出的结构特征值范围上下界的宽度，比区间矩阵摄动法要小得多，这种结果容易被人们所接受。

10.1.1 区间参数的定义

在结构分析和设计中所涉及到的某些结构参数往往具有一定程度的误差或不确定性。这种误差或不确定性，有的是由于制造或安装引起的；有的是由于测量或计算导致的；有的是由于结构系统处于不同的工作状态时，结构参数具有不同的数值。虽然在大多数情况下，结构参数的误差或不确定性可能很小，但有时这些误差或不确定性组合在一起，很可能使结构固有频率产生意想不到的偏差或不可预知性，特别是在多部件结构系统中。如何预测这些误差或不确定性对结构固有频率的影响，便具有重要的理论意义和工程意义。

设

$$\boldsymbol{\alpha}=(\alpha_i)_m=(\alpha_1,\alpha_2,\cdots,\alpha_m)^{\mathrm{T}} \tag{10.1}$$

是任意具有误差或不确定性的结构参数。而其相应的近似值和其绝对误差界限分为

$$\boldsymbol{\alpha}^c=(\alpha_i^c)_m=(\alpha_1^c,\alpha_2^c,\cdots,\alpha_m^c)^{\mathrm{T}} \tag{10.2}$$

和

$$\Delta\boldsymbol{\alpha}=(\Delta\alpha_i)_m=(\Delta\alpha_1,\Delta\alpha_2,\cdots,\Delta\alpha_m)^{\mathrm{T}} \tag{10.3}$$

则结构参数 $\boldsymbol{\alpha}=(\alpha_i)_m$ 所在范围可确定为

$$\boldsymbol{\alpha}\in\boldsymbol{\alpha}^I=[\boldsymbol{\alpha}^c-\Delta\boldsymbol{\alpha},\boldsymbol{\alpha}^c+\Delta\boldsymbol{\alpha}]=[\underline{\boldsymbol{\alpha}},\bar{\boldsymbol{\alpha}}] \tag{10.4}$$

式中：

$$\underline{\boldsymbol{\alpha}}=\boldsymbol{\alpha}^c-\Delta\boldsymbol{\alpha} \tag{10.5}$$

和

$$\bar{\boldsymbol{\alpha}}=\boldsymbol{\alpha}^c+\Delta\boldsymbol{\alpha} \tag{10.6}$$

分别为结构参数 $\boldsymbol{\alpha}=(\alpha_i)_m$ 的下界和上界。

显然式(10.5)和式(10.6)也可以写成分量形式：

$$\underline{\alpha}_i=\alpha_i^c-\Delta\alpha_i \qquad (i=1,2,\cdots,m) \tag{10.7}$$

和

$$\bar{\alpha}_i=\alpha_i^c+\Delta\alpha_i \qquad (i=1,2,\cdots,m) \tag{10.8}$$

这样式(10.4)的分量形式为

$$\alpha_i\in\alpha_i^I=[\alpha_i^c-\Delta\alpha_i,\alpha_i^c+\Delta\alpha_i]=[\underline{\alpha}_i,\bar{\alpha}_i] \qquad (i=1,2,\cdots,m) \tag{10.9}$$

集合

$$\boldsymbol{\alpha}^I=[\underline{\boldsymbol{\alpha}},\bar{\boldsymbol{\alpha}}]=(\alpha_i^I),\quad \alpha_i^I=[\underline{\alpha}_i,\bar{\alpha}_i] \qquad (i=1,2,\cdots,m) \tag{10.10}$$

即为一闭区间向量。

设 $\boldsymbol{\beta}=(\beta_i)_m=(\beta_1,\beta_2,\cdots,\beta_m)^{\mathrm{T}}$ 是结构系统的具有一定变化区域或随不同工况而取不同数值的参数，则不确定参数 $\boldsymbol{\beta}=(\beta_i)_m$ 所在的区域或取不同数值的范围可表示成

$$\boldsymbol{\beta}\in\boldsymbol{\beta}^I=[\underline{\boldsymbol{\beta}},\bar{\boldsymbol{\beta}}]=(\beta_i^I),\ \beta_i\in\beta_i^I=[\underline{\beta}_i,\bar{\beta}_i] \qquad (i=1,2,\cdots,m) \tag{10.11}$$

显然，通过公式

$$\boldsymbol{\beta}^c=\frac{(\bar{\beta}+\underline{\beta})}{2}\text{或 }\beta_i^c=\frac{(\bar{\beta}_i+\underline{\beta}_i)}{2} \qquad (i=1,2,\cdots,m) \tag{10.12}$$

和

$$\Delta\boldsymbol{\beta}=\frac{(\bar{\boldsymbol{\beta}}-\underline{\boldsymbol{\beta}})}{2}\text{或 }\Delta\beta_i=\frac{(\bar{\beta}_i-\underline{\beta}_i)}{2} \qquad (i=1,2,\cdots,m) \tag{10.13}$$

式(10.11)可表示成

$$\boldsymbol{\beta}^I=[\underline{\boldsymbol{\beta}},\bar{\boldsymbol{\beta}}]=[\boldsymbol{\beta}^c-\Delta\boldsymbol{\beta},\boldsymbol{\beta}^c+\Delta\boldsymbol{\beta}] \tag{10.14}$$

对有界不确定参数或区间参数 $\boldsymbol{\alpha}^I=[\underline{\boldsymbol{\alpha}},\bar{\boldsymbol{\alpha}}]=[\boldsymbol{\alpha}^c-\Delta\boldsymbol{\alpha},\boldsymbol{\alpha}^c+\Delta\boldsymbol{\alpha}]$ 有时用下面的分解表达式

$$\boldsymbol{\alpha}^I=\boldsymbol{\alpha}^c+[-\Delta\boldsymbol{\alpha},\Delta\boldsymbol{\alpha}]=\boldsymbol{\alpha}^c+\Delta\boldsymbol{\alpha}^I \tag{10.15}$$

式中：$\boldsymbol{\alpha}^c=(\bar{\boldsymbol{\alpha}}-\underline{\boldsymbol{\alpha}})/2$；$\Delta\boldsymbol{\alpha}^I=[-\Delta\boldsymbol{\alpha},\Delta\boldsymbol{\alpha}]$，$\Delta\boldsymbol{\alpha}=(\bar{\boldsymbol{\alpha}}-\underline{\boldsymbol{\alpha}})/2$，并称有界不确定参数为区间参数。

10.1.2　有界不确定参数结构静力位移问题定义

假设结构静力位移是该结构系统的刚度矩阵和荷载的函数，而结构的刚度矩阵和荷载是

结构参数的函数。当结构参数有一定的变化时,结构的静力位移必有相应的变化。

在结构参数约束

$$\underline{\boldsymbol{\alpha}} \leqslant \boldsymbol{\alpha} \leqslant \bar{\boldsymbol{\alpha}} \tag{10.16}$$

条件下,考虑结构静力位移的有限元控制方程

$$\boldsymbol{K}\boldsymbol{u}=\boldsymbol{f} \tag{10.17}$$

式中:$\bar{\boldsymbol{\alpha}}$和$\underline{\boldsymbol{\alpha}}$分别是结构参数$\boldsymbol{\alpha}$的上界和下界;$\boldsymbol{K}(\boldsymbol{\alpha})=(k_{ij}(\boldsymbol{\alpha}))_{n\times n}$为结构的刚度矩阵;而$\boldsymbol{f}(\boldsymbol{\alpha})=(f_i(\boldsymbol{\alpha}))_n$为结构结点荷载向量;$\boldsymbol{u}=(u_i)_n$为结构结点位移向量。

显然,由于结构参数$\boldsymbol{\alpha}$有一定的变化范围,所以满足方程式(10.16)和式(10.17)的结构结点位移向量$\boldsymbol{u}=(u_i)_n$不止一组,而是有无穷多组。以往的任何求解线性方程组的数学方法都不能直接求解这种带有约束的结构位移向量集(族、系)问题,必须利用新的数学工具来解决这种结构静力位移问题。

10.1.3　区间参数摄动方法

1. 区间参数线性方程组

利用区间参数的表示方法

$$\boldsymbol{\alpha}^I=[\underline{\boldsymbol{\alpha}},\bar{\boldsymbol{\alpha}}] \tag{10.18}$$

式(10.16)和式(10.17)在形式上可简便地写成

$$\boldsymbol{K}(\boldsymbol{\alpha}^I)\boldsymbol{u}=\boldsymbol{f}(\boldsymbol{\alpha}^I) \tag{10.19}$$

式(10.19)称为区间参数线性方程组(以和区间线性方程组相区别)。

求解区间参数线性方程组问题还可叙述成:在已知区间参数$\boldsymbol{\alpha}^I=[\underline{\boldsymbol{\alpha}},\bar{\boldsymbol{\alpha}}]$的上界$\bar{\boldsymbol{\alpha}}$和下界$\underline{\boldsymbol{\alpha}}$的条件下,如何确定所有满足刚度矩阵集合$\boldsymbol{K}(\boldsymbol{\alpha}^I)=\{\boldsymbol{K}:\boldsymbol{K}=\boldsymbol{K}(\boldsymbol{\alpha}),\underline{\boldsymbol{\alpha}}\leqslant\boldsymbol{\alpha}\leqslant\bar{\boldsymbol{\alpha}}\}$和荷载向量集合$\boldsymbol{f}(\boldsymbol{\alpha}^I)=\{\boldsymbol{f}:\boldsymbol{f}=\boldsymbol{f}(\boldsymbol{\alpha}),\underline{\boldsymbol{\alpha}}\leqslant\boldsymbol{\alpha}\leqslant\bar{\boldsymbol{\alpha}}\}$的所有可能组合的矩阵向量对$<\boldsymbol{K}(\boldsymbol{\alpha}),\boldsymbol{f}(\boldsymbol{\alpha})>$所决定的所有结构位移向量集合

$$\Gamma=\{\boldsymbol{u}:\boldsymbol{u}\in R^n,\boldsymbol{K}(\boldsymbol{\alpha})\boldsymbol{u}=\boldsymbol{f}(\boldsymbol{\alpha}),\underline{\boldsymbol{\alpha}}\leqslant\boldsymbol{\alpha}\leqslant\bar{\boldsymbol{\alpha}}\} \tag{10.20}$$

的上界和下界所组成的区间

$$\boldsymbol{u}^I=[\underline{\boldsymbol{u}},\bar{\boldsymbol{u}}]=(u_i^I)_n \tag{10.21}$$

式中:

$$\underline{\boldsymbol{u}}=\min_{\alpha\in\alpha^I}\{(\boldsymbol{K}(\boldsymbol{\alpha}))^{-1}\boldsymbol{f}(\boldsymbol{\alpha})\} \tag{10.22}$$

和

$$\bar{\boldsymbol{u}}=\max_{\alpha\in\alpha^I}\{(\boldsymbol{K}(\boldsymbol{\alpha}))^{-1}\boldsymbol{f}(\boldsymbol{\alpha})\} \tag{10.23}$$

2. 区间参数摄动方法的结构静力位移上下界摄动近似计算公式

下面将从结构静力位移的矩阵摄动理论出发,推导有界不确定参数或未确知参数结构静力位移上下界区间参数摄动方法的近似计算公式。

对结构的刚度矩阵 $\boldsymbol{K}$ 和载荷向量 $\boldsymbol{f}$，按照结构有限元和子结构理论，有下面的分解式

$$\boldsymbol{K} = \boldsymbol{K}_1 + \boldsymbol{K}_2 + \cdots + \boldsymbol{K}_m = \sum_{i=1}^{m} K_i =$$

$$a_1\boldsymbol{K}_1 + a_2\boldsymbol{K}_2 + \cdots + a_m\boldsymbol{K}_m = \sum_{i=1}^{m} a_i\boldsymbol{K}_i \tag{10.24}$$

和

$$\boldsymbol{f} = \boldsymbol{f}_1 + \boldsymbol{f}_2 + \cdots + \boldsymbol{f}_m = \sum_{i=1}^{m} \boldsymbol{f}_i =$$

$$a_1\boldsymbol{f}_1 + a_2\boldsymbol{f}_2 + \cdots + a_m\boldsymbol{f}_m = \sum_{i=1}^{m} a_i\boldsymbol{f}_i \tag{10.25}$$

其中，式(10.24)为矩阵 $\boldsymbol{K}$ 的非负分解，$\boldsymbol{K}_i(i=1,2,\cdots,m)$都是半正定矩阵，而 $a_i(i=1,2,\cdots,m)$为正的参数。给定一个非负矩阵，要将它进行非负分解，单从数学上考虑可能很难下手。但是，在有结构力学为背景的情况下，矩阵的非负分解并不困难。例如，在有限元的分析中，$\boldsymbol{K}_i$ 可作为单元的刚度矩阵；在子结构法中，$\boldsymbol{K}_i$ 可作为结构的同名矩阵。此外，还可利用矩阵的近似解进行非负分解，而载荷向量 $\boldsymbol{f}$ 的分解式则按载荷的种类进行分解即可。

由式(10.24)和式(10.25)，对含有区间参数的矩阵 $\boldsymbol{K}(\boldsymbol{\alpha}^I)$ 和区间向量 $\boldsymbol{f}(\boldsymbol{\alpha}^I)$，由区间数学中的自然区间扩张，则有：

$$\boldsymbol{K}(\boldsymbol{\alpha}^I) = \sum_{i=1}^{m} \alpha_i^I\boldsymbol{K}_i \tag{10.26}$$

和

$$\boldsymbol{f}(\boldsymbol{\alpha}^I) = \sum_{i=1}^{m} \alpha_i^I\boldsymbol{f}_i \tag{10.27}$$

考虑到区间参数的分解式(10.15)，从式(10.26)和式(10.27)，得

$$\boldsymbol{K}(\boldsymbol{\alpha}^I) = \sum_{i=1}^{m} (\alpha_i^c + \Delta\alpha_i^I)\boldsymbol{K}_i \tag{10.28}$$

和

$$\boldsymbol{f}(\boldsymbol{\alpha}^I) = \sum_{i=1}^{m} (\alpha_i^c + \Delta\alpha_i^I)\boldsymbol{f}_i \tag{10.29}$$

整理，得

$$\boldsymbol{K}(\boldsymbol{\alpha}^I) = \sum_{i=1}^{m} \alpha_i^c\boldsymbol{K}_i + \sum_{i=1}^{m} \Delta\alpha_i^I\boldsymbol{K}_i \tag{10.30}$$

和

$$\boldsymbol{f}(\boldsymbol{\alpha}^I) = \sum_{i=1}^{m} \alpha_i^c\boldsymbol{f}_i + \sum_{i=1}^{m} \Delta\alpha_i^I\boldsymbol{f}_i \tag{10.31}$$

令

$$\boldsymbol{K}^c = \sum_{i=1}^{m} \alpha_i^c \boldsymbol{K}_i, \boldsymbol{f}^c = \sum_{i=1}^{m} \alpha_i^c \boldsymbol{f}_i \tag{10.32}$$

和

$$\delta\boldsymbol{K}(\boldsymbol{\alpha}^I) = \sum_{i=1}^{m} \Delta\alpha_i^I \boldsymbol{K}_i, \delta\boldsymbol{f}(\boldsymbol{\alpha}^I) = \sum_{i=1}^{m} \Delta\alpha_i^I \boldsymbol{f}_i \tag{10.33}$$

则，式(10.19)又可写成

$$(\boldsymbol{K}^c + \delta\boldsymbol{K}(\boldsymbol{\alpha}^I))u = \boldsymbol{f}^c + \delta\boldsymbol{f}(\boldsymbol{\alpha}^I) \tag{10.34}$$

将 u 也进行一阶摄动，即

$$\boldsymbol{u} = \boldsymbol{u}^c + \Delta\boldsymbol{u} \tag{10.35}$$

将式(10.35)代入式(10.34)，整理可得

$$\Delta\boldsymbol{u} = -\boldsymbol{K}_c^{-1}(\delta\boldsymbol{K}\boldsymbol{u}^c - \delta\boldsymbol{f}) \tag{10.36}$$

和结构静力位移摄动问题公式相比较，如果将 $\boldsymbol{K}^c$ 和 $\boldsymbol{f}^c$ 作为结构系统的标称系统 $<\boldsymbol{K}^c, \boldsymbol{f}^c>$，而将 $\boldsymbol{K}^c + \delta\boldsymbol{K}(\boldsymbol{\alpha}^I)$ 和 $\boldsymbol{f}^c + \delta\boldsymbol{f}(\boldsymbol{\alpha}^I)$ 作为结构摄动系统，则区间参数结构静力位移问题可化归成结构静力位移摄动问题进行求解。

将式(10.33)代入式(10.36)，由区间数学中的自然区间扩张可得结构静力位移不确定量的一阶摄动近似

$$\Delta\boldsymbol{u}_{\alpha}^I = \sum_{j=1}^{m} \Delta\boldsymbol{\alpha}_j^I((\boldsymbol{K}^c)^{-1}\boldsymbol{f}_j - (\boldsymbol{K}^c)^{-1}\boldsymbol{K}_j\boldsymbol{u}^c) \tag{10.37}$$

式中：$\Delta\alpha^I = [-\Delta\boldsymbol{\alpha}, \Delta\boldsymbol{\alpha}]$。

令

$$\boldsymbol{\Phi} = (\boldsymbol{\phi}_i), \quad \boldsymbol{\phi}_i = (\boldsymbol{K}^c)^{-1}\boldsymbol{f}_j - (\boldsymbol{K}^c)^{-1}\boldsymbol{K}_j\boldsymbol{u}^c \qquad (i, j = 1, 2, \cdots, m) \tag{10.38}$$

式中：$\boldsymbol{\Phi}$ 为 $m \times m$ 维矩阵。

式(10.38)代入式(10.37)，则有

$$\Delta\boldsymbol{u}_{\alpha}^I = \boldsymbol{\Phi}\Delta\boldsymbol{\alpha}^I \tag{10.39}$$

由区间运算可得

$$\Delta\boldsymbol{u}_{\alpha}^I = \boldsymbol{\Phi}\Delta\boldsymbol{\alpha}^I = \boldsymbol{\Phi}[-\Delta\boldsymbol{\alpha}, \Delta\boldsymbol{\alpha}] = [-|\boldsymbol{\Phi}|\Delta\boldsymbol{\alpha}, |\boldsymbol{\Phi}|\Delta\boldsymbol{\alpha}] \tag{10.40}$$

令

$$\Delta\boldsymbol{u}_a = |\boldsymbol{\Phi}|\Delta\boldsymbol{\alpha} \tag{10.41}$$

从而，结构静力位移的一阶摄动近似为

$$\boldsymbol{u}^I = [\underline{\boldsymbol{u}}, \bar{\boldsymbol{u}}] = \boldsymbol{u}^c + \Delta\boldsymbol{u}_a^I = \boldsymbol{u}^c + [-|\boldsymbol{\Phi}|\Delta\boldsymbol{\alpha}, |\boldsymbol{\Phi}|\Delta\boldsymbol{\alpha}] = [\boldsymbol{u}^c - |\boldsymbol{\Phi}|\Delta\boldsymbol{\alpha}, \boldsymbol{u}^c + |\boldsymbol{\Phi}|\Delta\boldsymbol{\alpha}] \tag{10.42}$$

由区间相等的充要条件，有

$$\underline{\boldsymbol{u}} = \boldsymbol{u}^c - |\boldsymbol{\Phi}|\Delta\boldsymbol{\alpha} \tag{10.43}$$

和

$$\bar{u} = u^c + |\Phi| \Delta \alpha \tag{10.44}$$

写成分量形式则有

$$\underline{u}_i = u_{ci} - |\phi_i| \Delta \alpha \qquad (i=1,2,\cdots,n) \tag{10.45}$$

和

$$\bar{u}_i = u_{ci} + |\phi_i| \Delta \alpha \qquad (i=1,2,\cdots,n) \tag{10.46}$$

式中：$\bar{u}=(\bar{u}_i)$、$\underline{u}=(\underline{u}_i)$、$u^c=(u_{ci})$、$\phi_i(i=1,2,\cdots,n)$ 为矩阵 Φ 第 i 行的行向量。

10.1.4　区间矩阵摄动方法

1. 区间线性方程组

通过区间分析方法，可以将在参数约束条件式(10.16)下的结构静力位移问题式(10.17)转化为在矩阵和向量约束

$$\underline{K} \leqslant K \leqslant \bar{K}, \quad \underline{f} \leqslant f \leqslant \bar{f} \tag{10.47}$$

条件下的结构静力位移问题

$$Ku = f \tag{10.48}$$

式中：

$$\underline{K} = (\underline{k}_{ij}), \quad \underline{k}_{ij} = \min_{\underline{\alpha} \leqslant \alpha \leqslant \bar{\alpha}} k_{ij}(\alpha) \tag{10.49}$$

$$\bar{K} = (\bar{k}_{ij}), \quad \bar{k}_{ij} = \max_{\underline{\alpha} \leqslant \alpha \leqslant \bar{\alpha}} k_{ij}(\alpha) \tag{10.50}$$

$$\underline{f} = (\underline{f}_i), \quad \underline{f}_i = \min_{\underline{\alpha} \leqslant \alpha \leqslant \bar{\alpha}} f_i(\alpha) \tag{10.51}$$

$$\bar{f} = (\bar{f}_i), \quad \bar{f}_i = \max_{\underline{\alpha} \leqslant \alpha \leqslant \bar{\alpha}} f_i(\alpha) \tag{10.52}$$

因为 $k_{ij}(\alpha)$往往都是结构参数 α 的简单的解析函数，所以 $\underline{k}_{ij}$ 和 $\bar{k}_{ij}$ 都很容易确定。而 $\underline{f}_i$ 和 $\bar{f}_i$ 则可由经验或试验估计出。

借助于区间表示方法，式(10.47)可以写成

$$K \in K^I = [\underline{K}, \bar{K}], \quad f \in f^I = [\underline{f}, \bar{f}] \tag{10.53}$$

式中：

$$K^I = [\underline{K}, \bar{K}] = (k_{ij}^I), \quad k_{ij}^I = [\underline{k}_{ij}, \bar{k}_{ij}] \tag{10.54}$$

和

$$f^I = [\underline{f}, \bar{f}] = (f_i^I), \quad f_i^I = [\underline{f}_i, \bar{f}_i] \tag{10.55}$$

分别为区间矩阵和区间向量

$$K^I u = f^I \tag{10.56}$$

式(10.56)便是区间数学中区间线性方程组的形式上的表示法。

为理解和求解问题方便,区间线性方程组可叙述成:在已知区间矩阵 $\boldsymbol{K}^I=[\underline{\boldsymbol{K}},\bar{\boldsymbol{K}}]$ 和区间向量 $\boldsymbol{f}^I=[\underline{\boldsymbol{f}},\bar{\boldsymbol{f}}]$ 的中点矩阵 $\boldsymbol{K}^c=(\bar{\boldsymbol{K}}+\underline{\boldsymbol{K}})/2$ 和中点向量 $\boldsymbol{f}^c=(\bar{\boldsymbol{f}}+\underline{\boldsymbol{f}})/2$,以及不确定矩阵 $\Delta\boldsymbol{K}=(\bar{\boldsymbol{K}}-\underline{\boldsymbol{K}})/2$ 和不确定向量 $\Delta\boldsymbol{f}=(\bar{\boldsymbol{f}}-\underline{\boldsymbol{f}})/2$ 的条件下,求解满足矩阵集合 $\boldsymbol{K}^I=[\underline{\boldsymbol{K}},\bar{\boldsymbol{K}}]=\{\boldsymbol{K}:|\boldsymbol{K}-\boldsymbol{K}^c|\leqslant\Delta\boldsymbol{K}\}$ 和向量集合 $\boldsymbol{f}^I=[\underline{\boldsymbol{f}},\bar{\boldsymbol{f}}]=\{\boldsymbol{f}:|\boldsymbol{f}-\boldsymbol{f}^c|\leqslant\Delta\boldsymbol{f}\}$ 的所有矩阵 $\boldsymbol{K}\in\boldsymbol{K}^I$ 和所有向量 $\boldsymbol{f}\in\boldsymbol{f}^I$ 的所有可能组合的线性方程组 $\boldsymbol{K}\boldsymbol{u}=\boldsymbol{f}$ 所确定的结构静力位移集合

$$\Gamma_2=\{\boldsymbol{u}:\boldsymbol{u}\in\boldsymbol{R}^n,\boldsymbol{K}\boldsymbol{u}=\boldsymbol{f},\boldsymbol{K}\in\boldsymbol{K}^I,\boldsymbol{f}\in\boldsymbol{f}^I\}\tag{10.57}$$

的上下界所组成的区间

$$\boldsymbol{u}^I=[\underline{\boldsymbol{u}},\bar{\boldsymbol{u}}]=(u_i^I),u_i^I=[\underline{u}_i\ \bar{u}_i]\qquad(i=1,2,\cdots,n)\tag{10.58}$$

式中:

$$\underline{u}=\min_{K\in K^I,f\in f^I}\{\boldsymbol{K}^{-1}\boldsymbol{f}\}\tag{10.59}$$

和

$$\bar{u}=\max_{K\in K^I,f\in f^I}\{\boldsymbol{K}^{-1}\boldsymbol{f}\}\tag{10.60}$$

2. 区间矩阵摄动方法的结构静力位移上下界摄动近似计算公式

利用区间中心表示法,$\boldsymbol{K}^I$ 和 $\boldsymbol{f}^I$ 可分别表示成

$$\boldsymbol{K}^I=\boldsymbol{K}^c+\Delta\boldsymbol{K}^I\tag{10.61}$$

和

$$\boldsymbol{f}^I=\boldsymbol{f}^c+\Delta\boldsymbol{f}^I\tag{10.62}$$

式中:$\Delta\boldsymbol{K}^I=[-\Delta\boldsymbol{K},\Delta\boldsymbol{K}]$;$\Delta\boldsymbol{f}^I=[-\Delta\boldsymbol{f},\Delta\boldsymbol{f}]$。

将式(10.61)和式(10.62)代入式(10.56),得

$$(\boldsymbol{K}^c+\Delta\boldsymbol{K}^I)u=\boldsymbol{f}^c+\Delta\boldsymbol{f}^I\tag{10.63}$$

按照区间的含义,式(10.63)可以写成在约束

$$-\Delta\boldsymbol{K}\leqslant\delta\boldsymbol{K}\leqslant\Delta\boldsymbol{K}\tag{10.64}$$

和

$$-\Delta\boldsymbol{f}\leqslant\delta\boldsymbol{f}\leqslant\Delta\boldsymbol{f}\tag{10.65}$$

条件下,结构有限元静力位移摄动问题

$$(\boldsymbol{K}^c+\delta\boldsymbol{K})\boldsymbol{u}=\boldsymbol{f}^c+\delta\boldsymbol{f}\tag{10.66}$$

式(10.64)和式(10.65)可理解成,在扰动 $\delta\boldsymbol{K}$ 和 $\delta\boldsymbol{f}$ 未知,但扰动范围式(10.64)和式(10.65)已知的条件下,如何计算或估计结构静力位移范围。这个问题对处理具有小误差或不确定性结构静力响应问题具有重要的工程意义。

在式(10.36)中,如果将 $\Delta\boldsymbol{u}$ 看成是 $\delta\boldsymbol{K}$ 中各元素和 $\delta\boldsymbol{f}$ 中各分量的函数,则通过区间数学中的区间扩张,可得

$$\boldsymbol{u}^I=\boldsymbol{u}^c+\Delta\boldsymbol{u}_\beta^I \tag{10.67}$$

式中：

$$\boldsymbol{u}^c=(\boldsymbol{K}^c)^{-1}\boldsymbol{f}^c \tag{10.68}$$

和

$$\Delta\boldsymbol{u}_\beta^I=-(\boldsymbol{K}^c)^{-1}(\Delta\boldsymbol{K}^I\boldsymbol{u}^c-\Delta\boldsymbol{f}^I) \tag{10.69}$$

令

$$-(\boldsymbol{K}^c)^{-1}=\boldsymbol{D}=(d_{ij}) \tag{10.70}$$

由区间运算得

$$\Delta\boldsymbol{u}_\beta^I=[-\Delta\boldsymbol{u}_\beta,\Delta\boldsymbol{u}_\beta] \tag{10.71}$$

式中：

$$\Delta\boldsymbol{u}_\beta=|\boldsymbol{D}|(\Delta\boldsymbol{K}|\boldsymbol{u}^c|+\Delta\boldsymbol{f}) \tag{10.72}$$

其中，$|\boldsymbol{D}|=(|d_y|)$，$|\boldsymbol{u}^C|=(|u_I^C|)$。

这样，有

$$\boldsymbol{u}^I=[\underline{\boldsymbol{u}},\bar{\boldsymbol{u}}]=\boldsymbol{u}^c+\Delta\boldsymbol{u}_\beta^I=\boldsymbol{u}^c+[-\Delta\boldsymbol{u}_\beta,\Delta\boldsymbol{u}_\beta] \tag{10.73}$$

由区间相等的充要条件，得

$$\underline{\boldsymbol{u}}=\boldsymbol{u}^c-\Delta\boldsymbol{u}_\beta \tag{10.74}$$

和

$$\bar{\boldsymbol{u}}=\boldsymbol{u}^c+\Delta\boldsymbol{u}_\beta \tag{10.75}$$

10.1.5　数值算例

为便于分析和比较，以图 10.1 所示的桁架结构给出的数值例子进行说明。

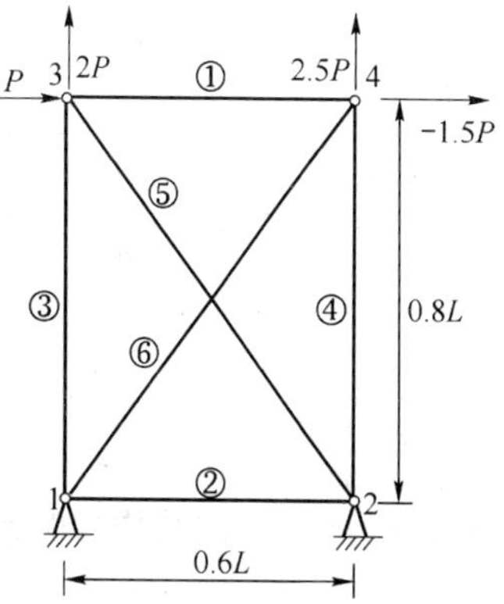

图 10.1　桁架结构

桁架各杆的物理参数的标称值分别为：横截面面积 $A^c=1.6\times10^{-3}\ \text{m}^2$，弹性模量 $E^c=2.1\times10^{11}\ \text{N/m}^2$，杆长 $L^c=1.0\ \text{m}$，恒荷载 $P_1^c=7\,000\ \text{N}$，活荷载 $P_2^c=3\,000\ \text{N}$。

桁架所受到的荷载向量为

$$\boldsymbol{f}=(P,2P,-1.5P,2.5P)^{\mathrm{T}}$$

式中：$P=P_1+P_2$；P_1 为恒荷载，P_2 为活荷载。

为与区间矩阵摄动法进行对比，假设杆①、⑤和⑥的弹性模量具有有界不确定量，且标记为

$$\Delta E_1=\Delta E_2=\Delta E_3=0.2\times10^{11}\ \text{N/m}^2$$

而桁架所受的恒荷载和活荷载也具有有界不确定量，且不确定因子标记为

$$\Delta f_4=\Delta f_5=0.3\times10^{-1}$$

令 $$\alpha_1=\Delta E_1,\alpha_2=\Delta E_2,\alpha_3=\Delta E_3,\alpha_4=\Delta f_4,\alpha_5=\Delta f_5$$

标称结构系统的刚度矩阵和荷载分别为

$$\boldsymbol{K}_0=\begin{bmatrix} 322\,560\,012.817 & -161\,279\,996.395 & -201\,600\,008.011 & \\ -161\,279\,996.395 & 483\,839\,989.185 & 0.0 & 0.0 \\ -201\,600\,008.011 & 0.0 & 322\,560\,012.817 & 161\,279\,996.395 \\ 0.0 & 0.0 & 161\,279\,996.395 & 483\,839\,989.185 \end{bmatrix}$$

和 $$\boldsymbol{f}_0=(10\,000.0,\quad 20\,000.0,\quad -15\,000.0,\quad 25\,000.0)^{\mathrm{T}}$$

标称结构系统的结点 2 和 3 的位移为

$$\boldsymbol{u}_0=(-0.000\,007\,1,\quad 0.000\,039\,0,\quad -0.000\,092\,1,\quad 0.000\,082\,4)^{\mathrm{T}}$$

1. 区间参数摄动法

在本方法中，与有界不确定结构参数或未确知结构参数 α_1、α_2、α_3、α_4、α_5 所对应的子结构(或单元)矩阵分别为

$$\boldsymbol{K}_1=\begin{bmatrix} 0.576\times10^{-3} & 0.0 & -0.576\times10^{-3} & 0.0 \\ 0.0 & 0.0 & 0.0 & 0.0 \\ -0.576\times10^{-3} & 0.0 & 0.576\times10^{-3} & 0.0 \\ 0.0 & 0.0 & 0.0 & 0.0 \end{bmatrix}$$

$$\boldsymbol{K}_2=\begin{bmatrix} 0.576\times10^{-3} & -0.768\times10^{-3} & 0.0 & 0.0 \\ -0.768\times10^{-3} & 1.024\times10^{-3} & 0.0 & 0.0 \\ 0.0 & 0.0 & 0.0 & 0.0 \\ 0.0 & 0.0 & 0.0 & 0.0 \end{bmatrix}$$

$$\boldsymbol{K}_3=\begin{bmatrix} 0.0 & 0.0 & 0.0 & 0.0 \\ 0.0 & 0.0 & 0.0 & 0.0 \\ 0.0 & 0.0 & 0.576\times10^{-3} & 0.768\times10^{-3} \\ 0.0 & 0.0 & 0.768\times10^{-3} & 1.024\times10^{-3} \end{bmatrix}$$

$$\boldsymbol{K}_4=\boldsymbol{K}_5=0$$

与有界不确定结构参数或未确知结构参数 α_1、α_2、α_3、α_4、α_5 所对应的荷载分别为

$$\boldsymbol{f}_1=\boldsymbol{f}_2=\boldsymbol{f}_3=0$$

$$\boldsymbol{f}_4=(7\,000.0,\quad 1400.0,\quad -10\,500.0,\quad 17\,500.0)^{\mathrm{T}}$$

$$\boldsymbol{f}_5=(3\,000.0,\quad 6\,000.0,\quad -4\,500.0,\quad 7\,500.0)^{\mathrm{T}}$$

这样，具有有界不确定参数或未确知参数的桁架总刚度矩阵为

$$\begin{aligned} \boldsymbol{K} &= \boldsymbol{K}_0 + \alpha_1\boldsymbol{K}_1 + \alpha_2\boldsymbol{K}_2 + \alpha_3\boldsymbol{K}_3 + \alpha_4\boldsymbol{K}_4 + \alpha_5\boldsymbol{K}_5 \\ &= \boldsymbol{K}_0 + \alpha_1\boldsymbol{K}_1 + \alpha_2\boldsymbol{K}_2 + \alpha_3\boldsymbol{K}_3 \\ &= \boldsymbol{K}_0 + \Delta\boldsymbol{K} \end{aligned}$$

式中：$\Delta\boldsymbol{K} = \alpha_1\boldsymbol{K}_1 + \alpha_2\boldsymbol{K}_2 + \alpha_3\boldsymbol{K}_3$。

而荷载向量为

$$\begin{aligned} \boldsymbol{f} &= \boldsymbol{f}_0 + \alpha_1\boldsymbol{f}_1 + \alpha_2\boldsymbol{f}_2 + + \alpha_3\boldsymbol{f}_3 + \alpha_4\boldsymbol{f}_4 + \alpha_5\boldsymbol{f}_5 \\ &= \boldsymbol{f}_0 + \alpha_4\boldsymbol{f}_4 + \alpha_5\boldsymbol{f}_5 \\ &= \boldsymbol{f}_0 + \Delta\boldsymbol{f} \end{aligned}$$

式中：$\Delta\boldsymbol{f} = \alpha_4\boldsymbol{f}_4 + \alpha_5\boldsymbol{f}_5$。

由区间参数摄动法计算出的具有有界不确定参数，或未确知参数桁架的位移上界和下界及其基本量列在表 10.1。

2. 区间矩阵摄动法

在区间矩阵摄动法中，刚度矩阵的扰动量取为

$$\Delta\boldsymbol{K} = \begin{bmatrix} 0.576\times10^{-3} & 0.0 & -0.576\times10^{-3} & 0.0 \\ 0.0 & 0.0 & 0.0 & 0.0 \\ -0.576\times10^{-3} & 0.0 & 0.576\times10^{-3} & 0.0 \\ 0.0 & 0.0 & 0.0 & 0.0 \end{bmatrix}$$

而荷载向量的扰动量取为

$$\Delta\boldsymbol{f} = (7\,000.0,\quad 1\,400.0,\quad -10\,500.0,\quad 17\,500.0)^{\mathrm{T}}$$

由区间矩阵摄动法计算出的具有有界不确定参数，或未确知参数桁架的位移上界和下界及其基本量列在表 10.2。从表 10.1 和表 10.2 可以看出，用本章所提出的区间参数摄动方法计算出的位移上界比用区间矩阵摄动法计算出的位移上界要小，而计算出的位移下界要大。这说明用本章所提出的区间参数摄动方法求解结构静力位移上下界比用区间矩阵摄动法求得的结构静力位移上下界的精度要好得多。

表 10.1 区间参数摄动法计算出的桁架静位移上下界及其基本量

位移	$\underline{u}_i$	$\overline{u}_i$	u_{i0}	Δu_i	$\Delta u_i / \lvert u_{i0} \rvert$
u_1	−0.000 008 3	−0.000 005 9	−0.000 007 1	0.000 001 2	0.170 590 2
u_2	0.000 038 8	0.000 039 2	0.000 039 0	0.000 000 2	0.005 958 5
u_3	−0.000 094 2	−0.000 090 0	−0.000 092 1	0.000 002 1	0.022 971 9
u_4	0.000 081 7	0.000 083 1	0.000 082 4	0.000 000 7	0.008 558 7

表 10.2　区间矩阵摄动法计算出的桁架静位移上下界及其基本量

位移	$\underline{u}_i$	$\overline{u}_i$	u_{i0}	Δu_i	$\Delta u_i / \lvert u_{i0} \rvert$
u_1	−0.000 150 8	0.000 136 6	−0.000 007 1	0.000 143 7	20.233 024 8
u_2	−0.000 033 7	0.000 111 7	0.000 039 0	0.000 072 7	1.863 275 9
u_3	−0.000 249 5	0.000 065 3	−0.000 092 1	0.000 157 4	1.709 013 0
u_4	−0.000 023 8	0.000 188 6	0.000 082 4	0.000 106 2	1.288 910 4

10.2　有界不确定参数结构固有振动频率分析

在实际工程结构的设计和分析中，对具有不确定性结构固有振动频率范围给出准确估计具有重要意义。

不确定性分析的方法依赖于不确定性信息的描述方式，不确定性信息的描述方式取决于已知信息的数量和类型。当不确定参数用凸集合来描述时，结构固有振动频率范围估计往往归结为区间特征值问题的求解。对区间特征值问题的研究自 20 世纪 80 年代以来已经取得了丰硕的研究成果。Rohn 研究了对称区间矩阵的标准特征值问题，推导了当区间矩阵的半径矩阵的秩为 1 时区间特征值求解公式。Hollot 和 Bartlett 发现区间矩阵族的特征谱依赖于它的端点集的特征谱。基于特征向量分量符号的不变性，Deif 提出了计算标准区间特征值问题的特征值区间的求解定理。邱志平等将 Deif 的标准区间特征值问题求解定理推广到广义区间特征值问题的求解，并同时提出了区间摄动法、半正定求解定理和上下界包含定理等一系列方法。

本章将区间分析与优化理论相结合，提出了求解标准区间特征值问题的区间矩阵顶点法、半正定解求解定理和参数分解求解定理，及广义区间特征值问题的参数顶点法，并将其成功地应用于实际工程结构固有振动频率的区间估计。

10.2.1　标准区间特征值问题

1. 问题描述

在有限元分析中，不计阻尼结构系统的自由振动分析可以归结为如下代数特征值问题：

$$\boldsymbol{K\phi}=\lambda\boldsymbol{M\phi} \tag{10.76}$$

式中：$\boldsymbol{K}=(k_{ij})$为 $n\times n$ 维对称刚度矩阵；$\boldsymbol{M}=(m_{ij})$为 $n\times n$ 维对称正定质量矩阵；λ 和 $\boldsymbol{\phi}$ 分别为特征值和相应的特征向量。

通常情况下，假设对于同一结构系统由式(10.76)给出的特征值为一确定值。然而，经验和实验显示，矩阵 $\boldsymbol{K}$ 和 $\boldsymbol{M}$ 中所包含的物理和几何参数经常不能精确测量或精确加工制造，从而使得特征值表现出一定程度的不确定性。这里，假设 $\boldsymbol{K}$ 和 $\boldsymbol{M}$ 中包含的不确定性是有界的，可以表达为如下矩阵不等式形式

$$\underline{\boldsymbol{K}} \leqslant \boldsymbol{K} \leqslant \overline{\boldsymbol{K}},\quad \underline{\boldsymbol{M}} \leqslant \boldsymbol{M} \leqslant \overline{\boldsymbol{M}} \tag{10.77}$$

式中：$\overline{\boldsymbol{K}}=(\overline{k}_{ij})$ 和 $\underline{\boldsymbol{K}}=(\underline{k}_{ij})$ 分别为不确定刚度矩阵 $\boldsymbol{K}$ 的上界和下界矩阵；$\overline{\mathrm{M}}=(\overline{m}_{ij})$ 和 $\underline{M}=(\underline{m}_{ij})$ 分别为不确定质量矩阵 $\boldsymbol{M}$ 的上界和下界矩阵。

将广义特征值问题(10.76)转换为标准特征值问题

$$\boldsymbol{A}\boldsymbol{\phi}=\lambda\boldsymbol{\phi} \tag{10.78}$$

式中：$\boldsymbol{A}=\boldsymbol{M}^{-1}\boldsymbol{K}=(a_{ij})$ 为 $n\times n$ 维对称且正定的结构系统动态矩阵，其不确定但有界矩阵不等式形式为

$$\underline{\boldsymbol{A}} \leqslant \boldsymbol{A} \leqslant \overline{\boldsymbol{A}} \tag{10.79}$$

或元素形式

$$\underline{a}_{ij} \leqslant a_{ij} \leqslant \overline{a}_{ij} \qquad (i,j=1,2,\cdots,n) \tag{10.80}$$

式中：$\overline{\boldsymbol{A}}=(\overline{a}_{ij})$ 和 $\underline{\boldsymbol{A}}=(\underline{a}_{ij})$ 分别为不确定但有界结构系统动态矩阵 $\boldsymbol{A}$ 的上界和下界矩阵。

借助区间矩阵记法，不等式约束条件可以写为

$$\boldsymbol{A}\in\boldsymbol{A}^I=[\underline{\boldsymbol{A}},\overline{\boldsymbol{A}}]=(a_{ij}^I),\ a_{ij}^I=[\underline{a}_{ij},\overline{a}_{ij}] \qquad (i,j=1,2,\cdots,n) \tag{10.81}$$

式中：$\boldsymbol{A}^I$ 为 $n\times n$ 维实对称区间矩阵。

从而，在不等式约束条件式(10.79)或式(10.80)下，标准特征值问题式(10.78)可简写为如下形式

$$\boldsymbol{A}^I\boldsymbol{\phi}=\lambda\boldsymbol{\phi} \tag{10.82}$$

式(10.82)称为标准区间特征值问题。

为方便起见，可以将标准区间特征值问题叙述如下：

给定不确定但有界矩阵 $\boldsymbol{A}=(a_{ij})$ 的上界 $\overline{\boldsymbol{A}}=(\overline{a}_{ij})$ 和下界 $\underline{\boldsymbol{A}}=(\underline{a}_{ij})$，寻求满足方程 $\boldsymbol{A}\boldsymbol{\phi}=\lambda\boldsymbol{\phi}$ 在约束条件 $\boldsymbol{A}\in\boldsymbol{A}^I=[\underline{\boldsymbol{A}},\overline{\boldsymbol{A}}]$ 下的所有特征值解。显然，这无穷多个特征值构成了实数域 $\mathbf{R}$ 中的一个区域，记为 Γ，即

$$\Gamma=\{\lambda:\lambda\in\mathbf{R},\boldsymbol{A}\boldsymbol{\phi}=\lambda\boldsymbol{\phi},\boldsymbol{A}\in\boldsymbol{A}^I\} \tag{10.83}$$

一般情况下，Γ 是一复杂而非凸区域，其求解往往是非常困难的。借助区间数学的思想，寻找一个尽可能“紧”的包含 Γ 的凸壳 $[\underline{\lambda}_i,\overline{\lambda}_i]$。从而，特征值的区间估计可写为

$$\lambda_i\in\lambda_i^I=[\underline{\lambda}_i,\overline{\lambda}_i] \qquad (i=1,2,\cdots,n) \tag{10.84}$$

式中：

$$\overline{\lambda}_i=\max_{\boldsymbol{A}\in\boldsymbol{A}^I}\{\lambda_i(\boldsymbol{A})\},\ \underline{\lambda}_i=\min_{\boldsymbol{A}\in\boldsymbol{A}^I}\{\lambda_i(\boldsymbol{A})\} \qquad (i=1,2,\cdots,n) \tag{10.85}$$

式中：

$$\lambda_i=\lambda_i(\boldsymbol{A})=\min_{\boldsymbol{\Phi}_i\subset\mathbf{R}^n}\max_{\substack{\boldsymbol{\phi}\in\boldsymbol{\Phi}_i\\ \boldsymbol{\phi}\neq 0}}\left\{\frac{\boldsymbol{\phi}^{\mathrm{T}}\boldsymbol{A}\boldsymbol{\phi}}{\boldsymbol{\phi}^{\mathrm{T}}\boldsymbol{\phi}}\right\} \tag{10.86}$$

式中：$\boldsymbol{\Phi}_i\subset\mathbf{R}^n$ 为一任意 i 维子空间。

显然，式(10.85)中的最大和最小特征值问题均为全局优化问题。

2. 矩阵顶点求解定理

定义区间矩阵 $\mathbf{A}^I=[\underline{\mathbf{A}},\bar{\mathbf{A}}]$ 的边界矩阵或顶点矩阵为

$$\hat{\mathbf{A}}_s=\{\hat{\mathbf{A}}_s=(\hat{a}_{ij}^s)\in\mathbf{A}^I:\hat{a}_{ij}^s=\bar{a}_{ij}\text{或}\hat{a}_{ij}^s=\bar{a}_{ij},\bar{a}_{ij}^s=\bar{a}_{ji}^s,i,j=1,2,\cdots,n\}\qquad(s=1,2,\cdots,2^{n\times n})\tag{10.87}$$

考虑在不等式约束条件式(10.79)或式(10.80)下，$n\times n$ 维实对称矩阵 $\mathbf{A}=(a_{ij})$ 的极小极大 Rayleigh 商

$$\lambda_i=\lambda_i(\mathbf{A})=\min_{\boldsymbol{\Phi}_i\subset\mathbf{R}^n,}\max_{\substack{\boldsymbol{\phi}\in\boldsymbol{\Phi}_i\\\boldsymbol{\phi}\neq 0}}\left\{\frac{\boldsymbol{\phi}^{\mathrm{T}}\mathbf{A}\boldsymbol{\phi}}{\boldsymbol{\phi}^{\mathrm{T}}\boldsymbol{\phi}}\right\}\qquad(i=1,2,\cdots,n)\tag{10.88}$$

因此，$\lambda_i(i=1,2,\cdots,n)$ 均为通过 $\mathbf{A}=(a_{ij})$ 定义的实值函数。

根据二次型和向量内积的定义，极小极大 Rayleigh 商也可改写为如下分量形式

$$\lambda_i=\lambda_i(\mathbf{A})=\min_{\boldsymbol{\Phi}_i\subset\mathbf{R}^n}\max_{\substack{\boldsymbol{\phi}\in\boldsymbol{\Phi}_i\\\boldsymbol{\phi}\neq 0}}\left\{\frac{\sum\limits_{k,l=1}^{n}a_{kl}\boldsymbol{\phi}_k\boldsymbol{\phi}_l}{\sum\limits_{j=1}^{n}\boldsymbol{\phi}_j^2}\right\}\qquad(i=1,2,\cdots,n)\tag{10.89}$$

从而，式(10.89)和不等式(10.80)可以写为极值问题

$$\lambda_{i\mathrm{ext}}(\mathbf{A})=\min_{\boldsymbol{\Phi}_i\subset\mathbf{R}^n}\max_{\substack{\boldsymbol{\phi}\in\boldsymbol{\Phi}_i\\\boldsymbol{\phi}\neq 0}}\left\{\underset{\substack{a_{kl}\in a_{kl}^I\\k,l=1,2,\cdots,n}}{\mathrm{extremum}}\left\{\frac{\sum\limits_{k,l=1}^{n}\boldsymbol{\phi}^{\mathrm{T}}\mathbf{A}\boldsymbol{\phi}}{\sum\limits_{j=1}^{n}\boldsymbol{\phi}_j^2}\right\}\right\}=$$

$$\min_{\boldsymbol{\Phi}_i\subset\mathbf{R}^n}\max_{\substack{\boldsymbol{\phi}\in\boldsymbol{\Phi}_i\\\boldsymbol{\phi}\neq 0}}\left\{\underset{\substack{a_{kl}\in a_{kl}^I\\k,l=1,2,\cdots,n}}{\mathrm{extremum}}\left\{\frac{\sum\limits_{k,l=1}^{n}a_{kl}\boldsymbol{\phi}_k\boldsymbol{\phi}_l}{\sum\limits_{j=1}^{n}\boldsymbol{\phi}_j^2}\right\}\right\}\qquad(i=1,2,\cdots,n)\tag{10.90}$$

从上面的表达式可以看出，特征值 $\lambda_i(i=1,2,\cdots,n)$ 均为分量 $a_{ij}(i,j=1,2,\cdots,n)$ 的线性函数。根据优化理论，极值问题

$$R=\underset{\substack{a_{kl}\in a_{kl}^I\\k,l=1,2,\cdots,n}}{\mathrm{extremum}}\left\{\frac{\sum\limits_{k,l=1}^{n}a_{kl}\boldsymbol{\phi}_k\boldsymbol{\phi}_l}{\sum\limits_{j=1}^{n}\boldsymbol{\phi}_j^2}\right\}\tag{10.91}$$

本质上为求解下面的极值问题

$$T=\underset{\substack{a_{kl}\in a_{kl}^I\\k,l=1,2,\cdots,n}}{\mathrm{extremum}}\left\{\sum_{k,l=1}^{n}a_{kl}\boldsymbol{\phi}_k\boldsymbol{\phi}_l\right\}\tag{10.92}$$

可以看出 T 也为分量 $a_{ij}(i,j=1,2,\cdots,n)$ 的线性函数。由于 T 为 $a_{ij}(i,j=1,2,\cdots,n)$ 的

凸函数，且区间集 $a_{kl}^I=[\underline{a}_{kl},\bar{a}_{kl}](k,l=1,2,\cdots,n)$ 也均为凸集，基于凸分析中的极值定理可知，T 的极值将在区间矩阵 $\boldsymbol{A}^I=[\underline{\boldsymbol{A}},\bar{\boldsymbol{A}}]=(a_{ij}^I)$ 的边界矩阵或顶点矩阵上达到，即

$$T=\underset{\substack{a_{kl}\in a_{kl}^I\\ k,l=1,2,\cdots,n}}{\text{extremum}}\left\{\sum_{k,l=1}^{n}a_{kl}\boldsymbol{\phi}_k\boldsymbol{\phi}_l\right\}=\sum_{k,l=1}^{n}\hat{a}_{kl}^s\boldsymbol{\phi}_k\boldsymbol{\phi}_l=\boldsymbol{\phi}^{\mathrm{T}}\hat{\boldsymbol{A}}_s\boldsymbol{\phi} \tag{10.93}$$

因此，从式(10.91)和式(10.93)，有

$$R=\underset{\substack{a_{kl}\in a_{kl}^I\\ k,l=1,2,\cdots,n}}{\text{extremum}}\left\{\frac{\sum\limits_{k,l=1}^{n}a_{kl}\boldsymbol{\phi}_k\boldsymbol{\phi}_l}{\sum\limits_{j=1}^{n}\boldsymbol{\phi}_j^2}\right\}=\frac{\boldsymbol{\phi}^{\mathrm{T}}\hat{\boldsymbol{A}}_s\boldsymbol{\phi}}{\boldsymbol{\phi}^{\mathrm{T}}\boldsymbol{\phi}} \tag{10.94}$$

将式(10.94)代入式(10.90)，得到

$$\lambda_{is}=\lambda_{iext}(\hat{\boldsymbol{A}}_s)=\min_{\boldsymbol{\Phi}_i\subset\mathbf{R}^n}\max_{\substack{\boldsymbol{\phi}\in\boldsymbol{\Phi}_i\\ \boldsymbol{\phi}\neq 0}}\left\{\frac{\boldsymbol{\phi}^{\mathrm{T}}\hat{\boldsymbol{A}}_s\boldsymbol{\phi}}{\boldsymbol{\phi}^{\mathrm{T}}\boldsymbol{\phi}}\right\}\quad(s=1,2,3,\cdots,2^{n\times n};i=1,2,\cdots,n) \tag{10.95}$$

从而，可得区间矩阵 $\boldsymbol{A}^I=[\underline{\boldsymbol{A}},\bar{\boldsymbol{A}}]=(a_{ij}^I)$ 的特征值上下界分别为

$$\bar{\lambda}_i=\lambda_{i\max}=\max_{1\leqslant s\leqslant 2^{n\times n}}\{\lambda_i(\hat{\boldsymbol{A}}_s)\},\ \underline{\lambda}_i=\lambda_{i\min}=\min_{1\leqslant s\leqslant 2^{n\times n}}\{\lambda_i(\hat{\boldsymbol{A}}_s)\}\quad(i=1,2,\cdots,n) \tag{10.96}$$

其中

$$\lambda_{is}=\lambda_i(\hat{\boldsymbol{A}}_s)=\min_{\boldsymbol{\Phi}_i\subset\mathbf{R}^n}\max_{\substack{\boldsymbol{\phi}\in\boldsymbol{\Phi}_i\\ \boldsymbol{\phi}\neq 0}}\left\{\frac{\boldsymbol{\phi}^{\mathrm{T}}\hat{\boldsymbol{A}}_s\boldsymbol{\phi}}{\boldsymbol{\phi}^{\mathrm{T}}\boldsymbol{\phi}}\right\}=\min_{\boldsymbol{\Phi}_i\subset\mathbf{R}^n}\max_{\substack{\boldsymbol{\phi}\in\boldsymbol{\Phi}_i\\ \boldsymbol{\phi}\neq 0}}\left\{\frac{\sum\limits_{k,l=1}^{n}\hat{a}_{kl}^s\boldsymbol{\phi}_k\boldsymbol{\phi}_l}{\sum\limits_{j=1}^{n}\boldsymbol{\phi}_j^2}\right\}$$

$$(s=1,2,\cdots,2^{n\times n},i=1,2,\cdots,n) \tag{10.97}$$

根据 Rayleigh 商驻值条件与代数特征值问题的等价关系，相应于式(10.97)的特征值问题可以写为

$$\hat{\boldsymbol{A}}_s\boldsymbol{\phi}_{is}=\lambda_{is}\boldsymbol{\phi}_{is}\quad(s=1,2,\cdots,2^{n\times n};i=1,2,\cdots,n) \tag{10.98}$$

式中：$\hat{\boldsymbol{A}}_s=(\hat{a}_{ij}^s)$，且 $\boldsymbol{\phi}_{is}$ 为与第 i 阶特征值 λ_{is} 相应的特征向量。从而，有下面定理：

矩阵顶点求解定理：如果区间矩阵 $\boldsymbol{A}^I=[\underline{\boldsymbol{A}},\bar{\boldsymbol{A}}]=(a_{ij}^I)$ 是实对称的，且它的顶点矩阵可以表达为 $\hat{\boldsymbol{A}}_s=(\hat{a}_{ij}^s)$。式中：$\hat{a}_{ij}^s=\underline{a}_{ij}$ 或 $a_{ij}^s=\bar{a}_{ij}$，$\hat{a}_{ij}^s=\hat{a}_{ji}^s(i,j=1,2,\cdots,n;\ s=1,2,\cdots,2^{n\times n})$。那么，区间矩阵 $\boldsymbol{A}^I=[\underline{\boldsymbol{A}},\bar{\boldsymbol{A}}]=(a_{ij}^I)$ 的特征值区间为

$$\lambda_i^I=[\underline{\lambda}_i,\bar{\lambda}_i]\quad(i=1,2,\cdots,n) \tag{10.99}$$

其上界和下界特征值可以由下式确定

$$\bar{\lambda}_i=\lambda_{i\max}=\max_{1\leqslant s\leqslant 2^{n\times n}}\{\lambda_i(\hat{\boldsymbol{A}}_s)\},\ \underline{\lambda}_i=\lambda_{i\min}=\min_{1\leqslant s\leqslant 2^{n\times n}}\{\lambda_i(\hat{\boldsymbol{A}}_s)\}\quad(i=1,2,\cdots,n) \tag{10.100}$$

其中，特征值 $\lambda_{is}(i=1,2,\cdots,n;s=1,2,\cdots,2^{n\times n})$ 满足下面标准特征值问题

$$\hat{\boldsymbol{A}}_s\boldsymbol{\phi}_{is}=\lambda_{is}\boldsymbol{\phi}_{is}\quad(s=1,2,\cdots,2^{n\times n};i=1,2,\cdots,n) \tag{10.101}$$

式中：$\hat{\boldsymbol{A}}_s=(\hat{a}_{ij}^s)$，且 $\boldsymbol{\phi}_{is}$ 为与第 i 阶特征值 λ_{is} 相应的特征向量。

3. 半正定求解定理

为克服判断特征向量分量符号不变性的困难和减少计算量，下面介绍半正定求解定理。

半正定求解定理：如果 $\boldsymbol{A}^I=[\underline{\boldsymbol{A}},\bar{\boldsymbol{A}}]=[\boldsymbol{A}^c-\Delta\boldsymbol{A},\boldsymbol{A}^c+\Delta\boldsymbol{A}]$ 为实对称区间矩阵，半径矩阵 $\Delta\boldsymbol{A}$ 为半正定矩阵，那么，矩阵 $\boldsymbol{A}\in\boldsymbol{A}^I$ 的特征值 $\lambda_i(i=1,2,\cdots,n)$ 的区间为

$$\lambda_i^I=[\underline{\lambda}_i,\bar{\lambda}_i]\qquad(i=1,2,\cdots,n)\tag{10.102}$$

式中：特征值下界 $\underline{\lambda}_i(i=1,2,\cdots,n)$ 满足

$$\underline{\boldsymbol{A}}\underline{\boldsymbol{\phi}}_i=\underline{\lambda}_i\underline{\boldsymbol{\phi}}_i \text{ 或}(\boldsymbol{A}^c-\Delta\boldsymbol{A})\underline{\boldsymbol{\phi}}_i=\underline{\lambda}_i\underline{\boldsymbol{\phi}}_i\qquad(i=1,2,\cdots,n)\tag{10.103}$$

式中：$\underline{\boldsymbol{\phi}}_i$ 为与特征值 $\underline{\lambda}_i$ 对应的特征向量，特征值上界 $\bar{\lambda}_i$ $(i=1,2,\cdots,n)$ 满足

$$\bar{\boldsymbol{A}}\bar{\boldsymbol{\phi}}_i=\bar{\lambda}_i\bar{\boldsymbol{\phi}}_i \text{ 或 }(\boldsymbol{A}^c+\Delta\boldsymbol{A})\bar{\boldsymbol{\phi}}_i=\bar{\lambda}_i\bar{\boldsymbol{\phi}}_i\qquad(i=1,2,\cdots,n)\tag{10.104}$$

式中：$\bar{\boldsymbol{\phi}}_i$ 为与特征值 $\bar{\lambda}_i$ 对应的特征向量。

证明：根据式(10.90)知，特征值 λ_i 为元素 $a_{ij}(i,j=1,2,\cdots,n)$ 的线性函数。借助区间分析中的自然区间扩张，从式(10.88)有

$$\lambda_i^I=\min_{\boldsymbol{\Phi}_i\subset\mathbf{R}^n}\max_{\substack{\boldsymbol{\phi}\in\boldsymbol{\Phi}_i\\\boldsymbol{\phi}\neq 0}}\left\{\frac{\boldsymbol{\phi}^{\mathrm{T}}\boldsymbol{A}^I\boldsymbol{\phi}}{\boldsymbol{\phi}^{\mathrm{T}}\boldsymbol{\phi}}\right\}\qquad(i=1,2,\cdots,n)\tag{10.105}$$

假设半径矩阵 $\Delta\boldsymbol{A}=\dfrac{(\bar{\boldsymbol{A}}-\underline{\boldsymbol{A}})}{2}$ 为半正定矩阵，那么，对于 $\boldsymbol{\phi}\in\boldsymbol{\Phi}_i$ 和 $\bar{\boldsymbol{A}}-\underline{B}=2\Delta\boldsymbol{A}$，有

$$\boldsymbol{\phi}u^{\mathrm{T}}(\bar{\boldsymbol{A}}-\underline{\boldsymbol{A}})\boldsymbol{\phi}=2\boldsymbol{\phi}^{\mathrm{T}}\Delta\boldsymbol{A}\boldsymbol{\phi}\geqslant 0\tag{10.106}$$

由上式知

$$\boldsymbol{\phi}^{\mathrm{T}}\bar{\boldsymbol{A}}\boldsymbol{\phi}\geqslant\boldsymbol{\phi}^{\mathrm{T}}\underline{\boldsymbol{A}}\boldsymbol{\phi}\tag{10.107}$$

考虑到 $\boldsymbol{\phi}^{\mathrm{T}}\boldsymbol{\phi}>0$，借助不等式(10.107)和区间乘法运算，式(10.105)可以写为

$$\lambda_i^I=\min_{\boldsymbol{\Phi}_i\subset\mathbf{R}^n}\max_{\substack{\boldsymbol{\phi}\in\boldsymbol{\Phi}_i\\\boldsymbol{\phi}\neq 0}}\left\{\left[\frac{\boldsymbol{\phi}^{\mathrm{T}}\underline{\boldsymbol{A}}\boldsymbol{\phi}}{\boldsymbol{\phi}^{\mathrm{T}}\boldsymbol{\phi}},\frac{\boldsymbol{\phi}^{\mathrm{T}}\bar{\boldsymbol{A}}\boldsymbol{\phi}}{\boldsymbol{\phi}^{\mathrm{T}}\boldsymbol{\phi}}\right]\right\}\qquad(i=1,2,\cdots,n)\tag{10.108}$$

进而，考虑到

$$\underline{\boldsymbol{A}}=\bar{\boldsymbol{A}}-2\Delta\boldsymbol{A}\tag{10.109}$$

可以得到

$$\begin{aligned}&\min_{\boldsymbol{\Phi}_i\subset\mathbf{R}^n}\max_{\substack{\boldsymbol{\phi}\in\boldsymbol{\Phi}_i\\\boldsymbol{\phi}\neq 0}}\left\{\frac{\boldsymbol{\phi}^{\mathrm{T}}\underline{\boldsymbol{A}}\boldsymbol{\phi}}{\boldsymbol{\phi}^{\mathrm{T}}\boldsymbol{\phi}}\right\}=\\&\min_{\boldsymbol{\Phi}_i\subset\mathbf{R}^n}\max_{\substack{\boldsymbol{\phi}\in\boldsymbol{\Phi}_i\\\boldsymbol{\phi}\neq 0}}\left\{\frac{\boldsymbol{\phi}^{\mathrm{T}}(\bar{\boldsymbol{A}}-2\Delta\boldsymbol{A})\boldsymbol{\phi}}{\boldsymbol{\phi}^{\mathrm{T}}\boldsymbol{\phi}}\right\}=\min_{\boldsymbol{\Phi}_i\subset\mathbf{R}^n}\max_{\substack{\boldsymbol{\phi}\in\boldsymbol{\Phi}_i\\\boldsymbol{\phi}\neq 0}}\left\{\frac{\boldsymbol{\phi}^{\mathrm{T}}\bar{\boldsymbol{A}}\boldsymbol{\phi}-2\boldsymbol{\phi}^{\mathrm{T}}\Delta\boldsymbol{A}\boldsymbol{\phi}}{\boldsymbol{\phi}^{\mathrm{T}}\boldsymbol{\phi}}\right\}=\\&\min_{\boldsymbol{\Phi}_i\subset\mathbf{R}^n}\max_{\substack{\boldsymbol{\phi}\in\boldsymbol{\Phi}_i\\\boldsymbol{\phi}\neq 0}}\left\{\frac{\boldsymbol{\phi}^{\mathrm{T}}\bar{\boldsymbol{A}}\boldsymbol{\phi}}{\boldsymbol{\phi}^{\mathrm{T}}\boldsymbol{\phi}}\right\}-\min_{\boldsymbol{\Phi}_i\subset\mathbf{R}^n}\max_{\substack{\boldsymbol{\phi}\in\boldsymbol{\Phi}_i\\\boldsymbol{\phi}\neq 0}}\left\{2\frac{\boldsymbol{\phi}^{\mathrm{T}}\Delta\boldsymbol{A}\boldsymbol{\phi}}{\boldsymbol{\phi}^{\mathrm{T}}\boldsymbol{\phi}}\right\}\leqslant\min_{\boldsymbol{\Phi}_i\subset\mathbf{R}^n}\max_{\substack{\boldsymbol{\phi}\in\boldsymbol{\Phi}_i\\\boldsymbol{\phi}\neq 0}}\left\{\frac{\boldsymbol{\phi}^{\mathrm{T}}\bar{\boldsymbol{A}}\boldsymbol{\phi}}{\boldsymbol{\phi}^{\mathrm{T}}\boldsymbol{\phi}}\right\}\end{aligned}\tag{10.110}$$

因此，从式(10.108)，可以得出

$$\lambda_i^I=[\underline{\lambda}_i,\bar{\lambda}_i]=\left[\min_{\boldsymbol{\Phi}_i\subset\mathbf{R}^n}\max_{\substack{\boldsymbol{\phi}\in\boldsymbol{\Phi}_i\\ \boldsymbol{\phi}\neq 0}}\left\{\frac{\boldsymbol{\phi}^{\mathrm{T}}\underline{\boldsymbol{A}}\boldsymbol{\phi}}{\boldsymbol{\phi}^{\mathrm{T}}\boldsymbol{\phi}}\right\},\min_{\boldsymbol{\Phi}_i\subset\mathbf{R}^n}\max_{\substack{\boldsymbol{\phi}\in\boldsymbol{\Phi}_i\\ \boldsymbol{\phi}\neq 0}}\left\{\frac{\boldsymbol{\phi}^{\mathrm{T}}\bar{\boldsymbol{A}}\boldsymbol{\phi}}{\boldsymbol{\phi}^{\mathrm{T}}\boldsymbol{\phi}}\right\}\right]\quad(i=1,2,\cdots,n)\tag{10.111}$$

根据区间数相等的充分必要条件，可以得到特征值的上界和下界分别为

$$\bar{\lambda}_i=\min_{\boldsymbol{\Phi}_i\subset\mathbf{R}^n}\max_{\substack{\boldsymbol{\phi}\in\boldsymbol{\Phi}_i\\ \boldsymbol{\phi}\neq 0}}\left\{\frac{\boldsymbol{\phi}^{\mathrm{T}}\bar{\boldsymbol{A}}\boldsymbol{\phi}}{\boldsymbol{\phi}^{\mathrm{T}}\boldsymbol{\phi}}\right\}\quad(i=1,2,\cdots,n)\tag{10.112}$$

和

$$\underline{\lambda}_i=\min_{\boldsymbol{\Phi}_i\subset\mathbf{R}^n}\max_{\substack{\boldsymbol{\phi}\in\boldsymbol{\Phi}_i\\ \boldsymbol{\phi}\neq 0}}\left\{\frac{\boldsymbol{\phi}^{\mathrm{T}}\underline{\boldsymbol{A}}\boldsymbol{\phi}}{\boldsymbol{\phi}^{\mathrm{T}}\boldsymbol{\phi}}\right\}\quad(i=1,2,\cdots,n)\tag{10.113}$$

根据 Rayleigh 商驻值条件与代数特征值问题的等价关系，特征值上界和下界分别相应于特征值问题

$$\bar{\boldsymbol{A}}\bar{\boldsymbol{\phi}}_i=\bar{\lambda}_i\bar{\boldsymbol{\phi}}_i\quad(i=1,2,\cdots,n)\tag{10.114}$$

和

$$\underline{\boldsymbol{A}}\underline{\boldsymbol{\phi}}_i=\underline{\lambda}_i\underline{\boldsymbol{\phi}}_i\quad(i=1,2,\cdots,n)\tag{10.115}$$

式中：$\bar{\boldsymbol{\phi}}_i$ 和$\underline{\boldsymbol{\phi}}_i$ 分别为与特征值$\bar{\lambda}_i$ 和$\underline{\lambda}_i$ 相应的特征向量。

4. 参数分解求解定理

众所周知，对于大多数工程问题，实对称矩阵 $\boldsymbol{A}$ 可以表示为结构参数 $\boldsymbol{b}=(b_i)_m$ 的函数，即

$$\boldsymbol{A}=\boldsymbol{A}(\boldsymbol{b})\tag{10.116}$$

考虑满足下述参数约束条件的代数特征值问题式(10.78)

$$\underline{\boldsymbol{b}}\leqslant\boldsymbol{b}\leqslant\bar{\boldsymbol{b}}\text{或}\underline{b}_i\leqslant b_i\leqslant\bar{b}_i\quad(i=1,2,\cdots,m)\tag{10.117}$$

将矩阵 $\boldsymbol{A}$ 关于结构参数 $\boldsymbol{b}=(b_i)_m$ 分解为如下形式：

$$\boldsymbol{A}(\boldsymbol{b})=\sum_{i=1}^{m}b_i\boldsymbol{A}_i=b_1\boldsymbol{A}_1+b_2\boldsymbol{A}_2+\cdots+b_m\boldsymbol{A}_m\tag{10.118}$$

式中：$\boldsymbol{A}_i$ 是与参数 b_i 对应的对称矩阵。

在实际工程问题中，上述分解很容易实现。例如，在结构有限元分析中，$\boldsymbol{A}_i$ 可以作为与结构参数 b_i 对应的单元刚度矩阵；在子结构方法中，$\boldsymbol{A}_i$ 可以作为相应于结构参数 b_i 的子结构矩阵。

很显然，矩阵 $\boldsymbol{A}$ 的元素 $a_{ij}\,(i,j=1,2,\cdots,n)$ 也为结构参数 $\boldsymbol{b}=(b_i)_m$ 的函数。对式(10.118)进行自然区间扩张，有

$$\boldsymbol{A}^I=[\underline{\boldsymbol{A}},\bar{\boldsymbol{A}}]=\sum_{i=1}^{m}b_i^I\boldsymbol{A}_i=b_1^I\boldsymbol{A}_1+b_2^I\boldsymbol{A}_2+\cdots+b_m^I\boldsymbol{A}_m\tag{10.119}$$

式中：$b_i^I=[\underline{b}_i,\bar{b}_i]\,(i=1,2,\cdots,m)$为区间参数。根据区间运算及区间参数相等的条件，有

$$\underline{\boldsymbol{A}}=(\underline{a}_{ij}),\bar{\boldsymbol{A}}=(\bar{a}_{ij})\tag{10.120}$$

式中：

$$\underline{a}_{ij}=\min\{\underline{b}_i a_{ij},\bar{b}_i a_{ij}\},\bar{a}_{ij}=\max\{\underline{b}_i a_{ij},\bar{b}_i a_{ij}\} \tag{10.121}$$

从计算过程可以看出，如果区间参数 $b_i^I=[\underline{b}_i,\bar{b}_i](i=1,2,\cdots,m)$ 是精确的，那么区间矩阵 $\boldsymbol{A}^I=[\underline{\boldsymbol{A}},\bar{\boldsymbol{A}}]$ 也是精确的。

在工程实际中，经常会出现这种情况，$\boldsymbol{A}$ 和 $\boldsymbol{A}_i(i=1,2,\cdots,m)$ 都是正定的，但是 $\bar{\boldsymbol{A}}$ 和 $\underline{\boldsymbol{A}}$ 不一定是正定的。如果区间参数 $\boldsymbol{b}^I=[\underline{\boldsymbol{b}},\bar{\boldsymbol{b}}]$ 的宽度足够大，$\underline{\boldsymbol{A}}$ 或许会是负定的。这就解释了区间特征值解宽度非常大的原因。

下面将区间分析与实分析来获得“紧”的特征值界。考虑下面形式的两个实对称矩阵：

$$\underline{\underline{\boldsymbol{A}}}=\sum_{i=1}^{m}\bar{b}_i\boldsymbol{A}_i,\bar{\bar{\boldsymbol{A}}}=\sum_{i=1}^{m}\bar{b}_i\boldsymbol{A}_i \tag{10.122}$$

在式(10.122)中，下面关系式不一定成立

$$\underline{\underline{\boldsymbol{A}}}\leqslant\bar{\bar{\boldsymbol{A}}} \tag{10.123}$$

将式(10.118)代入式(10.90)，得

$$\lambda_i=\min_{\boldsymbol{\Phi}_i\subset\mathbf{R}^n}\max_{\substack{\boldsymbol{\phi}\in\boldsymbol{\Phi}_i\\ \boldsymbol{\phi}\neq 0}}\left\{\underset{b\in b^I}{\text{extremum}}\left\{\frac{\boldsymbol{\phi}^{\mathrm{T}}\left(\sum_{i=1}^{m}b_i\boldsymbol{A}_i\right)\boldsymbol{\phi}}{\boldsymbol{\phi}^{\mathrm{T}}\boldsymbol{\phi}}\right\}\right\}=$$

$$\min_{\boldsymbol{\Phi}_i\subset\mathbf{R}^n}\max_{\substack{\boldsymbol{\phi}\in\boldsymbol{\Phi}_i\\ \boldsymbol{\phi}\neq 0}}\left\{\underset{b\in b^I}{\text{extremum}}\left\{\frac{\sum_{i=1}^{m}b_i(\boldsymbol{\phi}^{\mathrm{T}}\boldsymbol{A}_i\boldsymbol{\phi})}{\boldsymbol{\phi}^{\mathrm{T}}\boldsymbol{\phi}}\right\}\right\}\quad(i=1,2,\cdots,n) \tag{10.124}$$

由于 $b_i(i=1,2,\cdots,m)$ 为区间参数，对式(10.124)进行自然区间扩张，有

$$\lambda_i^I=[\underline{\lambda}_i,\bar{\lambda}_i]=\min_{\boldsymbol{\Phi}_i\subset\mathbf{R}^n}\max_{\substack{\boldsymbol{\phi}\in\boldsymbol{\Phi}_i\\ \boldsymbol{\phi}\neq 0}}\left\{\frac{\sum_{i=1}^{m}b_i^I(\boldsymbol{\phi}^{\mathrm{T}}\boldsymbol{A}_i\boldsymbol{\phi})}{\boldsymbol{\phi}^{\mathrm{T}}\boldsymbol{\phi}}\right\}=$$

$$\min_{\boldsymbol{\Phi}_i\subset\mathbf{R}^n}\max_{\substack{\boldsymbol{\phi}\in\boldsymbol{\Phi}_i\\ \boldsymbol{\phi}\neq 0}}\left\{\frac{\sum_{i=1}^{m}[\underline{b}_i,\bar{b}_i](\boldsymbol{\phi}^{\mathrm{T}}\boldsymbol{A}_i\boldsymbol{\phi})}{\boldsymbol{\phi}^{\mathrm{T}}\boldsymbol{\phi}}\right\}\quad(i=1,2,\cdots,n) \tag{10.125}$$

由正定条件 $\boldsymbol{\phi}^{\mathrm{T}}\boldsymbol{A}_i\boldsymbol{\phi}\geqslant 0$ 和区间乘法运算，从式(10.125)可得

$$\lambda_i^I=[\underline{\lambda}_i,\bar{\lambda}_i]=\min_{\boldsymbol{\Phi}_i\subset\mathbf{R}^n}\max_{\substack{\boldsymbol{\phi}\in\boldsymbol{\Phi}_i\\ \boldsymbol{\phi}\neq 0}}\left\{\frac{\sum_{i=1}^{m}[\underline{b}_i(\boldsymbol{\phi}^{\mathrm{T}}\boldsymbol{A}_i\boldsymbol{\phi}),\bar{b}_i(\boldsymbol{\phi}^{\mathrm{T}}\boldsymbol{A}_i\boldsymbol{\phi})]}{\boldsymbol{\phi}^{\mathrm{T}}\boldsymbol{\phi}}\right\}\quad(i=1,2,\cdots,n) \tag{10.126}$$

通过区间加法运算，式(10.126)可重写为

$$\lambda_i^I=[\underline{\lambda}_i,\bar{\lambda}_i]=\min_{\boldsymbol{\Phi}_i\subset\mathbf{R}^n}\max_{\substack{\boldsymbol{\phi}\in\boldsymbol{\Phi}_i\\ \boldsymbol{\phi}\neq 0}}\left\{\frac{\left[\sum_{i=1}^{m}\underline{b}_i(\boldsymbol{\phi}^{\mathrm{T}}\boldsymbol{A}_i\boldsymbol{\phi}),\sum_{i=1}^{m}\bar{b}_i(\boldsymbol{\phi}^{\mathrm{T}}\boldsymbol{A}_i\boldsymbol{\phi})\right]}{\boldsymbol{\phi}^{\mathrm{T}}\boldsymbol{\phi}}\right\}=$$

$$\min_{\boldsymbol{\Phi}_i \subset \mathbf{R}^n} \max_{\substack{\boldsymbol{\phi} \in \boldsymbol{\Phi}_i \\ \boldsymbol{\phi} \neq 0}} \left\{ \frac{[\boldsymbol{\phi}^{\mathrm{T}}(\sum_{i=1}^{m} \underline{b}_i \boldsymbol{A}_i)\boldsymbol{\phi}, \boldsymbol{\phi}^{\mathrm{T}}(\sum_{i=1}^{m} \bar{b}_i \boldsymbol{A}_i)\boldsymbol{\phi}]}{\boldsymbol{\phi}^{\mathrm{T}}\boldsymbol{\phi}} \right\} \quad (i = 1,2,\cdots,n) \tag{10.127}$$

将式(10.122)代入式(10.127)中,有

$$\lambda_i^I = [\underline{\lambda}_i, \bar{\lambda}_i] = \min_{\boldsymbol{\Phi}_i \subset \mathbf{R}^n} \max_{\substack{\boldsymbol{\phi} \in \boldsymbol{\Phi}_i \\ \boldsymbol{\phi} \neq 0}} \left\{ \frac{[\boldsymbol{\phi}^{\mathrm{T}} \underline{\underline{\boldsymbol{A}}}\boldsymbol{\phi}, \boldsymbol{\phi}^{\mathrm{T}} \bar{\bar{\boldsymbol{A}}}\boldsymbol{\phi}]}{[\boldsymbol{\phi}^{\mathrm{T}}\boldsymbol{\phi}, \boldsymbol{\phi}^{\mathrm{T}}\boldsymbol{\phi}]} \right\} \tag{10.128}$$

由于$\boldsymbol{\phi}^{\mathrm{T}}\boldsymbol{\phi}>0$,通过区间除法运算,式(10.128)又可写为

$$\lambda_i^I = [\underline{\lambda}_i, \bar{\lambda}_i] = \min_{\boldsymbol{\Phi}_i \subset \mathbf{R}^n} \max_{\substack{\boldsymbol{\phi} \in \boldsymbol{\Phi}_i \\ \boldsymbol{\phi} \neq 0}} \left\{ \left[\frac{\boldsymbol{\phi}^{\mathrm{T}} \underline{\underline{\boldsymbol{A}}}\boldsymbol{\phi}}{\boldsymbol{\phi}^{\mathrm{T}}\boldsymbol{\phi}}, \frac{\boldsymbol{\phi}^{\mathrm{T}} \bar{\bar{\boldsymbol{A}}}\boldsymbol{\phi}}{\boldsymbol{\phi}^{\mathrm{T}}\boldsymbol{\phi}} \right] \right\} \quad (i=1,2,\cdots,n) \tag{10.129}$$

对区间数$\left[\frac{\boldsymbol{\phi}^{\mathrm{T}} \underline{\underline{\boldsymbol{A}}}\boldsymbol{\phi}}{\boldsymbol{\phi}^{\mathrm{T}}\boldsymbol{\phi}}, \frac{\boldsymbol{\phi}^{\mathrm{T}} \bar{\bar{\boldsymbol{A}}}\boldsymbol{\phi}}{\boldsymbol{\phi}^{\mathrm{T}}\boldsymbol{\phi}} \right]$,显然有下式成立

$$\frac{\boldsymbol{\phi}^{\mathrm{T}} \underline{\underline{\boldsymbol{A}}}\boldsymbol{\phi}}{\boldsymbol{\phi}^{\mathrm{T}}\boldsymbol{\phi}} \leqslant \frac{\boldsymbol{\phi}^{\mathrm{T}} \bar{\bar{\boldsymbol{A}}}\boldsymbol{\phi}}{\boldsymbol{\phi}^{\mathrm{T}}\boldsymbol{\phi}} \tag{10.130}$$

从而,从式(10.129)和式(10.130)可得到

$$\min_{\boldsymbol{\Phi}_i \subset \mathbf{R}^n} \max_{\substack{\boldsymbol{\phi} \in \boldsymbol{\Phi}_i \\ \boldsymbol{\phi} \neq 0}} \left\{ \frac{\boldsymbol{\phi}^{\mathrm{T}} \underline{\underline{\boldsymbol{A}}}\boldsymbol{\phi}}{\boldsymbol{\phi}^{\mathrm{T}}\boldsymbol{\phi}} \right\} \leqslant \min_{\boldsymbol{\Phi}_i \subset \mathbf{R}^n} \max_{\substack{\boldsymbol{\phi} \in \boldsymbol{\Phi}_i \\ \boldsymbol{\phi} \neq 0}} \left\{ \frac{\boldsymbol{\phi}^{\mathrm{T}} \bar{\bar{\boldsymbol{A}}}\boldsymbol{\phi}}{\boldsymbol{\phi}^{\mathrm{T}}\boldsymbol{\phi}} \right\} \tag{10.131}$$

因此,可得特征值区间为

$$\lambda_i^I = [\underline{\lambda}_i, \bar{\lambda}_i] = \left[\min_{\boldsymbol{\Phi}_i \subset \mathbf{R}^n} \max_{\substack{\boldsymbol{\phi} \in \boldsymbol{\Phi}_i \\ \boldsymbol{\phi} \neq 0}} \left\{ \frac{\boldsymbol{\phi}^{\mathrm{T}} \underline{\underline{\boldsymbol{A}}}\boldsymbol{\phi}}{\boldsymbol{\phi}^{\mathrm{T}}\boldsymbol{\phi}} \right\}, \min_{\boldsymbol{\Phi}_i \subset \mathbf{R}^n} \max_{\substack{\boldsymbol{\phi} \in \boldsymbol{\Phi}_i \\ \boldsymbol{\phi} \neq 0}} \left\{ \frac{\boldsymbol{\phi}^{\mathrm{T}} \bar{\bar{\boldsymbol{A}}}\boldsymbol{\phi}}{\boldsymbol{\phi}^{\mathrm{T}}\boldsymbol{\phi}} \right\} \right] \tag{10.132}$$

根据区间数值相等的充分必要条件,可以得到特征值区间的上界和下界分别为

$$\bar{\lambda}_i = \min_{\boldsymbol{\Phi}_i \subset \mathbf{R}^n} \max_{\substack{\boldsymbol{\phi} \in \boldsymbol{\Phi}_i \\ \boldsymbol{\phi} \neq 0}} \left\{ \frac{\boldsymbol{\phi}^{\mathrm{T}} \bar{\bar{\boldsymbol{A}}}\boldsymbol{\phi}}{\boldsymbol{\phi}^{\mathrm{T}}\boldsymbol{\phi}} \right\} \quad (i=1,2,\cdots,n) \tag{10.133}$$

和

$$\underline{\lambda}_i = \min_{\boldsymbol{\Phi}_i \subset \mathbf{R}^n} \max_{\substack{\boldsymbol{\phi} \in \boldsymbol{\Phi}_i \\ \boldsymbol{\phi} \neq 0}} \left\{ \frac{\boldsymbol{\phi}^{\mathrm{T}} \underline{\underline{\boldsymbol{A}}}\boldsymbol{\phi}}{\boldsymbol{\phi}^{\mathrm{T}}\boldsymbol{\phi}} \right\} \quad (i=1,2,\cdots,n) \tag{10.134}$$

同样,仍根据 Rayleigh 商驻值条件与代数特征值问题的等价关系,特征值上界和下界分别相应于特征值问题

$$\bar{\bar{\boldsymbol{A}}}\bar{\boldsymbol{\phi}}_i = \bar{\lambda}_i \bar{\boldsymbol{\phi}}_i \quad (i=1,2,\cdots,n) \tag{10.135}$$

和

$$\underline{\underline{\boldsymbol{A}}}\underline{\boldsymbol{\phi}}_i = \underline{\lambda}_i \underline{\boldsymbol{\phi}}_i \quad (i=1,2,\cdots,n) \tag{10.136}$$

式中:$\bar{\boldsymbol{\phi}}_i$ 和$\underline{\boldsymbol{\phi}}_i$ 分别为与特征值$\bar{\lambda}_i$ 和$\underline{\lambda}_i$ 相应的特征向量。

至此,参数分解求解定理可叙述如下:

参数分解求解定理:如果实对称矩阵 $\boldsymbol{A}$ 可以分解为 $\boldsymbol{A}=\sum_{i=1}^{m} b_i \boldsymbol{A}_i$,结构参数 $b_i(i=1,2,\cdots,m)$ 为区间参数,那么,特征值 $\lambda_i(i=1,2,\cdots,n)$ 的区间为

$$\lambda^I=[\underline{\lambda},\bar{\lambda}]=(\lambda_i^I),\lambda_i^I=[\underline{\lambda}_i,\bar{\lambda}_i]\qquad(i=1,2,\cdots,n)\tag{10.137}$$

式中:特征值上界 $\bar{\lambda}_i$ 和下界 $\underline{\lambda}_i$ 分别满足下面方程

$$\bar{\bar{\boldsymbol{A}}}\bar{\boldsymbol{\phi}}_i=\bar{\lambda}_i\bar{\boldsymbol{\phi}}_i\qquad(i=1,2,\cdots,n)\tag{10.138}$$

和

$$\underline{\underline{\boldsymbol{A}}}\underline{\boldsymbol{\phi}}_i=\underline{\lambda}_i\underline{\boldsymbol{\phi}}_i\qquad(i=1,2,\cdots,n)\tag{10.139}$$

式中:$\bar{\boldsymbol{\phi}}_i$ 和 $\underline{\boldsymbol{\phi}}_i$ 分别为与特征值 $\bar{\lambda}_i$ 和 $\underline{\lambda}_i$ 相应的特征向量。

5. 数值算例

【算例 1】考虑如图 10.2 所示一平面方板,分析其系统动态矩阵特征值。取方板的弹性模量(杨氏模量)E,泊松比 μ 和质量密度 ρ 为不确定但有界参数,分别表示为:

$$E^I=[E^c-2\beta E^c,E^c+2\beta E^c]$$

$$\mu^I=[\mu^c-\beta\mu^c,\mu^c+\beta\mu^c]$$

$$\rho^I=[\rho^c-2\beta\rho^c,\rho^c+2\beta\rho^c]$$

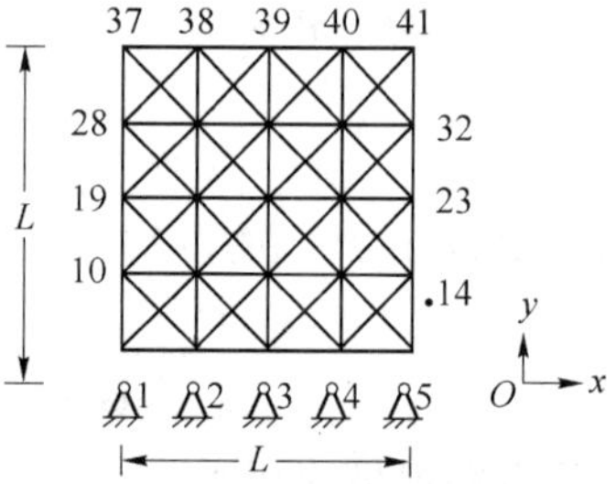

图 10.2　三角形平面应变单元划分的方板

式中:$E^c=2.1\times10^{11}$ N/m^2,$\mu^c=0.3$,$\rho^c=7\,800.0$ kg/m^3;β 为不确定因子。其他结构参数取为确定值,板宽 $L=0.3$ m,板厚 $t=1$ mm。

图 10.3 给出了采用矩阵顶点法、半正定求解定理和 Deif 求解定理所得的方板动态矩阵前 8 阶特征值区间界,随不确定因子 β 的变化情况。由于矩阵顶点法与 Deif 求解定理所得结果相同,分别用 $\bar{\lambda}_i$ 和 $\underline{\lambda}_i$ 表示它们的上界和下界;用 $\bar{\mu}_i$ 和 $\underline{\mu}_i$ 分别表示半正定求解定理的上界和下界。从图 10.3 可以看出,对于任一阶特征值均有下面不等式成立

$$\underline{\lambda}_i\leqslant\underline{\mu}_i\leqslant\bar{\mu}_i\leqslant\bar{\lambda}_i\qquad(i=1,2,\cdots,8)$$

【算例 2】考虑如图 10.4 所示 8 杆平面桁架,分析其系统动态矩阵特征值。取桁架杆单元的弹性模量为不确定但有界参数,表示为 $E_i^I=[E^c-\beta E^c,E^c+\beta E^c](i=1,2,\cdots,8)$。其中,$E^c=2.1\times10^{11}$ N/m^2;β 为不确定因子。其他结构参数取为确定值,杆单元横截面积为 $A_i=2.0\times10^{-3}$ m$^2(i=1,2,3,4,6)$和 $A_i=1.0\times10^{-3}$ m$^2(i=5,7,8)$,质量密度为 $\rho=7\,800.0$ kg/m^3。

图 10.5 给出了采用矩阵顶点法、半正定求解定理、参数分解求解定理和 Deif 求解定理所得的 8 杆平面桁架动态矩阵特征值区间界随不确定因子 β 的变化情况。同样,由于矩阵顶点法与 Deif 求解定理所得结果相同,分别用 $\bar{\lambda}_i$ 和 $\underline{\lambda}_i$ 表示它们的上界和下界;用 $\bar{\mu}_i$ 和 $\underline{\mu}_i$ 分别表

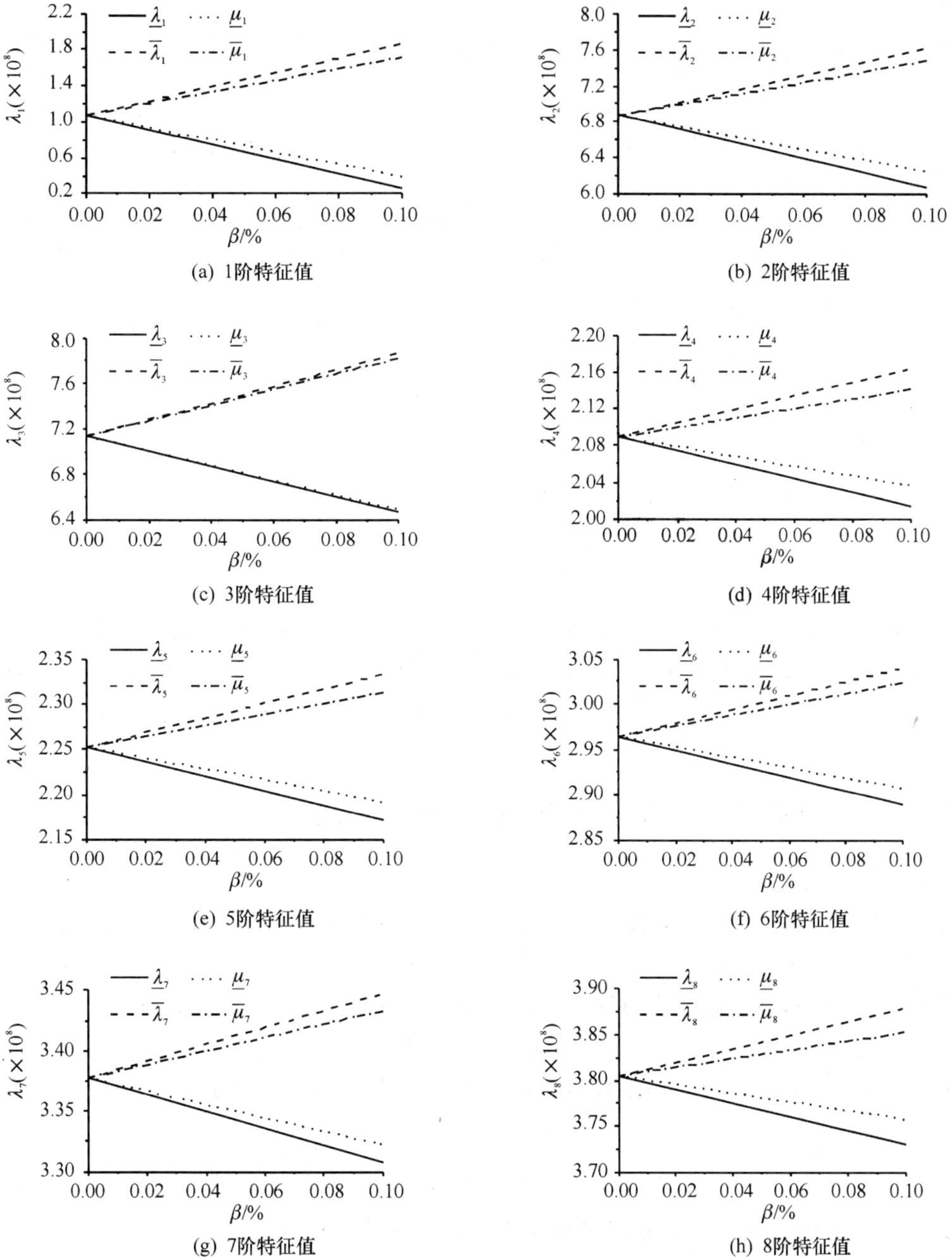

(a) 1阶特征值　(b) 2阶特征值

(c) 3阶特征值　(d) 4阶特征值

(e) 5阶特征值　(f) 6阶特征值

(g) 7阶特征值　(h) 8阶特征值

图 10.3　平面方板的特征值随不确定因子 β 变化曲线

示半正定求解定理的上界和下界；用 $\bar{\gamma}_i$ 和 $\underline{\gamma}_i$ 分别表示参数分解求解定理的上界和下界。从图 10.5 和图 10.3 可以看出，对于第 $i(i=1,2,4,5,6,7)$ 阶特征值有下面不等式成立

$$\underline{\lambda}_i \leqslant \underline{\mu}_i \leqslant \underline{\gamma}_i \leqslant \bar{\gamma}_i \leqslant \bar{\mu}_i \leqslant \bar{\lambda}_i$$

对第 $i=3$ 阶特征值，有下面不等式成立

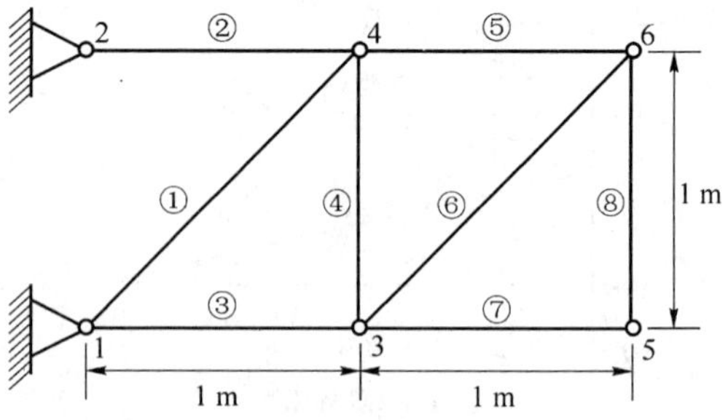

图 10.4　8 杆平面桁架

$$\underline{\lambda}_3 = \underline{\mu}_3 \leqslant \underline{\gamma}_3 \leqslant \bar{\gamma}_3 \leqslant \bar{\mu}_3 = \bar{\lambda}_3$$

然而，对 $i=8$ 阶特征值，有下面不等式成立

$$\underline{\lambda}_8 = \underline{\gamma}_8 \leqslant \underline{\mu}_8 \leqslant \bar{\mu}_8 \leqslant \bar{\gamma}_8 = \bar{\lambda}_8$$

对于这两个算例，从图 10.4 和图 10.5 可以发现，正如想象的一样，随着结构参数不确定因子的增大，系统动态矩阵特征值区间的宽度也不断加大。对于参数分解定理，其所得特征值区间宽度随阶数增大越来越大；而对于半正定求解定理，特征值区间宽度随阶数增大却越来越小。

10.2.2　广义区间特征值问题的参数顶点法

1. 问题描述

仍考虑无阻尼结构系统自由振动的广义特征值问题式(10.76)，在本小节对广义区间特征值问题进行直接求解。

因为刚度矩阵和质量矩阵均为物理参数和几何参数等结构参数的函数，可以表示为

$$\boldsymbol{K}=\boldsymbol{K}(\boldsymbol{b}),\quad \boldsymbol{M}=\boldsymbol{M}(\boldsymbol{b}) \tag{10.140}$$

式中：$\boldsymbol{b}=(b_1,b_2,\cdots,b_m)^{\mathrm{T}}$ 为结构参数向量，考虑结构参数向量属于如式(10.141)所示区间时的广义特征值问题。

$$\underline{\boldsymbol{b}} \leqslant \boldsymbol{b} \leqslant \bar{\boldsymbol{b}} \quad 或 \quad \underline{b}_i \leqslant b_i \leqslant \bar{b}_i \qquad (i=1,2,\cdots,m) \tag{10.141}$$

其中，$\underline{\boldsymbol{b}}=(\underline{b}_i)$ 和 $\bar{\boldsymbol{b}}=(\bar{b}_i)$ 分别为结构参数向量 $\boldsymbol{b}$ 的下界和上界向量。根据区间分析中的区间矩阵记法，不等式(10.141)可以写为

$$\boldsymbol{b} \in \boldsymbol{b}^I \quad 或 \quad b_i \in b_i^I \qquad (i=1,2,\cdots,m) \tag{10.142}$$

式中：

$$\boldsymbol{b}^I=(b_i^I),\quad b_i^I=[\underline{b}_i,\bar{b}_i] \qquad (i=1,2,\cdots,m) \tag{10.143}$$

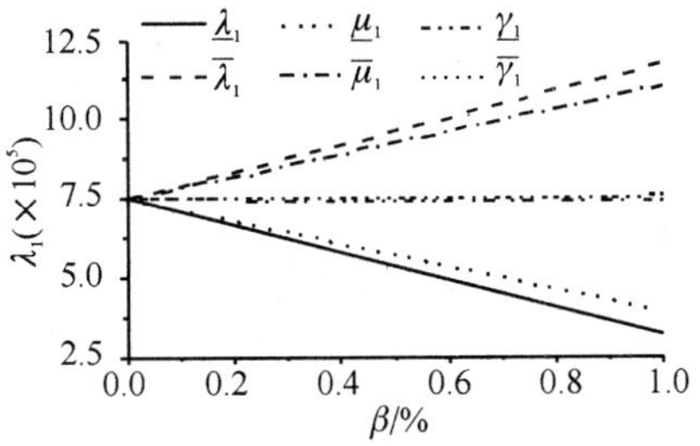

(a) 1阶特征值

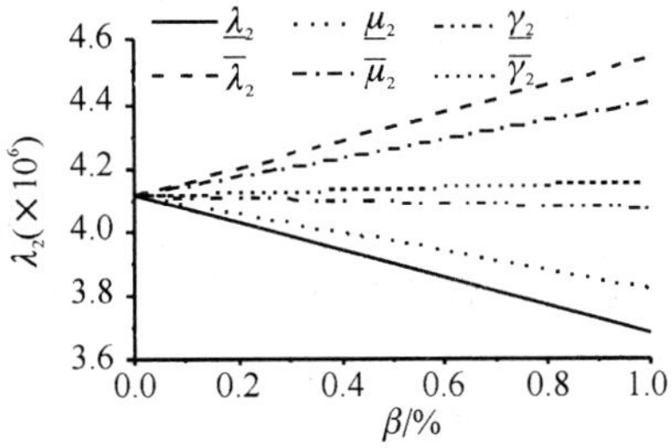

(b) 2阶特征值

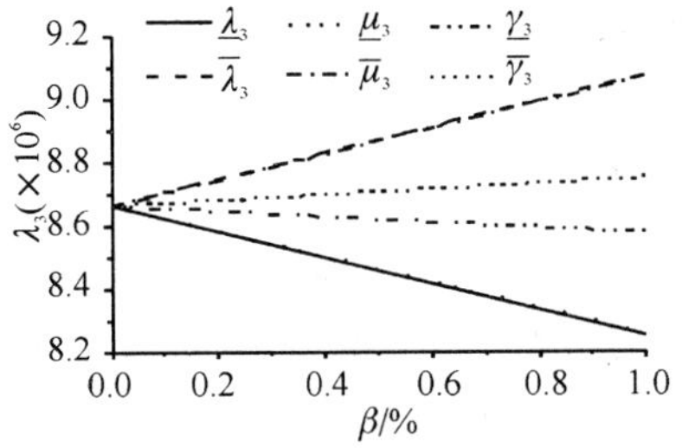

(c) 3阶特征值

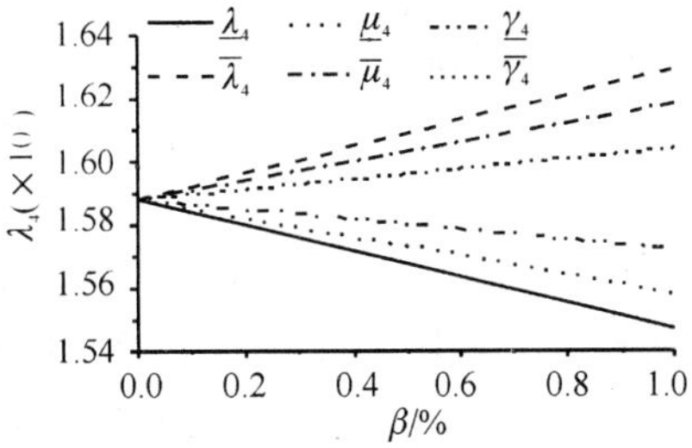

(d) 4阶特征值

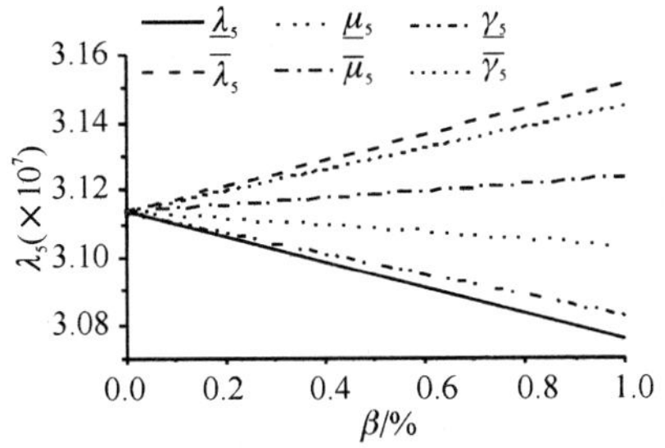

(e) 5阶特征值

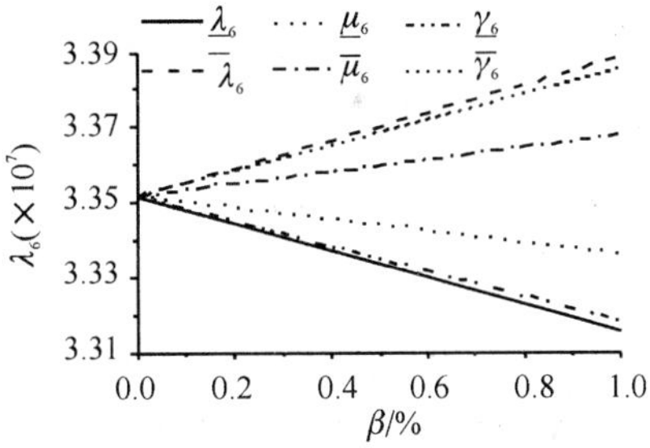

(f) 6阶特征值

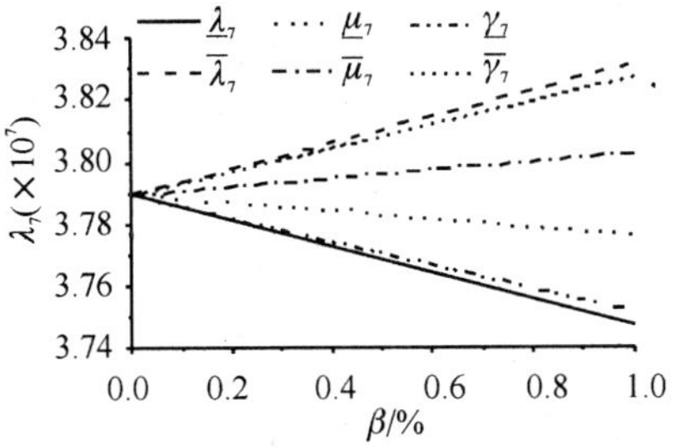

(g) 7阶特征值

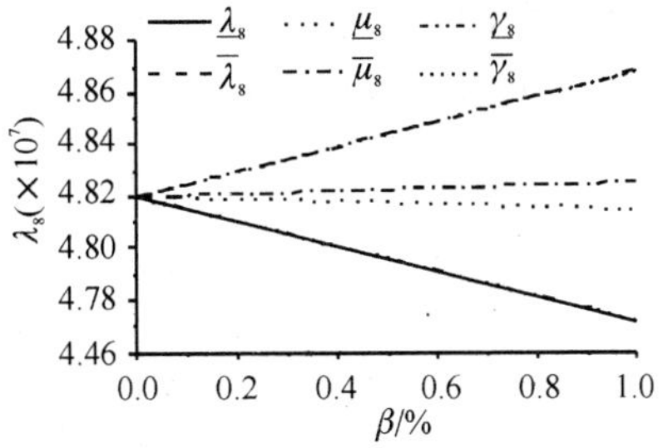

(h) 8阶特征值

图 10.5　8 杆平面桁架的特征值随不确定因子 β 变化曲线

其中，$\boldsymbol{b}^I$ 为区间结构参数，$b_i^I(i=1,2,\cdots,m)$为区间向量的分量。

在约束条件式(10.142)下，特征值集合可以写为

$$\Gamma = \{\lambda:\lambda \in \mathbf{R}, \boldsymbol{K}(\boldsymbol{b})\boldsymbol{u} = \lambda\boldsymbol{M}(\boldsymbol{b})\boldsymbol{u}, \boldsymbol{b} \in \boldsymbol{b}^I\} \tag{10.144}$$

一般情况下，由式(10.144)所定义的集合非常复杂，它既不是区间向量，也不是凸集。这里，我们的目标是确定能够包含每一个特征值的闭区间，使它满足下面的条件

$$\Gamma \subset \lambda^I = [\underline{\lambda}, \bar{\lambda}] = (\lambda_i^I), \lambda_i^I = [\underline{\lambda}_i, \bar{\lambda}_i] \quad (i = 1,2,\cdots,n) \tag{10.145}$$

式中：

$$\underline{\lambda}_i = \min_{b\in b^I}\lambda_i(\boldsymbol{K}(\boldsymbol{b}),\boldsymbol{M}(\boldsymbol{b})) \quad 和 \quad \bar{\lambda}_i = \max_{b\in b^I}\lambda_i(\boldsymbol{K}(\boldsymbol{b}),\boldsymbol{M}(\boldsymbol{b})) \tag{10.146}$$

第 i 阶特征值可以通过直接求解式(10.76)，也可以通过下面的商形式得到

$$\lambda_i(\boldsymbol{K}(\boldsymbol{b}),\boldsymbol{M}(\boldsymbol{b})) = \min_{\boldsymbol{\Phi}_i\subset\mathbf{R}^n}\max_{\substack{\boldsymbol{\phi}\in\boldsymbol{\Phi}_i\\ \boldsymbol{\phi}\neq\boldsymbol{0}}}\left\{\frac{\boldsymbol{\phi}^{\mathrm{T}}\boldsymbol{K}(\boldsymbol{b})\boldsymbol{\phi}}{\boldsymbol{\phi}^{\mathrm{T}}\boldsymbol{M}(\boldsymbol{b})\boldsymbol{\phi}}\right\} \tag{10.147}$$

其中，$\boldsymbol{\Phi}_i\subset\mathbf{R}^n$ 为任一 i 维子空间，这是 Rayleigh 商的扩展形式，子空间的维数将随特征值的阶数增加而增大。本小节，主要集中分析特征值中所包含的不确定性，虽然特征向量也是在区间中变化的，但是，特征向量一般对参数的变化不如特征值敏感，所以这里暂不讨论。

2. 矩阵对的非负分解

经常地，对于工程结构问题，总体质量矩阵和刚度矩阵可以表示为结构参数向量 $\boldsymbol{b}=(b_i)$的线性组合形式

$$\left.\begin{aligned}\boldsymbol{M}(\boldsymbol{b}) &= \boldsymbol{M}_0 + \sum_{i=1}^{m} b_i\boldsymbol{M}_i = \boldsymbol{M}_0 + b_1\boldsymbol{M}_1 + b_2\boldsymbol{M}_2 + \cdots + b_m\boldsymbol{M}_m \\ \boldsymbol{K}(\boldsymbol{b}) &= \boldsymbol{K}_0 + \sum_{i=1}^{m} b_i\boldsymbol{K}_i = \boldsymbol{K}_0 + b_1\boldsymbol{K}_1 + b_2\boldsymbol{K}_2 + \cdots + b_m\boldsymbol{K}_m\end{aligned}\right\} \tag{10.148}$$

式中：$\boldsymbol{M}_i$ 和 $\boldsymbol{K}_i$ 为半正定矩阵，参数 b_i 为正实数。这种分解称为矩阵非负分解，它经常出现在实际工程问题中。例如，在结构有限元分析中，$\boldsymbol{M}_i$ 和 $\boldsymbol{K}_i$ 可以取为与结构参数 b_i 对应的单元刚度矩阵；在子结构方法中，$\boldsymbol{M}_i$ 和 $\boldsymbol{K}_i$ 可以取为相应于结构参数 b_i 的子结构矩阵。

为进一步解释矩阵非负分解，考虑如图 10.6 所示的一简单阶梯悬臂梁。

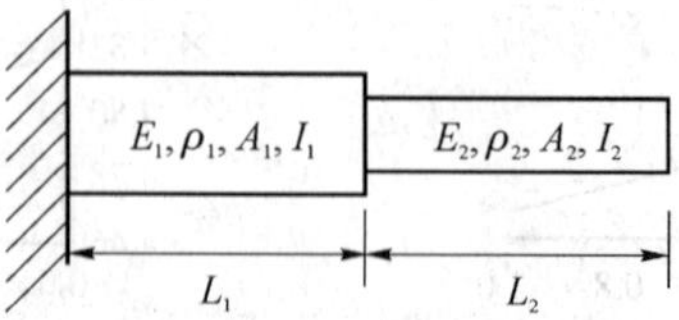

图 10.6 简单阶梯悬臂梁

将其划分为两个长度分别为 L_1 和 L_2 的梁单元，单元质量和刚度矩阵为

$$\left.\begin{aligned}\rho_1A_1\boldsymbol{M}_1&=\frac{\rho_1A_1L_1}{420}\begin{bmatrix}156&-22L_1&0&0\\-22L_1&4L_1^2&0&0\\0&0&0&0\\0&0&0&0\end{bmatrix}\\\rho_2A_2\boldsymbol{M}_2&=\frac{\rho_2A_2L_2}{420}\begin{bmatrix}156&22L_2&54&-13L_2\\22L_2&4L_2^2&13L_2&-3L_2^2\\54&-13L_2&156&-22L_2\\-13L_2&-3L_2^2&-22L_2&4L_2^2\end{bmatrix}\end{aligned}\right\}\tag{10.149}$$

和

$$\left.\begin{aligned}E_1I_1\boldsymbol{K}_3&=\frac{E_1I_1}{L_1^3}\begin{bmatrix}12&-6L_1&0&0\\-6L_1&4L_1^2&0&0\\0&0&0&0\\0&0&0&0\end{bmatrix}\\E_2I_2\boldsymbol{K}_4&=\frac{E_2I_2}{L_2^3}\begin{bmatrix}12&6L_2&-12&6L_2\\6L_2&4L_2^2&-6L_2&2L_2^2\\-12&-6L_2&12&-6L_2\\6L_2&2L_2^2&-6L_2&4L_2^2\end{bmatrix}\end{aligned}\right\}\tag{10.150}$$

总体质量矩阵和刚度矩阵可以通过单元质量矩阵和刚度矩阵进行组装，表示成式(10.148)的形式。取 $\boldsymbol{b}=(\rho_1A_1,\rho_2A_2,E_1I_1,E_2I_2)^{\mathrm{T}}$，$\boldsymbol{M}_3=\boldsymbol{M}_4=\boldsymbol{0}$，$\boldsymbol{K}_1=\boldsymbol{K}_2=\boldsymbol{0}$，$\boldsymbol{M}_1$、$\boldsymbol{M}_2$、$\boldsymbol{K}_3$、$\boldsymbol{K}_4$ 可以从式(10.149)和式(10.150)中得到。可以看出，$\boldsymbol{M}_1$、$\boldsymbol{M}_2$、$\boldsymbol{K}_3$、$\boldsymbol{K}_4$ 均为半正定矩阵。

对式(10.148)关于参数 $\boldsymbol{b}$ 进行自然区间扩张，得到

$$\left.\begin{aligned}\boldsymbol{M}^I&=[\underline{\boldsymbol{M}},\bar{\boldsymbol{M}}]=\boldsymbol{M}_0+\sum_{i=1}^{m}b_i^I\boldsymbol{M}_i=\boldsymbol{M}_0+b_1^I\boldsymbol{M}_1+b_2^I\boldsymbol{M}_2+\cdots+b_m^I\boldsymbol{M}_m\\\boldsymbol{K}^I&=[\underline{\boldsymbol{K}},\bar{\boldsymbol{K}}]=\boldsymbol{K}_0+\sum_{i=1}^{m}b_i^I\boldsymbol{K}_i=\boldsymbol{K}_0+b_1^I\boldsymbol{K}_1+b_2^I\boldsymbol{K}_2+\cdots+b_m^I\boldsymbol{K}_m\end{aligned}\right\}\tag{10.151}$$

式中：$b_i^I=[\underline{b}_i,\bar{b}_i]$$(i=1,2,\cdots,m)$为不确定但非随机参数。

3. 参数顶点求解定理

为后续给出定理方便，先引入一些符号。假设区间参数向量为 $\boldsymbol{b}^I$，则其边界向量(也称端点向量或顶点向量)集定义为

$$\hat{\boldsymbol{b}}=\{\boldsymbol{b}:\boldsymbol{b}\in\boldsymbol{b}^I,\boldsymbol{b}=(b_i),\text{且 } b_i=\bar{b}_i\text{ 或 } b_i=\underline{b}_i,i=1,2,\cdots,m\}\tag{10.152}$$

可以发现，此边界向量集包含 2^m，m 为向量 $\boldsymbol{b}$ 的长度。特别地，当 $m=2$ 时，参数区间向量描述为参数空间中一长方形，边界向量集为长方形的 4 个顶点。

参数顶点求解定理：假设质量矩阵和刚度矩阵存在形如式(10.148)的非负分解，结构参数向量 $\boldsymbol{b}$ 在一区间向量内变化，即 $\boldsymbol{b}\in\boldsymbol{b}^I$。那么，第 i 阶特征值 λ_i 包含在一区间内，即 $\lambda_i\in\lambda_i^I=[\underline{\lambda}_i,\bar{\lambda}_i]$，其上下界分别为

$$\left.\begin{aligned}\underline{\lambda}_i &= \min\{\lambda_i(\boldsymbol{M}(\boldsymbol{b}),\boldsymbol{K}(\boldsymbol{b})):\boldsymbol{b}\in\hat{\boldsymbol{b}}\}\\ \bar{\lambda}_i &= \max\{\lambda_i(\boldsymbol{M}(\boldsymbol{b}),\boldsymbol{K}(\boldsymbol{b})):\boldsymbol{b}\in\hat{\boldsymbol{b}}\}\end{aligned}\right\}\tag{10.153}$$

证明：由 Rayleigh 商知，特征值 λ_i 的极值 λ_{iext} 可以写为

$$\begin{aligned}\lambda_{\text{iext}}&=\underset{\boldsymbol{b}\in\boldsymbol{b}^I}{\text{extremum}}\{\lambda_i\}=\underset{\boldsymbol{b}\in\boldsymbol{b}^I}{\text{extremum}}\ \min_{\boldsymbol{\Phi}_i\subset\mathbf{R}^n}\max_{\substack{\boldsymbol{\phi}\in\boldsymbol{\Phi}_i\\ \boldsymbol{\phi}\neq\boldsymbol{0}}}\left\{\frac{\boldsymbol{\phi}^{\mathrm{T}}\boldsymbol{K}(\boldsymbol{b})\boldsymbol{\phi}}{\boldsymbol{\phi}^{\mathrm{T}}\boldsymbol{M}(\boldsymbol{b})\boldsymbol{\phi}}\right\}=\\ &\min_{\boldsymbol{\Phi}_i\subset\mathbf{R}^n}\max_{\substack{\boldsymbol{\phi}\in\boldsymbol{\Phi}_i\\ \boldsymbol{\phi}\neq\boldsymbol{0}}}\underset{\boldsymbol{b}\in\boldsymbol{b}^I}{\text{extremum}}\left\{\frac{\boldsymbol{\phi}^{\mathrm{T}}\boldsymbol{K}(\boldsymbol{b})\boldsymbol{\phi}}{\boldsymbol{\phi}^{\mathrm{T}}\boldsymbol{M}(\boldsymbol{b})\boldsymbol{\phi}}\right\}\qquad(i=1,2,\cdots,n)\end{aligned}\tag{10.154}$$

为计算式(10.154)中商的极值，要求质量矩阵和刚度矩阵的非负分解存在，且参数向量 $\boldsymbol{b}$ 的所有分量均为正实数。从而，$\kappa_i=\boldsymbol{\phi}^{\mathrm{T}}\boldsymbol{K}_i\boldsymbol{\phi}\geqslant 0$ 和 $\mu_i=\boldsymbol{\phi}^{\mathrm{T}}\boldsymbol{M}_i\boldsymbol{\phi}\geqslant 0$。因此

$$f(\boldsymbol{b})=\frac{\boldsymbol{\phi}^{\mathrm{T}}\boldsymbol{K}(\boldsymbol{b})\boldsymbol{\phi}}{\boldsymbol{\phi}^{\mathrm{T}}\boldsymbol{M}(\boldsymbol{b})\boldsymbol{\phi}}=\frac{\kappa_0+\sum_{i=1}^{m}\kappa_i b_i}{\mu_0+\sum_{i=1}^{m}\mu_i b_i}\tag{10.155}$$

当所有 b_i 均为正实数时，商式(10.155)没有任何局部极大值或极小值。这一点可以通过微分式(10.155)来证明，只有当

$$[\boldsymbol{\kappa}\boldsymbol{\mu}^{\mathrm{T}}-\boldsymbol{\mu}\boldsymbol{\kappa}^{\mathrm{T}}]\boldsymbol{b}=-(\mu_0\boldsymbol{\kappa}-\kappa_0\boldsymbol{\mu})\tag{10.156}$$

成立时，$\boldsymbol{f}$ 出现转向点，其中 $\boldsymbol{\kappa}=(\kappa_i)$ 和 $\boldsymbol{\mu}=(\mu_i)$。如果对式(10.156)前乘一个与 $\boldsymbol{\mu}$ 正交但不与 $\boldsymbol{\kappa}$ 正交的向量 $\boldsymbol{\alpha}$ 的转置 $\boldsymbol{\alpha}^{\mathrm{T}}$，化简可得

$$\boldsymbol{\mu}^{\mathrm{T}}\boldsymbol{b}=-\mu_0\tag{10.157}$$

然而，由于所有 μ_i 均为正数，那么至少必须存在一个 $\boldsymbol{b}$ 的分量为负。

因此，有

$$\underset{\boldsymbol{b}\in\boldsymbol{b}^I}{\text{extremum}}\left\{\frac{\boldsymbol{\phi}^{\mathrm{T}}\boldsymbol{K}(\boldsymbol{b})\boldsymbol{\phi}}{\boldsymbol{\phi}^{\mathrm{T}}\boldsymbol{M}(\boldsymbol{b})\boldsymbol{\phi}}\right\}=\underset{\boldsymbol{b}\in\hat{\boldsymbol{b}}}{\text{extremum}}\left\{\frac{\boldsymbol{\phi}^{\mathrm{T}}\boldsymbol{K}(\boldsymbol{b})\boldsymbol{\phi}}{\boldsymbol{\phi}^{\mathrm{T}}\boldsymbol{M}(\boldsymbol{b})\boldsymbol{\phi}}\right\}\tag{10.158}$$

从而，所有 λ_i 的极值均出现在结构区间参数的顶点。

4. 数值算例

【算例 1】考虑如图 10.7 所示的 3 单元阶梯悬臂梁，其中单元质量密度和长度分别为 $\rho_i=7\,800\ \text{kg/m}^3$，$L_i=0.4\ \text{m}(i=1,2,3)$

下面通过两组不同情况的区间结构参数，将参数顶点求解定理与 Deif 求解定理结果进行比较。

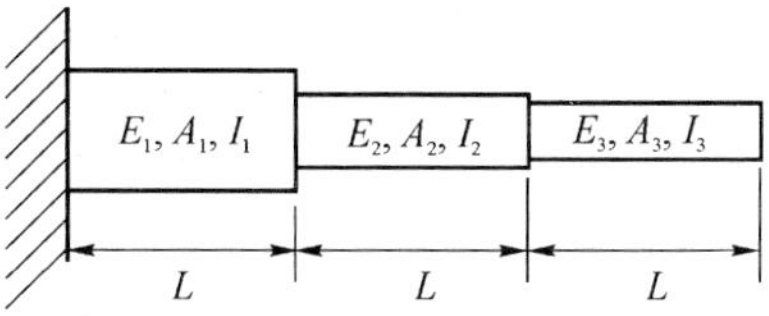

图 10.7　3 单元阶梯悬臂梁

情况 1：单元横截面积和截面惯性矩为确定值，分别为

$$A_1=1.44\times10^{-2}\ \text{m}^2,\quad A_2=1.0\times10^{-2}\ \text{m}^2,\quad A_3=0.64\times10^{-2}\ \text{m}^2$$

$$I_1=0.2\times10^{-4}\ \text{m}^2,\quad I_2=0.1\times10^{-4}\ \text{m}^2,\quad I_3=0.05\times10^{-4}\ \text{m}^2$$

弹性模量取为不确定但有界参数，它们的区间值分别为 $E_1^I=[199.7, 200.3]$ GN/m²，$E_2^I=[199.8, 200.2]$ GN/m²，$E_3^I=[199.9, 200.1]$ GN/m²。

表 10.3 列出了由 Deif 求解定理和参数顶点求解定理所得到的特征值上下界值。

情况 2：弹性模量是确定值为

$$E_i=200\ \text{GN/m}^2\ (i=1,2,3)$$

单元横截面积和截面惯性矩取为不确定但有界参数，它们的区间值分别为

$$A_1^I=[1.426\times10^{-2}, 1.454\times10^{-2}]\ \text{m}^2,\quad A_2^I=[0.99\times10^{-2}, 1.01\times10^{-2}]\ \text{m}^2$$

$$A_3^I=[0.634\times10^{-2}, 0.646\times10^{-2}]\ \text{m}^2,\quad \text{I}_1^I=[0.1998\times10^{-4}, 0.2002\times10^{-4}]\ \text{m}^4$$

$$I_2^I=[0.0999\times10^{-4}, 0.1001\times10^{-4}]\ \text{m}^4,\quad I_3^I=[0.04995\times10^{-4}, 0.05005\times10^{-4}]\ \text{m}^4$$

表 10.4 列出了由 Deif 求解定理和参数顶点求解定理所得到的特征值上下界值。

表 10.3　3 单元阶梯悬臂梁特征值区间上下界(情况 1)

特征值	Deif 求解定理		参数顶点求解定理	
	$\underline{\lambda}_i$	$\overline{\lambda}_i$	$\underline{\lambda}_i$	$\overline{\lambda}_i$
λ_1	3.103 502E+05	4.196 759E+05	3.645 921E+05	3.655 699E+05
λ_2	7.203 591E+06	7.467 286E+06	7.327 840E+06	7.343 228E+06
λ_3	4.804 870E+07	4.838 791E+07	4.817 373E+07	4.826 370E+07
λ_4	2.574 804E+08	2.586 341E+08	2.577 919E+08	2.583 228E+08
λ_5	8.906 338E+08	8.932 953E+08	8.910 574E+08	8.928 784E+08
λ_6	2.736 988E+09	2.742 580E+09	2.738 051E+09	2.741 501E+09

表 10.4　3 单元阶梯悬臂梁特征值区间上下界(情况 2)

特征值	Deif 求解定理		参数顶点求解定理	
	$\underline{\lambda}_i$	$\overline{\lambda}_i$	$\underline{\lambda}_i$	$\overline{\lambda}_i$
λ_1	5.067125E+04	6.638112E+05	3.612794E+05	3.689557E+05
λ_2	6.636282E+06	8.060068E+06	7.257447E+06	7.415161E+06
λ_3	4.598797E+07	5.071412E+07	4.770923E+07	4.873816E+07
λ_4	2.470625E+08	2.710061E+08	2.553292E+08	2.608389E+08
λ_5	8.289696E+08	9.699690E+08	8.824674E+08	9.016557E+08
λ_6	2.249725E+09	3.613547E+09	2.711208E+09	2.768894E+09

表 10.3 和表 10.4 的结果均显示了参数顶点求解定理得到的区间要比 Deif 求解定理得到的区间要“紧”一些。

【算例 2】考虑如图 10.8 所示的 8 杆平面桁架，将参数顶点求解定理与上下界包含定理结果进行比较。1、2、3、4 和 6 杆单元横截面积被取为不确定但有界变量，它们的区间为

$$A_i^I=[A^c-\beta A^c, A^c+\beta A^c] \qquad (i=1,2,3,4,6)$$

式中：$A^c=2.0\times10^{-4}\ \text{m}^2$；$\beta$ 为不确定因子，将用来检查特征值界限随不确定增加的变化程度。5、7 和 8 杆的横截面积取为确定值 $A_5=A_7=A_8=1.0\times10^{-4}\ \text{m}^2$。材料的弹性模量为 $E=200\ \text{GN/m}^2$。图 10.9 给出了用上下界包含定理和参数顶点求解定理所得到的前 4 阶特征值区间随不确定因子 β 变化程度的比较。

从图 10.9 的结果可以看出，由参数顶点求解定理所产生的特征值区间，要比由上下界包含定理得到的结果要“紧”一些。另外，正如所期望的一样，特征值的区间界限随着不确定因子增加不断加大。

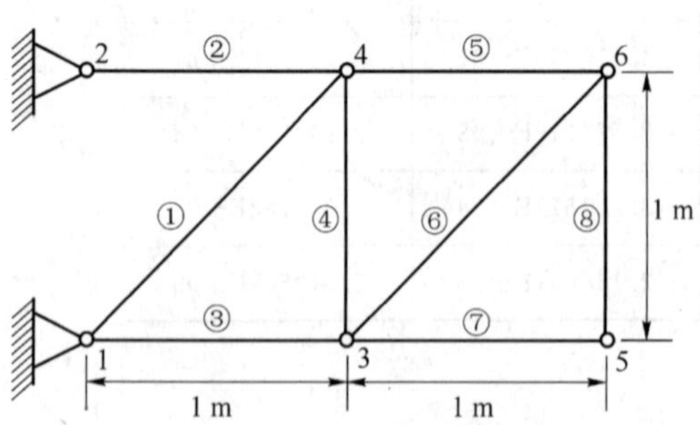

图 10.8　8 杆平面桁架

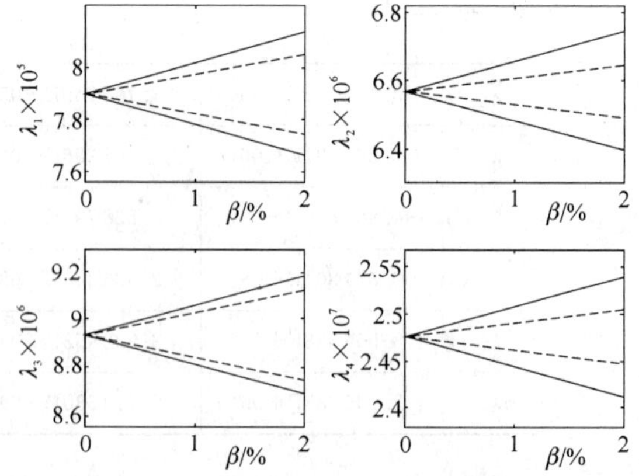

注：实线：上下界包含定理；虚线：参数顶点求解定理

图 10.9　8 杆平面桁架前 4 阶特征值区间界

10.2.3 广义区间特征值问题参数顶点求解定理在工程中的应用

1. 工程背景

直升机尾桨是用来平衡旋翼所引起的反扭矩和对直升机进行航向操纵的部件。近 20 年来，直升机技术特别是旋翼和尾桨技术的迅猛发展，很大程度上得益于复合材料的应用。复合材料具有比强度、比刚度高的优点，且疲劳寿命长、损伤容限大、材料的阻尼高，又可模压成型，加之材料本身的可设计性，因而使复合材料成为直升机工业中最富有生命力的新型结构材料。

尾桨的振动特性分析为直升机设计提供了重要基础。然而复合材料的属性，例如弹性模量、泊松比等参数经常存在很大的分散性，它们成为影响尾桨性能的主要因素，在很大程度上都来自于加工过程。即使在同一制造过程，材料属性也可能表现出明显的差别。

复合材料属性的不确定性，必然会使尾桨固有频率也表现出一定的不确定性。这里，我们将不确定复合材料参数用区间数来描述。

2. 尾桨固有振动频率区间估计

建模、计算及后处理工作均是在大型工程分析软件 ANSYS 9.0 中完成的。桨叶是由多种复合材料组成，各复合材料的材料属性如表 10.5 所列。系统假设为根部固支，桨叶翼型如图 10.10 所示，实体模型如图 10.11 所示。尾桨叶片的蒙皮，采用多层正交各向异性材料的层合壳单元(SHELL99)。其内部为实心，采用具有正交各向异性材料属性的体单元（SOLID92 和 SOLID95），对整个实体模型进行离散化。分网过程全部采用手动进行划分，整个模型共分为 28 743 个单元和 59 278 个结点。尾桨叶片网格如图 10.12 所示。

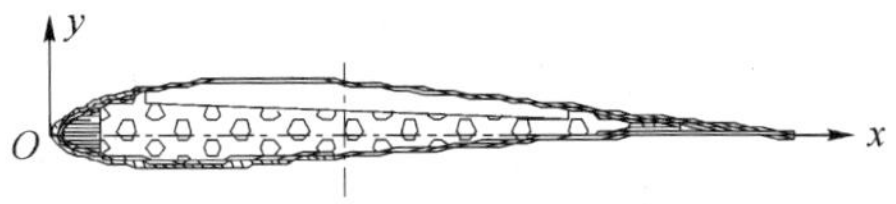

图 10.10　桨叶翼型

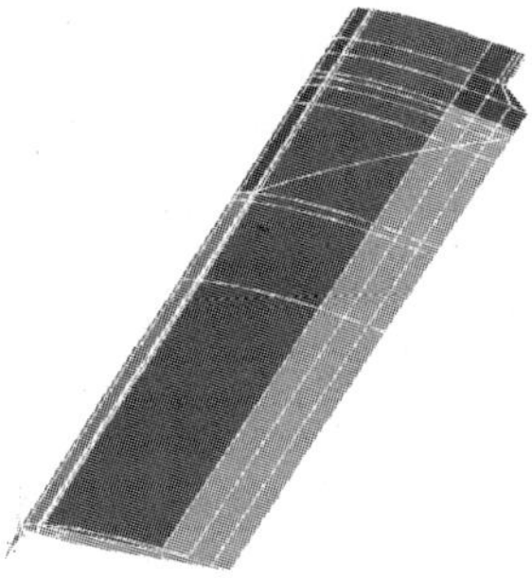

图 10.11　桨叶实体模型

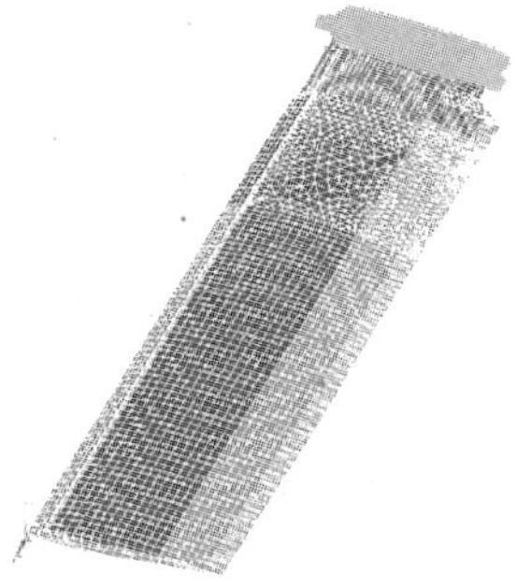

图 10.12　桨叶网格划分

表 10.5　桨叶的材料特性参数

材料名称	E_x	E_y	E_z	μ_{xy}	μ_{yz}	μ_{xz}	G_{xy}	G_{yz}	G_{xz}	ρ
泡沫块	—	42.5	42.5	0.25	0.25	0.25	17.0	17.0	17.0	75.0
膨胀胶膜	18.5	18.5	18.5	0.25	0.25	0.25	7.4	7.4	7.4	1151.5
玻璃布	18.5	18.5	0.0185	0.15	0.15	0.15	0.37	0.37	0.37	2000.0
Kevlar 布	—	31.0	0.0310	0.25	0.25	0.25	0.62	0.62	0.62	1750.0
碳布	—	125.0	0.1250	0.332	0.332	0.332	3.6	3.6	3.6	1616.7
碳条	—	125.0	125.0	0.332	0.332	0.332	3.6	3.6	3.6	1511.3
钛	44.0	44.0	44.0	0.3	0.3	0.3	16.9	16.9	16.9	4500.0
Kevlar 带	—	5.616	5.616	0.25	0.25	0.25	2.808	2.808	2.808	1366.0
1Cr18Ni3A	212.0	212.0	212.0	0.27	0.27	0.27	83.46	83.46	83.46	7709.0
2618A	69.0	69.0	69.0	0.27	0.27	0.27	27.2	27.2	27.2	2800.0

注：泡沫块、膨胀胶膜的弹性模量和剪切模量的单位为 MPa，其他材料均为 GPa，密度 ρ 单位均为 kg/m³。

由于制造和测量误差，泡沫块、Kevlar 布、碳布、碳条及 Kevlar 带的 x 方向的弹性模量 $E_i(i=1,2,\cdots,5)$ 具有不确定性，但已知它们所在的区间为

$$[E_{xi}^c-\beta E_{xi}^c, E_{xi}^c+\beta E_{xi}^c] \qquad (i=1,2,\cdots,5)$$

式中：$E_{x1}^c=42.5\times10^6$ Pa，$E_{x2}^c=31.0\times10^9$ Pa，$E_{x3}^c=125.0\times10^9$ Pa，$E_{x4}^c=125.0\times10^9$ Pa，$E_{x5}^c=140.4\times10^9$ Pa，$\beta=5\%$（其值往往根据实验数据而定）为不确定因子。不确定参数的维数为 5，根据 10.2.2 小节给出的区间参数顶点定理，为确定桨叶固有频率所在范围需要进行 $2^5=32$ 次重分析。表 10.6 列出了进行 32 次重分析所得桨叶的前 5 阶频率值。

从表 10.7 可以得到桨叶固有频率所在区间的上下界，给出桨叶振动固有频率名义值及由复合材料参数不确定，导致不确定固有频率的不确定度。

表 10.6　区间参数顶点不同各组合情况下桨叶前 5 阶频率

顶点组合	振动频率/Hz					顶点组合	振动频率/Hz				
	第 1 阶	第 2 阶	第 3 阶	第 4 阶	第 5 阶		第 1 阶	第 2 阶	第 3 阶	第 4 阶	第 5 阶
1	63.610	312.59	408.24	459.23	750.14	17	64.361	317.28	418.06	459.97	760.08
2	63.614	312.62	408.25	459.23	750.19	18	64.365	317.30	418.07	459.97	760.13
3	63.619	312.69	408.34	459.84	750.52	19	64.370	317.38	418.18	460.58	760.45
4	63.623	312.72	408.35	459.84	750.57	20	64.374	317.41	418.19	460.58	760.50
5	63.756	313.61	409.38	466.12	753.54	21	64.507	318.32	419.30	466.82	763.48
6	63.760	313.64	409.40	466.12	753.59	22	64.511	318.35	419.31	466.82	763.53
7	63.765	313.71	409.48	466.71	753.90	23	64.516	318.42	419.41	467.40	763.84

续表 10.6

顶点组合	振动频率/Hz					顶点组合	振动频率/Hz				
	第 1 阶	第 2 阶	第 3 阶	第 4 阶	第 5 阶		第 1 阶	第 2 阶	第 3 阶	第 4 阶	第 5 阶
8	63.769	313.74	409.49	466.71	753.95	24	64.520	318.45	419.42	467.40	763.89
9	63.683	313.36	409.04	459.24	752.25	25	64.436	318.09	418.85	459.99	762.23
10	63.688	313.39	409.05	459.24	752.30	26	64.441	318.12	418.86	459.99	762.28
11	63.693	313.46	409.14	459.86	752.63	27	64.446	318.19	418.96	460.59	762.60
12	63.697	313.49	409.15	459.86	752.67	28	64.450	318.22	418.97	460.59	762.65
13	63.830	314.38	410.20	466.13	755.65	29	64.583	319.13	420.09	466.83	765.64
14	63.834	314.41	410.21	466.13	755.70	30	64.587	319.16	420.11	466.83	765.69
15	63.839	314.48	410.30	466.72	756.02	31	64.592	319.23	420.20	467.42	766.00
16	63.843	314.51	410.31	466.72	756.07	32	64.596	319.26	420.21	467.42	766.05

表 10.7　桨叶固有频率区间上下界及不确定度

固有频率	第 1 阶	第 2 阶	第 3 阶	第 4 阶	第 5 阶
名义值/Hz	64.088	315.90	414.27	463.10	757.75
频率区间/Hz	63.610～ 64.596	312.59～319.26	408.24～420.21	459.23～467.42	750.14～766.05
不确定度/%	0.77	1.06	1.44	0.88	1.05

下　篇　有限元方法在航空航天中的应用

本篇知识要点：

- 飞行器典型结构与传力路线分析；
- 飞机结构有限元建模技术；
- 飞机结构有限元分析；
- 飞机结构疲劳的有限元分析；
- 飞行器结构优化设计；
- 卫星结构有限元分析；
- 弹箭结构有限元分析；
- 工程实例分析。

第11章　飞行器典型结构与传力路线分析

11.1　飞机结构系统的主要组成部分

飞机结构系统由机身、机翼、尾翼、起落架、操纵机构等组成。

1. 机　翼

机翼的功用主要是提供升力，与尾翼一起形成良好的稳定性和操纵性。另外，在机翼的内部可以装载燃油、设备、武器，在机翼上可以安装起落架、发动机，悬挂导弹、副油箱及其他外挂设备。

典型机翼的受力构件包括纵向（沿翼展方向）骨架、横向（沿气流方向或垂直于翼梁方向）骨架和蒙皮。纵向骨架有翼梁、纵墙和桁条，横向骨架有翼肋和加强翼肋。

2. 机　身

机身的作用是装载人员、货物、设备燃油等物品，同时固定机翼、尾翼、起落架等部件与操纵机构，使之炼成一个整体。机身可以分为若干段。

典型机身的受力构件包括纵向原件（沿机身纵轴方向）桁梁、桁条和横向元件（垂直于机身纵轴方向）隔框以及蒙皮。

3. 尾　翼

尾翼的主要功用是保证飞机的纵向和航向平衡，并使飞机在纵向和航向两方面具有必要的稳定和操纵性。一般尾翼包括水平尾翼和垂直尾翼。通常低速飞机的尾翼都是分成可动的舵面和固定的安定面两部分。尾翼受力构件与机翼类似。

4. 起落架

飞机起落架的主要功用是提供飞机起飞、着陆、滑跑和地面或睡眠停放之用。它可以吸收着陆冲击能量，减小冲击载荷，改善滑行性能。

典型的起落架由受力结构、减振器、机轮、刹车装置和收放机构等部件组成。其受力结构形式有构架式、梁式（包括简单支柱式、撑杆支柱式、摇臂支柱式等）、桁架与梁混合式等。

11.2　导弹结构系统的主要组成部分

在不考虑助推器的情况下，导弹、火箭的受力结构系统主要由有效载荷舱（包括整流罩或弹头)弹身或箭身(包括液体火箭发动机的贮箱)、翼面(包括稳定翼)、舵面和各种机构组成。

1. 有效载荷舱

有效载荷随着导弹、火箭的种类不同,含义有所不同。例如,对于弹道式导弹,它是弹头;对于有翼式导弹,它是战斗部;对于运载火箭,它是人造地球卫星、载人飞船、空间探测器等;对于探空火箭,它是探测仪器、生物实验箭头等。对于运载火箭和探空火箭来讲,此舱一般还包括整流罩。有效载荷舱的功用是装载有效载荷,保证有效载荷要求的工作环境,承受内部装载的惯性力、气动力和气动加热引起的载荷。一般来说,有效载荷舱的承力结构主要是外部舱(壳)体和内部的安装骨架。对于运载火箭,主要承力结构是整流罩和罩内的安装固定装置。也可以把整流罩作为箭身的一部分。

2. 弹身或箭身

弹身或箭身的功用同机身基本相同。不同的是,它们的分离面比较多,形成各种不同功能的舱段(包括火箭发动机贮箱、级间段、尾段),其承力结构除采用机身的机构形式外,还采用加肋壳式整体结构、蜂窝夹层结构等,主要由桥体受力传力。

3. 翼 面

翼面包括主翼(弹翼)、尾翼、前翼、安定面及舵面等,它的功用主要是提供升力,形成良好的稳定性与操纵性。翼面的主要结构形式和受力构件与机翼基本相同,但是用的结构形式较多,例如有翼导弹的翼面比较多地使用整体壁板结构,该结构的主要承力构件为整体壁板。

舵面是导弹、火箭的操纵面。通过操纵舵面转动,产生足够的气动力矩,用以保证导弹或火箭飞行的操纵性与稳定性。舵面的受力构件与飞机舵面基本相同,但应用较多的是整体实心板结构,气动载荷直接通过整体实心板承受与传递。

11.3 飞行器结构形式的分类

由于飞行器的任务不同,使得在飞行器结构分析中采用的受力、传力的结构形式多种多样。承受结构上载荷(作用力和力矩)的构件的总和,组成了结构的主承力系统,构成结构的主传力路径。结构的其他构件将局部载荷传递到主承力系统构件上,并与它以形成结构的整个承力系统。所谓结构形式是指结构中主承力系统的组成形式。各种不同的结构形式,表征了结构不同的受力传力特点。按照不同的分类方式,可以对结构进行分类。

11.3.1 按照结构的受力传力形式分类

1. 蒙皮骨架结构

如图 11.1 所示,蒙皮骨架结构即由蒙皮和骨架组成的薄壁结构。其骨架由纵向骨架和横向骨架组成。例如,翼面的纵向骨架有大梁、桁条、墙等;横向骨架有翼肋等。舱段的纵向骨架有大梁桁条等;横向骨架有框。蒙皮与骨架一般是通过铆接装配在一起的。

结构的弯矩和轴向力主要由纵向骨架承受与传递，剪力与扭矩主要是由横向骨架和蒙皮来承受与传递。

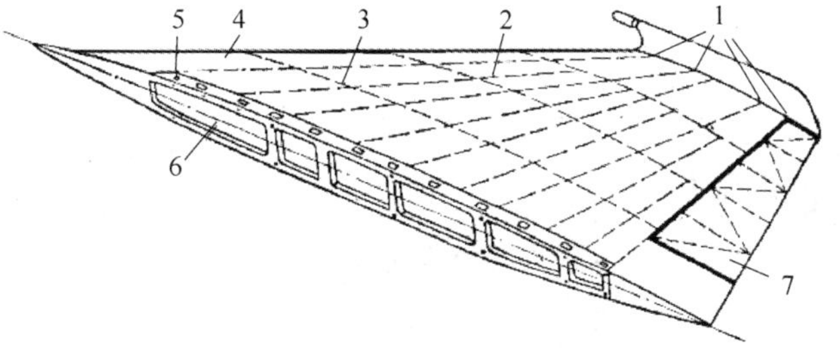

1—纵墙；2—桁条；3—翼肋；4—蒙皮；5—槽口；6—对接孔；7—副翼

图 11.1　蒙皮骨架结构

2. 整体结构

如图 11.2 所示，整体结构是将蒙皮和骨架合为一个整体的结构。一般情况下，蒙皮较厚，骨架变成了整体结构的纵向和横向的加强筋，结构以弹性板、壳的形式承受和传递载荷。

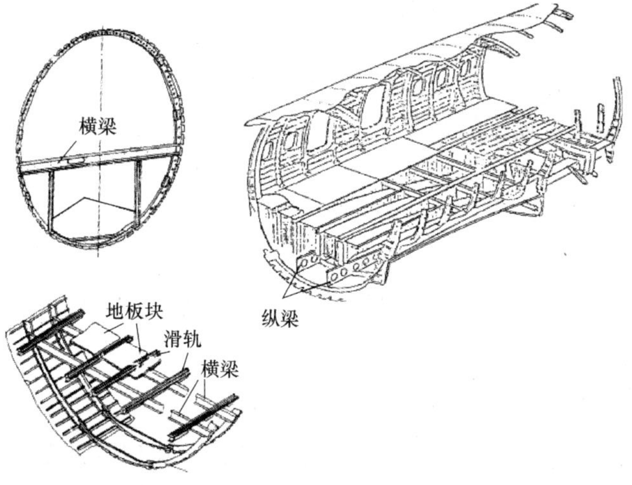

图 11.2　整体结构

3. 夹层板结构

夹层板结构如图 11.3 所示，这种结构形式的特点是采用了夹层板作为主要受力构件。夹层板由上、下两层薄面板和中间夹芯层连接而成。芯层通常是蜂窝结构、波纹板结构或泡沫结构。

4. 构架式结构

如图 11.4 所示，构架式结构又称杆系结构，它是由一定的配置数目和配置方向的杆件连接而成的构架。如果各杆件之间由铰接，则形成刚架结构。桁架结构载荷作用在结构的结点上，各构件只承受轴向载荷；刚架又可称为框架，是可以通过其结点，使构件承受剪切和弯曲的结构。由于实际与各杆件的连接通常采用可传递弯矩的螺纹连接或焊接，所以很少有真正意义上的桁架结构，其杆件主要承受拉、压载荷，还承受局部剪力、弯矩和扭矩。

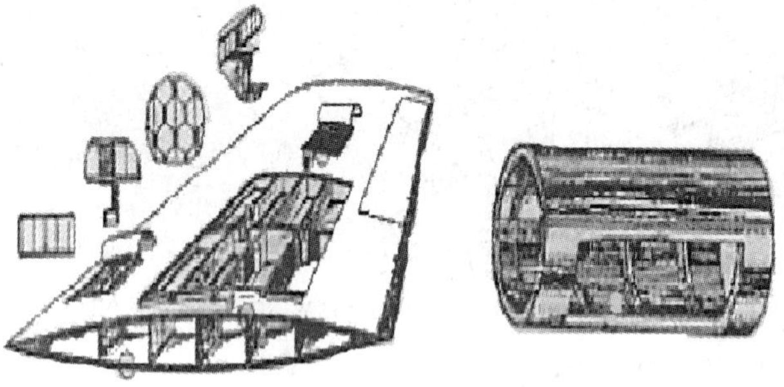

图 11.3 夹层板结构

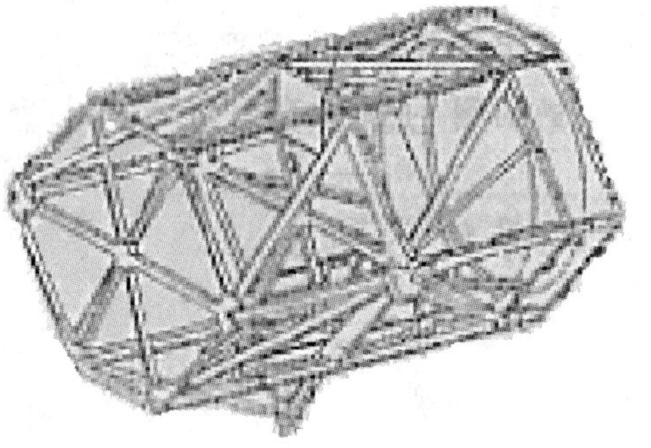

图 11.4 构架式结构

11.3.2 按照组成结构的部件形状分类

按照组成结构的部件形状分为：

- 杆系结构。它可以分为桁架结构和刚架结构。
- 板式结构。目前在航天器结构中广泛采用具有蜂窝芯子的夹层板结构，由框架和蒙皮组成的加筋板结构。
- 壳式结构。圆柱壳结构应用最多，例如，作为卫星主承力结构部件的中心承力筒。另外，卫星和其他航天器的舱体也可以采用不同形状的壳体结构。

11.4 传力分析概念与典型构件的受力特性

11.4.1 传力的基本概念

结构在所有载荷作用下必须是平衡的。例如，翼面上作用有分布的气动载荷和各接头传来的集中载荷，这些载荷是通过翼面各受力构件之间的相互传递达到平衡的。由此可见，飞行器结构的绝大部分元件都是为了合理地传递载荷而布置。因此，为了设计出符合设计要求的结构，必须进行传力分析，弄清楚结构中载荷的传递规律。

"传力分析"的含义如下：当支撑在某基础上的一个结构受有某种外载荷时，分析这些外载荷和通过结构的各个受力元件逐步向支撑它的基础传递，此过程称为结构的传力分析。传力概念是建立在作用力与反作用力的基础上的，载荷在结构中的传递过程，实际上就是作用力与反作用力相互依存、相互转化的过程。

由此可见，飞机结构的绝大部分元件都是为了合理地传递载荷而布置的。因此为了设计出符合最小质量等要求的满意结构，必须首先弄清楚各种结构中载荷的传递规律。然而，力在结构中的传递并不是一个简单的过程，要进行多次转化。在传力中各元件的作用是极其复杂的。由于传力过程的重要性和复杂性，有必要对它进行仔细研究。

11.4.2　对实际结构进行传力分析的基本方法

实际的飞机结构一般都是高度静不定的复杂结构。从受力的角度看，结构中有主要部分和主要元件以及次要部分和次要元件。对实际结构进行传力分析的基本方法如下：

首先，对实际结构进行合理的简化，略去次要元件和次要部分。例如可略去机翼的前缘和后缘，只考虑翼梁或墙之间的翼箱段的受力情况。通常把结构简化为静定的或只有一、二次超静定的结构。由此可见，传力分析不可能给出精确的量的概念、而只是通过定性的或粗定量的分析来研究结构的传力特性，进而研究结构的受力形式和主要受力构件的布置等问题。

其次，对简化了的具体结构和各元件之间的连接关系进行仔细分析，把实际的连接形式合理的简化成铰支和固支等几种；连接或分散连接等典型连接形式，以便对其传力能力进行分析。

最后，依次选取结构的各个部分为分离体。根据与该分离体相连的其他元件的受力特性和相互间的连接情况，求出作用在分离体上的外载荷和支反力，这样就能很好的了解力在结构中的传递情况。

11.4.3　典型构件的受力特性

飞行器结构形式及其承力构件多种多样，但是基本结构一般总是由板、杆、梁、壳等元件连接组合而成。设计中应根据薄壁构件的最佳受力特性进行恰当组合，使它们各自分担最符合自身受力特性(平面)上的承载作用。显然，在构件最佳受载特性的方向上作用载荷，构件产生的变形小，才能使设计的结构质量轻、刚度大。这也是传力路线分析的基本依据。构件的受力特性是指它在各方向(平面)上承载及变形的能力。显然，在构件最佳受力特性的方向上作用载荷，构件产生变形小，内力也小，效率就高。了解受力特性是为了设计中尽量使构件按各自的受力特性受载，以减轻结构重量。

本小节分析飞行器结构中以下典型结构的主要受力特性。

1. 杆结构

如图 11.5 所示，细长的杆只能承受(或传递)沿杆轴向的分布力或集中力，承压能力较低，承拉能力强。翼面中的长桁、翼梁缘条(凸缘)就属此类元件。

2. 板结构

如图 11.6 所示，一块薄平板适宜承受在板平面内的分布载荷，包括剪流和拉压应力。在薄板受压和受剪时，必须考虑稳定性问题。一般来说，当薄板没有加强件加强时，承压的能力比承拉的能力小得多，故分析时常将它忽略。同时要注意薄板不适宜受集中力。由于板的厚度较薄，很容易撕裂，所以要传递板平面内的集中力就必须附加一构件，将集中力扩散承分布

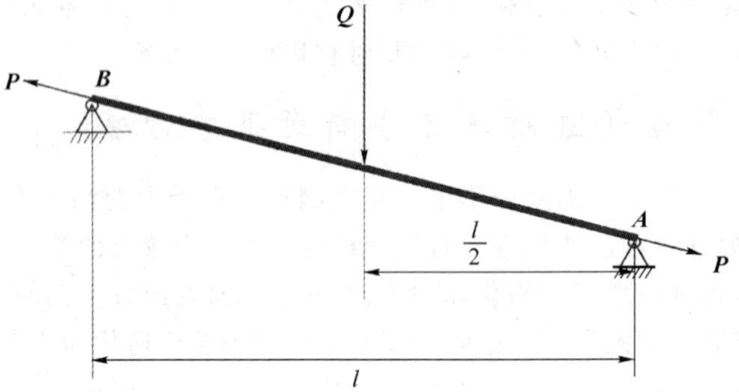

图 11.5　杆结构

剪流，否则板不能直接承受此集中力。翼面中的墙、翼梁和翼肋的腹板常简化成薄板。厚板则能直接承受一定的集中力，同时既可受剪，也可受拉、压，而且在剖面横向也有较好的弯曲刚度。

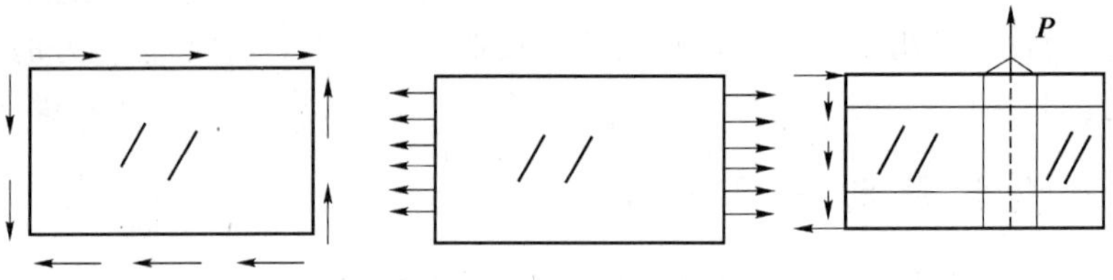

图 11.6　板结构及其受载

3. 平面板杆结构

如图 11.7 所示，它由位于同一平面内的板、杆元件组成，适宜受作用在该平面内的载荷。同杆宜于受轴向力，因此可沿板杆结构中的任何杆件加以沿杆轴向方向的力。如果某一结点为两根不同方向的杆的交点，则可在此结点上加一在板平面内任意方向上的集中力。

当由薄板与杆构成结构时，杆、板之间只能相互传递剪流。因为若板将拉伸应力传递于杆，则必定会使杆受到一横向载荷而引起弯矩，这将与杆不能受弯的假设相矛盾。由此还可推知，当板杆结构为三角形时，由于不应有横向载荷给杆，则三角形薄板周边上将可能承受纯剪流；但根据板的平衡又知，此时对板的任一顶点取力矩均不能平衡，可见三角形薄板不能受剪。但若为可受正应力的三角形厚板，板边又有合适的支持时，还是能受剪的。飞行器结构中最常见的平面板杆结构是由长桁加强的蒙皮壁板结构。这种结构能受拉伸、压缩和剪切载荷。为了计算方便，根据蒙皮的厚度不同可简化成不同的模型。常用的一种模型是板（蒙皮）承受拉压的能力合并到杆（长桁）中去，即仍简化为受剪板和受轴力杆。

4. 平面梁

平面梁可以是薄壁结构组合梁，也可以是整体梁，它适于受梁平面内的载荷。图 11.8

为一由腹板和上、下缘条组成的薄壁翼梁。在传力分析中可以近似认为腹板只受分布剪流形式的剪力。而缘条作为杆元受轴向力，上、下两缘条分别受拉和受压，可承受梁平面内的弯矩。

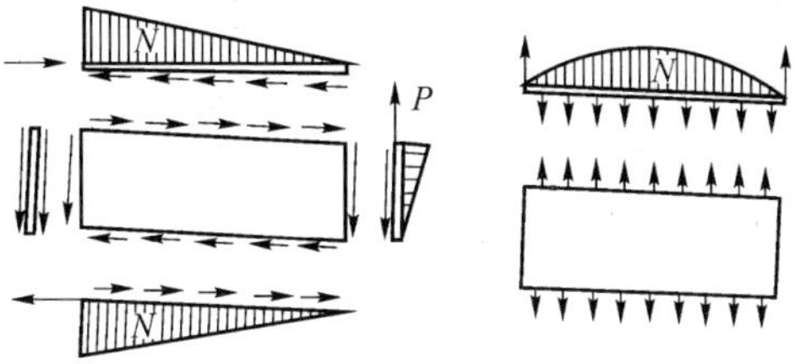

图 11.7　平面板杆结构

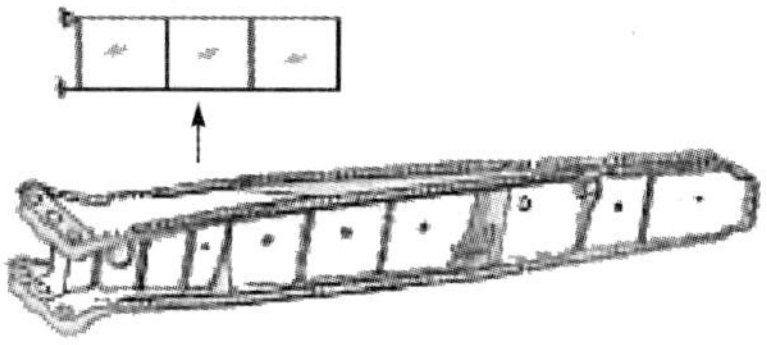

图 11.8　平面翼梁

5. 圆筒壳结构

如图 11.9 所示，圆筒壳结构可看做具有曲率的板，其传力特性与板相似。壳最适宜于传递沿壳中面作用的分布载荷(拉力和剪流)。壳承受垂直于壳中面的内压力时，剖面上能产生分布均匀的薄膜应力。所以壳也是以传递内压力，因此，与板相比，壳传递载荷的能力要强一些。飞行器上的壳类结构有舱体外壳、燃料贮箱、气瓶等。

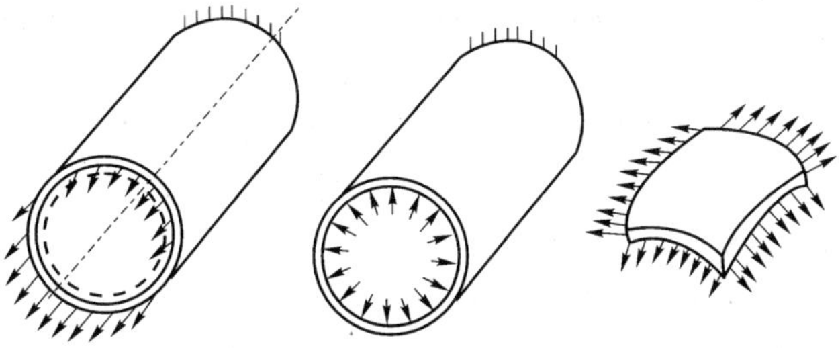

图 11.9　圆筒壳结构

综上所述，了解了各种构件的受力特性后，在结构设计时，就应尽量使构件按各自的受力特性来受载，“扬长避短”才能充分发挥材料的潜力，使结构设计得更轻。而在传力分析时，就可按各自的受力特性合理简化各构件、元件(如对梁的缘条可简化为杆元处理，忽略其承弯能力)，这样既可使分析工作大大简化，又不至于引起太大的误差。

11.5　典型翼面结构及其受力、传力分析

11.5.1　结构简介

机翼是飞机的升力面，用来产生气动升力。当它具有上反角时，可为飞机提供一定的横侧稳定性。在机翼上安装有一些操纵面，在其后缘有副翼和后缘襟翼；在其前缘有襟翼、缝翼；在

其上表面有扰流板。另外,很多飞机的发动机和主起落架安装于机翼结构上。机翼的内部空间常用来收藏主起落架和贮存燃油。

飞行中,作用于机翼的外部载荷有空气动力、机翼结构质量力和部件的质量力。机翼在外部载荷作用下,像一根固定在机身上的悬臂梁一样,要产生弯曲和扭转变形,因此,在这些外载荷作用下,机翼各界面要承受剪力、弯矩和扭矩。由于机翼结构沿水平方向尺寸较大,因而水平剪力和水平弯矩对飞机结构受力影响较小,在受力分析时只分析垂直剪力、扭矩和垂直弯矩。

11.5.2 机翼结构的受力特点

机翼的外部载荷是由许多构件组成一定形式的结构来承受的。

机翼通常是由翼梁、桁条、翼肋和蒙皮等构件组成。翼梁由缘条和腹板铆接而成,翼类铆接在翼梁腹板上,桁条铆接在翼肋上,蒙皮则铆接在翼梁缘条、翼肋和桁条等构件上。在机翼结构中,各种构件的基本作用有两个方面:一是形成和保持必须的机翼外形;二是承受外部载荷引起的剪力、弯矩和扭矩。

形成机翼外形的基本构件是翼肋和蒙皮。翼肋的形状就是根据选定的翼型制成的。蒙皮包在整个机翼骨架外面,可以保证机翼外表面光滑和形成必要的翼型。为了使蒙皮在局部空气动力作用下不至于产生过大的鼓胀和下陷,现代飞机都采用了金属蒙皮。此外,桁条对保持机翼的外形也有一定的作用,因为它能支持蒙皮,防止蒙皮产生过大的变形。

机翼结构中承受剪力、弯矩和扭矩的基本构件是翼梁、桁条和蒙皮。

剪力要使界面外端沿垂直方向向上移动。由于机翼的蒙皮、翼梁缘条和桁条沿垂直方向很容易产生变形,而翼梁腹板抵抗垂直方向变形的能力却很大,它能有效地阻止机翼向上移动。因此,剪力主要是由翼梁腹板承受的。

弯矩要使机翼产生弯曲变形。当向上弯曲时,翼梁下缘条、机翼下表面的桁条和蒙皮都会产生拉伸的轴向内力;而翼梁上缘条、以及上表面的蒙皮和桁条则产生压缩的轴向内力;它们组成内力偶与弯矩平衡。因此,弯矩引起的轴向力是由翼梁缘条、桁条和蒙皮共同承受的。

机翼受扭矩作用时,翼梁缘条和桁条都很容易变形,而金属蒙皮和翼梁腹板所组成的合围框,却能很好地反抗扭转变形,这时,蒙皮和腹板截面上会产生扭转剪应力并形成反力矩来与扭矩平衡。因此金属蒙皮机翼的扭矩,是由蒙皮和腹板所组成的几个合围框承受的。由于翼梁腹板上同时产生的两个方向相反的扭矩剪应力,能互相抵消或部分抵消,所以,可近似地认为,扭矩是由蒙皮形成的整个合围框承受的。

11.6 典型机身结构及其受力、传力分析

11.6.1 结构简介

机身是飞机的一个重要部件,它的主要功用是:固定机翼、尾翼、起落架等部件,使之连成

一个整体;同时,它还用来装载人员、货物、燃油及各种设备。

飞行中机身的阻力要占整个飞机阻力的较大部分,因此,要求机身具有良好的流线型、光滑的表面、合理的界面形状以及尽可能小的横截面积。在飞行和着陆过程中,机身不仅要承受作用于其表面的局部空气动力,而且还要承受起落架和机身上其他部件传来的集中载荷,所以机身结构必须具有足够的强度和刚度。

11.6.2　机身结构的受力特点

作用于机身上的载荷通常可以分为对称载荷与不对称载荷。

1. 对称载荷

与机身对称面对称的载荷称为对称载荷。飞机平飞和在垂直平面内进行曲线飞行时,由机翼和水平尾翼的固定接头传给机身的载荷,以及当飞机以三点或两点接地时,传到机身上的地面撞击力等,都属于对称载荷。在对称载荷作用下,机身要受到对称面内的剪切和弯曲作用。一般在机身与机翼连接点处,机身承受的剪力和弯矩最大。

2. 不对称载荷

与机身对称面不对称的载荷称为不对称载荷。其主要形式如下:

- 水平尾翼不对称载荷;
- 垂直尾翼侧向水平载荷;
- 一个主轮接地时的撞击力;
- 飞机进行急转弯或侧滑等飞行动作时,机身上的部件产生的侧向惯性力。

11.7　典型尾翼结构受力、传力分析

1. 结构简介

尾翼的主要作用有以下几点:

① 保持飞机的纵向平衡;

② 飞机纵向和方向安定性;

③ 实现飞机纵向和方向操纵。尾翼结构一般也是由梁、肋、桁条和蒙皮组成的,而构成方法与机翼相似。

2. 尾翼结构受力点特

尾翼承受的应力也与机翼相似。由气动载荷引起的弯矩、扭矩和剪力,从一个构件传到另一个构件。每个构件分担一部分应力,而把剩余的应力传给其他构件,最终传给翼梁,翼梁再把它传给机身结构。

11.8 典型起落架结构受力、传力分析

11.8.1 结构简介

起落架的主要功用是:在飞机滑跑、停放和着陆的过程中支撑飞机,同时吸收飞机在滑行和着陆时的震动和冲击载荷。

11.8.2 起落架结构的受力分析

1. 着陆撞击载荷

飞机降落时可能是三点着陆、两点着陆、甚至一点载荷着陆或侧滑着陆。这样,当飞机以一定的下沉速度着陆时会受到不同的撞击载荷,如垂直撞击载荷、前方撞击载荷、侧向撞击载荷和惯性力矩。现代飞机一般规定起落架的垂直方向载荷系数:战斗机为 3～5,小型多用途飞机为 2～3,运输机为 0.7～1.5;在不光滑的跑道上粗暴着陆时,水平方向载荷系数约为 1～2;带侧滑接地或在地面急转弯时,侧向载荷系数约为 0.3～1.0。

2. 滑跑冲击载荷

飞机在起飞、着陆的滑跑过程中,道面不平或道面上有杂物都会引起对起落架的冲击载荷。在着陆滑跑中还会有由于未被减震装置消散掉的着陆能量引起的振动载荷。这些载荷均比着陆撞击载荷小,但由于滑跑距离长,因此滑跑冲击载荷的反复作用次数多。

3. 刹车载荷

为了缩短着陆滑跑距离,在滑跑过程中需要刹车。这时有较大的 x 向载荷,即轮胎与地面的摩擦力 p,还会有刹车力矩引起的 y 向载荷。

4. 静态操纵载荷和地面停放载荷

飞机在牵引、进入定位时,常用牵引架对起落架进行各方的推、拉、扭、摆,造成静态操纵载荷。飞机停放并固定在地面上时,可能受到大风引起的系留载荷,这在沿海地区更应加以考虑。起落架还受有其他一些载荷,如收放过程中收放机构传来的载荷;多伦式起落架由于各轮受载不均而产生的偏心载荷等。

总之,起落架的载荷多种多样,必须注意的是起落架所受的力大多是动载荷,伴随着减振器的伸缩、机轮的旋转和刹车等,可能出现各种振动,加之多次起落架的重复受载,因此对起落架因疲劳载荷引起的损伤和破坏应着重加以考虑。

第 12 章　飞机结构有限元建模技术

12.1　概　述

在有限元分析过程中，建模是其中最为关键的环节，因为一个好的有限元模型可以保证结果精度，并提高计算效率。由于分析对象的形状、工况条件、材料性质的复杂性，建模所需要考虑的因素很多，如形状的简化、单元类型的选择、边界条件的处理等，因此，建模所花费的时间在整个分析过程中占有相当大的比例，提高建模速度是缩短分析周期的关键。建立一个好的有限元分析模型，需要能够如实地反映结构的几何形状、材料特性、传力路线、承载方式及边界约束条件等因素，才能取得接近真实结构响应的分析结果。本章将介绍有关飞机结构使用有限单元法进行应力分析时的建模方法，供读者参阅。

12.2　建模思路

要对某一具体结构进行应力分析，在建立有限元模型时，先要从以下几个方面进行总的设想，然后才能进行详细的简化。

① 根据实际情况，选用一个分析程序和使该程序能够正常运行的计算机系统。

② 选取合理的坐标系。对于复杂结构，使用一个坐标系往往难以满足要求，分析者可初步拟定几个坐标系，使得能够更方便地提供原始数据、分析计算结果。

③ 选取一套封闭的单位制，整个模型中要采用统一的单位。例如，采用下面的一套封闭单位制：长度为 mm，力为 N，质量为 kg，时间为 s，应力单位为 MPa，其他导出单位须保持一致。

④ 选取合理的单元类型。单元是把连续结构离散成计算模型的基本单位，需要能够体现结构的几何形状、材料、刚度、受载以及传力特性等。单元类型选取得当与否将直接关系到计算模型的可靠性和计算结果的准确性，是模型简化的核心。

⑤ 给定整个分析模型的边界支持条件。简化的边界支持条件应能够使分析结果具有足够的精度，并可用于结构的强度校核。

⑥ 选择合理的加载方式。飞机结构中通常所承受的载荷可以分为以下几类：气动载荷、惯性载荷、起落架发动机等部件接头处的集中载荷以及气密舱周围结构所承受的分布压力载荷等。在有限单元选取时要能够体现这些载荷的作用方式和传递路线，在计算模型上施加载荷时要考虑以什么样的方式能够更确切地反映这些载荷的影响。

12.3 计算资源分析

强度工作者需要估算求解一个工程问题对计算机工作空间和计算时间的要求，根据机器的容量和运算速度确定有限元模型的规模，初步拟定网格划分和结点的选取。使用这个模型既要能够达到计算所要求的目的，又要使该机器能够顺利地完成这一分析。这体现在以下几个方面：

1. 确定模型规模

在求解大规模工程问题时，强度工作者要兼顾计算量和模型精度这两个方面。对需要进行强度校核的位置使用细网格划分，而对不需要进行强度校核的位置采用粗网格，以降低计算规模。在计算机许可的情况下，最好能在一次运行中尽量详细地求解更多的结构，这对人力机时的节约和计算误差的消除都有好处。但若没有进行恰当地估算，当模型建立完成后，而由于规模过大导致无法运行，那就得重新建模以减小计算规模。

2. 选择分析方法

在已选定的计算程序和计算机上，求解同样的结构可以采用不同的方法。对于中小型问题，可以不使用子结构或超单元分析，而对于大型题目不使用这些特定方法却无法完成。同一计算机采用不同的方法，允许的求解规模也大不一样。

3. 降低计算费用

机器的存储空间是和计算运行时间相关的，接近实际的估算可以合理地利用这种关系，这对于用户十分重要。在大型题目中，空间要求和花费时间有直接的矛盾，空间小时间就要长，毫无用途地多占工作空间会造成无谓的浪费。

例如要对某飞机机身进行总体结构分析，其目的是尽可能详细地给出结构中的应力分布，除非特殊部位一般不再进行细网格的再分析。为此几乎在所有的结构构件交叉点上都应设置模型结点，甚至还要更密一些。隔框与长桁交点是典型的模型交点，每个交点处都取为一个结点。在有开口口框的部位结点取得更密。结点之间通过各种单元相连接，这样就可以大致估算出该模型中的结点数、单元数、方程总阶数以及最大有效列数等。依据这些数据对计算机空间和运行时间进行基本估算来判定这种简化方案是否可行。

12.4 结　点

结点可以是有限元网格的交点即单元的角点，也可以是单元边界上某处的一点，还可以是出于某种目的在空间中指定的一个与结构无关的所谓参考点。定义一个结点包含的内容有：结点编号、结点位置、结点约束和结点的归属关系等。

1. 结点编号

模型中的每个结点都有一个唯一的编号，作为结点的标识符。结点编号不能重复，但可以不连续。在自动和半自动网格划分中，结点编号由计算机自动完成，编号顺序不一定合理，当删除一些结点后也可能造成编号不连续。由于结点编号影响总刚矩阵的带宽，因此在计算前可进行带宽优化，以重新对结点进行合理编号。特别是需要对模型进行多次重分析时，带宽优化是很必要的。当选用的计算程序不能进行结点优化排序时，结点编号应该按照具体的结构连接形式仔细排列，使将来形成的总刚度矩阵中每行的有效列数尽可能地减小，以加快计算速度，减小存储空间，降低计算费用。当选用的程序能够进行结点优化排序时，使用者就无需再花许多精力安排结点序号，主要考虑的是使用上的方便。大部分商用有限元分析软件都提供了结点优化排序功能。

在飞机结构初步强度分析的建模过程中，可取机身表面结点为蒙皮外形上的长桁轴线与隔框轴线的交点。机翼、尾翼表面结点为蒙皮外形上的梁、长桁轴线与翼肋轴线的交点。为方便查找，需要对飞机结构不同位置处的结点给予特定的编号。下面是某型飞机机身和机翼结点编号方式，以供参考。

(1) 机身结点

机身结点标识号为一个 8 位数字的整型量 $LHMN_1N_2AK_1K_2$，各位数字含义如下：

- L：部件编号，1 位数，其编号规定见表 12.1。
- H：组件编号，1 位数，其编号规定见表 12.2。
- M：蒙皮左、右、外、内位置代号，1 位数。取数范围为 0～9。0 和 1 表示机身表面结点，其余数字表示内部结点，并且 0、2、4、6、8 表示机身左面结点，1、3、5、7、9 表示机身右面结点，编号顺序由小到大。对称面结点按照左侧处理。
- N_1N_2：为结点所在位置的机身框号，如果在两框之间则取小框号，2 位数。
- A：结点在正常框位置取 0，在框位之间取其他整数，1 位数。
- K_1K_2：序号，对于长桁位置按长桁序号编号，对于球面框腹板自由编号，且由外向内编号，2 位数。

槛梁编号时，在 K_1K_2 序号基础上加 50，以便于和地轨梁区分。

(2) 机翼结点

① 中央翼结点。中央翼的结点标识号为一个 8 位数字的整型量 $LHMN_1N_2AK_1K_2$，各位数字含义如下：

- L：部件编号，1 位数，其编号规定见表 12.1。
- H：组件编号，1 位数，其编号规定见表 12.2。
- M：蒙皮上、下、外、内位置代号，1 位数，取数范围为 0～9。0 和 1 表示翼面表面结点，其余数字表示内部结点，并且 0、2、4、6、8 表示上翼面结点或偏上翼面组件的结点；1、3、5、7、9 表示下翼面结点或偏下翼面组件的结点，编号顺序由小到大。弦平面结点按照上部处理。
- N_1N_2：为结点所在位置的肋号，如果在两肋之间则取小肋号，2 位数。

- A：结点在正常肋位置取 0，在框位之间取其他整数，1 位数。
- K_1K_2：序号，对于长桁位置按长桁序号编号，2 位数。

② 左右外翼结点。左右外翼的结点标识号为一个 8 位数字的整型量 $LHMN_1N_2AK_1K_2$，各位数字含义如下：

- L：部件编号，1 位数，其编号规定见表 12.1。
- H：组件编号，1 位数，其编号规定见表 12.2。
- M：蒙皮上、下、外、内位置编号，1 位数，取数范围为 0～9。0 和 1 表示翼面表面结点，其余数字表示内部结点，并且 0、2、4、6、8 表示上翼面结点或偏上翼面组件的结点；1、3、5、7、9 表示下翼面结点或偏下翼面的结点，编号顺序由小到大编写。弦平面结点按照上部处理。
- N_1N_2：为结点所在位置的肋号，如果在两肋之间则取小肋号，2 位数。
- A：结点在正常肋位置取 0，在肋位之间取其他整数，1 位数。
- K_1K_2：序号，对于长桁位置按长桁序号编写，2 位数。

表 12.1　部件编号

部件编号	部件名称
1	机身
2	左中翼
3	右中翼
4	左外翼
5	右外翼
6	左平尾
7	右平尾
8	垂尾
9	起落架、发动机架

表 12.2　组件编号

组件编号	组件名称
1	长桁
2	蒙皮
3	框外缘、肋缘条
4	框腹板、肋腹板、立柱
5	框内缘，球面框加强筋
6	地轨梁、横梁、槛梁上缘条、翼梁上缘条、驾驶舱地板
7	槛梁腹板、翼梁腹板、侧壁
8	槛梁下缘条、翼梁下缘条
9	前窗骨架、龙骨

2. 结点约束

结点约束表示模型中哪些结点、结点哪些自由度需要施加约束。这种约束分两类：一类是所分析的结构对该点的某自由度可以提供刚度，但该自由度的变形受到边界（所分析结构以外的其他结构）的约束；另一类是所分析的结构根本就不对该点某自由度提供刚度（或仅提供十分微小的刚度），要求把这个自由度从求解方程中去掉。第一类约束必须仔细地施加，后一类约束用户可以不加而由程序自行判断处理。与外部边界有关的约束为第一类，与外部无关的为第二类。

例如，图 12.1 所示的结构简化为在平面中受载的梁单元，一端固支另一端自由，受载荷 P_y 的作用。

梁单元 1～2 只能给结构提供 xOy 平面中的刚度，即第 1 点和第 2 点的 x 和 y 方向的平动自由度和 z 方向的转动自由度。第 1 点受外部约束，任何自由度都不能动；第 2 点则不受任何约束。

图 12.1　平面梁元模型结点的约束

在施加约束的过程中，一般会碰到斜约束的情况，即结点受到的约束（不管是上述的哪一类）与坐标系中的任一个轴都不一致，这时普遍使用的处理方法是另外定义一个位移坐标系，使受约束的方向与新定义的坐标系某轴的方向相一致。

3. 结点位置

结点位置通过某个坐标系中的 3 个坐标分量来确定。这个坐标系可以是基本坐标系，也可以是与位移坐标系相同的坐标系，也可以是专门定义的一个其他坐标系。

4. 结点的归属关系

结点的归属关系，表示在进行超单元分析时，该结点属于哪个超单元的内部结点。不使用超单元分析时，可以不选此项。在使用超单元分析时，若不指定该域内容，程序就把这个点划归到残留结构中去。

12.5　单　元

单元是有限元模型的基础，单元选取得当与否直接影响分析结果的精确性和可信度。

1. 单元类型

根据几何形状和受力特点把单元分成许多不同的型式，大致可分为以下几类。

- 杆元：有等剖面杆、变剖面杆以及可以受扭的杆等。
- 梁元：有直梁、曲梁、形心与剪心重合的梁、形心与剪心不重合的梁、等剖面梁、变剖面梁以及各种不同受力边界的梁等。
- 剪力板元：仅承受面内剪切的四边形板。
- 四边形板元：可以承受正应力剪应力和弯曲应力的四边形板，有 4 结点元和 8 结点元等。
- 三角形板元：可以承受正应力剪应力和弯曲应力的三角形板，有 3 结点元和 6 结点元等。
- 体元：有四面体、五面体和六面体等不同的单元。
- 弹性元：对给定的自由度施加一定刚度的单元。
- 刚体元：可实现多点约束的单元。
- 通用元：通过刚度系数或柔度系数定义的单元。
- 复合材料元：可用于计算复合材料的梁板等。

➢ 非线性元:可用于计算裂缝和磨擦等问题的单元。

还有用于动力学、流体力学和热传导等方面的质量元、阻尼元、流体元和热传导元等,在此不再赘述。

2. 单元类型的选取

选择适当的单元来模拟实际结构是有限元模型简化的一个最重要和最基本的内容之一。单元类型应该能正确地反映实际结构的几何形状、刚度特性和受力特点,单元间的连接要正确地反映结构的传力路线。

下面对飞机结构静力分析中常用到的一些单元的选取进行简要说明。

(1) 杆 元

薄壁组合结构中的加筋件常简化为仅受拉压的杆元。飞机结构中使用杆元的地方最多。例如机身上的长桁、隔框中的横竖加筋;机翼尾翼中的长桁,纵梁和翼肋中的突缘;薄壁组合型梁中的纵向型材和横向支柱等都取为杆元。其他用于空间桁架中两端铰接的结构,例如某些起落架上部的支架系统、发动机某些支杆、操纵系统拉杆等也都简化为杆单元。

(2) 梁 元

薄壁组合结构的加筋件,当它们的抗弯曲功能不可忽略时都简化为梁元。例如机身中的隔框框缘,其主要功能之一在于维持机身横切面形状,它的抗弯能力是主要受力特性之一,必须取为梁元。某些口框的结构是由一些杆板等组合而成的,有时为了计算方便,也把组合剖面取为一个梁元件。受气密压力作用的一些结构,像装配玻璃的驾驶员座舱骨架、气密端框上的加筋件等都取为梁元。客机客舱地板中的纵梁横梁,客舱窗户中的窗框取为梁元。空间受力骨架中的结构,当其连接点能传递弯矩时也取为梁元。

一个结构元件到底取为杆元还是取为梁元,根据其在整个结构中的受力特点,有时一目了然,有时却不太好区别。例如空间骨架式结构,在连接点处铰支的为杆,固支的为梁,十分清楚。在薄壁组合结构中就不然,加筋件是可以受弯的,若简化成杆元就忽略了受弯能力;若简化成梁元,无论是数据准备还是结果分析都不方便,而且会增加解题的规模。按照一个构件在结构中的功能,可以由下面的两个方面进行估算。一是在总体受力中加筋本身的承弯能力与它作为杆元在整个结构中的承弯能力;二是在局部受力中它本身的抗弯能力与该处其他构件的抗弯能力之比。比值越小,简化成杆元引起的误差就越小。若比值小于1%,引起的误差工程上可以接受,于是就可忽略其抗弯能力而简化成杆元。

例如,某型飞机典型剖面的机身长桁面积为 $A=91\ \mathrm{mm}^2$,惯性矩 $I=2\,570\ \mathrm{mm}^4$。长桁距整个机身剖面形心的距离 $L=1\,550\ \mathrm{mm}$。把长桁取为杆元,在整个剖面中它对总惯性矩的贡献是

$$I_z=A\times L^2=91\ \mathrm{mm}^2\times 1\,550^2\ \mathrm{mm}^2=218\,627\,500\ \mathrm{mm}^4$$

两者之比为

$$t=I/I_z=2\,570/218\,627\,500=1.176\times 10^{-5}$$

比值 $t \ll 1\%$，长桁可近似简化成杆元。

由上面计算可知，机身直径越大，将长桁简化为杆元所得计算结果的误差越小。现考察该型飞机机身主要站位处长桁简化为杆元的误差，见表 12.3。由表 12.3 可知，机身长桁简化为杆元能够满足工程精度要求。

表 12.3　机身主要站位处长桁简化为杆元的误差

框(站位)	1	12	28	46	61	64
面积(A)	65	91	91	67	60	50
惯性矩(I)	2 570	2 570	2 570	2 570	2 570	2 570
形心距(L)	570	1 500	1 500	880	530	285
误差/%	0.01	0.00	0.00	0.00	0.02	0.06

(3) 四边形板单元

飞机结构大量使用杆板组合的薄壁构件。通过有限元网格划分，凡具有四边形几何形状的所有板件，都可以简化成四边形板单元。板元可以承受板平面内的薄膜力(拉压力和剪切力)，还可以承受垂直板平面的剪切载荷以及向量位于板平面内两个互相垂直方向上的弯矩载荷。

理论上，板可同时具有上述两种承载功能。但航空结构中大量存在的是薄壁加筋结构，有限元网格一般都顺其自然地在有加筋之处划分，而载荷最终是要施加到结点上去的，凡有结点之处大都是加筋相交之处。对于这样的结构，薄板的承弯能力与它的加筋相比微忽其微，因此，一般都略去板的承弯能力只作为膜元使用。飞机结构中机身机翼尾翼上的蒙皮，板框中的框腹板，翼肋中的肋腹板，翼梁中的梁腹板等都简化成膜元。对于没有加筋的纯板构件组成的结构，就必须把板处理为能承受膜应力和弯曲应力的弯曲板。对于加筋结构中板相对比较厚的情况，也应按弯曲板对待。这里所谓的薄板和厚板的含义是：板自身的承弯能力与把它作为膜元和其他构件共同组合的剖面的承弯能力之比很小时谓之薄，反之称为厚。例如，取一个机身隔框框缘的横切面，框缘型材与蒙皮(设取一个框距的长度)组成的整个剖面惯性矩为 3.0 cm^4，而蒙皮自身的惯性矩(设厚度 1.0 mm)为 0.003 cm^4，比值约为 0.1%，当然可以按膜元板处理。若蒙皮厚到一定程度，比值就会大于 1%，这时最好按弯曲板元简化。在简化具有 8 结点的四边形板元时要特别注意，边界中间点必须位于该边中央 1/3 的区域内，否则计算结果是不可靠的。

(4) 四边形剪力板

当板简化为膜元或弯曲单元后，使用算得的应力分布进行板的强度校核时十分复杂。使用剪力板元可使强度校核变得容易一些。在模型简化时，把应取为膜元的板平面中，两个相垂直方向上承受拉压载荷的能力从板中去掉，分别折算成这两个方向上与板相连的杆(或梁)元的承拉压面积并累加到相应的单元刚度之中。在进行强度校核时把板作为只受板平面剪切的板件对待。

使用剪力板元，对大部分薄壁结构是可行的，也确实取得了简化强度校核计算的效果，故得到了广泛的应用。但这种做法存在一些严重的缺点。首先是很难在没有求得应力分布的情况下，确定迭加到两个方向的杆（或梁）元上的等效拉压面积。因为这个等效面积是模拟板在受载中的失稳程度的，所以它与板所受的应力水平有着直接的关系。尤其是在同一部位上的板，在不同受载情况时其应力水平可能大不相同，模型中很难处理。第二是板构件在平面受力状态时，两个方向的受力是彼此相关的（材料具有泊松比 μ），简化为剪力板后取消了这种相关性，有时会引起严重误差。例如，某一块加筋壁板在单向拉伸载荷的作用下，纵向（受载方向）拉应力达到 $\sigma_1=450$ MPa，由于横向（垂直加载方向）加筋约束了板在该方向的自由缩短（假定该材料的 $\mu=0.3$），它必然要受到压应力的作用，其量级很可能达到 $\sigma_t=150$ MPa 左右。对于有些加筋件，这时就可能会出现失稳破坏。而使用剪力板时，横向加筋中根本就不会计算出应力来，这个误差是不能容忍的。当飞机机身轴向的应力处于高水平时，横向受力件隔框外缘的受力就与上述横向加筋件类似。第三个缺点是强度校核只按剪应力计算会使某些部位的强度结论偏于危险。

(5) 三角形板元

在划分有限元网格时，对一些几何形状变化较大的部位往往使用三角形板元。三角形板元可以承受膜应力，也可以具有抗弯曲的功能，这些都与四边形板元类似。当三角形的几何形状接近等边时给出的结果较好。越偏离正三角形，其结果就越不理想。三角形板元为一个等应变元，没有反映应变和应力在单元内部的变化情况，在结构简化时尽量少用为好。但对网格十分畸形的四边形倒是化分为两个三角形其结果更好一些。

(6) 体　元

体元比较多地用于对厚壁结构或实心结构进行分析，例如飞机的起落架、作动筒等。在对一些重要连接接头进行细节分析时也广泛使用体元。体元一般包含有六面体元、五面体元和四面体元。这些单元可以解决杆板梁单元无法模拟或无法准确模拟的一些结构的应力分析问题。但大量使用体元必然使结点增加，问题规模扩大，增加分析人员工作量和分析费用，所以在能达到工程要求的情况下，优先选用其他单元。

四面体单元用于结构不规整部位或过渡部位，它是一个等应变元。像二维单元中的三角形元一样，要尽量少用。确需使用时，也要使其形状越接近正四面体越好。

(7) 弹性元

弹性元的作用是在两个自由度之间加入一个具有指定刚度值的弹性连接。这两个自由度可以是同一结点上的两个不同自由度，也可以是两个不同结点中各一个自由度。它也可以连接某一个自由度与假定永远不移动的地面点，这个地面点可以想象位于被连自由度方向上的任一点处，这一点不必在模型中定义。

假设 2 个构件通过一组连接件相连，载荷由一个构件通过连接件传入另一构件。为了详细分析每个连接件上的传载大小，就在连接处每个构件上设置一个结点，两结点间模拟连接件。当经过连接件的剪切来传载时，两构件上的结点几何位置重合，这样就无法在这两点之间使用一个具有几何特性的单元来模拟连接件的受力特性。这种情况下就可以使用弹性元，直接给出两点之间的力和位移关系，即刚度系数。

又如结构上的一点在某方向受到外部约束，也可通过给那个方向与地面加一具有大刚度的弹性元的方法来处理。对于结构上一点在某斜方向没有刚度的情况，也可使用同样方法处理。

(8) 刚体元

刚体元是程序为方便用户而组集的一些多点约束集。总的思路是：把一群具有线性相关自由度的结点汇集在一个所谓的单元——刚体元中，由用户指明哪些是相关联的不独立自由度，哪些是独立自由度，程序按这些结点的几何位置、位移坐标系方向等自动生成它们之间的相关方程。

(9) 间隙元

在应用有限元对结构进行应力分析时，各结构元件之间的连接通常都认为是十分紧密的。在某处设置一个点，相邻单元都连在这个点上。这样，连接处的位移就是连续的。但有时这样做满足不了工程分析的要求。例如，飞机上的舱门与门框间一般都留有一定的间隙。在外载荷作用下，变形达到某种程度时，有些部位的间隙就会消除，使门与门框上相邻近的点接触在一起互相挤压，从而两个单元的变形彼此受到限制。如果开始时就把门与门框相邻点取为一个，或者一直把它们分别作为两个点而不加任何处理，都不能符合实际传力的情况。又例如，一个轴插入轴套中共同参与受力，轴的外表面与轴套内表面相接触的部分，在受力过程中会发生变化，有一部分点可能会越离越远不再有什么联系，有一部分则一直保持接触状态。如果把开始受力时相接触的点置为同一个结点，那就无法描述有某些点相分离这样的事实，分析结果自然就不太准确。

把有可能相互接触而有时又会分开的结构定义为两个结点，在这两个结点间定义一个单元并给出两点间的间隙。当结构在载荷作用下变形时，程序就会自动将这两点的位移进行比较，了解间隙的变化情况。当间隙弥合两点接触时，两点间加入事先给定的接触刚度，当间隙没有弥合时，则取另一个刚度——分离刚度（一般为零，即没有刚度）。

间隙元不但可以传递两点间的挤压力，而且可以传递接触面上的摩擦力。当两点接触时，由两点位移和接触刚度可以求出接触力，再填入相应的接触面摩擦系数，程序就能求出传递的摩擦力之值。当间隙元两个结点的初始位置不重合时，将来接触后挤压力的方向就由这两点的连线方向确定；当这两点初始位置重合时，挤压力的方向则由结点在某一指定坐标系中的第一个分量的方向来确定。

3. 单元编号

单元编号是单元连接信息中对所定义的单元的一个标识号。在程序输出结果中，一般都只给出这个标识号而不再重复地给出它的连接情况。如果结构很大，编号又没有一定规律，那么用户就不得不在分析计算结果时查阅原始数据或模型图册，那将是十分麻烦的事情。下面是某型飞机机身和机翼单元编号方式，以供参考。

(1) 机身单元

单元标识号为一个8位数字的整型量 $LHMN_1N_2AK_1K_2$，各位数字含义如下：

- L：部件编号，1位数，其编号规定见表12.1。
- H：组件编号，1位数，其编号规定见表12.2。
- M：蒙皮左、右、外、内位置编号，1位数，取数范围为0～9。0和1表示机身表面单元，其余数字表示内部单元，并且0、2、4、6、8表示机身左面单元；1、3、5、7、9表示机身右面单元，编号顺序由小到大编写。对称面结点按照左侧处理。
- N_1N_2：为单元所在位置的机身框号，如果在两框之间则取小框号，2位数。
- A：单元在正常框位置取0，在正位之间取其他整数，1位数。
- K_1K_2：序号，对于长桁位置按长桁序号编写，对于球面框腹板由外向内编写，2位数。

槛梁编号时，在 K_1K_2 序号基础上加50，以便于和地轨梁区分。

(2) 机翼单元

① 中央翼单元。单元标识号为一个8位数字的整型量 $LHMN_1N_2AK_1K_2$，各位数字含义如下：

- L：部件编号，1位数，其编号规定见表12.1。
- H：组件编号，1位数，其编号规定见表12.2。
- M：蒙皮上、下、外、内位置编号，1位数，取数范围为0～9。其余数字表示内部单元，0和1表示机翼表面单元，并且0、2、4、6、8表示上翼面单元或偏上组件单元；1、3、5、7、9表示下翼面单元或偏下组件单元，编号顺序由小到大编写。弦平面单元归结到上翼面。
- N_1N_2：为单元所在位置的机翼肋号，如果在两肋之间则取小肋号，2位数。
- A：单元在正常肋位置取0，在肋位之间取其他整数，1位数。
- K_1K_2：序号，对于长桁位置按长桁序号编写，2位数。

② 左右外翼单元。单元标识号为一个8位数字的整型量 $LHMN_1N_2AK_1K_2$，各位数字含义如下：

- L：部件编号，1位数，其编号规定见表12.1。
- H：组件编号，1位数，其编号规定见表12.2。
- M：蒙皮上、下、外、内位置编号，1位数，取数范围为0～9。0和1表示机翼表面单元，其余数字表示内部单元，并且0、2、4、6、8表示上翼面单元或偏上组件单元；1、3、5、7、9表示下翼面单元或偏下组件单元，编号顺序由小到大编写。弦平面单元归结到上翼面。

- N_1N_2：为单元所在位置的机翼肋号，如果在两肋之间则取小肋号，2 位数。
- A：单元在正常肋位置取 0，在肋位之间取其他整数，1 位数。
- K_1K_2：序号，对于长桁位置按长桁序号编写，2 位数。

4. 单元边界约束的释放

当一个单元与其他单元或外界约束相连而它在某方向上又能提供刚度时，它的边界就受到了约束，从而在该方向上受到其他单元或外界约束的反力作用。然而有时实际结构却不能承受这种反力，这时计算模型中就必须将这个单元该自由度的约束释放，以保证传力路线的正确。

5. 单元的偏心

计算模型中的结点有时并不都在单元的形心线上，这就使得单元出现了所谓偏心，受弯元件、杆板组合结构都有可能出现这类问题。

例如，机身隔框框缘剖面如图 12.2(a) 所示，剖面形心在 C 点而计算结点却取在蒙皮内表面处的 A 点，两者之间的距离为偏心距 e。同样，蒙皮也有偏心，为了叙述简单起见暂时忽略它的影响。如果在模拟框缘的梁单元中不取偏心，则在模型中出现的受力剖面就如图 12.2 (b) 所示。剖面(b) 和(a) 抗拉压剪切的能力是一样的，但受 x 方向弯矩的能力却相差甚远。机身隔框的主要作用是维持整个机身的外形，框缘承弯是最重要的功能之一，故一般都如实地把它简化成具有偏心的梁元。

实际结构大都有偏心存在，如果都按偏心元选取会大大增加模型规模和分析工作量；若略去偏心进行简化处理，则会给分析结果带来一定误差。为了确定取舍，应该根据具体结构的主要受力特点进行必要的简单估算。若简化处理引起的误差在 1% 以下，则忽略偏心。下面介绍一般的估算方法。

第一步，分析所简化的结构件在整个结构中的主要承载功能。例如机身长桁的主要功能是与其他长桁蒙皮一起承受机身剖面的弯矩；又如机翼蒙皮，主要作用是与其他蒙皮和长桁一起承受整个机翼剖面的弯矩，它还承受剪流来平衡整个剖面的扭矩。

第二步，依据上面的分析画出所分析构件的受力剖面图。对照具有偏心时的抗弯惯性矩和简化后的惯性矩，估算其误差值。例如某构件通过自身的拉压和弯曲与其他构件一起来承受整个剖面的弯矩，它在整个剖面中的位置和几何尺寸如图 12.3 所示。A 点为结点所在位置，C 点为构件形心位置。该构件对整个剖面惯性矩 I_x 的贡献为

$$I_i = F(y_i - e)^2 + bh^3/12 = F(y_i - e)^2 + I$$

式中：$F = bh$ 为该构件剖面的面积；$I = bh^3/12$ 为该构件对其形心的惯性矩。

现假定把它简化为一个膜元，则它对整个剖面惯性矩 I_x 的贡献为

$$I_i' = F y_i^2$$

两个惯性矩之差为

$$\Delta I_i = I_i' - I_i = F y_i^2 - F(y_i - e)^2 - I = 2y_i e F - e^2 F - I = eF(2y_i - e) - I$$

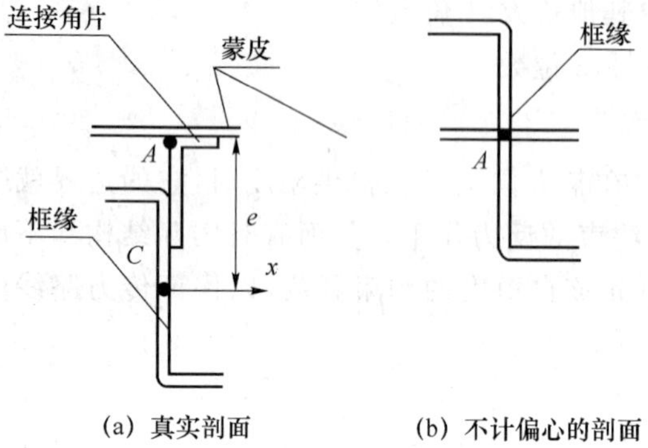

图 12.2 单元的偏心

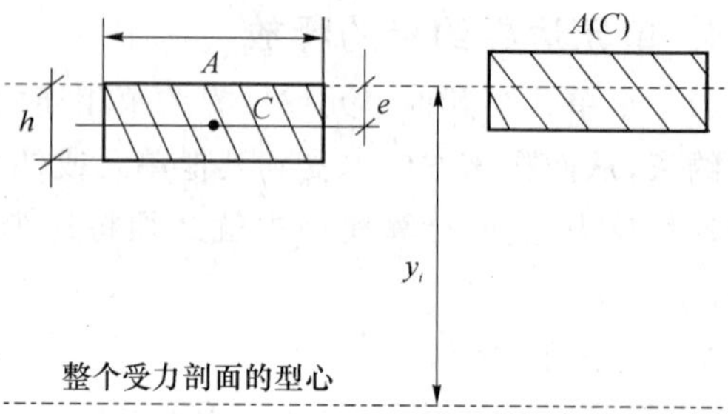

图 12.3 偏心误差计算

当 $2y_i \gg e$ 时，可以得到：

$$\Delta I_i = 2 e y_i F - I$$

误差为

$$R = \Delta I_i / I_i \approx \Delta I_i / I'_i = R'$$

当 y_i 足够大时，可以略去自身惯性矩 I 的影响

$$R = \frac{2 e y_i F - I}{F y_i^2} = \frac{2e}{y_i} - \frac{I}{F y_i^2} \approx \frac{2e}{y_i}$$

表 12.4 中列出两种情况下的误差值(基本单位为 cm)。

表 12.4 考虑偏心与不考虑偏心时的机身长桁与机翼蒙皮数据对比

项目 / 情况	e/cm	F/cm^2	I/cm^4	y_i/cm	I_i/cm^4	I'_i/cm^4	R/%	R'/%
机身长桁	0.6	0.6	0.8	140	11 600	11 760	0.8	0.8
机翼蒙皮	0.5	12	1	25	7 200	7 500	4.1	4.0

对于第 2 种情况所示的结构，就不能简化为膜元计算，若所使用的程序中没有偏心板元，用户就得通过其他方法加以处理，否则简化带来的误差是不可接受的。

又如，机翼上的结点取在蒙皮中面上而代表长桁的杆元素的偏心如不计及，势必加大机翼的抗弯刚度，因此需要按等效刚度原则换算出杆元的等效面积：

$$F_{eq} = F_0 (h_0 / h_s)^2$$

式中：F_{eq} 为等效杆面积；F_0 为实际长桁面积；h_0 为长桁形心至弦平面高度；h_s 为模型结点高度。

这样能更准确的计算出由弯矩引起的正应力，但由于梁腹板和肋腹板的高度增加了，可能对梁腹板的剪应力稍有影响。

12.6 结构的约束

实际的工程结构都是三维空间内的一个可以承受外载荷作用的连续体。但依照结构具体的受力特点,为了分析方便,选择适当的坐标系就可以把有些结构简化成一维,有些结构简化成二维,有些则保留为三维。大型自动化应力分析程序都是按三维结构编制。为了使结构分析在一维或二维中进行,就需要将另外的两维或一维进行约束。即使三维结构,有些部位可能也是处于一维或二维受力状态,仍需加以处理。其处理方法是通过对结点的约束来实现。这样做以后就排除了结构的局部可变性,使之成为一个可以承受载荷的总体结构。但这种结构模型还不能用来进行求解。从物理上讲,在一组平衡载荷的作用下,该结构可以处于空间里的任何位置。这样,计算时无法唯一地给出各点变形后的新位置。从数学上讲,结构模型的总刚阵是奇异的,无法求解。必须排除总结构在空间的刚体位移,才能使求解成为可能。这就是说对结构要进行总体约束。

1. 约束的选择

总体约束可以是静定的,也可以是超静定的。当约束数目少于平衡方程数时,则约束不足无法求解。具体选择多少约束取决于外部对所分析结构的支持情况。哪些结点有刚度支持就约束相对应的自由度,无支持的部位则不必进行特别处理。

对于承受自身平衡力系但没有外部支持的弹性体,约束的选择是任意的。不同的分析者会选择不同的约束,同一个分析者出于不同的使用要求也会选择几组不同的约束,但约束数目必须是静定的。例如一架飞机,它在空中承受一组平衡力系但不受任何外界的约束。为了进行全机模型求解,理论上可以选任何一组静定约束,解出的应力分布都是完全一样的。但为了方便直观地显示和分析飞机的变形,就需要选择不同的约束。例如在机翼后梁根部选择静定约束,机身机翼尾翼等结构的变形就很直观。若在机头处或机尾部约束,变形就不太好分析。在进行整架飞机的静力强度试验时,往往是以前起落架和主起落架为支持点构成一组静定约束。为了把理论计算与试验测得的位移进行比较,在进行有限元分析时最好取与试验相同的一组约束。不管约束怎么取,只要是静定的,变形后整个飞机的形状都是一样的,只是在给定的坐标系中相对位置不同而已。

2. 约束施加方法

外部约束施加的方法是在所选定的要进行约束的那些方向上,填写约束位移的信息(使该方向的位移为零或为已知的给定值)。在这些方向上,所分析的结构模型必须能够提供刚度,否则该约束无效。有时外界对结构提供的约束并不是位移约束,而是在某方向对结构施加一个具有一定刚度的弹性支持,这时可使用弹簧元进行约束施加。

(1) 通过结点施加约束

如图 12.4 所示的结构,被简化为平面应力问题。左端结点处受到 x 方向和 y 方向的约束,故在施加约束时,可在左侧一列板单元的左侧结点上直接施加约束。

(2) 单点约束

有时为了分析方便，在一种载荷情况下和另一种载荷情况下，一个结构模型上同一个结点被约束的自由度不一样。若采用结点约束法，就必须当做两个独立的计算模型来处理。这样既提高了计算费用又不能把这些分析结果进行综合处理，这种情况下采用单点约束法。

例如，对称结构上作用有一组一般性载荷，为降低计算规模只取结构的一半来进行分析。把载荷分为二部分，一部分为对称载荷，另一部分为反对称载荷，两个计算情况的结果进行线性迭加即可得到全结构上的结果。在对称载荷作用下，对称面上的反对称自由度要加以约束；在反对称载荷作用下，对称面结点上对称的自由度则要加以约束。如图 12.5 所示结构，只取 $z\geqslant 0$ 的那一半结构。第 1、5 点在对称面上，I' 与 I 重合，$5'$ 与 5 重合。

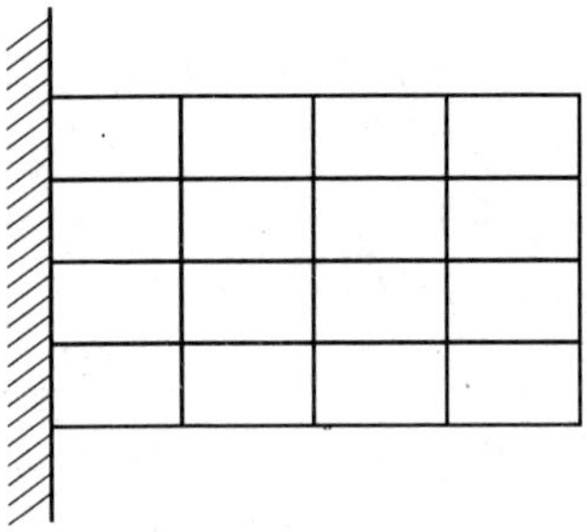

图 12.4　通过结点施加约束

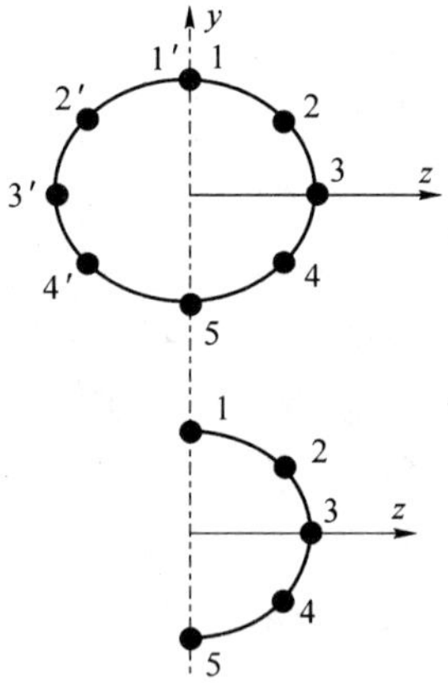

图 12.5　对称面结点的约束

(3) 多点约束

MPC(Multi－Point Constraints)即多点约束，在有限元计算中应用很广泛，它允许在计算模型不同的自由度之间强加约束。简单来说，MPC 定义的是一种结点自由度的耦合关系，即以一个结点的某几个自由度为标准值，然后令其他指定的结点的某几个自由度与这个标准值建立某种关系。多点约束常用于表征一些特定的物理现象，比如刚性连接、铰接、滑动等，多点约束也可用于不相容单元间的载荷传递，是一项重要的有限元建模技术。

这里提请大家注意的是，MPC 建立的是多点约束关系，包括刚性约束与柔性约束两种。从某种意义上说，建立约束即建立两个或多个结点之间的联系，因而也可将 MPC 约束说成是 MPC 单元。如 RBAR、RBE1、RBE2 建立的是刚性单元，这些单元局部刚度是无限大的；而 RBE3、RSPLINE 单元则是柔性单元，其只是建立了不同结点的力与力矩的分配关系，也称为插值单元。其局部刚度为零，不会对系统刚度产生影响。

① 描述非常刚硬的结构单元。如果结构模型中存在两个或两个以上的刚度相差很大的

元器件，则刚硬元件在分析过程中，一方面起传递载荷作用，另一方面也发生部分变形。但其变形非常小，和柔软元件比，它是“刚性”的。这种情况下，对刚硬元件的描述显得尤为重要，如果用大刚度的弹性单元来模拟刚硬元件，会造成病态解。原因是，刚度矩阵中对角系数差别太大，引起矩阵病态。为解决本问题，应用适当的约束方程来代替刚硬的弹性单元，来创建更为合理的有限元模型。

② 在不同类型的单元间传递载荷。如在有限元模型中，包含三维实体单元和壳体单元。模型看来成功，没什么问题，但是求解会出现“刚度矩阵奇异”的错误。原因是，实体单元和壳体单元是不相容单元，实体单元结点有 3 个自由度(移动)，而壳体单元结点却有 5 个自由度(3 个移动，2 个转动)。若不采取特殊处理，则无法将壳体单元上的力偶传递到实体单元上。为了消除这种奇异性，必须建立一种连接，其作用是在实体中建立一个耦合，以承受壳体力偶。

③ 任意方向的约束。当某结点可以沿着不平行于坐标轴的某个边界运动时，就需要定义一个约束方程，这个方程反映垂直于此边界的运动的约束。

④ 刚性连杆。

3. 局部结构几何可变性的消除

在实际建立有限元模型的过程中，往往会遇到另一类奇异性问题，就是把总模型中某一部分作为一个受力结构而言，其刚体位移未得到足够的约束因而不能承受一般载荷的作用。这种情况称为局部结构几何可变性。

具有局部结构几何可变性的有限元模型可以通过程序的前置检查，只是到了总刚阵分解运算中才能检查出来。程序探测到的出错自由度位于这块结构的最后一个结点(具有最大结点号的结点)上，用户即使得到这个信息也很难查出问题的所在。

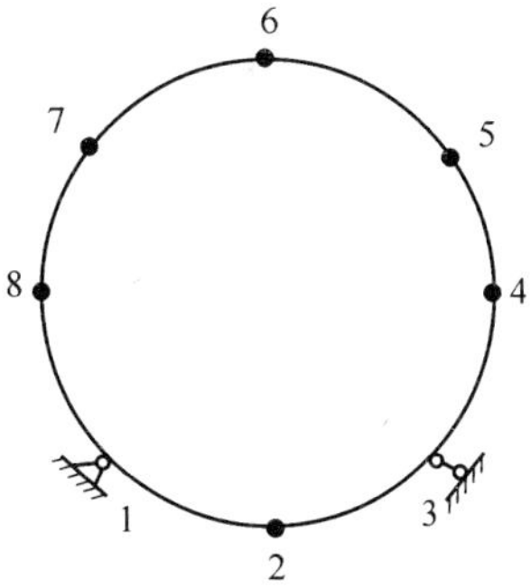

图 12.6　杆元多边形结构的局部几何可变性

例如，如图 12.6 所示的杆元简化成的多边形，由于在其平面中某一方向可以任意移动，因而受力上是一个机构，为局部可变性结构。

复杂的结构部位的结构几何可变性，可用下面的办法来检验：假定一个载荷作用在某一块结构上，如果所简化的这块模型连同它的边界支持一起不能承受这种载荷的作用，那末一定存在着局部结构几何可变性。

12.7　结构载荷的施加

作用在飞机上的载荷，不论是气动力、惯性力、气密压力、油箱舱压力或其他部件传来的载荷，都要被施加到有限元计算模型上去。载荷的种类虽然不同，但就其作用的方式不外是集中载荷和分布载荷，就其作用的位置无非是在结点上或是在单元上。

当载荷作用面相对结构尺寸非常小时，可认为这种载荷是作用于某一点的集中载荷。绝大多数软件都只允许集中载荷施加在结点上，因此集中载荷也常称为结点载荷。它包括结点力和结点力矩两种形式。其中结点力矩只能加在具有转动自由度的结点上，如壳单元和梁单元的结点。而对于实体单元、平面单元和杆单元的结点，由于它们只有平移自由度，因此只能施加结点力。由于集中载荷施加在结点上，为避免人为进行载荷移置，网格划分时应尽量将集中载荷作用点分为结点。

分布于结构表面上的载荷称为分布载荷，如气体压力、液体压力、接触压力等。有限单元模型中，分布载荷表现为面载荷和线载荷两种形式。面载荷分布于单元整个面上，并垂直于单元面。面力大小通过单位面积上的力进行定义，力的方向可通过输入值的正负来确定。对于板壳单元，正的分布力与单元面的外法线方向相同，负的分布力与外法线方向相反。线载荷分布于单元的边界上，形式上包括边界分布力和分布力矩，载荷大小通过单位长度上的力和力矩定义。尽管线载荷施加在模型的一条边上，但实际结构中它作用于相对狭长的表面上，如薄壁结构沿厚度方向的侧面、杆件结构的外表面、轴对称结构单位角度所对应的面等。由于实体单元的棱边是一条无实际厚度的线，所以这类单元不能施加线载荷。

体积力为作用于单元整个体积内的力，其常见形式为重力和惯性力。进行直线加速运动的结构，正常工作条件下的摩擦轮、齿轮、曲轴，旋转结构等都需要考虑体积力的影响。由于单元体积可通过单元结点坐标和物理特性值计算得到，单元材料特性表中又定义了结构材料的密度，所以网格划分后单元质量是确定的，因此在定义单元体积力时，只需要输入结构运动的加速度、角速度或角加速度即可，重力可视为加速度为 g 的惯性力。

结构因温度变化将发生热变形，如果结构各部分变形均匀且不受外界约束，则这种变形是自由的，结构内部不会产生应力。但是若结构各部位温度分布不均或变形受到外界约束，热变形不能自由进行，因而在结构内部产生应力。与一般结点载荷相比，单元的温度结点载荷与结构的线膨胀系数和温度变化有关。线膨胀系数是结构的材料特性，在单元的材料特性表中定义。因此对结构进行热分析，计算出结构的温度分布，就可以得到各类单元的等效温度结点载荷，进而计算结构的热变形和热应力。即温度载荷是通过对结构的热分析计算得到，而不像其他载荷直接在模型上定义。

第 13 章　飞机结构有限元分析

13.1　机身结构有限元分析

13.1.1　结构简介

现代飞机的机身是一种加强的壳体，这种壳体通常称为“半硬壳式结构”。简单的、未经加强的薄蒙皮筒形结构称为纯硬壳式结构，因为没有加强的薄壳，在受压和受剪时很容易失稳，因此，这种结构承载能力很差。为了支撑住蒙皮，需要安装加强构件，如普通隔框（普通框）、加强隔框（加强框）、桁条和桁梁等。

加强的半硬壳式机身的构造如图 13.1 所示，它与承弯材料分散布置的机翼构造相似。机身可以看成是一个薄壁梁，它由纵向元件（如桁梁与桁条）、横向元件（如普通框和加强框）以及外蒙皮构成。桁梁承受机身大部分弯矩以及弯矩所引起的轴向力，机身蒙皮承受横向外载荷与扭矩引起的剪切力以及座舱压力。

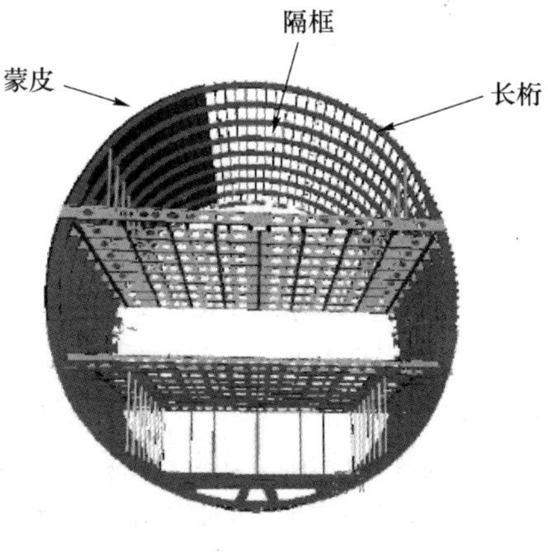

图 13.1　加强的半硬壳式机身构造

桁条除了保证外蒙皮的稳定性外，还承受机身弯矩引起的轴向载荷。普通框主要用来保持机身的外形，缩短桁条的长度，防止机身结构总体失稳。这种隔框上的载荷一般比较小，而且常常彼此保持平衡，因此，普通框结构一般都比较轻。

加强框一般用在有外来集中载荷作用的地方，如机翼、尾翼和起落架等与机身的连接处。与普通框不同，加强框的结构很强，它用来把作用在其上面的载荷分布给机身蒙皮。

机身结构系统是由纵向桁条加强的薄蒙皮壳体及其支持隔框构成的半硬壳式结构，薄蒙皮能有效地承受面内的剪切和拉伸载荷，但在承受压缩载荷和垂直于蒙皮平面的法向载荷时，则必须用纵向和横向构件进行加强。半硬壳式结构的设计必须清楚壁板的稳定性、蒙皮局部屈曲以及半对角线张力场的作用。

半硬壳式机身结构效率高，也就是说它的比强度较高，适合用来承受特殊的载荷组合，或用于某些部位的局部结构。这种结构具有设计灵活性，能够通过载荷再分布经受住局部破坏而不发生结构总体破坏。

13.1.2 结构设计准则

飞机结构设计包括3层次的工作：

① 飞机结构布局。主要是进行全机结构总体布局及选择飞机结构分离面。进一步确定各部件的主承力结构形式及传力路线，布置其主要受力构件。

② 结构元件参数选择。在结构布局的基础上，选择或优化各结构元件的尺寸及材料等。

③ 结构细节设计。为使结构有好的耐久性，在结构元件优化的基础上，对结构的细节精心设计，如开孔，连接，圆角等的设计。

准确地计算飞机的结构受力状态，增强结构分析能力，是提高结构承载能力，获得合理的结构布局的关键。目前广泛采用的有限元方法，依托大型有限元计算程序，基本上可以满足工作应力分析的需求。提高结构的承载能力，可以降低结构重量。具体要求如下：

- 对于受拉面结构承载能力，主要取决于结构强度、疲劳、断裂和耐久性设计。
- 对于受压面结构承载能力，主要取决于结构稳定性。结构设计应满足以下准则：

$$\frac{\sigma}{[\sigma]} \leqslant 1$$

式中：σ 为工作应力，利用有限元分析得到；$[\sigma]$ 为许用应力，受拉面许用应力可用强度、疲劳、断裂和耐久性确定，受压面许用应力需用结构稳定性分析确定。

13.1.3 机身有限元模型简化中的一般考虑

基本原则是把实际工程结构离散化为一个有限元分析模型，这种简化技术的好坏是分析计算能否取得成功的关键。离散化以后的计算模型要能如实地反映结构的几何形状、构造型式、材料特性、传力路线、承载方式和边界条件等因素，才能取得一个接近真实的分析结果。要达到这一目标，就要使用适当的分析程序和能使该程序正常运行的计算机系统，确定计算模型的规模和求解方式，给定适当的坐标系，采用统一的单位制，提供正确的结点和结构约束，选用正确的有限单元。在机身初始尺寸设计阶段，需要考虑所有的临界载荷工况，以获得机身结构的总体传力路线和结构的初始尺寸，为结构的细节设计提供基础。这一阶段的有限元分析，综合考虑计算效率和分析结果的合理性，一般采用一维和二维有限元单元，采用板—杆结构模拟机身壳体结构，以桁条间距和框间距作为单元尺寸的标准。机身的有限元模型如图13.2所示。

13.1.4 加强筒状结构极限强度

要了解怎样设计半硬壳式机身结构，首先要从总体上了解这类结构在载荷作用下的破坏行为。半硬壳机身结构有3种失稳破坏形式。

1. 蒙皮失稳

薄蒙皮曲板在较低的压应力和剪应力作用下会发生屈曲，如果设计要求规定蒙皮在受载

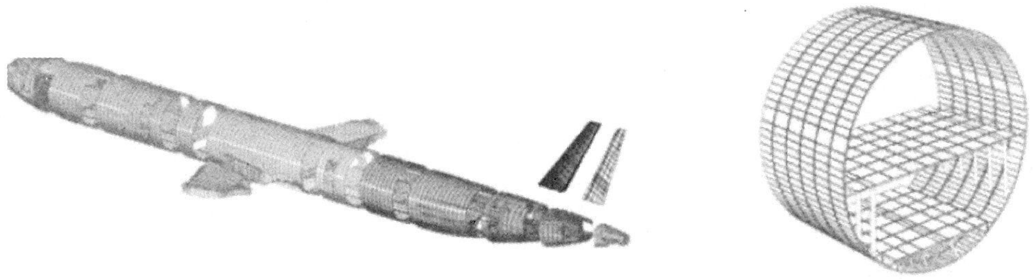

图 13.2　A340 机身结构有限元模型

时不出现屈曲，那么蒙皮就必须做得比较厚，或者在其上面布置间隔较小的桁条，这样设计的结构效率低，从比强度角度来看，该结构不能令人满意。机身的内压能改善这种不良的状况。

纵向桁条能够有效地承受压应力。屈曲的蒙皮通过对角线张力场的作用，能够将剪切载荷转换成拉伸载荷，因此，蒙皮屈曲对结构的极限强度不是一个重要的因素。当蒙皮发生局部屈曲时，整个结构的应力会重新分配，搞清楚蒙皮屈曲何时开始出现非常重要。在有些情况下，设计标准会规定，在使用载荷或设计载荷某一百分比以下的载荷作用下，不允许出现蒙皮屈曲。

2. 加强壁板失稳

在半硬壳式结构的机身中，内部环形结构或隔板把纵向桁条和与其相连的蒙皮分成一段一段的部分，人们称其为加强壁板。如果这些隔板非常坚固，那么半硬壳式结构在受弯时会在受压的一边发生破坏。纵向桁条的作用像柱子一样，其有效长度等于隔框的间距，也就是加强壁板的长度。单块加强壁板开始出现破坏就称为加强壁板失稳破坏。

一般说来，当隔框刚度足够大时，半硬壳式结构才会发生加强壁板的失稳破坏。机身内装有各种各样的载重，如乘客、电子设备、发动机、军械等，这些载荷通过隔框传递到蒙皮上，因此，隔框应具有相当大的强度和刚度。

3. 总体失稳

总体失稳所造成的破坏超出两个或两个以上的隔框间距，而不像加强壁板失稳破坏那样仅限于相邻的两个隔框之间。当加强壁板出现失稳时，各隔框所提供的横向刚度足以使桁条支持在每个隔框上。因此，当横向隔框刚度不足时，通常就会发生总体失稳破坏。

因为总体失稳破坏是由隔框破坏造成的，所以增强纵向桁条无助于提高抗总体失稳的能力。半硬壳式结构设计的目的就是保证整个结构只能由加强壁板失稳而破坏，而不会由引起总体失稳的隔框而造成破坏。

为了防止加强壳体在承弯时出现总体失稳破坏，所需要的隔框刚度为

$$(EI)_f = \frac{C_f M D^2}{L}$$

通过对已有试验数据的研究发现，C_f 的值为 1/16 000，因此：

$$(EI)_f = \frac{MD^2}{16\ 000L}$$

式中：E 为弹性模量；I 为隔框的惯性矩；D 为加强机身的直径；L 为隔框间距；M 为作用在机身上的弯矩。

这个公式对机身隔框提出了初步的最小尺寸要求。

13.1.5 载荷选取及施加

飞机在飞行和着陆过程中，机身结构要承受由机翼、尾翼、起落架等部件的连接接头传来的集中载荷，同时还要承受机身上各部件及装载的质量力、结构本身的质量力以及座舱增压载荷。这些载荷的条件都在民用和军用规范（FAR23 和 25 及 MIL-A-8860/8870）中进行了规定。下面简要介绍运输机机身载荷设计条件：

1. 极限设计条件

- 飞行载荷（单独作用时）；
- 飞行载荷＋座舱压力（p＝最大压差载荷）；
- 单独座舱压力（$1.33\times p$）；
- 着陆和地面载荷。

2. 破损—安全设计条件

- 破损—安全飞行载荷（单独作用时）；
- 破损—安全飞行载荷＋座舱压力；
- 单独座舱压力。

3. 疲劳条件

- 以飞机制造单位考虑了飞机的预期用途而提出的飞行剖面图为基础的疲劳载荷；
- 疲劳的对象——在不修改主要结构的情况下设计飞机使用寿命的飞行小时。

4. 特殊区域的条件

- 某间隔舱室的降压；
- 飞鸟撞击；
- 冰雹撞击；
- 货物或乘客对地板的压力；
- 意外撞击载荷（如紧急着陆）。

在用有限元进行总体应力分析时，需要将各种情况的外载荷处理到有限元模型的各个结点上，载荷处理得正确与否，直接影响着计算结果。作用在机身上的载荷，有分布载荷、气密压力载荷、油压载荷和集中载荷。分布载荷有气动载荷、惯性载荷；集中载荷有集中质量的惯性载荷、切面等效载荷、起落架地面载荷、发动机推力等。机身结构所受的载荷是各种载荷形式的一种组合，如图 13.3 所示。

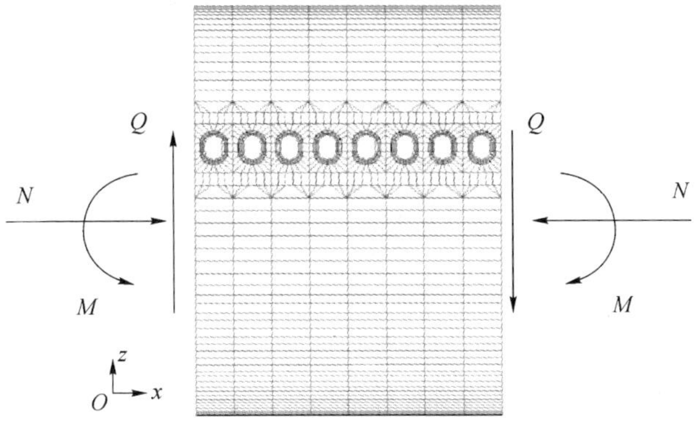

图 13.3　机身结构载荷形式

气密压力载荷、油压载荷属于均布载荷，在有限元法中比较好处理，这里不再详述。通常气动载荷是通过计算流体力学(CFD)技术或者试验手段获得，以 CFD 计算结果为例，其计算结果是作用于每个气动网格点上的压力数值。通常气动网格和结构有限元网格存在较大的差别，因此需要通过两套网格之间进行数据插值，将 CFD 计算得到的气动载荷数据传递到作用于结构有限元模型中的分布载荷。

集中载荷可能有集中质量的惯性载荷和起落架的地面载荷以及发动机的推力等，可分为两种类型。一种是载荷作用点在有限元模型结点上，另一种是载荷作用点不在有限元模型结点上。对于第一种类型的载荷有可能是：一些大质量的设备引起的惯性载荷，客舱中的人及座椅、货舱中的货物等引起的惯性载荷。对于第二种类型的载荷有可能是：起落架的地面载荷及惯性载荷、发动机推力及惯性载荷。这一类载荷的作用点均不在机身所简化的模型上，如起落架的载荷是作用在机轮上的，而起落架结构在分析机身强度时，一般不简化到模型中去。为了解决这一问题，在有限元分析中通常使用“刚体元”来计算其载荷。

13.1.6　机身外壳体有限元分析

典型的加强半硬壳式机身外壳体由蒙皮、桁条(桁梁)、普通框组成。虽然复合材料在飞机结构中已经得到大量使用，但大型飞机机身外壳体依然大多采用轻质金属材料(如铝合金等)，下面以金属材料机身外壳体的有限元分析为例进行介绍。

1. 模型的简化

如前所述，在初始结构设计阶段，一般采用一维/二维的板—杆单元对机身结构进行简化建模。单元的力学特性应能反映实际结构的力学特性，蒙皮承受全部剪力和扭矩，还要不同程度地承受轴力，桁条用来承受弯矩引起的轴力，普通框除了维持机身外形外，还承受蒙皮传递的剪流。从局部载荷机身蒙皮要承受气密压力，桁条要承受自相平衡的内部压力引起的轴力。因此蒙皮取膜单元进行模拟，桁条取杆单元进行模拟，普通框采用梁单元进行模拟。蒙皮、桁条和普通框之间的连接，采用共结点的方式进行简化，如图 13.4 所示。

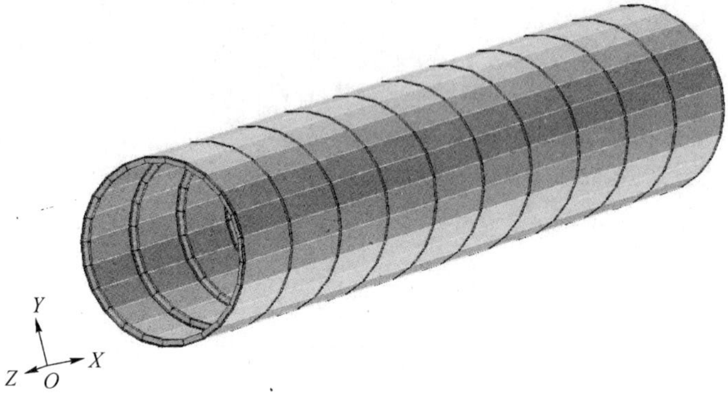

图 13.4 机身结构简化模型

2. 机身加强壁板稳定性设计准则

半硬壳式机身结构必须满足稳定性设计准则。机身隔框满足不发生总体失稳的最小尺寸条件下，半硬壳式机身结构仅需要考虑蒙皮失稳和加强壁板失稳两种形式，即只要保证两个隔框之间的加强壁板不发生失稳。加强壁板如图 13.5 所示，由两个隔框间的长桁和蒙皮组成，隔框作为弹性支持，一般作为固支边界条件进行处理。

加强壁板需要考虑以下几种失稳形式：

(1) 蒙皮失稳形式

① 蒙皮剪切失稳：以两个隔框和两根桁条之间的每块蒙皮为单位分析，由于大型飞机机身直径一般较大，可以将每块蒙皮看成四边固支的平板，计算其单独受剪时的临界应力。

② 蒙皮压剪耦合失稳：蒙皮既承受压缩载荷又承受剪切载荷时，需要考虑其联合载荷作用下的耦合失稳，如图 13.6 所示的耦合曲线，即需要满足以下不等式：

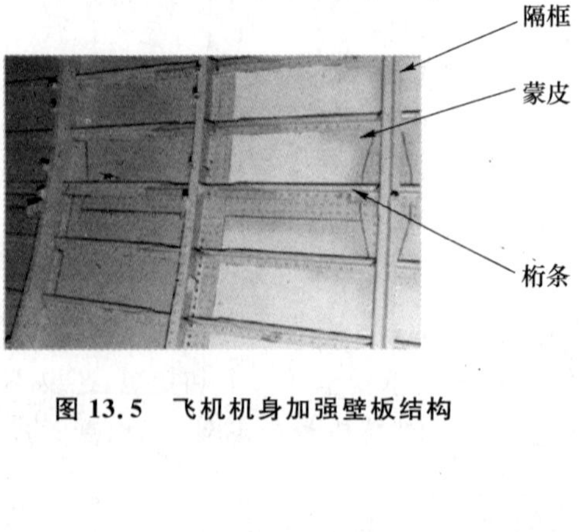

图 13.5 飞机机身加强壁板结构

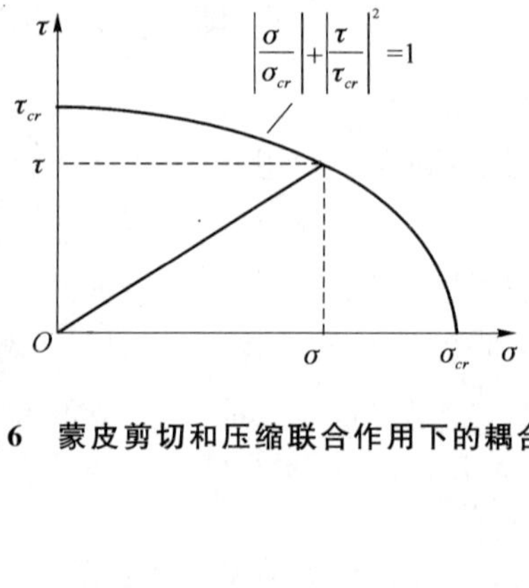

图 13.6 蒙皮剪切和压缩联合作用下的耦合曲线

$$\left|\frac{\sigma}{\sigma_{cr}}\right| + \left|\frac{\tau}{\tau_{cr}}\right|^2 \leqslant 1$$

式中：σ 和 τ 为蒙皮工作压应力和剪应力，由有限元分析获得；σ_{cr} 和 τ_{cr} 分别为蒙皮单独受压和单独受剪时的临界压应力和临界剪应力。

③ 蒙皮钉间失稳(在初始尺寸设计阶段可以不予考虑)。

(2) 桁条失稳形式

① 桁条总体失稳：压杆是一种仅能承受轴向压力的构件，由侧向偏移造成的压杆失效是很常见的。在实际应用中，飞机结构上的单纯受压杆很少，而压弯构件非常重要，如机身的桁条。但是，在有限元分析中，将桁条简化为杆单元，仅承受正应力，是由压缩载荷和弯曲载荷联合产生的，可以利用欧拉公式计算其总体临界失稳应力：

$$\sigma_{cr} = \frac{\pi^2 E}{\left(\frac{L'}{\rho}\right)^2}$$

式中：E 为材料弹性模量；$L' = \frac{L}{c}$ 为压杆的有效长度，L 为压杆长度，c 为杆端约束系数；$\rho = \sqrt{\frac{I}{A}}$ 为压杆横截面的最小惯性半径，I 为截面惯性矩，A 为截面面积。

② 桁条局部失稳：飞机机身的桁条是具有一定截面形式的弯制、挤压型材，其局部失稳一般为局部褶皱变形，构件其他部分将继续承受载荷并支撑失稳部分，直至整个截面发生失效而破坏。可以计算截面上不同部分的初始失稳应力，但是很难通过数学方法来计算截面的失效应力。一般采用经验方法来预测挤压件和弯制件的局部失稳强度：

➢ 如图 13.7 所示，将部件的横截面分为几个部分，每个部分有其各自的宽度 b，厚度 t，并且有的还有自由边界。

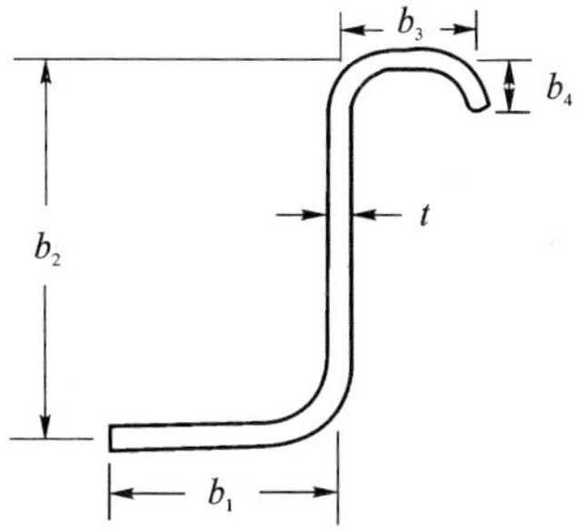

(a) 弯制型材截面

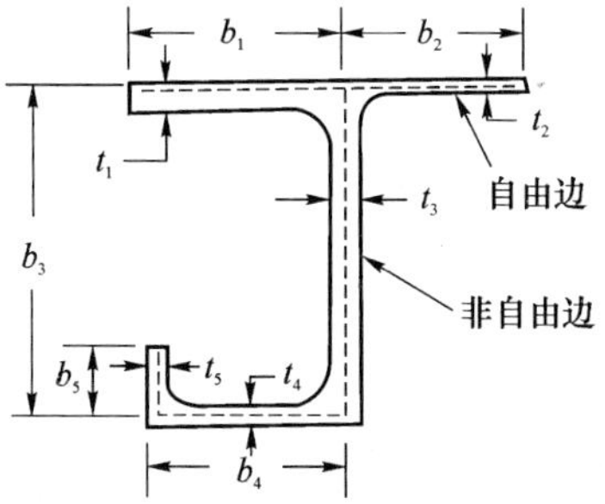

(b) 挤压型材截面

图 13.7　弯制型材截面和挤压型材截面

➢ 各个部分的许用局部失稳应力可以从适用的材料测试曲线图中查得，广泛用于飞机结构的铝合金可以从图 13.8 和图 13.9 的典型曲线中选择。

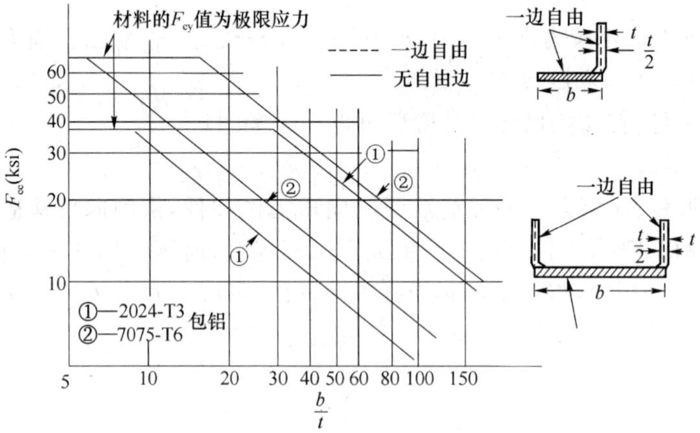

（2024－T3 包铝和 7075－T6 薄板）

图 13.8　弯制型材截面的局部失稳应力

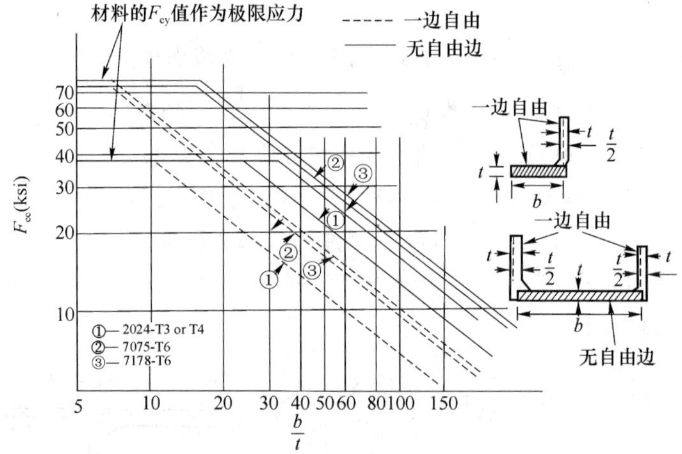

（2024－T3513，T4，T42，T81 和 7075－T6513 挤压件）

图 13.9　挤压截面的局部失稳应力

➢ 各个部分的许用局部失稳应力乘其面积，得到该部分许用载荷。各部分许用载荷叠加，除以整个横截面的面积，得到加权平均的许用局部失稳应力，即整个截面的许用局部失稳应力。

$$\sigma_{cr} = \frac{\sum b_n t_n F_{ccn}}{\sum b_n t_n}$$

式中：b_n 和 t_n 分别为各部分的长度和厚度；F_{ccn} 为各部分的许用局部失稳应力。

(3) 壁板失稳形式(壁板压损失稳破坏)

① 有效蒙皮宽度。当加强壁板承受轴向载荷作用时，其蒙皮将在 $\sigma_{cr,sk}$(蒙皮单独受压时的失稳临界应力)的应力作用下发生屈曲，但是，蒙皮的屈曲并不表示整个壁板的破坏，壁板能够继续承载，直到桁条发生破坏。当桁条上的应力超过蒙皮的屈曲应力时，桁条附近的蒙皮由于承受桁条的支持，将承受附加的应力。值得注意的是，不管桁条上的应力有多大，桁条间中心位置蒙皮上的应力不会超过初始失稳临界应力 $\sigma_{cr,sk}$。

由于桁条对蒙皮的支撑作用提高了蒙皮的稳定性，并且使一定宽度的蒙皮成为桁条的一部分，能够承受高于普通板屈曲应力的载荷，直到桁条的破坏应力为止。与桁条一起承受载荷的那部分蒙皮的宽度，即称为“有效宽度”。在计算桁条的剖面性质时，须将蒙皮的有效宽度考虑进去，桁条间蒙皮上的压缩应力为

$$\sigma_{sk} = \sigma_{st} t b_e$$

或

$$b_e = \frac{\sigma_{sk}}{t\sigma_{st}}$$

式中：σ_{sk} 为桁条间蒙皮上的应力；σ_{st} 为桁条上的压缩应力；t 为蒙皮厚度；b_e 为蒙皮的有效宽度。

蒙皮有效宽度 b_e 的计算方法如下：

方法一：

$$b_e = c \cdot t$$

式中：c 为常数，t 为蒙皮厚度。这种方法主要用于初始设计时考虑加强壁板稳定性时使用，一般取 c 为 30。

方法二：

$$b_e = t\sqrt{\frac{KE}{\sigma_{cy,sk}}}$$

式中：K 为修正压缩系数；$\sigma_{cy,sk}$ 为蒙皮材料的压缩屈服极限(非比例缩短 0.2%时的应力)。

方法三：

$$b_e = t\sqrt{\frac{KE}{\sigma_{cy,st}}}$$

式中：$\sigma_{cy,st}$ 为桁条材料的压缩屈服极限。当蒙皮与长桁材料相同时，方法二和三得到的蒙皮有效宽度相等。

方法四：

$$b_e = t\sqrt{\frac{KE}{\sigma_{crip,st}}}$$

式中：$\sigma_{crip,st}$ 为桁条的局部失稳临界应力。

② 板屏压屈。桁条与蒙皮组成的加强壁板受压稳定性问题，转换为桁条与有效宽度蒙皮

组成的板屏压屈问题，如图 13.10 所示。

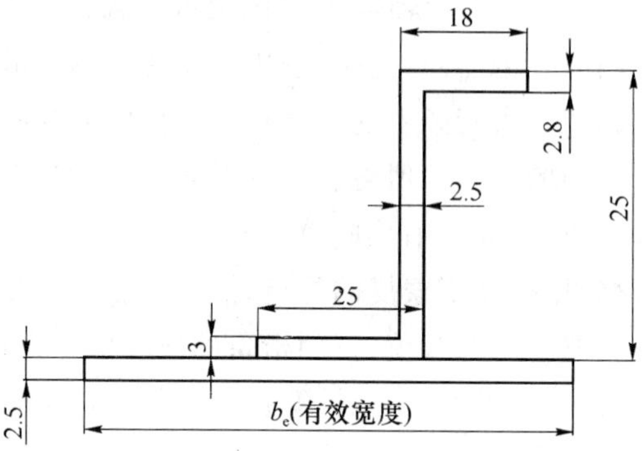

图 13.10　长桁与有效宽度蒙皮组成的板屏结构

由于桁条与有效宽度蒙皮上承受的应力相同，因此可将其看做一个整体(柱)进行分析，这里选用 Euler－Johnson 半经验公式求得其临界应力：

$$\sigma_{cr}=\sigma_f\left[1-\frac{\sigma_f}{4\pi^2E}\left(\frac{L'}{\rho}\right)^2\right]$$

式中：σ_f 为板屏的压损临界应力，典型剖面的板屏的 σ_f 可由经验公式计算或经验图表查出，有时可以将桁条的局部失稳应力 $\sigma_{crip,st}$ 作为 σ_f。E 为板屏材料的弹性模量，这里仅考虑蒙皮与桁条材料相同的情况，二者不相同时可以通过折算公式得到等效的 E。$L'=L/\sqrt{C}$，L 为板屏长度，C 为端部支持系数。$\rho=\sqrt{I/A}$，I 和 A 分别为板屏的剖面惯性矩和面积。

③ 蒙皮和桁条的局部失稳。蒙皮和桁条的局部失稳见上文。

通常，壁板的失稳破坏是以上几种形式的耦合，在进行机身加强壁板设计时，必须同时对这几种失稳形式进行评估。因此，在进行机身外壳体结构有限元分析时，必须综合考虑各种设计准则，否则通过结构有限元分析得到的结果没有任何实际意义。

13.2　机翼结构有限元分析

机翼是飞机的一个重要部件，其主要功用是产生升力。当它具有上反角时，可为飞机提供一定的横侧安定性。除后缘布置有横向操纵用的副翼、扰流片等附翼外，目前在机翼的前、后缘越来越多地装有各种型式的襟翼、缝翼等增升装置，以提高飞机的起降或机动性能。飞机的机翼设计的好坏是影响飞机性能的关键，因而航空航天结构设计的先进技术一般都首先在机翼设计中得到应用。结构有限元分析技术已经成为飞机机翼结构设计的最基本的工具，贯穿于飞机设计的各个阶段。由于飞机设计各个阶段对结构建模的精细程度要求不一，因此其有限元模型的建立也有很大差别。如概念设计阶段一般将机翼简化为梁模型，这样有利于机翼整体受载的分析；而详细设计阶段，需要对机翼进行详细建模，以确定其细节的结构形式，得到最优的结构设计方案。一般机翼结构有限元分析的流程图如图 13.11 所示。

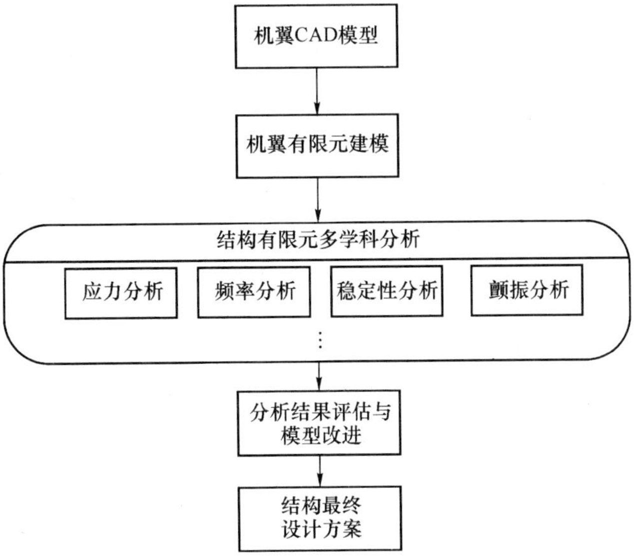

图 13.11　机翼有限元分析流程

下面对一个典型机翼的结构有限元应力分析进行说明。

13.2.1　典型结构简介

某机种的机翼 CAD 模型如图 13.12 所示，从图中可以清楚看到其结构布局形式，为全金属构件的后掠翼。该机翼采用了双梁、10 个翼肋以及上下壁板的组合结构。机翼通过两根翼

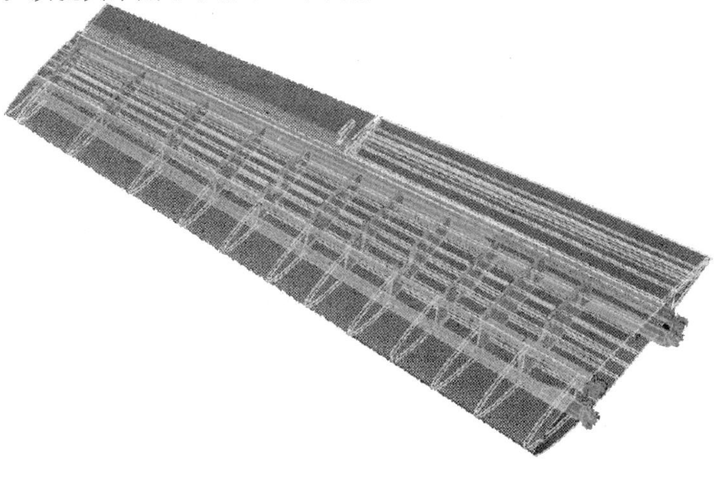

图 13.12　某型机机翼 CAD 模型

梁的根部与机身连接，该结构模型还需考虑后缘的副翼和襟翼结构。机翼是飞机主要的升力面，它所承受的载荷主要由两部分组成：气动力和惯性力。由上述某机种的机翼结构形式可以得知，由气动力和惯性力及油箱载荷的综合作用，所产生的对整个机翼而言的剪力、弯矩、扭矩是这样传递给机身的：弯矩主要由机翼的上、下壁板和梁、墙缘条来承受。在对称受载情况下，弯矩传到飞机对称面处自相平衡了。非对称受载情况下，弯矩由机翼与机身相连的两侧框接头承受。扭矩主要由机翼的上、下壁板和前、后梁围成的盒段来承受。剪力主要由梁、墙腹板承受，最终交到机身与机翼相连的框上。

13.2.2　网格的划分和有限单元的选取

将真实结构划分为有限元网格的过程叫离散化。有限元网格的划分基本依据的是具体结构情况。搞清结构各元件承力的特点以及分析目的，如在总体分析中，主要应力求真实的反映总体结构传力特点；在对细节分析中，需要考虑的问题可大胆简化。最终，该机翼结构有限元网格划分如图 13.13 所示，共约 20 000 个单元。

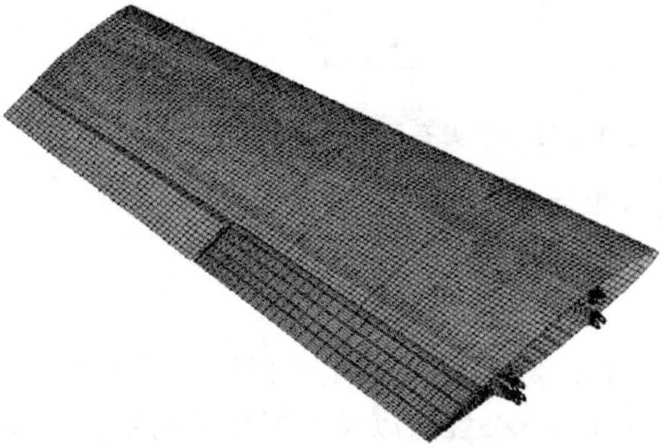

(a) 机翼结构整体有限元模型

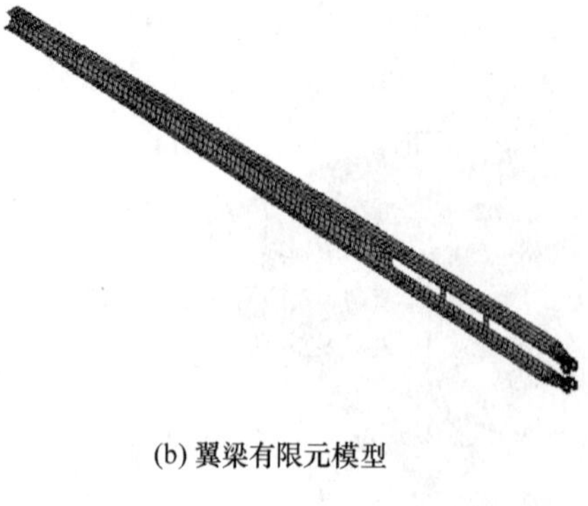

(b) 翼梁有限元模型

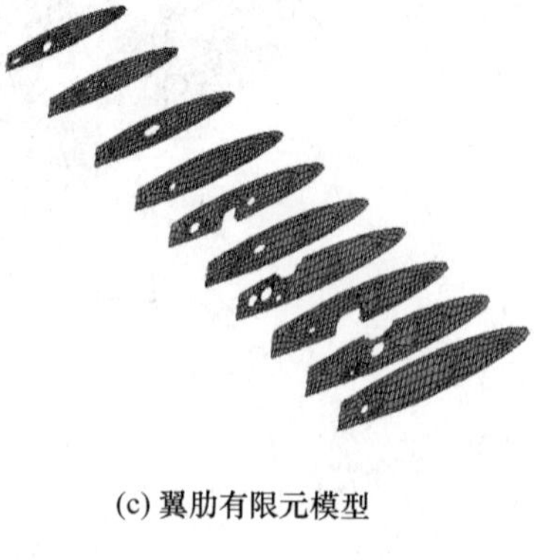

(c) 翼肋有限元模型

图 13.13　机翼结构有限元模型

有限单元的选取应视具体需要分析的对象而定。针对该机翼的结构布局和传力特点，应力分析模型中结构元素是这样选取的：在本例中，考虑到网格划分非常密，所有单元形式均采用壳单元。在大型商用软件 ANSYS 中，采用的单元形式为 SHELL43。

13.2.3　边界条件模拟

有限元素法中所涉及的边界条件指的是支持边界条件。如对称结构可建立半模，在非对称载荷作用下，就要施加对称和反对称边界条件。再如，求解半翼展机翼结构时，就要模拟机身对机翼的支持。有限元模型的边界条件的模拟其目的在于，消除那些对模型提供反力的结点上的有效自由度，以保证支反力的真实并防止所分析结构的刚体运动。

该机翼通过翼梁端部接头与机身连接。为了尽可能地把机身对机翼的支持模拟真实，该机翼在单独求解时的边界条件，施加的是对应载荷情况下的翼—身联合求解模型计算得到的边界位移值。总之，边界条件可以是：

① 载荷：集中力和力矩，分布线载荷，表面的压力；

② 一个结点的强迫运动；

③ 一个元素的强迫变形；

④ 约束。

在本例中，考虑两个载荷工况：一是对称载荷工况；二是非对称载荷工况。

13.2.4　计算结果分析

在本例中，利用大型商用软件 ANSYS 进行求解，利用其后处理程序得到其应力分布云图如图 13.14 所示。可以看出，其最大应力位置在翼根与机身连接处，应力分布趋势为沿展向从翼根至翼尖递减。其计算结果与真实受载情况较吻合，能够为结构详细设计提供指导。

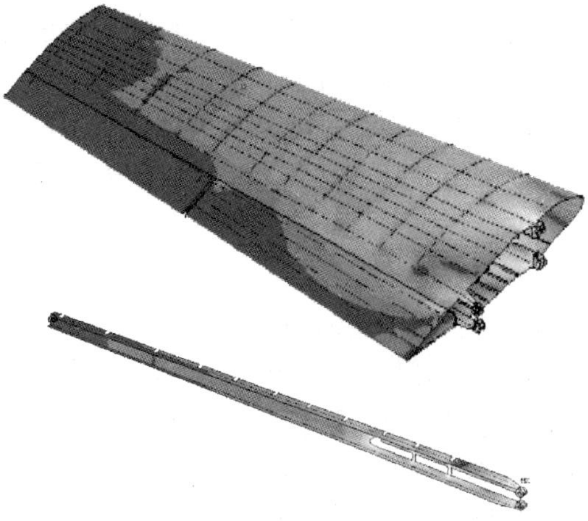

图 13.14　有限元分析结果应力分布云图

第 14 章　飞机结构疲劳的有限元分析

14.1　概　述

飞机结构由于要完成不同的飞行任务，使得结构在一定载荷水平范围内，承受重复性载荷作用导致飞机结构内部的损伤累积，其发生破坏的最大应力水平低于极限静强度，且往往低于材料的屈服极限，这种现象称为疲劳。目前对于结构疲劳的计算方法有很多，本章将介绍怎样应用有限元方法对飞机结构的疲劳进行计算。

目前，在结构设计中已大量使用计算机仿真技术，其中有限元仿真技术已经成为一种不可或缺的分析工具。用有限元方法对交变载荷作用下的结构疲劳寿命的计算，是利用有限元分析的应力应变结果，按照疲劳强度公式计算结构的疲劳强度。这种有限元疲劳仿真技术与基于实验的的传统设计方法相比，有限元疲劳仿真计算能够提供结构表面的疲劳寿命分别有：可以在设计阶段判断结构的疲劳寿命薄弱部位，通过修改设计可以预先避免不合理的寿命分布。因此，有限元疲劳仿真技术可以减少试验样机的数量，缩短产品的开发周期，进而降低开发成本，提高市场竞争力。本章首先介绍疲劳设计的一些方法，然后介绍有限元疲劳计算方法的具体实施过程及应用。

14.2　疲劳设计方法

疲劳设计是用以处理动应力以及由此而产生的破坏方式的基本方法。对航空结构或机械产品，采用合理的疲劳设计，是提高设计水平和产品质量的一个重要环节和必要保证。由于疲劳破坏是现代工业设备最常见的一种破坏现象，所以目前在所有工程构件和航空结构的设计中，除了要考虑必要的静强度外，最主要的是考虑疲劳强度，也就是说结构必须进行疲劳分析和按疲劳观点进行设计。目前疲劳设计的主要方法有无限寿命设计、安全寿命设计、破损—安全设计、损伤容限设计和耐久性设计等。

1. 无限寿命设计法

无限寿命设计是最早的疲劳设计方法，它要求零件的设计应力低于其疲劳极限，从而具有无限寿命。对于需要经历无限次循环（$>10^7$）的零部件，如发动机汽缸阀门、顶犴、弹簧、长期频繁运行的轮轴等，无限寿命设计至今仍是一种简单而合理的设计方法。但是无限寿命设计方法常常使设计的构件过于笨重。随着现代工业特别是航空工业的发展，飞机朝着高速、高性能、低重量的方向发展。为了充分利用材料的承载潜力，设计应力水平不断提高，疲劳设计方法也从无限寿命设计进入到有限寿命设计阶段。

2. 安全寿命设计法

从无限寿命设计方法基础上发展起来的安全寿命设计，也是依据试验中得到的 S－N 曲线来进行设计的。安全寿命设计方法只保证零构件在规定的使用期限内能安全使用，因此它允许零部件的工作应力超过其疲劳极限，从而减轻自重。它是当前许多机械产品的主导设计方法。如航空发动机、汽车等对自重有较高要求的产品都广泛使用这种设计方法。安全寿命设计必须考虑安全系数，以考虑疲劳数据的分散性和其他未知因素的影响。在设计中，可以对应力取安全系数，也可以对寿命取安全系数，或者规定两种安全系数都要满足。安全寿命设计可以根据 S－N 曲线设计，也可以根据 ε－N 曲线进行设计，前者称为名义应力有限寿命设计，后者称为局部应力应变法。由于局部应力应变法在疲劳寿命预测中综合考虑了塑性变形和载荷顺序的影响，因此被广泛运用于缺口构件的疲劳寿命预测中。

3. 破损—安全设计法

随着现代工业的飞速发展，特别是飞机、火箭、船舶、运载工具的飞速发展，以及第二次世界大战以来疲劳破损事故的大量涌现，对疲劳设计的安全可靠性提出了越来越高的要求。破损—安全设计方法就是在这个基础上发展起来的另一新的设计方法。破损—安全设计方法的实质是：结构在规定的使用年限内，允许产生疲劳裂纹，并允许疲劳裂纹扩展，但其剩余强度大于限制载荷，而且在设计中要采取断裂控制措施，如采用多通道设计和设置止裂板等，以确保裂纹在被检测出来而未修复之前不致造成结构破坏。压力容器设计中的“破损前渗漏”就是这种设计准则的一种体现。

4. 损伤容限设计法

损伤容限设计是破损—安全设计方法的体现和改进。此法首先假定零构件内存在初始裂纹，应用断裂力学方法来估算其剩余寿命，并通过试验来校验，确保在使用期（或检修期）内裂纹不致扩展到引起破坏的程度，从而有裂纹的零构件在其使用期内能够安全使用。它适用于裂纹扩展缓慢而断裂韧性高的材料。

5. 耐久性设计法

耐久性是构件和结构在规定的使用条件下抗疲劳断裂性能的一种定量度量，这种方法首先要定义疲劳破坏严重细节（如孔、槽、圆弧、台阶等）处的初始裂纹质量，描绘与材料、设计、制造质量相关的初始疲劳损伤状态，再用疲劳或疲劳裂纹扩展分析预测在不同使用时刻损伤状态的变化，确定其经济寿命，制定使用、维修方案。

结构使用到某一寿命时，发生了不能经济修理的广布损伤，而不修理又可能引起结构的功能问题，这一寿命称为经济寿命。

耐久性设计由原来不考虑裂纹或仅考虑少数最严重的单个裂纹，发展到考虑可能全部出现的裂纹群；由仅考虑材料的疲劳抗力，发展到考虑细节设计及其制造质量对疲劳抗力的影响；由仅考虑安全，发展到综合考虑安全、功能及使用经济性。耐久性设计已经开始应用于一些飞机结构及其他重要工程构件中，是21世纪疲劳断裂控制研究的一个主要发展方向。

14.3 疲劳分析的基本步骤

进行疲劳分析之前，要把握疲劳分析的基本步骤。疲劳分析主要包括疲劳载荷的确定、材料或零部件疲劳特性的确定，最重要的是疲劳分析方法的确定。本节主要对各分析步骤进行介绍，为进一步的疲劳分析做好必要的准备。

1. 疲劳分析的基本步骤

疲劳分析包括对载荷谱进行采集及进一步的统计分析，材料疲劳特性试验，结构的应力分析，根据具体情况选择疲劳分析方法以及疲劳损伤模型，然后结合疲劳损伤理论进行寿命预测，疲劳分析的基本流程如图14.1所示。

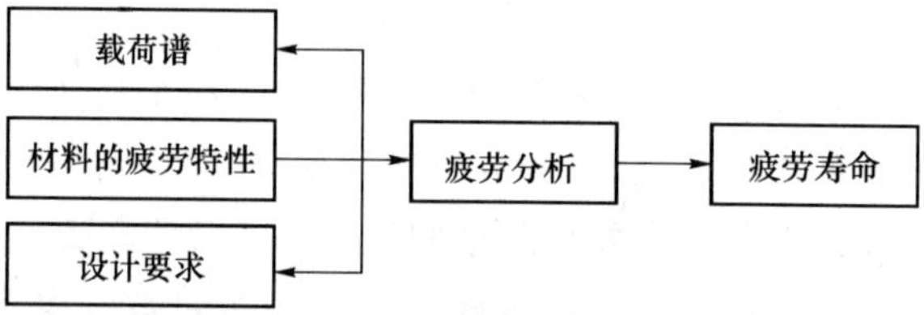

图14.1 疲劳分析的基本流程

2. 载荷谱的获取与确定

疲劳载荷谱一般要通过实际测试得到，近年来随着计算机的发展，使通过仿真计算获取载荷谱成为可能，但仿真的方法要经过试验验证才可信。

在实际测试载荷谱之前要考虑研究对象的使用情况，确定要测试的工况。测试得到载荷时间历程后要进行统计处理，最后得到目标载荷谱。

3. 疲劳特性确定

材料的疲劳特性需要在疲劳试验机上完成，另外不同的疲劳分析方法需要的材料的疲劳特性也不尽相同。如采用应力疲劳分析方法，需要已知材料的S－N曲线；应变疲劳分析方法，需要已知材料的ε－N曲线。

14.4 确定疲劳寿命的方法

确定结构和机械疲劳寿命的方法主要有两类：试验法和试验分析法。试验分析法也称为科学疲劳寿命分析法。

确定疲劳寿命的试验法完全依赖于试验，是传统的方法。它直接通过与实际情况相同或相似的试验来获取所需的疲劳数据。这种方法虽然可靠，但是在设计阶段，构件太复杂、太昂贵，以及在实际情况的类别（如几何形式、结构尺度、加载方式、环境条件、工艺状况等）数量太庞大的情况下，无论从人力、物力，还是从工作周期上来说，都是不大可行的。由于工程结构、外载荷和服役环境的差异性,使得试验结果不具有通用性。但对于对疲劳寿命有明确要求和复杂的机械与工程结构来说,却必须通过试验来确定整个产品的最终寿命,如飞机的全机疲劳试验等。

确定疲劳寿命的试验分析方法是依据材料的疲劳性能,对照结构所受到的载荷历程,按分析模型来确定结构的疲劳寿命。任何一个疲劳寿命分析方法都包含 3 部分的内容:材料疲劳行为的描述,循环载荷下结构的响应,疲劳累积损伤法则。

研究疲劳分析方法所追求的目标之一,是降低疲劳分析对于大量试验的依赖性,减少分析处理方法中的经验性成分。为此,已发展了多种分析方法。按照计算疲劳损伤参量的不同可以将疲劳寿命分析分为:名义应力法、局部应力应变法、应力应变场强度法、能量法、损伤力学法、功率谱密度法等。然而在工程实践中比较实用的是前 3 种方法。

疲劳寿命分析方法随着计算机技术和有限元分析的发展而得到了广泛的应用。在结构设计阶段,设计人员借助这一方法可以比较不同方案的疲劳寿命品质的优劣,可以校核产品的疲劳寿命是否满足设计要求,还可以进行抗疲劳设计。在产品试验前,通过疲劳分析可以确定疲劳危险部位,以确定疲劳试验过程中监控的关键部位。

采用有限元方法进行疲劳寿命计算,需要知道载荷的变化历程、结构的几何参数以及有关的材料性能参数或曲线。用有限元计算疲劳寿命通常分两步:

第一步是根据载荷和几何结构计算中的应力/变化历程,比如一个飞机构件,通常在多个位置承受不同的动态载荷,构件的几何形状也往往很复杂,计算这样一个动态应力应变响应,是有限元的主要任务。

第二步是应用获得应力应变响应,结合材料性能参数,利用不同的疲劳损伤模型进行寿命计算。疲劳寿命的理论预测精度既依赖于应力应变响应的正确模型,也依赖于损伤模型的合理利用。

疲劳分析方法要根据设计目的、载荷谱以及材料的疲劳特性综合考虑、权衡才能确定。对于有限元寿命设计要求的结构,可以采用应力疲劳分析方法或应变疲劳分析方法,如果允许结构的应力落在低周疲劳寿命区,应该考虑采用应变疲劳分析方法。对于重要一些的零件,应该使其应力落在高周疲劳区,应该采用应力疲劳分析方法。

14.5　疲劳寿命的有限元分析方法

疲劳寿命的有限元分析方法可根据不同的抗疲劳设计方法,而产生不同的有限元分析。但是其具体分析思路是相同的,本节主要介绍基于名义应力法和局部应力应变法疲劳理论的有限元分析方法。

14.5.1　应力疲劳有限元分析方法

本小节将采用名义应力法(S-N 法)来进行应力疲劳的有限元分析,名义应力法是最早形成的抗疲劳设计方法。其基本思想是：用真实结构或构件模拟件进行疲劳寿命试验，获得真实结构在名义应力下的 S－N 曲线，然后利用计算得到的该部位的名义应力谱及累积损伤理论计算结构的疲劳寿命。由于用于计算寿命的 S－N 曲线是直接由真实结构或结构模拟件的实验得到的，使得应力集中、尺寸效应及表面加工质量等影响疲劳强度的诸多因素能够得到尽量精确的体现，所以疲劳寿命计算精度较高，是飞机重要部件疲劳寿命计算的常用方法。但由于名义应力法需用结构 S－N 曲线，因此实验费用十分昂贵。此方法广泛应用于外加应力名义上在材料弹性范围内，而且材料的失效循环次数很高的情况。因此，名义应力法最适于高周疲劳区，广泛应用于对承受脉动载荷的构件的过早破坏的研究中。

应力疲劳有限元分析方法可用图 14.2 流程图来说明。首先需要进行载荷谱分析，由载荷谱利用雨流循环计数法来确定全封闭循环，进而得到循环应力的平均应力及交变的应力幅，再由 S－N 曲线的修正方程（例如：Goodman 方程、Gerber 方程及 Soderbeg 方程）对其进行修正得到相应应力；利用材料 S－N 曲线找到各应力作用所对应的寿命，最后利用累计损伤理论计算结构的寿命。

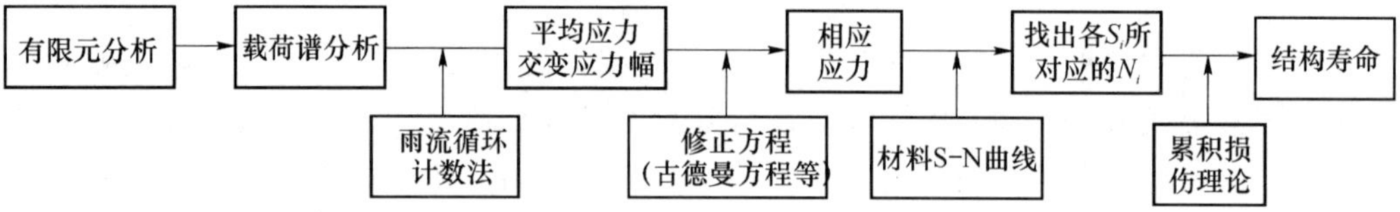

图 14.2　应力疲劳有限元分析流程图

虽然名义应力法对于计算结构的疲劳寿命方面取得了巨大的成功，但是其仍然存在以下缺点：

① 用名义应力法计算结构的疲劳寿命时，都采用由缺口或光滑试件得到的 S－N 曲线。这也就是说，对于不同的构件，只要有相同的应力集中系数，就认为它们的疲劳特性存在着当量的关系。但仔细研究发现，具有相同应力集中系数的元件，在缺口根部不一定会有相同的应力，这已被许多事实所证明。

② 名义应力法所算的寿命，传统的说法是到破坏的寿命。根据安全寿命的概念，这里所说的“破坏”是指出可见裂纹的寿命。但是，计算中所采用的 S－N 数据往往都是由小尺寸试件得到的，而小尺寸试件的寿命又都是到“断裂”的寿命。然而结构与小试件的疲劳特性之间不存在真正的当量关系。

③ 另一个重要缺点是与结构承受变幅载荷有关。由于应力集中的原因，局部区域的应力常常会超过屈服极限而使材料进入塑性状态。由于局部屈服会导致残余应力，这就对承受变幅载荷结构的疲劳寿命有着重要的影响。如单个高峰载荷或间断高峰载荷会有效地延长结构的疲劳寿命，而名义应力法却不能计及这种影响，这是它的最本质的一个缺点。

14.5.2　应变疲劳有限元分析方法

随着工作循环的增大和构件的复杂化，就产生了另一种疲劳性能。这时，循环应力相对较大，而且有相当数量的塑性变形，这就使得寿命相对较低。这种类型的疲劳通常称为低周疲劳或应变控制式疲劳。常用来处理这种疲劳的分析方法为局部应力—应变方法。应变疲劳方法是基于在诸如切口等临界区，材料对循环载荷的响应是应变而不是受载荷控制的。此方法也是因为大多数构件的设计都把名义应力限制在弹性范围内，使得诸如切口等部位的应力集中引起了局部的塑性变形而产生的。塑性变形区周围的材料仍然是弹性的，因此切口根部的变形看做是应变占主导地位。局部应力—应变法的设计思路为零构件的疲劳破坏都是从应变集中部位的最大应变处开始，并且在裂纹萌生以前都要产生一定的局部塑性变形，局部塑性变形是疲劳裂纹萌生和扩展的先决条件。因此，决定零构件疲劳强度和寿命的是应变集中处的最大局部应力应变，只要最大局部应力应变相同，疲劳寿命就相同。因而有应力集中零构件的疲劳寿命，可以使用局部应力应变相同的光滑试样的应变—寿命曲线进行计算，也可使用局部应力应变相同的光滑试件进行疲劳试验来模拟。局部应力—应变法计算疲劳裂纹形成寿命的基本思路可用图 14.3 流程图来说明。

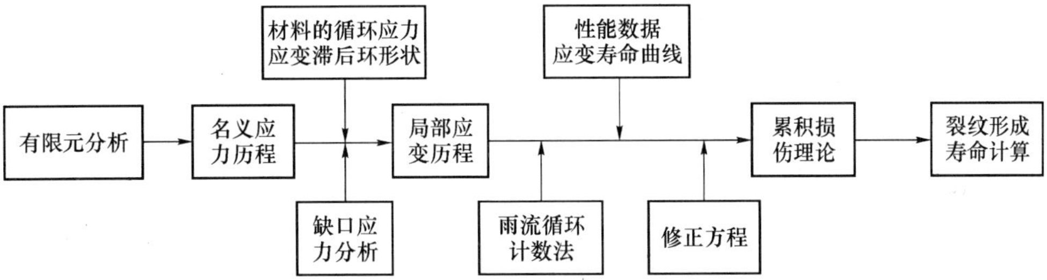

图 14.3　应变疲劳有限元分析流程图

局部应力—应变法有很多优点，主要包括：

① 应变是可以测量的，而且已被证明是一个与低周疲劳相关的极好参数，根据应变分析的方法，就可以将高低周疲劳寿命的估算方法统一起来。

② 使用这种方法时，只需知道应变集中部位的局部应力应变和基本的材料疲劳性能数据，就可以估算零件的裂纹形成寿命，避免了大量的结构疲劳试验。

③ 这种方法可以考虑载荷顺序对应力应变的影响，特别适用于随机载荷下的寿命估算。

④ 这种方法易于与计数法结合起来，可以利用计算机进行复杂的计算。

局部应力—应变法虽然有很多优点，但它并不能取代名义应力法，这是因为：

① 这种方法只能用于有限寿命下的寿命估算，而不能用于无限寿命，当然也无法代替常规的无限寿命设计法。

② 这种方法目前还不够完善，还未考虑尺寸因素和表面情况的影响，因此对高周疲劳有较大误差。

③ 这种方法目前仍主要限于对单个零件进行分析，对于复杂的连接件，由于难于进行精确的应力应变分析，目前尚难于使用。

14.6 工程实例分析

本节将简要介绍两个实际工程问题，分别利用应力疲劳有限元分析法和应变疲劳有限元分析法对其进行分析，为读者应用疲劳有限元方法解决实际工程结构问题提供一些借鉴。

14.6.1 带有缺口平板的应力疲劳有限元分析

如图 14.4 所示一带有缺口的平板，其受到集中载荷作用，此载荷为等幅对称循环载荷，幅值为 10 000 N。

下面应用应力疲劳有限元分析对该缺口平板进行疲劳寿命分析，首先对其进行线性应力分析，其有限元模型及应力分析结果如图 14.5 和 14.6 所示，最大应力位于缺口处，其值为3.30×10^{2} N。

缺口平板所受载荷如图 14.7 所示，其最大值为 1 N，最小值为−1 N。

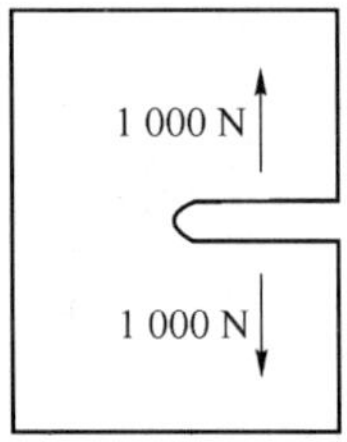

图 14.4 缺口平板计算模型

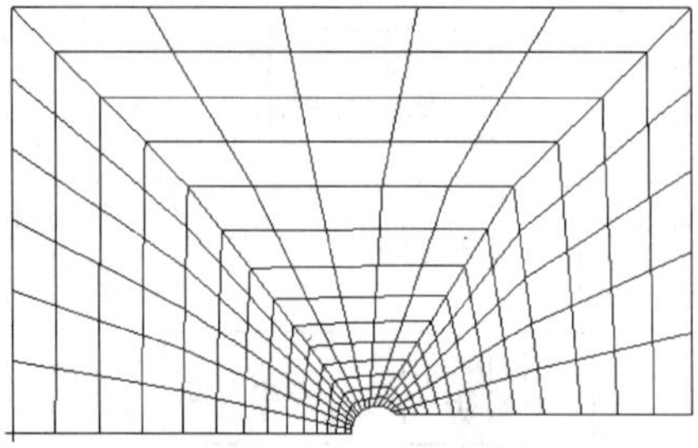

图 14.5 缺口平板的有限元模型

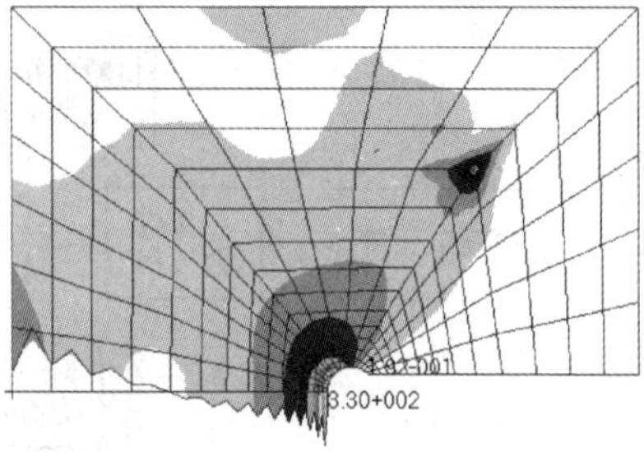

图 14.6 缺口平板的应力云图

缺口平板的材料为 MANTEN_MSN，其 S－N 曲线如图 14.8 所示。

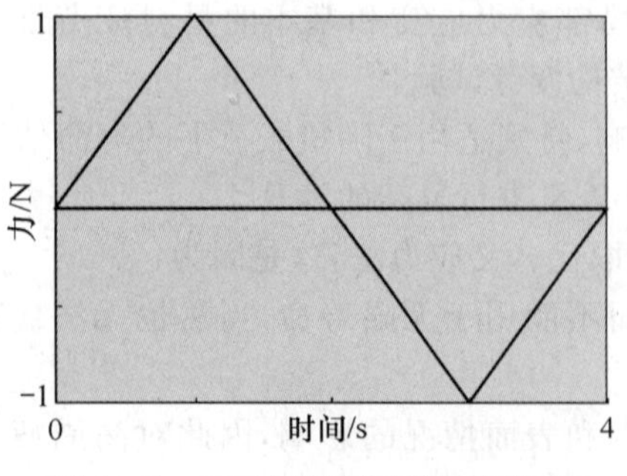

图 14.7 缺口平板所受载荷曲线图

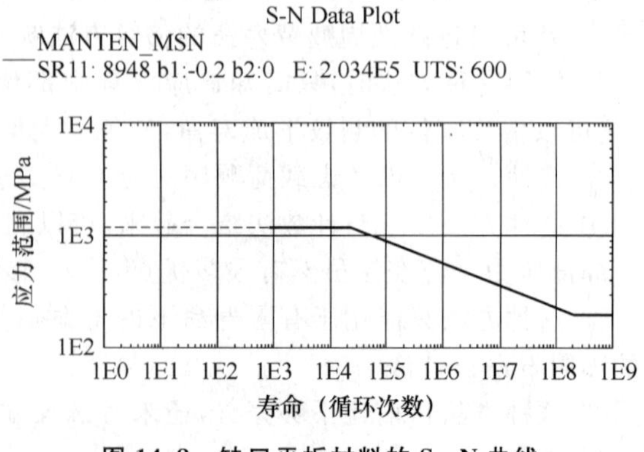

图 14.8 缺口平板材料的 S－N 曲线

缺口平板利用应力疲劳有限元分析所得的对数寿命云图如图 14.9 所示，最小对数寿命为 5.65，这是以 10 为底的对数值，因此实际寿命值为 105.65。

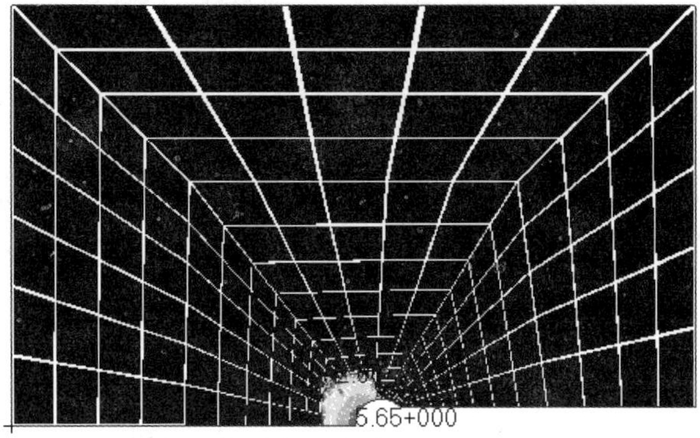

图 14.9　缺口平板的对数寿命云图

14.6.2　带有缺口平板的应变疲劳有限元分析

本小节将以一个三脚支架结构来介绍应变疲劳有限元分析方法。三脚支架模型的三个支腿固定到轴上，中心圆柱截面承受幅值为 15KSI 的对称循环压力载荷，其有限元模型如图 14.10所示。

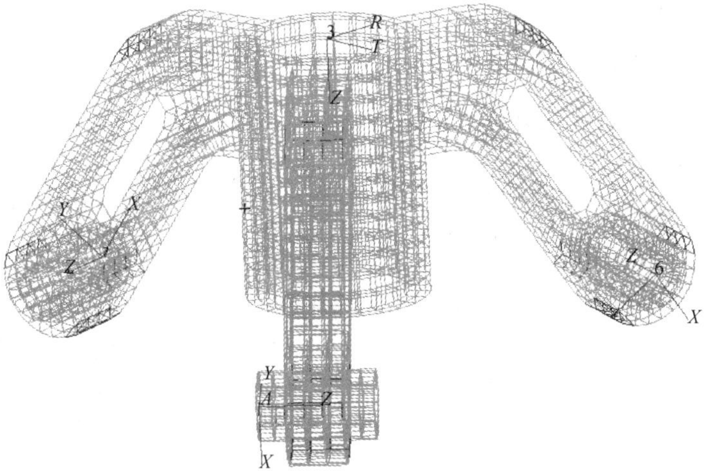

图 14.10　有限元模型

三脚支架结构的应力结果如图 14.11 所示，最小应力位于结点 2314 处，其值为 7.88×10^2 N，最大应力位于结点 981 处，其值为 5.46×10^4 N。

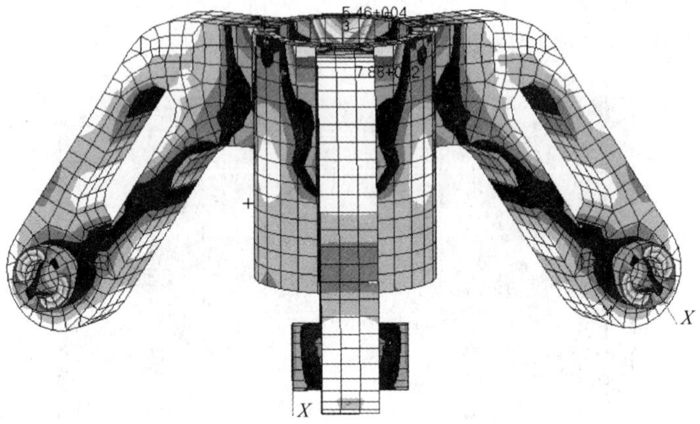

图 14.11　三脚支架结构的应力云图

三脚支架结构所受载荷为常幅正弦变化载荷，大小为＋15KSI～－15KSI，如图 14.12 所示。

图 14.13 给出了材料 MANTEN 和 RQC100 的循环应力—应变曲线，显然 RQC100 的屈服极限高于 MANTEN。

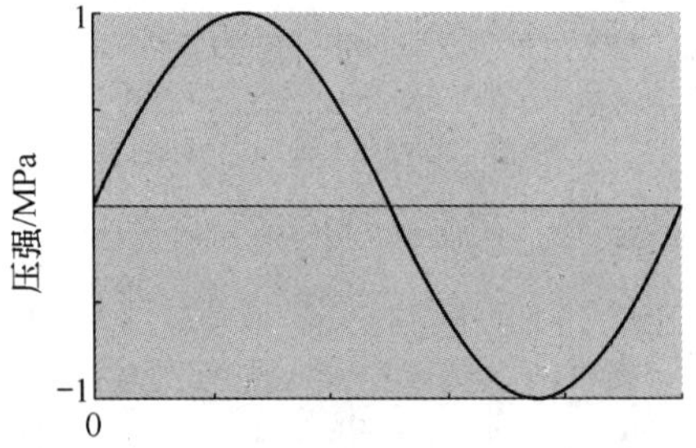

图 14.12　三脚支架结构所受载荷曲线图

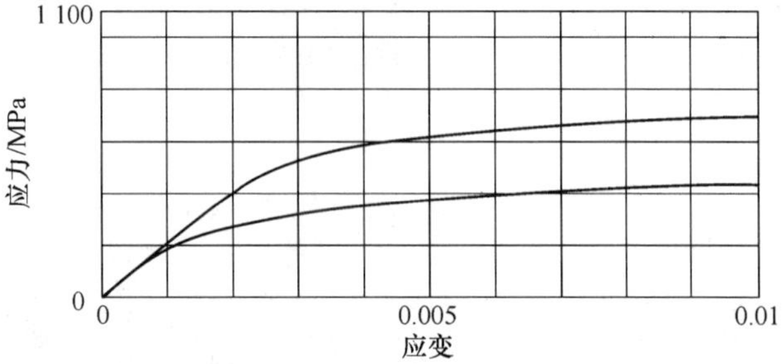

图 14.13　三脚支架结构材料的循环应力—应变曲线

MANTEN 材料循环和单调的应力—应变曲线如图 14.14 所示。

RQC100 材料循环和单调的应力—应变曲线如图 14.15 所示。

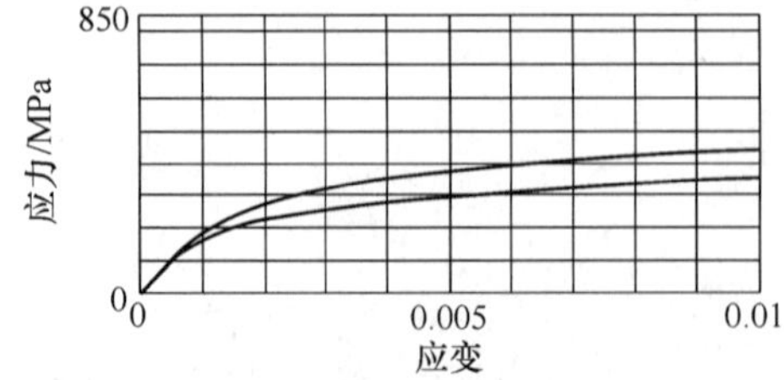

图 14.14　MANTEN 材料循环和单调的应力—应变曲线

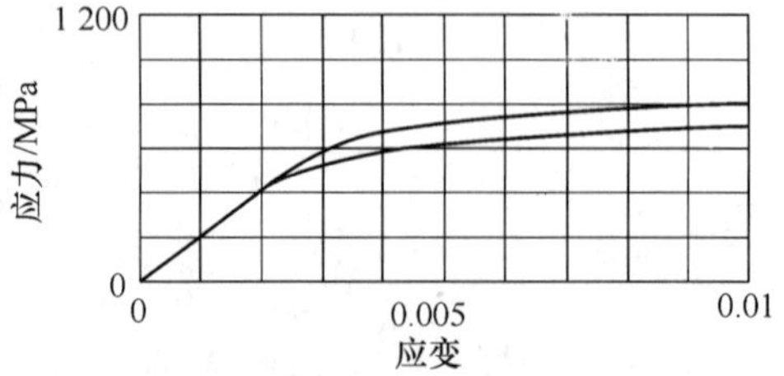

图 14.15　RQC100 材料循环和单调的应力—应变曲线

MANTEN 和 RQC100 两种材料的应变—寿命曲线如图 14.16 所示，其中虚线为 MANTEN 的应变—寿命曲线，实线为 RQC100 的应变—寿命曲线。

三脚支架结构的材料为 BS4360－50D，其应变—寿命曲线如图 14.17 所示。

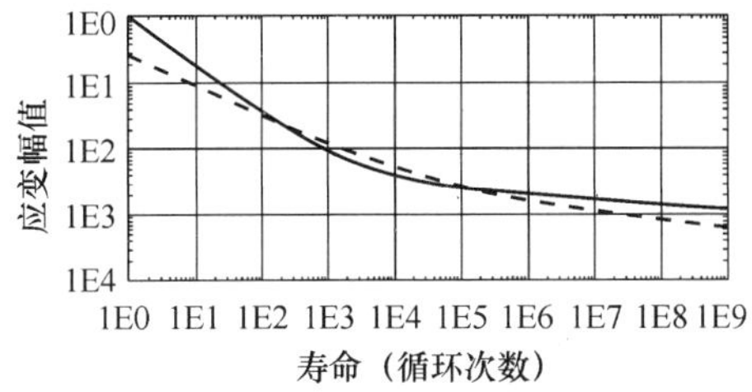

图 14.16　两种材料应变—寿命曲线

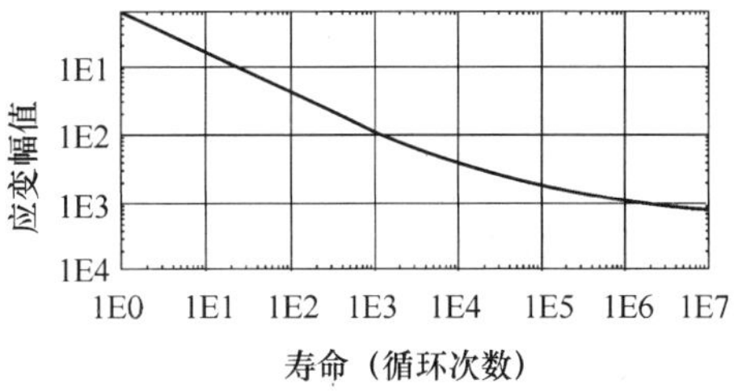

图 14.17　BS4360－50D 的应变—寿命曲线

三脚支架结构利用应变疲劳有限元分析所得的对数寿命云图如图 14.18 所示，最小对数寿命为 4.09。

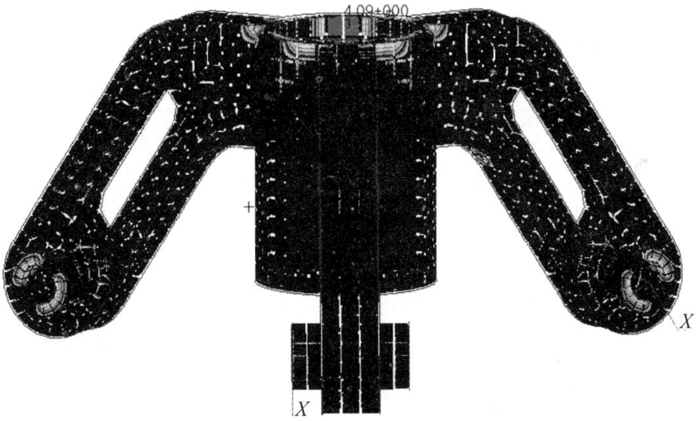

图 14.18　三脚支架结构的对数寿命云图

第 15 章　飞行器结构优化设计

15.1　概　述

当今众多企业广泛应用的 CAE 技术存在局限性，表现在 CAE 仅用于对产品设计方案进行后期的校核。如果在这一阶段发生问题，设计者已经没有足够的自由度对结构进行全面的改进，只能对产品进行局部的调整，并希望这些调整不会给其他方面带来问题。问题的根源在于，在设计的早期，即拥有最大设计自由度的概念设计阶段，设计者完全凭借经验与直觉很难对产品的所有性能进行精确的考虑，并且往往由于经验的局限，很难给出创新性的设计。优化驱动的产品设计过程给产品设计工程师最有效的设计帮助，在概念设计这一决定设计 80% 成本的关键阶段，提供革命性的方案，从而大大节省时间和费用，提高产品性能和投放市场的速度。

就航天、航空飞行器设计而言减重是永远的问题。喷气发动机结构重量减 1 kg，飞机结构可减重 4 kg，升限可提高 10 m；一枚小型洲际导弹第 3 级结构重量减轻 1 kg，整个运载火箭的起飞重量就可减轻 50 kg，地面设备的结构重量就可减轻 100 kg，在有效载荷不变的条件下，可增加射程 15～20 km；而航天飞机的重量每减轻 1 kg，其发射成本费用就可以减少 15 000 美元。因此，现代航空、航天领域对飞行器结构的减重要求已经不是“斤斤计较”，而是“克克计较”。结构优化是飞行器减重的主要方法之一。

结构分析和结构优化是结构设计中不同阶段、不同层次的两个过程，两者之间既存在着密切的联系又存在着本质的区别。结构分析是在给定条件、参数下，根据结构遵循的力学规律，确定最终的状态，它是结构优化的基础，为结构优化设计提供必要的数据。例如：已知某梁的尺寸、载荷工况及边界条件，计算它的结构响应，如应力和位移等，与许用状态即许用应力、许用位移等进行比较，这个过程的实质就是分析。结构优化不仅要依据结构分析得到的响应量数据，而且要建立灵敏度分析得到响应量对设计变量敏感度的数据，在建立优化模型的基础上进行设计点的寻优，得到最优的结构设计，它是结构分析的进一步延伸和升华。例如，已知某梁结构的初始尺寸和载荷工况，并给定了单元的许用应力或结构某点的许用位移，根据结构分析和灵敏度分析的数据建立优化模型，通过某种优化方法计算出满足给定条件的最优设计。

优化设计是将设计问题的物理模型转化为数学模型，运用最优化理论，选用适当的优化方法，并借助计算机求解该数学模型，从而得出最佳设计方案的一种设计方法。优化设计的数学基础是线性和非线性规划，以及近期发展起来的进化算法如遗传算法、模拟退火算法、粒子群算法等。优化理论与算法是一个重要的数学分支。飞行器结构优化设计问题，要求在满足规定的战术和技术条件下，寻找一组参数，使其设计指标达到最佳，得到最优设计方案。

15.2　结构优化设计的数学模型

设计变量、目标函数和约束条件是结构优化设计数学模型的 3 要素。结构设计中需要确定的独立变量为设计变量，一般包括：结构元件尺寸，如杆件的长度、横截面积、板元的厚度、梁元惯性矩；结构外形参数，如桁架结构结点位置；结构布局参数，如机翼梁和翼肋的位置。设计变量的个数代表设计空间的维数。一个 $\boldsymbol{X}$ 向量，设计空间内的一个点代表一个结构设计方案，$\boldsymbol{X}=(x_1, x_2 \cdots x_n)^{\mathrm{T}}$。一个结构设计中，总存在一部分不允许修改的参数，例如，一个高层建筑的层高，层数和使用面积。一个飞行器将采用材料的许用应力和弹性模量等就是给定，这些量为指定参数。

结构优化主要有 3 个层次，如图 15.1 所示，尺寸优化、形状优化和拓扑优化。尺寸优化：给定结构的类型、材料、拓扑布局，在满足结构的力学控制方程、边界条件以及诸多性态约束条件的前提下，以截面积、高度等为设计变量对结构进行优化，使目标性态函数极小化。桁架结构在应力、位移约束下，以截面积为设计变量的重量极小化设计，Bernoulli 梁在体积约束下，获得最优应力分布都属于尺寸优化。形状优化：在给定拓扑结构下做几何形状优化，把形状的几何参数作为设计变量进行优化分析。形状优化在给定拓扑结构的前提下通过调整结构的内外边界形状，来达到改善结构性能，节省材料的目的。在桁架结构优化中，结点的位置坐标作为设计变量，通过改变结点位置就可以改善桁架结构的力学性能。拓扑优化：是在一定载荷和可能的支撑条件下寻找结构在刚度空间的最佳分布形式，或者在设计域内找到最佳传力路径来使结构的某些性能最优。其中以拓扑优化实现最为复杂，优化效果最明显。

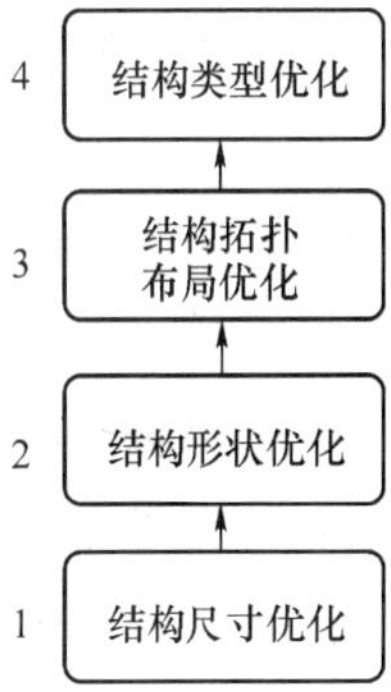

图 15.1　结构优化的层次

结构优化又分为连续体拓扑优化和离散杆系结构的优化。离散杆系结构的优化最早可以追溯到 1904 由 Michell 提出的 Michell 桁架理论。1964 年 Dorn、Gomorv、Greenberg 等人提出高效的基结构法。但是基结构法有不能推广到多工况和考虑位移的约束条件等缺点。近年来，一些像粒子群算法适合于并行计算且对函数性态要求较低的全局搜索智能算法，有效地解决了小规模的优化问题。

一个结构的优劣总是由一定的指标来衡量，这个指标就是结构优化设计问题的目标函数。不同的问题考虑不同的目标函数，航空航天中的飞行器，一般来说以重量为目标函数。我们喜欢一个飞行器设计得尽量轻，如果飞行器设计得太重，不仅消耗燃料多，而且降低飞行高度与速度。在土木工程中的楼房，建造成本常常比重量重要得多，因而目标函数通常取为成本。机械工业中的许多零部件，常常以应力集中系数为目标函数，降低应力集中，结构的抗疲劳与断裂能力可以提高，结构的使用寿命得到延长。目标函数 $f(\boldsymbol{x})$ 是设计变量的函数 $f(\boldsymbol{x})=f(x_1, \cdots, x_n)$。

如桁架结构的重量为目标函数，设杆元长度 l_i 和质量密度 ρ_i 为常数，杆的横截面积 A_i 为设计变量，则

$$w(\boldsymbol{A}) = \sum_{i=1}^{n} \rho_i l_i A_i$$

通常结构设计的目标不只一个，如要求结构质量尽可能轻，同时结点位移尽可能小，这是多目标优化问题，目标函数为向量：

$$\boldsymbol{f}(\boldsymbol{x}) = (f_1(\boldsymbol{x}), f_2(\boldsymbol{x}), \cdots, f_m(\boldsymbol{x}))$$

虽然可以对设计变量进行修改和调整，但是这种修改和调整受到各种各样的限制。例如为了减少机翼重量而降低蒙皮厚度时，不允许蒙皮内的应力超过许用应力；减少梁式结构的截面积时，不应该降低过多刚度而导致挠度太大。约束条件是设计变量的函数，有等式约束和不等式约束

$$h_i(\boldsymbol{x}) = 0 \qquad (i = 1, m)$$

$$g_j(\boldsymbol{x}) \leqslant 0 \qquad (j = 1, p)$$

于是，结构优化设计的数学模型，通常为寻求在满足约束条件下，使目标函数最小（或最大）的设计变量

$$\begin{aligned}
&\min(\max) f(\boldsymbol{x}) \\
&\text{s. t. } h_i(\boldsymbol{x}) = 0 \qquad (i = 1, m) \\
&g_j(\boldsymbol{x}) \leqslant 0 \qquad (j = 1, p) \\
&x_{i,\min} \leqslant x_i \leqslant x_{i,\max}
\end{aligned}$$

约束函数的边界把设计空间分为可行区和不可行区，满足约束条件的空间为可行区。可行区内的设计点为可行点，最优设计必须在可行区内，一般都在约束边界上。考虑如下的一个例子：

$$\begin{aligned}
&\boldsymbol{x} = \{x_1, x_2\} \\
&\min f(\boldsymbol{x}) = x_1 + x_2 \\
&\text{s. t. } g_1(\boldsymbol{x}) = \frac{1}{x_1} + \frac{1}{x_2} - 1 \leqslant 0 \\
&x_1 \geqslant 0.1; x_2 \geqslant 0.1
\end{aligned}$$

其可行区和最优设计点如图 15.2 所示。

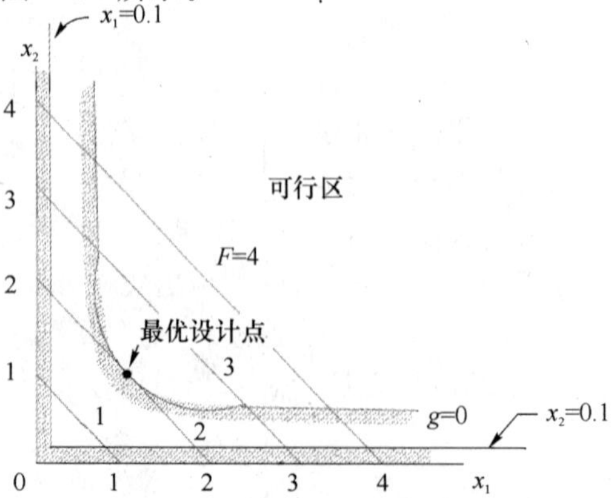

图 15.2　最优设计可行区示意图

15.3　设计灵敏度分析

设计灵敏度分析是优化设计的重要一环，可成倍地提高优化效率。这一过程通常可计算出结构响应值对于各设计变量的导数，以确定设计变化过程中对结构响应最敏感的部分，帮助设计工程师获得其最关心的灵敏度系数和最佳的设计参数。灵敏度响应量可以是位移、速度、加速度、应力、应变、特征值、屈曲载荷因子、声压、频率等，也可以是各响应量的混合。在灵敏度分析的基础上，优化设计可以快速地给出最优的设计变量值。

灵敏度分析分为直接灵敏度分析和伴随灵敏度分析。

直接灵敏度分析：将一个响应表示为一个有限元响应和设计变量的复合函数

$$r = f(u, x)$$

该响应对应设计变量的灵敏度可以表示为

$$\frac{\partial r}{\partial x} = \frac{\partial f}{\partial u}\frac{\partial u}{\partial x}$$

利用直接灵敏度分析方法计算第 j 个响应对于任意设计变量 x_i 的设计敏度为

$$\frac{\partial r_j}{\partial x_i} \simeq \frac{\Delta r_j}{\Delta x_i} = \frac{r_j(x^0 + \Delta x_i, U + \Delta U) - r_j(x^0, U)}{\Delta x_i}$$

伴随灵敏度分析：假设其控制方程可表示为有限元形式如下：

$$[K]\{u\} = \{P\}$$

对设计变量求偏导，可以得到

$$[K]\frac{\partial\{u\}}{\partial x} = \left(\frac{\partial\{P\}}{\partial x} - \frac{\partial[K]}{\partial x}\{u\}\right)$$

利用伴随灵敏度分析方法，首先需要求解伴随解

$$[K]^{\mathrm{T}}\{\lambda\} = \left\{\frac{\partial f}{\partial u}\right\}$$

于是可以得到：

$$\frac{\partial r}{\partial x} = \{\lambda\}^{\mathrm{T}}\left(\frac{\partial\{P\}}{\partial x} - \frac{\partial[K]}{\partial x}\{u\}\right)$$

式中：$[K]^{-\mathrm{T}}[K]=[I]$。

$$\frac{\partial K}{\partial x} = \frac{[K(x^0 + \Delta x) - K(x^0)]}{\Delta x}, \qquad \frac{\partial P}{\partial x} = \frac{[P(x^0 + \Delta x) - P(x^0)]}{\Delta x}$$

采用伴随灵敏度分析方法比直接灵敏度分析方法的计算次数少得多。

15.4　结构优化方法

结构优化可以分为准则法与数学规划法。数学规划法由于已经具备很严格的数学理论和

仔细研究过的计算方法作为背景，可以很快得到问题的最优解。但是由于复杂问题的变量与目标函数和约束关系很难建立，或者求解灵敏度存在较大困难，常常用准则法求解。准则法虽然缺乏数学上的严格证明，显得粗陋，但是实际使用经验表明最终结果会稳定在一个比较合理的结果上。常用的数学规划法有拉格朗日乘子法、KKT 方法、序列线性规划法、序列二次规划法、移动渐近法。准则法有满应力方法、遗传算法、蚁群算法、粒子群算法，ESO 算法等。本节主要介绍基于有限元的拓扑优化方法。

基于材料分布的连续体拓扑优化方法就是把离散的 0～1 拓扑优化问题转化成尺寸优化问题。

一般情况下的结构拓扑优化问题，可以用图 15.3 表述，给出了一个设计范围 Ω，在这个设计范围中可能有确定的固体和空洞。拓扑优化的目的是为了找出满足边界条件和给定荷载的最优材料分布。

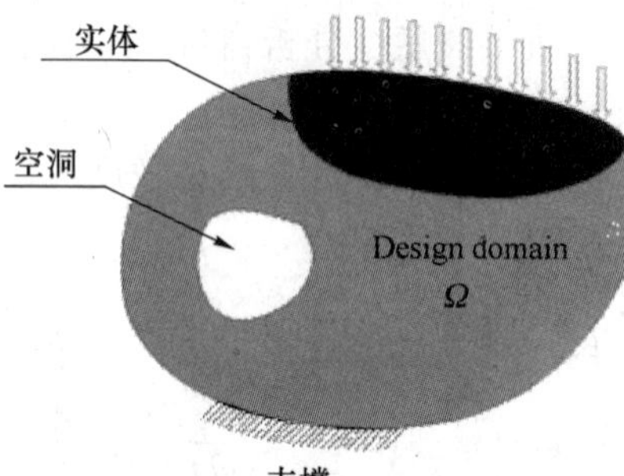

图 15.3　结构拓扑优化示意图

连续体结构变密度法的基本思想是人为地引入一种假想的密度可变的材料，采用材料的密度作为拓扑设计变量来实现结构的拓扑变化（如设计区域中某点密度值为 0，则认为此点无材料；否则认为此点有材料），同时通过人为假定的材料宏观弹性常数与其密度之间的某种非线性关系对 0～1 之间的密度值进行惩罚，以使优化结果尽可能具有非 0 即 1 的密度分布。在清晰的拓扑表示中存在材料可以认为此区域的弹性模量为 E，不存在弹性模量就可以认为此区域处弹性模量为 0。变密度法通常在把问题通过有限元模型离散化后对单元的弹性模量或者质量进行插值表示，在优化过程中采取惩罚措施来抑制中间密度的产生，最终得到黑白分明的结构。变密度包括 SIMP、RAMP 等方法。由于 SIMP 方法对中间密度惩罚更好，所以 SIMP 插值模式应用更广泛。

采用 SIMP 法求解最小静柔度结构的主要步骤：

① 建立基于线弹性平面有限元的结构优化模型。

② 建立显式的设计变量迭代格式。其中总体静柔度为目标函数，约束函数结构总体积比不大于给定的体积比，设计变量为结构单元材料的相对密度 ρ。当 $\rho=1$ 时，说明此点处有材料；当 $\rho=0$ 时，说明此点处无材料。

当结构受到静载荷 t，体力 f 作用时，结构位移场为 $u(x,y)$，虚位移表示为 $v(x,y)$。

结构虚内能

$$a(u,v)=\int_{\Omega}E_{ijkl}(\rho)\varepsilon_{ij}(u)\varepsilon_{kl}(v)\mathrm{d}\Omega$$

外力虚功

$$l(v)=\int_{\Omega}fv\mathrm{d}\Omega+\int_{S}tv\mathrm{d}s$$

定义结构静柔度

$$l(u)=\int_{\Omega} f u \mathrm{d}\Omega+\int_{S} t u \mathrm{d}s$$

同时由虚位移原理建立系统微分方程并得到结构静柔度优化列式为

$$\min_{u\in U,E} \quad l(u)$$

$$\text{s.t.}\ a(u,v)=l(v) \quad v\in U$$

$$\int_{\Omega}\rho\,\Omega<V_0$$

使用有限元离散后 可以得到

$$\min_{u\in U,E} \quad \boldsymbol{f}^{\mathrm{T}}\boldsymbol{u}$$

$$\text{s.t.}\ \boldsymbol{K}(\boldsymbol{E}_i)\boldsymbol{u}=\boldsymbol{f}$$

$$\sum_{i=1}^{N} p_i v_i<V_0 \qquad (i=1,2,\cdots,n)$$

$$\boldsymbol{K}=\sum_{i=1}^{N}\boldsymbol{k}_i$$

问题可转换为

$$\min_{u\in U,E}\boldsymbol{u}^{\mathrm{T}}\boldsymbol{K}(\boldsymbol{E}_i)\boldsymbol{u}$$

$$\text{s.t.}\ \boldsymbol{K}(\boldsymbol{E}_i)\boldsymbol{u}=\boldsymbol{f} \qquad (i=1,2,\cdots,n)$$

$$\sum_{i=1}^{N} p_i v_i<V_0$$

$$\boldsymbol{K}=\sum_{i=1}^{N}\boldsymbol{k}_i$$

式中:$\boldsymbol{K}$ 为集成刚度阵。当采用 SIMP(Solid Isotropic Material with Penalization)模式进行插值时,$k_i=\rho_i^p k_i^0 (p>1)$,$\boldsymbol{k}_e^0$ 为实体材料单元刚度矩阵,ρ 代表单元相对密度,p 为惩罚因子。选择惩罚因子的目的在于:对中间大小的密度单元进行惩罚,以尽量减少结构中间密度单元数目,使结构单元的密度尽可能趋于 0 或 1。当 $\rho=1$ 时,表示这个单元是实体材料;当 $\rho=0$ 时,表示这个单元没有材料。当处于中间状态时可以解释为复合材料。p 通常取为 3,Bendsone 和 Sigmund(1999)对 p 值的选取做出了讨论。为了避免矩阵奇异性,通常选取 $\rho_{\min}=10^{-3}$。

灵敏度分度分析:对目标函数和约束函数进行灵敏度分析可得

$$\frac{\partial \boldsymbol{u}^{\mathrm{T}}\boldsymbol{K}(\boldsymbol{E}_i)\boldsymbol{u}}{\partial \rho_i}=-\boldsymbol{u}^{\mathrm{T}}\frac{\partial \boldsymbol{K}(\boldsymbol{E}_i)}{\partial \rho_i}\boldsymbol{u}=-p\rho_i^{p-1}u_j k_{ijk}^0 u_k$$

$$\frac{\partial\left(\sum_{i=1}^{N} p_i v_i-V_0\right)}{\partial \rho_i}=v_i$$

对于连续体结构拓扑优化问题，一般有两类优化算法求解带约束的非线性优化问题。一类优化算法是准则法，另一类是基于数学规划的算法。准则法主要基于一种启发式的显式的变量更新方案来更新设计变量，它对大量设计变量和少量约束的问题具有较高的优化效率。但对于多约束问题，由于要依次引入相应约束的 Lagrange 乘子，每个 Lagrange 乘子要采用不同的准则，此时优化的求解效率将大大降低。OC 方法是不像数学规划类方法那样直接优化目标函数，而是基于 KKT 条件构造一系列优化结构应满足的准则。基于数学规划的算法，主要有序列线性规划法(SLP)、序列二次规划法(SQP)、序列凸规划法(SCP)。

【算例】如图 15.4(a)对于二端固支板结构，网格划分为 160×40，在上端中点处施加垂直的结点载荷 $P=-1\,000$ N，材料密度为每立方米 1 000 kg，材料的弹性模量和泊松比分别为 $E=100$ GPa和 $\mu=0.3$，体分比为 0.5，利用 SIMP 法进行拓扑优化计算结果如图 15.4(b)所示。

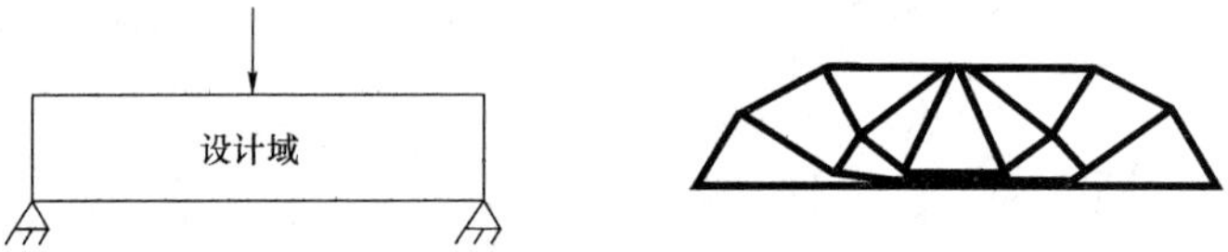

(a) 平面简图　(b) 最小静柔度拓扑优化

图 15.4　两端固支板结构

15.5　基于有限元结构优化设计在航空航天的实例

结构优化在航空航天、汽车工业、土木建筑、机械制造、微电机等多个领域都发挥了巨大的经济价值。由于问题规模和领域的扩大以及可视化的需要，产生了商业化的需求。目前众多的大型商业 CAE 软件如 OptiStruct、Ansys、Nastran 等都提供了结构优化的功能。

进行结构优化设计的流程图如图 15.5 所示。

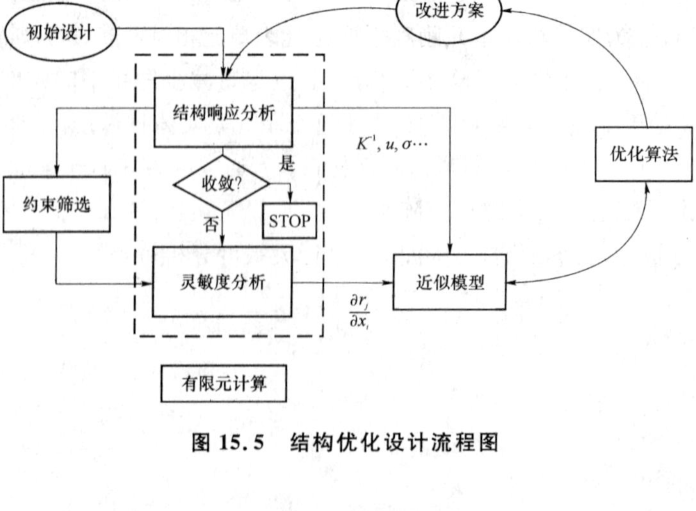

图 15.5　结构优化设计流程图

在民用航空工业中，减轻设计重量和缩短设计周期是两个非常突出的问题，传统的飞机设计思路已经无法满足这种需求，这需要将先进的计算机优化方法集成到全部部件的设计过程中。需要设计的部件包括机翼前缘肋、主翼盒肋、不同类型的机翼后缘支架以及机身门档和机身门交叉肋板。对于这些部件的优化设计，在很大程度上要考虑到对屈服性能的要求，同时还要考虑应力和刚度方面的要求。上述这些优化设计均采用了基于有限元的拓扑优化、尺寸优化和形状优化工具，并采用了一种两阶段设计流程。首先，拓扑优化可以获得一个最佳结构布局——即最佳的载荷路径。接下来，在这个最优布局的基础上按照真实的设计需求来形成工程设计方案，并应用更仔细的尺寸优化和形状优化工具来优化这个设计方案。飞机部件主要涉及稳定性设计，而一般的拓扑优化技术缺少处理屈曲问题的能力。因此在 A380 的部件设计中，第一个阶段的工作是使用传统的基于变形能的拓扑优化方法得到最佳的设计方案。随后，根据稳定性和应力约束的要求，使用尺寸优化和形状优化方法来得到有效的细节设计方案。

以下的部分介绍对于 A380 飞机的一个典型部件如何使用拓扑优化获得最初设计，以及之后根据制造工艺、稳定性和应力约束条件，如何使用尺寸优化和形状优化方法得到最终的设计方案。整个优化设计流程包括了从有限元建模到生成最终设计，以及最后将此设计导入到 CAD 系统中。

A380 机翼前缘肋的拓扑优化。对于这个肋板的拓扑优化，首要问题就是如何使肋板符合周围的结构(机翼前缘的蒙皮，主翼盒的前杆及悬垂蒙皮)，以及如何最好地模拟机翼前缘肋内部的空气压力载荷。最终得到采用的优化方案采取了对每一根肋单独进行优化的方式，这样获得了非常好的结果。但是拓扑优化还是对肋及其相连凸缘的刚度的敏感度很高。因此，虽然这个问题采用传统的拓扑优化方法，即将总体的变形能作为目标函数，但是这里的总体应变能不仅包括可设计区——即肋板的能量，还包括通常被认为是不可设计区的肋的凸缘部位的能量。在这种设计方法的开始阶段，并没有模拟周围结构，因为这样会导致一些细节上的建模工作，并且会大大增加优化计算的时间。相反对模型进行了简化，每一根机翼前缘肋的周围结构都使用单点约束来建模。所有肋板边缘的侧向平移都被约束，这些约束通过从主翼盒前杆、附属杆和机翼蒙皮连接过来的的刚性单元来实现。肋板平面上被限制的自由度也被用来模拟主翼盒前杆及蒙皮的作用。由于拓扑优化对限制自由度非常敏感，因此技术人员作了非常多的研究工作来精确地模拟肋板、主翼盒前杆和蒙皮之间的载荷传递。这些边界条件的建模问题都使用了超单元技术来解决。图 15.6 是对这个部件进行拓扑优化的 CAD 结果。图 15.7是这个部件拓扑优化前后的有限元模型对比。

根据拓扑优化的结果，可以确定一个拥有最佳载荷路径的设计方案。将结果中的材料高密度区域作为结构，而将材料低密度的区域用孔来表示，这就使拓扑优化的设计结果接近于桁架结构。A380 的设计者们继续合作，开发出一整套桁架和剪切板混合的设计方案。在桁架结构的中央增加了竖直的硬板，从而为单面加工的肋板生成 T 型的截面，并为双面加工的肋

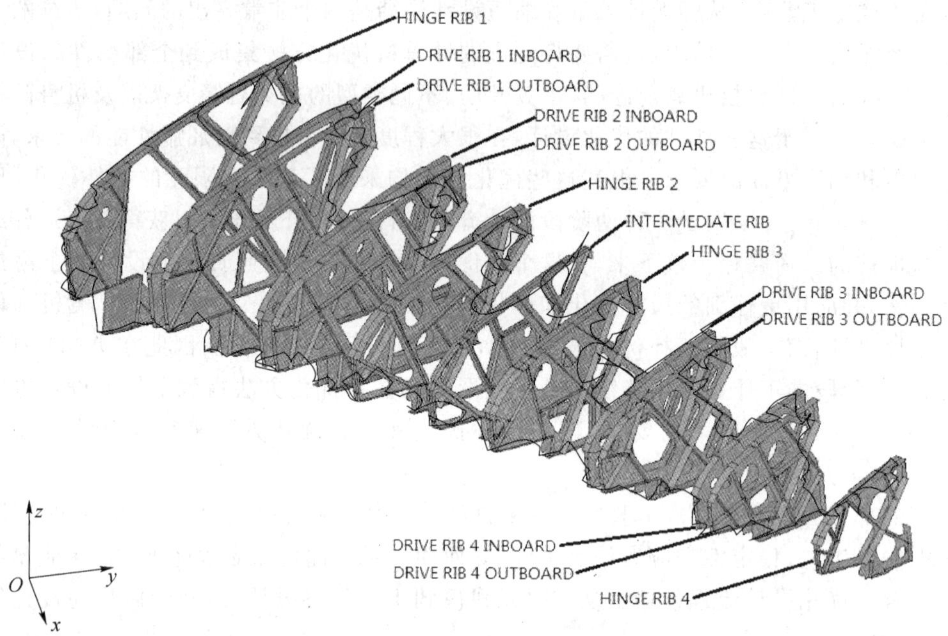

图 15.6　A380 机翼前缘肋的拓扑、形状、尺寸优化(总体减重效果 45%)

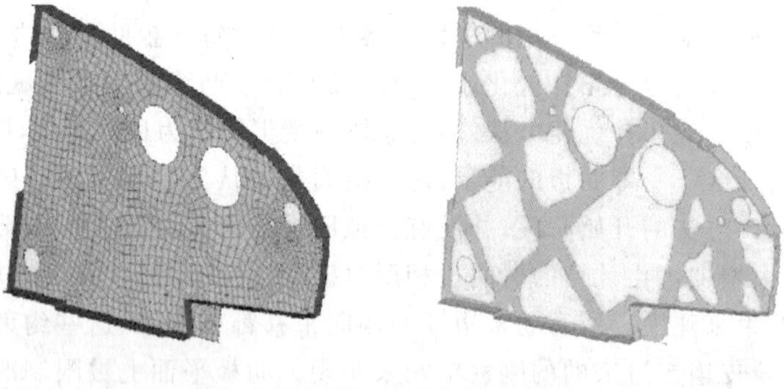

注:左图显示了肋板可设计及不可设计区域,右图显示了拓扑优化得到的设计,此过程中一共应用了 6～12 种载荷

图 15.7　机翼前缘肋的拓扑优化

板生成十字型的截面,如图 15.8 所示。根据这些方案建立了有限元模型,如图 15.9 所示,并以此为初始设计进行了尺寸优化和形状优化,在这些优化中同时考虑了应力和屈曲约束。

理论上为了对肋板平面的稳定性进行全局优化,桁架的交叉部分和剪切板的厚度在优化中应该都可作为设计变量而发生变化。但在实际的优化过程中,竖直部分的高度和厚度都可以改变,但水平部分只有厚度可以改变,这是因为水平部分宽度(w_1 和 w_2)的改变会影响肋板的形状。另外为了保证竖直硬板在优化过程始终处在桁架结构的中心位置,需要非常大的计

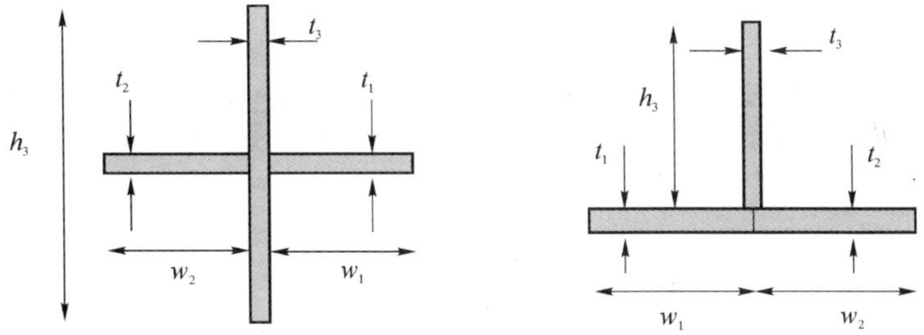

图 15.8　T 型结构及十字结构的设计变量，变量 w_1 和 w_2 在尺寸优化和形状优化中是固定的

算量，这会引起时间的浪费。

所有 13 个肋板的优化计算都最终收敛，且最终的减重效果达到了创纪录的 45%。新的肋板设计方案经历了各种测试，包括凸缘的屈曲、疲劳和鸟撞测试。图 15.10 显示了 A380 机翼前缘肋之一的外观。此技术在实际工业设计中体现出了非常优秀的特点，它的设计周期短而且优化方案有效而且稳定。概念化设计阶段往往是整个开发流程中非常关键的阶段，但恰恰在这个阶段，工程师们非常缺乏先进技术的帮助。现在有了结构优化技术，这一先进的概念设计工具可以在这个关键阶段为开发工程师提供帮助。

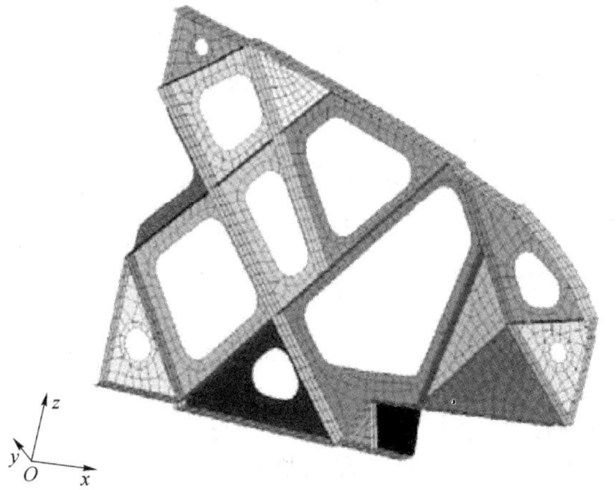

图 15.9　拓扑优化结果作为尺寸优化和形状优化的最初设计方案

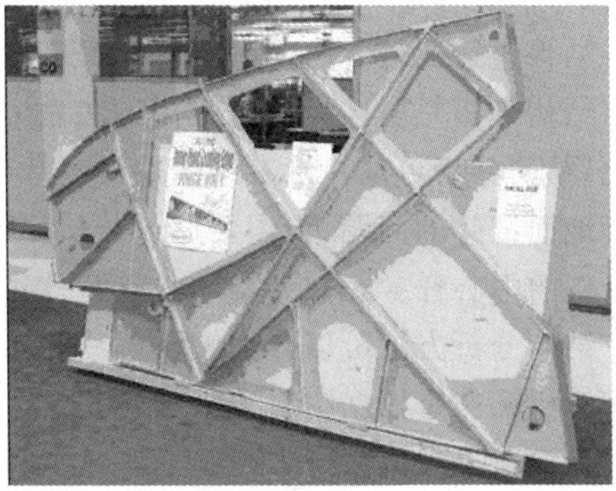

图 15.10　由高强度铝合金制造的通过拓扑、尺寸和形状优化得到的 A380 机翼前缘肋

第 16 章　卫星结构有限元分析

16.1　概　述

结构分析是卫星结构设计的一个重要环节。在设计工作一开始，首先总是根据设计要求，凭借以往的设计经验，加上比较简单的初步分析计算来设计结构。设计方案确定以后，再对所设计的结构进行详细的分析，检验设计是否满足设计要求。这主要是指强度、刚度方面的要求。在用分析结果对原设计进行检验之后，对结构设计进行必要的修改，再分析修改后的结构，并用分析结果重新检验，如此继续下去，直到得到一个满意的设计为止。卫星结构多为组合的复杂结构，简单的定性分析很难设计出合理的、高品质的结构，因此结构分析已经成为卫星结构设计的重要组成部分。

通过结构分析可以有效地选择合理的结构设计方案。在卫星结构设计中，特别是设计初期，为了得到一个高品质的设计，通常需要做出多种设计方案，最终在多种方案中选择一个合理的方案。方案的选择需要考虑多种因素，其中结构强度、刚度和适应力学环境的要求是最基本的、必须要考虑的因素，而这正是结构分析所要解决的。对不同设计方案进行结构分析，对分析结果进行比较，综合考虑其他因素，从而选择出合理的设计方案。

结构分析是验证设计的常用方法之一，在结构设计中起着至关重要的作用。与结构试验相比，结构分析可以在没有结构硬件的条件下进行，从而节省研制时间和费用。对于有些难以进行地面试验的问题，更需要通过分析来解决。分析还可以指导试验，并对试验进行预计。结构分析的中心任务是对结构的力学特性进行定量评价。

结构分析方法可以分为解析解法和数值解法两大类。

解析解法是根据材料力学、结构力学、弹塑性力学等理论导出表征力学特征的方程。方程一般是常微分或偏微分方程组，在一定的边界条件下（对于非稳态动力响应问题还包括初始条件）进行解析求解。解析解法的优点是结果简单、可靠，物理意义明确，分析结果往往能够以公式或参数形式出现，便于对结果进行分析研究，可以得到对设计有指导性或普遍性意义的结论和方法。但能够采用解析解法解决的工程实际问题很少，只有在分析简单的结构部件时使用。

数值解法是对表征力学特征的方程力学的变分原理。本章将讨论数值解法在卫星结构分析中的实际应用，详细内容可参考文献[23]。

本章的内容包括：卫星结构分析模型的建立、结构静力分析、模态分析、动态响应分析、结构热变形及热应力分析。

16.2　卫星结构分析模型的建立

卫星结构分析模型是结构分析的基础。在结构分析中，建立一个行之有效的模型是至关重要的。从一定意义上讲，模型包含了分析内容的所有力学特性。

16.2.1　结构的理想化

为了能对实际工程结构进行分析并获得可用的计算结果，必须对实际结构的构件在受力和传力中所起的作用、几何形状和尺寸以及构件的材料特性等进行假设，使结构简化，并设法使分析切实可行，这一简化过程就是结构的理想化。简单地讲，结构的理想化就是把实际的结构表示成一种能够进行分析的形式。一般情况下，能够进行分析的形式可以用数学方式来表达。

为了对一个实际结构进行分析，必须进行假设来使结构理想化。即使对一个很简单的结构件，例如一根工字形杆件，如果不进行假设，也很难进行有效的分析。

实际结构在理想化之后，就变换成一种理想化了的结构，即分析模型。该模型与实际结构不尽相同，但同时又保持了原结构的主要力学特征。

结构理想化的合理性是结构分析准确与否的关键，同时也体现了分析水平的高低，它也是结构分析中最困难的问题之一。

例如，对于梁形的结构件，分析模型可以是一个按普通材料力学假设来处理的梁，也可以是需要用结构分析程序来求解的有限元模型，不同的分析模型可能极大地影响分析的结果。过多的假设可以使问题得到简化，从而在很短的时间内得到它的解，但也有可能给出偏离实际结果的答案。

在结构的理想化中需要着重考虑的问题是：使问题简化并提供一个能够得到必要信息（诸如载荷、应力、应变、模态振型、位移、加速度等）和计算精度的模型。

在某些情况下，需要建一个大而详细的数学模型来得到所需的分析结果，而采用其他的方法可能会导致分析结果的精度降低，以至于不可接受。但很多情况下，可以用简单模型进行分析时，详细模型并没有好处。值得注意的是，由于理想化带来的偏差，详细的数学模型并不一定能够反映结构的实际情况，并且采用详细的数学模型有更多出错的机会，以至于使分析结果不可靠。

对结构的理想化是否合理，取决于分析人员对结构的认识程度（包括结构特点、连接情况、边界条件、传力路线等）、力学知识水平、分析经验、所采用的结构特性参数和试验实测数据，以及分析软件（包括分析人员对该软件的了解和掌握程度）和硬件等诸多因素，同时也取决于结构的特征和分析的目的。

考虑图 16.1 所示的星载设备支架结构。该结构由支撑设备的两根槽形件、两根工字形件、剪切角片和紧固件组成。两根槽形件通过剪切角片和紧固件连接到两根工字形件上，工字形件以相同方式与主结构连接。分析的目标是在垂直方向(图中 z 方向)惯性载荷作用下结构的强度和沿垂直方向的基频。

对于上述问题,考虑采用以下两种理想化方法:

一种方法是采用计算机工程软件建立详细的有限元模型(详细模型),把槽形件和工字形件理想化为板单元,槽形件与工字形件之间通过公共的结点连接在一起,工字形件两端的结点固支。从有限元分析软件中选择适当的分析方法,得到该系统的单元应力和基频。

另一种方法是把槽形件和工字形件理想化为4个简支梁(简化模型),如图16.2(a)所示。这个模型可以直接用材料力学中的梁理论公式得到结构强度的分析结果;对于基频分析,可以把问题简化为单自由度系统(两个槽形件并联为一个弹簧,两个工字形件并联为一个弹簧,再将这两个弹簧串联成一个弹簧),如图16.2(b)所示。用单自由系统的计算公式,很容易得到基频值。

在这两种分析方法中,简化模型得到的结果实际上比详细模型更准确、更有用。主要原因是:

① 由于剪切角片的柔性,使得该结构中槽形件和工字形件的作用非常接近两端铰支的梁。在详细模型中,工字形件端部结点固支限制了工字形件两端的转动,槽形件与工字形件之间通过公共的结点连接在一起,其效果如同槽形件与工字形件之间刚性连接,两种简化均导致结构刚性增大,从而过高地预计了系统的频率和过低地预计了梁的弯矩。

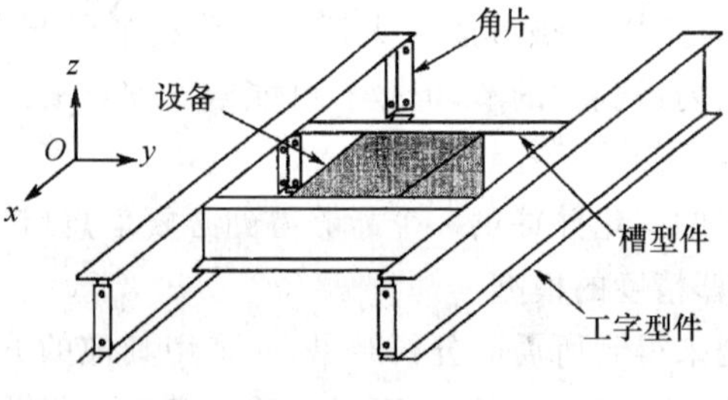

图16.1　星载设备支架结构

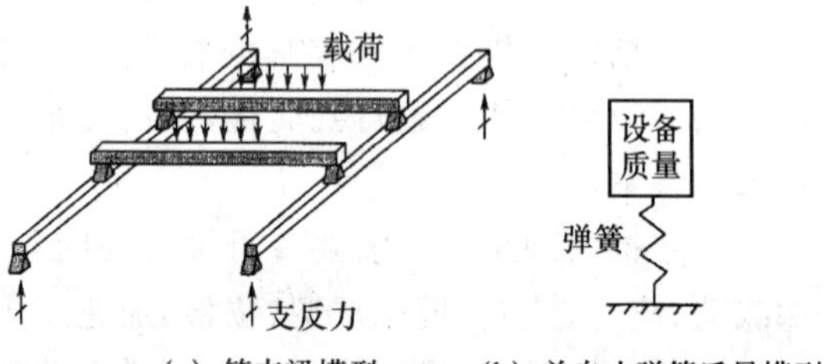

(a) 简支梁模型　(b) 单自由弹簧质量模型

图16.2　星载设备支架结构的理想化

② 详细的有限元模型可以得到载荷作用处和边界处的应力集中,这种应力集中实际上是存在的,但对于延性好的材料,这种应力集中对结构的强度影响并不很大。

由此可见,这里的板单元详细模型不适用于解决上述设备支架结构问题。问题主要出现在结构理想化时,构件间连接的假设不合理。

结构的理想化还要处理好整体与局部的关系。运用整体—局部分析思想将有助于逐步加深对问题的理解。实际结构分析中,对结构整体的初步分析,将能够较准确地分离出局部的载荷和位移,然后将载荷和位移再作为已知边界条件对结构进一步进行详细的有限元分析,或根据载荷用解析方法进行局部结构强度的校核。对重复出现的结构,可以将其中的一个尽可能在模型中如实反映，而对其他的结构进行一般简化，互相可以分析验证。

16.2.2 建模需要考虑的问题

一般情况下，建立一个结构的分析模型（简称建模），需要考虑的问题主要包括：结构的理想化、有限元单元类型的选择和单元网格的划分、单元特性的准备、边界（和初始）条件的确定、载荷条件的确定等，同时要考虑到分析的具体内容和精度要求。另外，还要考虑所应用的结构分析软件以及计算机硬件情况，有时它们可能成为解决问题的关键所在。

以上这些问题不是孤立的，相互之间有机地联系在一起，因此建模时要统一考虑。

1. 结构理想化的实施

结构的理想化首先要分析结构的特点，包括结构几何特征、结构零件间的连接情况、边界条件、传力路线等，并根据分析的内容和精度要求以及可行性，进行结构的理想化。

(1) 结构几何特征分析

结构几何特征是指构件具有杆、梁、板壳、体的特征。在大多数情况下，凭直观就可以判别结构几何特征。在理想化过程中，将它们抽象为线、面或体，进而简化为杆、梁、板壳、体。

但是，对于有些结构件仅凭直观感觉来判别就比较困难。例如，图 16.1 所示的星载设备支架结构，如果对其进行简单的分析，可以将工字形梁抽象为线，作为梁来处理；但如果对其进行详细的分析，诸如分析应力集中问题，将工字形梁抽象为线就不一定可取，也许抽象为几个面，作为板来处理更为合理。

由此可见，结构几何特征有两层含义，一个是构件的形状特征，一个是构件的受力特征。

在结构的理想化过程中确定构件几何特征的目的，一方面是考虑构件的形状特征，从而有效地划分有限元单元网格；另一方面，更为重要的是分析构件在受力时所起的作用，从而将结构力学理论中的相关假设赋予构件。

从一定意义上讲，确定结构的几何特征与分析的内容和精度要求以及可行性密切相关。现以下面一个例子来说明这一点。

一块装有仪器的蜂窝夹层结构板，边界通过埋件用螺钉固定。在此条件下，如果计算埋件的受力，蜂窝夹层结构板可以抽象为面，埋件作为固定点处理。经过这样的简化之后，可以计算出固定点的支反力，也就是埋件的受力。如果计算固有频率，上述简化也是可行的，因为结构板的固有频率主要取决于蜂窝夹层结构板的抗弯刚度和边界条件，而以上的简化已经考虑了这两个主要因素。

但是，如果需要通过分析来研究蜂窝夹层结构板中埋件的破坏机理，以上的简化显然是不行的。因为这里需要考虑的是局部问题，包括面板、蜂窝芯子、埋件、黏结胶，同时还要考虑面板与埋件、蜂窝芯子间的应力，面板、蜂窝芯子的失稳问题等。可能的简化方式是：面板、蜂窝芯子抽象为面，埋件、黏结胶抽象为体，并且只针对埋件附近的局部区域进行分析。反之，如果计算埋件的受力，或计算固有频率，也按这种简化方式将会使分析模型的规模非常庞大，甚至超出计算机容量的限制而无法进行分析。

对于卫星结构，其本体结构一般为板壳结构组成的箱体，或者板壳结构组成的箱体与构架的组合结构，一般它们均可简单地按梁和板壳简化。通常情况下，结构板及壳体按板壳单元处理，构架、壳体的桁条和隔框按梁单元处理。

(2) 结构件间的连接和边界条件

卫星结构的连接形式主要有胶接、铆接、螺接和焊接 4 种。在整星结构分析中，结构间连接的处理尤为重要。对于胶接、铆接和焊接形式，一般理想化为刚性连接。对于螺接形式，要视具体情况而定，有时需要理想化为刚性连接(6 个自由度)，有时需要理想化为 5 个自由度的连接，或铰接(3 个平移自由度)。

如图 16.3(a)所示两块结构板间的连接形式，理想化为 5 个自由度的连接就比较合适，因为在连接点处，两块结构板绕垂直于纸面轴线的转角基本上是自由的。而图 16.3(b)所示两块结构板间的连接形式，理想化为刚性连接更为合理，因为在连接点处，两块结构板绕垂直于纸面轴线的转角基本上是相同的。需要指出的是，对绕垂直于纸面轴线的转动自由度而言，以上两种连接形式都是介于刚性连接与自由之间，只是程度不同而已。图 16.3(a)所示的连接形式更偏于自由，而图 16.3(b)所示的连接形式更偏于刚性连接。

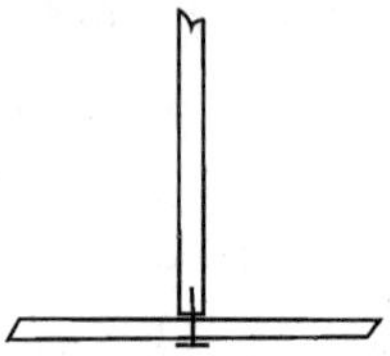
(a) 连接形式1

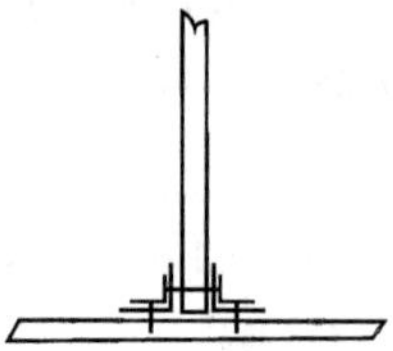
(b) 连接形式2

图 16.3 结构板间的连接形式

连接必然存在接触，尤其是螺接结构。尽管接触通常为非线性问题，但在卫星结构的整体分析中，往往根据分析的目的和实际的传力特点，将两个接触体简化为一体的结构，进行线性化处理，如某些舱段间的框对接、法兰连接等。这种简化的合理性应基本符合结构力学的基本原理和假设。

例如，两个法兰通过螺钉连接。如果连接螺钉较多、连接螺钉的预紧力较大、法兰的刚度较大，则结构受力后，两个法兰间不会开缝，也不会产生滑移。这种情况下，将两个法兰简化为一体结构(简化为梁或板)是合理的；反之，如果连接螺钉较少、法兰的刚度较低，结构受力后，两个法兰间会开缝或产生滑移，仍然将两个法兰简化为一体结构就是有问题的。因为在结构受力后，垂直于两个法兰面的直线已不再能合成一条直线，它已不符合结构力学理论中梁或板的法线在受力后仍保持为直线的基本假设。

一般说，对于舱段间的框对接、法兰连接等，设计上不允许出现连接面间产生开缝或滑移，因此，通常情况下，将接触体简化为一体结构是合理的。而对于一些特殊的连接或分析局部应力问题，则需要采用特殊的简化方式，如按接触问题处理等。例如，两个舱段通过爆炸螺栓连接解锁装置，为了提高分离的可靠性，连接点较少，这时就有可能出现连接面间开缝或滑移的现象。

结构边界条件的简化方式与结构间连接的简化基本相同。

通常，整星结构的分析以星箭对接面为位移边界，次级结构的分析以与主结构的连接面为位移边界，约束形式为简支、固支或弹性约束，如何选择需根据结构间具体的连接形式来确定。

在有限元分析中，采用固支边界条件，与实际情况相比偏刚，分析得到的位移值相对较小，固有频率偏高；与此相反，采用简支边界条件，与实际情况相比偏柔，分析得到的位移值相对较大，固有频率偏低。无论采用固支边界条件，还是采用简支边界条件，对于分析得到的应力值无法判定与实际结构的应力相比偏高还是偏低。采用弹性边界条件，必须确定弹性基础的刚度，弹性刚度的准确性直接影响分析结果的正确性。在实际中，确定弹性基础的刚度存在一定的难度，因此较少采用弹性边界条件。

有时可以用不同的连接简化或边界简化来建立分析模型，从而了解连接简化或边界简化对分析结果的影响。如果影响很小，则连接和边界的简化很容易处理，因为分析结果的误差较小；否则，就要对连接或边界的细节进行更为深入的研究，以识别合适的连接简化和边界简化方式，同时分析结果的精确程度也将有所降低。

2. 结构传力路径分析

通过结构传力路径分析，可以对需要详细分析的结构部件有一个定性的判定，确定结构中可能出现的应力集中。另外，传力路径分析有助于理解和检验分析结果。对结构传力路径的分析是一种定性的分析，分析人员的经验是重要的。

如图 16.4 所示的卫星结构由蜂窝板和对接环组成。对于纵向（图中 Z 向）载荷，载荷舱顶板上的载荷通过侧板传递到隔板，最后传递到对接环；侧板和载荷舱底板上的载荷主要通过隔板传递到对接环；平台底板上的一部分载荷通过侧板和隔板传递到对接环，还有一部分直接传递到对接环；而隔板上的载荷主要通过与对接环的连接点传递到对接环。对于 Y 向载荷，卫星的载荷传递到 $\pm X$ 长隔板和平台底板，最后传递到对接环。对于 X 向载荷，卫星的载荷传递到 $\pm X$ 短隔板、小隔板和平台底板，最后传递到对接环。

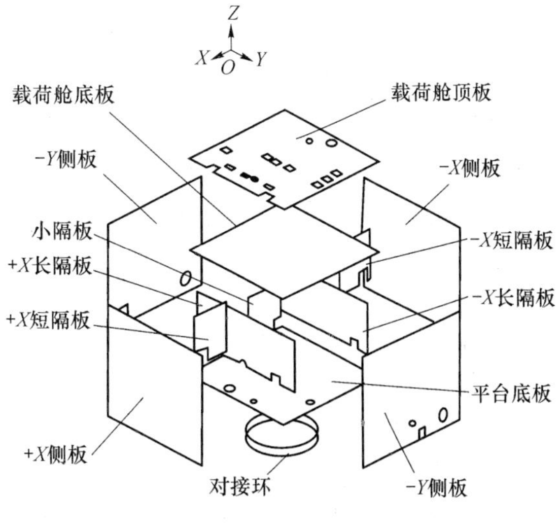

图 16.4　某卫星结构的分解图

从分析传力路径可以看出，无论纵向载荷还是横向载荷，隔板承受的载荷很大，特别是隔板与对接环的连接点处将承受很大的载荷。因此，建模时对隔板的理想化要给予充分的关注，特别是隔板与对接环的连接点附近可能有很强的应力集中现象。

3. 有限元单元类型的选择和单元网格的划分

在结构的线弹性分析中，主要应用质量点单元、弹簧元、杆单元、梁单元、三角形板壳单元和四边形板壳单元。对于某些特殊结构部位，也有可能采用四面体、棱柱或六面体单元。

在非线性分析中，通常较多地应用高阶单元，比如8结点四边形板单元、20结点六面体等参元等。

合理选择单元类型来划分有限元网格，必须建立在对单元特性充分了解的基础之上。

单元之间的连接必须协调，特别是需要注意梁单元与板单元以及板单元与体单元的过渡。

在分析软件中，较多地采用过渡元或多点约束来解决不同单元间的匹配问题，保证有限元结点位移协调。NASTRAN结构分析软件中采用的是多点约束。

从连续的弹性体离散为有限单元的集合体，单元划分越细，结点就越多，则集合体越接近于弹性体本身，计算结果精度越高。但当结点数达到一定数量后，再增加结点对提高计算精度的效果已不明显，而计算机内存容量、计算时间和费用会显著增加。因此，在单元划分时应综合考虑两方面的因素，以获取较佳的效果。

为了提高计算的精度，单元的几何形状需要满足一定的要求。例如，在划分三角形单元时，3条边应尽量相等，一般不应出现钝角三角形；在划分四边形单元时，应尽量接近于正方形，通常情况下，四边形的内角不小于45°、不大于135°等。

在划分单元时，应该在主观判断的应力集中区细化单元网格，而在应力变化平缓的区域单元网格可划分较粗，并且注意单元的大小逐步过渡。然后，根据初步计算结果进一步确定细化区，进行网格加密，直到应力变化对单元数量的增加不再敏感时为止。在一些有限元前处理软件中，可以自动进行单元剖分，实现网格加密或重新对局部划分网格；也可以将2结点梁单元自动转变为3结点梁单元；也可以将3结点三角形和4结点四边形板壳单元自动转变为6结点三角形单元和8结点四边形板壳单元，以提高计算精度。

对于几何特性(如尺寸和截面等)或物理特性(如弹性系数等)有突变之处，在划分单元时应作为单元的边线。

4. 单元特性的定义

单元特性的定义即对单元赋予材料和截面特性。

根据卫星所使用的结构材料以及所分析的内容定义材料的力学性能参数，同时也要考虑到单元特性的选择。一般情况下，金属材料按各向同性材料定义，复合材料以及蜂窝芯子按正交各向异性材料定义。

对于截面特性，在应用板单元时，普通金属蒙皮只须定义厚度，对于夹层板或层合复合材料板可按层合板处理，它可以依据单层的特性来定义，也可以直接利用试验结果定义，同时应考虑横向剪切修正系数、非结构质量密度。在NASTRAN软件中，在形成单元刚度矩阵时会自动给出复合材料板壳的横向剪切修正系数。梁单元须定义梁截面的参考坐标系、截面面积、抗弯和抗扭刚度、剪切修正系数、非结构质量密度等。而且，通过定义单元的释放自由度可以模拟各种铰接形式，如活动关节。在有限元前后处理软件中，对于梁单元的定义，只要定义单元截面尺寸，并引用相应的材料特性，即可自动计算截面特性和剪切修正系数等。值得注意的是梁截面的参考坐标系的定义，应当仔细阅读所应用的软件的使用说明书，弄清楚参考坐标系的定义规则，不然很容易出现与实际状态相背离的错误。

在计算某些结构连接点的受力和模拟连接刚度时，通常采用弹簧元或刚性单元。弹簧元用于必须考虑局部连接刚度的情形，如模拟能够承受拉压、剪切和扭转的螺钉和铰链；刚性单元用于连接局部相对于周围被连接结构刚度很强而无必要细化的情形。

必须注意一点，当板单元或梁单元的结点与自身中性面不重合时，需要定义中性面的偏置。

16.2.3　分析模型的检验

为了建立一个行之有效的结构分析模型，需要对分析模型进行检验，以保证分析模型的正确性。这里所讨论的模型检验是逻辑关系正确性的检验，而不是数据正确性的检验。常用的分析模型检验方法有以下几种：质量特性检验、自由模态检验、刚度检查等。

1. 质量特性检验

检查模型质量、质量惯性矩以及质心是必要的。几乎所有的结构分析软件都有计算质量特性的功能。为了掌握更准确的质量分配，通常要对模型某些结构部件（或对结构刚度有较大影响的组件，如大型天线、太阳翼，相机等）进行质量、质量惯性矩以及质心的检验。当然，质量特性检验也是对模型数据正确性的检验。

2. 自由模态检验

一个未受约束的结构应该有 6 个固有频率为零的刚体模态。检验时将边界约束条件放开，如果分析结果少于 6 个零模态，说明模型有多余的约束，这是检查多余约束的很好方法；如果多于 6 个零模态，说明模型为机构，也就是结构缺少必要的连接。

3. 刚度检查

一个未受约束的结构，在一个结点沿每个平移和转动方向施加一个单位位移，所产生的单元载荷或应变应该接近于零。这一方法用于检查不适当的单元间的连接和不需要的边界条件。

另外，有些有限元分析的前处理软件具有一定的模型检验功能，如自由边检查、单元重叠检查、Jacobi 行列式检查等，这些模型检验功能有助于保证建模的正确性。

16.3　结构静力分析

结构静力分析，主要研究卫星结构在静载或准静载条件下的力学行为，解决结构的静强度、刚度和稳定性问题。

结构静力分析包括变形分析、应力分析以及稳定性分析。静力分析的目的是通过获得结构在设计载荷(静载或准静载)作用下的响应特性,来指导和验证结构构型设计和参数设计,验证结构的强度和稳定性,进而减小结构质量。强度验证是根据结构变形和应力的分析结果,应用一定的强度准则对结构进行评价的过程,其关键在于获得准确的应力大小和分布以及选取合理的强度准则。结构稳定性验证的目的是通过求解结构失稳临界载荷和失稳模态,指导结构的稳定性设计,以控制结构失效。结构失稳的临界应力通常低于材料的比例极限,几乎不可能明显地高于材料的屈服应力。对于局部失稳,结构失稳后仍具有一定的承载能力,也就是说失稳临界载荷并不完全反映结构的强度,是结构破坏前的一种早期失效模式。对于卫星上常用的蜂窝夹层板壳、加筋薄壳等结构,失稳是主要的失效模式之一,失稳载荷的预计极其重要。

结构静力分析的方法有解析法(或半解析方法)和数值法(主要是有限元法)。解析方法(或半解析方法)只限于解决规则的经典结构问题,对于复杂结构则须进行过多的简化假设,以至于分析结果不可靠。对于实际的卫星结构,特别是主要结构部件或整星结构的力学分析,大多采用有限元法。应用有限元法的优点在于能够应用规则的离散单元来模拟复杂结构,近似地获得结构的力学特性。

本节将简要介绍卫星结构静力分析的载荷,以及应用解析法和有限元方法进行静力分析的基本思路和特点。

16.3.1 结构静力分析的载荷条件

卫星在起吊、翻转、运输过程,以及发射和在轨运行阶段(返回式卫星还包括返回再入和着陆)都要经历相当复杂的载荷环境,由此对卫星结构造成的静动载荷条件即为结构设计的载荷来源。就结构承受载荷而言,卫星的结构设计是以静载荷为中心进行的。

在卫星结构静力分析中,载荷条件通常可以归纳为以下几种:

- 运载火箭部门提供的发射过程准静态载荷(载荷系数),其是静载分量和动载等效静载分量的叠加,由运载火箭部门给出;
- 起吊、翻转、运输过程的准静态载荷(载荷系数);
- 子结构系统动态耦合响应载荷的准静态等效载荷——单轴或3轴;
- 结构板的法向准静态载荷——声振载荷的准静态等效载荷;
- 舱体结构内、外压力载荷;
- 变轨机动载荷;
- 在轨热载荷;
- 对返回式卫星而言,发射和再入过程还存在热载荷和压力载荷。

其中,发射过程的准静态载荷,通常是卫星主结构设计的关键输入条件,是进行静力分析的重要依据。但是,任何载荷都不能忽视,原因是不同的载荷条件卫星结构所处的状态不同,也许载荷较小，但在特定的状态下对结构可能产生很大的影响，并成为结构设计不可忽视的约束条件。例如，卫星起吊时所产生的载荷，相对于发射过程的准静态载荷较小，但此时吊点所受的载荷却很大，卫星起吊时所产生的载荷成为结构设计所必须考虑和验证的项目。

分析载荷的确定应考虑所有的关键载荷工况。分析载荷往往是不同类型载荷的组合，代表了最苛刻的结构承载状态。静力分析的载荷条件必须根据卫星在不同状态下的载荷分析结果、结合结构实际受载形式来确定。在线性静力分析中，尽管载荷类型不同，依然满足线性叠加原理。在非线性静力分析中，分析结果将依赖结构的初始状态和加载的先后次序。

静力试验的预示分析也是结构静力分析的一项重要内容。进行静力试验的预示分析，一方面可以验证试验方案的合理性，另一方面可以指导试验。

16.3.2　解析法或半解析法的应用

在卫星研制的初期阶段，结构方案的确定较多地依赖工程经验和简单有效的分析。基于粗略模型的简单分析，通常借助于解析或半解析的方法，当然也包括应用工程经验公式和经验修正。应用解析或半解析方法，分析结果比较简单明了，物理意义强，适于不同方案的比较研究。

在方案阶段，设计和分析主要以主承力结构为对象。建立简单合理的、能够近似反映主承力结构基本力学特征的计算模型，并初步确定结构的设计参数。在这一过程中，结构的理想化和建模将是最根本的。在结构特征并不十分清楚的情况下，正确地建立模型有相当的难度。结构的理想化和理论分析模型的建立，将更多地依赖于经验和参考已有的计算模型。

在方案设计阶段，一般要根据结构的构型特点进行传力路线设计和分析，确定结构形式、设计载荷以及分析的目的。卫星结构一般采用杆系结构、板式结构和壳体结构或它们之间的不同组合。下面对这 3 类基本结构形式的分析方法进行简单介绍。

1. 杆系结构分析

杆系结构由细长杆件组成。根据杆件在实际结构中承载和传力特性，杆系结构的分析模型主要分为 3 类，即桁架结构、刚架结构和混合杆系结构。在实际结构中，如果一个杆系结构在承受和传递载荷时所产生的变形主要是杆件的伸长或缩短，弯曲和剪切变形的成分很少，则这样的结构就可以理想化为桁架结构来分析。刚架结构可以由直杆、曲杆组成，与桁架不同，主要通过杆件的拉压、剪切、扭转和弯曲来传递载荷。混合杆系结构是由刚架和桁架混合组成的结构。分析混合杆系结构的内力时，一般将结构分割为桁架和刚架两部分，然后分别按照桁架和刚架各自的特点进行计算。

杆系结构的内力分析一般采用力法。采用力法进行分析时，结构又分为静定结构和静不定结构。对于静定结构，只要根据静力平衡条件建立起结点处的力和力矩的平衡万程，就可获得各杆件的内力，传力路线惟一。对于静不定结构，除利用静力平衡条件外，还要附加变形协调条件，才能获得各杆件的内力，传力路线受结构变形影响，杆件传递载荷的大小与刚度密切相关。对于静不定结构，采用单位载荷定理建立正则方程，通过求解正则方程可以获得杆件内力。根据各杆件的内力，可按照材料力学方法进行杆件的强度和稳定性校核。

杆系间的连接接头的受力根据被连接杆件的内力确定，但由于受力状态复杂，通常采用分析和试验结合的方法来进行强度验证，即在简单分析的基础上设计出合适的试验，然后通过试验来修正分析方法。

在实际的卫星结构中，杆系结构一般为静不定结构。而在有严重的温度载荷的条件下，为降低热应力，考虑采用合适的静定结构。

2. 板式结构分析

卫星上的板式结构主要是由蜂窝夹层板通过板间连接组成的箱型结构，内部设有隔板，图 16.4 某卫星结构的分解图为典型的板式结构的例子。隔板支撑外侧壁板和顶板以维持结构的完整性，起着主要的承力作用，并提供星载设备安装面；外侧壁板和顶板主要提供星载设备的安装面以及在外部提供与其他结构的连接面。通常，整个结构通过隔板与底板一起与支持结构（承力筒或对接框等）相连。

板式结构的静力分析首先是对传力路线和载荷进行分析。在板式结构中，各板间主要通过面内传力。对于轴向载荷，外侧壁板的面内载荷总以边缘剪切的方式传递给隔板，顶板的非面内载荷以边缘面内压缩的方式传递给隔板，最终通过隔板将载荷一起传递给支持结构；对于横向载荷，承受非面内载荷的外侧壁板对与之垂直的结构板作用以面内压力，受面内载荷的外侧壁板对顶板和底板作用以剪切力，顶板再将面内载荷以剪切方式传递给横向隔板，载荷最终通过隔板和底板一起传递给支持结构。按照传力路线，根据运载火箭部门提供的准静态加速度载荷和星载设备的质量分布，就可以粗略地确定各块板的使用载荷。另外，还要考虑结构板动态响应的准静态等效载荷。

在确定各结构板的设计载荷后，就可以按四边简支矩形板模型分析应力，进行蜂窝夹层板的稳定性校核。

对于蜂窝夹层结构，失稳是最主要的失效模式。失稳临界应力一般低于材料的屈服极限。因此，在方案阶段，静力分析应主要以稳定性分析为主。通常，假设外侧壁板仅承受源于分布质量引起的面内或非面内惯性载荷。对于非面内载荷工况，主要考虑对面板压缩失稳和芯子剪切失稳的分析；对于面内载荷工况，主要考虑整体剪切失稳分析。假设隔板仅承受其他结构传递的轴压和面内剪切载荷，分析时主要考虑压缩和剪切整体失稳分析。另外，针对蜂窝夹层结构的失效模式多样，局部失效问题也是应该分析的。常见的局部失效的模式有：面板皱曲、面板格间失稳、面板脱胶、芯子塌陷、面板破坏。事实上，蜂窝夹层板稳定性分析往往需根据工程经验来进行修正，修正的依据是蜂窝夹层板稳定性试验。

顶板和底板承受分布质量引起的惯性载荷和壁板传递的剪切载荷，与外侧壁板的分析一致。对于这些结构板，一般总可以简化为受均布载荷的四边简支矩形板，应用剪切板理论来进行解析求解。

3. 壳体结构的分析

壳体结构广泛应用于卫星结构，并往往作为主承力结构，承受轴压、剪力和弯矩，以及密封结构情况下的内压载荷。卫星上常用的壳体结构形式主要有薄壁加筋圆柱壳和蜂窝夹层圆柱壳。这类薄壁结构最主要的失效模式是失稳，因此一般以稳定性作为壳体结构承载能力的依据。一般来说，在结构尺寸和材料性能相同的情况下，壳体结构在轴压、剪力和弯矩(如果是密封结构还应该包括内压)联合作用下，受压一侧的压缩失稳临界应力大于其等效轴压作用下的失稳临界应力。因此，在方案阶段，按等效轴压失稳的临界应力来分析壳体结构的承载能力是偏安全的。

在卫星结构中，圆柱壳结构一般分段集中承载，载荷自上向下不断增大，存在突变。对于按突变载荷截面分段设计的壳体结构，应分段进行分析，分析采用的载荷按各段根部的作用载荷来确定。例如，中心承力筒结构内装有两个燃料贮箱，两个贮箱的不同连接截面将承力筒截然分成承载不同的 3 部分，各部分承受的轴力、剪力和弯矩自顶向下不断增大且有明显的突变，其分析应该分段进行。在分析中，一般将轴力和弯矩一起折算为等效轴压，然后校核在轴压和剪力联合作用下的结构稳定性。

对于薄壁加筋壳结构，加筋的作用在于提高壳体的抗弯曲刚度和增加当量厚度，从而提高其临界失稳载荷和减小对于初始缺陷的敏感性。薄壁加筋壳在载荷作用下，通常是蒙皮先失稳，但壳体仍能继续承载，当加强筋失稳时，整个结构才失去承载能力。根据这一特点，可采用极限载荷法计算薄壁加筋壳的承载能力。

对于具有均布密加筋的圆筒壳，假设不产生局部失稳和明显局部损伤，也可采用均匀化的方法，把桁条的刚度平均到桁条间距的壳体宽度上，将加筋壳折合成具有等效刚度的光壳，按照光壳理论进行计算，分析结构的稳定性和应力，然后校核强度。

与其他形式的圆柱壳相同，蜂窝夹层圆柱壳的静力分析也是以轴压稳定性分析为主，而后进行强度校核。和经典光壳的理论求解基本相同，只不过针对蜂窝这种特殊结构形式，需引入厚板剪切假设和不同的刚度表达形式。蜂窝夹层圆柱壳的稳定性分析较多应用能量原理，采用半解析法求解。

16.3.3　有限元的应用

1. 静力分析的有限元基本方程

通常卫星结构分析采用有限元位移法。根据固体力学中的虚功原理，基于小变形假设，建立静力分析的有限元位移法的基本方程

$$\boldsymbol{K}\boldsymbol{u} = \boldsymbol{F} \tag{16.1}$$

式中：$\boldsymbol{u}$ 为结点的位移列阵；$\boldsymbol{K}=\sum_e \boldsymbol{k}_e$ 为结构整体刚度矩阵，$\boldsymbol{k}_e$ 为单元刚度矩阵；$\boldsymbol{F}=\sum_e \boldsymbol{f}_e$ 为结点载荷列阵，$\boldsymbol{f}_e$ 为单元结点载荷列阵。

当引入线弹性材料本构关系时，式(16.1)表述线弹性静力问题，为一个线性方程组，一般应用 Gauss 法求解。当引入非线性材料本构关系时，式(16.1)表述材料非线性静力问题，为一个非线性方程组，通常可进一步表达为增量形式，应用修正的 Newton - Rapson 法迭代求解。方程组求解得到的是结点位移，再根据几何方程和本构关系计算应变和应力。

稳定性分析是在变形分析的基础上，根据变形模式来进一步确定失稳模态和失稳临界载荷。稳定分析的有限元位移法的基本方程为

$$(\boldsymbol{K}+\lambda\boldsymbol{K}_d)\boldsymbol{u}=\boldsymbol{0} \tag{16.2}$$

式中：$\boldsymbol{K}_d=\sum_e \boldsymbol{k}_{d,e}$为结构微分刚度矩阵，亦称几何刚度矩阵，$\boldsymbol{k}_{d,e}$为单元微分刚度矩阵。

稳定性问题为典型的广义特征问题，其特征值 λ 和特征矢量分别表征临界载荷的大小及相应的失稳形式。特征值稳定性分析是求解载荷线性扰动的临界状态。

结构的失稳临界载荷为

$$F_{cr}=F_b+\lambda\Delta F \tag{16.3}$$

式中：F_b 为基态载荷，定义为扰动载荷 ΔF 作用前施加于结构的载荷，包括初压、温度载荷、非零初位移等，可以由任何的响应历史确定，代表了在扰动载荷 ΔF 作用前结构的初始状态；λ 为结构稳定性系数。

对于特征值稳定性分析问题，结构对于扰动载荷的响应必须是弹性的，直到载荷达到预估的失稳载荷。

在经典的结构稳定性问题中，如果结构上没有基态载荷作用，则失稳临界载荷可直接表达为

$$F_{cr}=\lambda F \tag{16.4}$$

式中：F 为外载荷。

对于几何非线性稳定性问题，结构的失稳临界载荷不仅与结构的初始状态相关，而且与加载路径相关。几何非线性稳定性分析过程隐含了非线性静力分析的内容，在求解过程中，通常必须不断地获得结构非线性静态平衡解，进而根据变形模式确定相应的几何刚度矩阵，以进行特征值求解。

2. 应力分析

进行结构应力分析时，首先要分析结构的传力路径和承载特征。明确了结构的传力路径和承载特征，就可以粗略地判断结构中可能出现的应力集中，确定需要详细应力分析的结构部位。在实际分析中，对结构整体的初步分析，也能分离出局部结构的载荷和位移。然后根据载荷和位移条件，可以进一步对局部结构进行详细的有限元分析来求出应力。

在卫星结构有限元模型中，主要应用 3 或 4 结点板壳元和适当的 2 结点梁元来模拟主结构，应用弹簧元来模拟连接以求解部件间内力。一般情况下，较大的星载设备用集中质量元来模拟，并用多点约束或刚性单元连接到结构板安装位置上，有较多固定点的设备大多作为均布

非结构质量(NSM)定义于适当区域的结构板单元上。由于静力分析的载荷主要为惯性载荷，通常情况下，主结构的应力分析应采用整星模型，并且模型的质量分布和质心位置应尽可能与设计值一致。

为了提高计算的准确性，要求单元满足一定的几何形状要求，并在应力集中区单元网格细化。可以根据初步计算结果来确定网格细化区，网格加密后再次计算，直到应力变化对于单元的增加不再敏感时为止。实现网格加密的办法是单元剖分或局部重新划分单元。另外，为提高计算精度，也可以采用高阶单元。

蜂窝夹层结构的应力分析相当复杂。在整星模型中，蜂窝夹层结构一般按复合材料层合板元简化，能够保证计算得到的变形和面板内力是可靠的，但无法准确获得芯子的应力。事实上，在单独进行蜂窝夹层板结构分析中，采用层合板壳元/体元模型可以获得面板内力和芯子的应力。层合板壳元/体元模型，即面板模拟为板壳元、芯子模拟为体元的模型，两者面内结点相互对应，层合板壳元的参考面定义为和相邻体单元的交接面一致。为了更准确地获得芯子的应力，沿厚度方向可以多体元划分。实际上，层合板壳元/体元模型隐含了芯子不提供转动刚度的假设。实践证明这种方法可以满足分析要求。

层合复合材料结构的应力分析也是相当复杂的。在开孔、自由边、几何不连续、胶接接头等部位，应力状态复杂，往往存在严重的层间应力，应用一般的板壳单元模拟往往不能得到层间应力，因此无法解决层间的强度分析问题。整体板壳元/局部体元模型(G1obal - 2D/local - 3D)是板壳元和体元的结合应用，主要目的是在板壳元无法准确计算的复杂应力区域采用体元来进行模拟，能够获得包括层间应力的所有应力分量，可以解决由于复杂形状结构、复杂受载或存在开孔、自由边等导致层间应力为主要因素的问题。板壳元和体元间通过协调元或约束方程来连接。

3. 稳定性分析

尽管稳定性问题属于典型的特征值问题，但和应力分析的思路是一致的。在稳定性问题的有限元方程表达式中，几何刚度矩阵(微分刚度矩阵)的获得必须依据应力分析确定的变形模式，而且两者在分析过程中引入的边界条件和载荷条件基本相同，因此可以采用相同的有限元模型。

与应力分析不同的是，稳定性分析模型的建立并不是十分关注应力集中区域，而是关注压应力和剪应力相对严重的区域。因为借用应力分析模型，已经能够相对准确地得到变形模式，整体上不需要再考虑网格细化的问题。而在压应力和剪应力严重的局部区域，尽管得到准确的应力和变形，仍有可能需要进一步细化网格，才能保证有足够的单元来准确表示失稳波形。否则，单元网格过疏，引起结构局部相对于其他区域刚化，导致计算结果不合理。在商用软件 NASTRAN 中，一个失稳波形内至少要求有 6 个单元。

在复杂结构的应力分析模型中，通常在局部连接处引用弹簧元来模拟。在进行稳定性分析时，由于弹簧元不能够提供微分刚度，因此尽可能对失稳波形有较大影响的局部连接处，使用其他合适的单元。例如，在NASTRAN软件中，尽管弹簧元的引入不影响稳定性分析过程，但计算结果不一定可信；在ABAQUS软件中，稳定性分析不支持弹簧元的引用。

除经典的稳定性分析问题外，卫星结构的稳定性分析一般还应该考虑结构基态的影响。结构的基态是指结构在初始载荷和初始位移条件下的性态。初始载荷包括压力、集中力、温度等。考虑初始载荷和位移影响的这类问题统称为预应力下的稳定性分析问题。例如，内压或内压变化很小的密封舱结构的轴压稳定性问题；具有初始温度的舱体结构的轴压稳定性问题等。而在应力分析中，初始位移仅作为一般的边界条件，且不考虑初载荷。因为对于线弹性分析，分析结果与加载次序无关，只与最终的加载状态和边界条件相关。

稳定性分析结果受边界条件的影响较大。尽管一般采取与应力分析相同的边界条件，但仍要借鉴以往的分析经验和试验情况来修正。事实上，边界条件的判定主要凭工程经验。另外，通过对失稳波形合理性的判断可以检验边界条件是否准确。

值得注意的是，有限元法中作为线性特征值求解的稳定性分析的结果与试验结果偏差可能较大，尤其是板壳结构。这主要是因为结构制造几何缺陷和材料缺陷以及作用载荷不均匀的缘故。对于一般金属薄壳，由于其对载荷不均匀性和几何缺陷的敏感性，经典的稳定性分析结果与试验结果偏差可能很大。而考虑初始缺陷的大挠度几何非线性的稳定性分析结果，更接近于实际薄壳结构的失稳情况。在分析中，这种几何非线性，一般引用非线性几何关系式来表达。对于加筋板壳结构，加筋提高了板壳的抗弯曲刚度和增加当量厚度，也降低了对于初始缺陷的敏感性，从而提高其临界失稳载荷。加筋壳的失稳载荷更接近于经典失稳载荷。内加筋壳比外加筋壳分析结果理想。就试验失稳载荷而言，两者差别不大。在工程上，较多地采用有限元分析结合经验系数修正的方法。在有限元分析中，加筋板壳较多地采用板壳/梁单元组合模型，此时，必须合理地给出加强筋的中性面偏置，中性面定义的正确与否直接影响分析的准确性。

采用有限元分析可以得到失稳载荷和对应的失稳波形，并在后处理软件中可直观显示。根据失稳波形判断可能的结构失效模式，并检验结构设计的合理性。例如，蜂窝结构先发生局部失稳的设计是不合理的；加筋结构桁条先于蒙皮失稳的设计也是不合理的。

16.3.4 结构静力分析实例

A2100卫星结构是一个典型的箱形板式结构。与采用中心承力筒结构卫星不同的是，主结构由面板为准各向同性石墨/环氧复合材料的6块蜂窝夹层板组成，通过转接结构与星箭对接环相连。其中对于承载大的埋置件局部区域，按需要进行面板铺层加厚，铝蜂窝芯子加密。南北板、对地板采用铝面板铝蜂窝夹层结构，板间预埋热管。基板及其他连接板为准各向同性石墨/环氧复合材料面板的铝蜂窝芯子夹层结构。板间采用C形和Y形角条，用螺栓连接。转接结构是内外加筋的石墨/环氧复合材料层合板结构，胶接在分离环上端面的U形面内，将主结构由矩形盒截面，过渡到分离环圆形截面。

A2100 卫星结构的有限元模型，应用 MSC/NASTRAN 软件建立，同一模型将分别用于静、动力分析。有限元模型包含一个 6 自由度结点界面，用于星/箭耦合载荷分析时，卫星与运载火箭的连接。其中，A2100AX 卫星有限元模型见图 16.5。

星体板结构主要采用 3/4 结点板壳元（CQUAD4/CTRIA3）模拟，杆类元件采用适当的梁单元（CBAR）模拟。弹簧元（CELASX）广泛地用于模拟板间连接以求解部件间内力。仅定义弹簧的平动刚度来模拟螺栓连接。质量较大的设备用集中质量元（CONM2）代替，应用梁单元（CBAR）或多点约束（RBE2，RBE3）连接到结构板上近似的安装位置。有较多固定点的电子设备，大多数作为均布非结构质量（NSM）设置于有效载荷板的适当面积上。有限元模型共 170 000 个自由度。

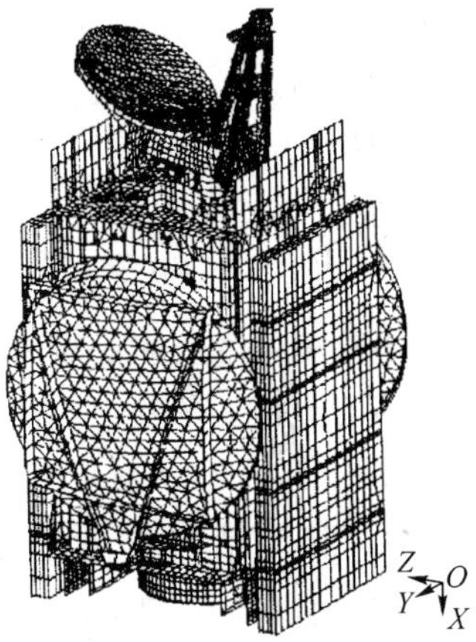

图 16.5 A2100AX 卫星有限元模型

对于准各向同性铺层的石墨/环氧复合材料面板的蜂窝夹层结构，以及铝面板的蜂窝夹层板，单元特性按层合板形式定义（PCOMP/MAT8）。作为一种检验，也按普通板的形式（PSHELL）定义，将拉伸、弯曲、剪切及耦合性能分别按等效的各向同性材料（MATl）和正交各向异性材料（MAT8）来定义。对于石墨/环氧（Gr/E）层合转接结构，用等效的各向异性板形式（PSHELL/MAT2）定义。作为一种检验，单元特性按层合板形式定义（PCOMP/MAT8），计算相应的刚度参数与等效的各向异性材料进行比较。

静力分析包括以下工况：

- 运载火箭部门提供的发射过程的准静态载荷；
- 沿蜂窝夹层板和部件法向的准静态载荷——声振载荷的准静态等效载荷；
- 子结构系统动态耦合响应载荷的准静态等效载荷——单轴或 3 轴；
- 在轨热载荷。

对应于不同的工况，要分别按整星模型或局部模型进行分析。分析的内容包括：

- 计算蜂窝结构的铝面板和芯子的安全裕度；
- 计算蜂窝结构的石墨/环氧复合材料面板和芯子的安全裕度；
- 计算石墨/环氧复合材料层合板的单层应力和安全裕度；
- 根据弹簧力来校核埋置件的强度，计算安全裕度；
- 根据弹簧力来校核螺栓连接强度，计算安全裕度；
- 对所有静力工况的分析结果进行比较，给出最大、最小应力以及位移；
- 计算出对应所有静力工况星箭对接面的力和力矩。

16.4 结构模态分析

卫星模态是卫星系统的固有特性，而不单是卫星结构的特性。卫星模态主要取决于卫星结构的刚度和卫星系统的质量分布以及边界条件(本节所讲的模态是指系统的固有频率和与其相对应的振型)。由此可见，卫星结构模态分析的说法并不准确。只是由于卫星结构刚度对卫星模态起着决定性的作用，并且在卫星设计中主要通过结构设计来满足卫星模态的要求，因此在工程上仍说成是卫星结构模态分析。

16.4.1 模态分析的目的和作用

卫星模态的要求是对卫星结构设计的基本要求。由于卫星模态取决于卫星结构的刚度，因此对卫星模态的要求，有时也称为对结构的刚度要求。卫星结构模态分析是卫星结构分析的重要内容之一，在卫星结构研制过程中具有重要的作用。

1. 卫星结构方案选择的重要手段

在卫星研制初期，结构系统要设计多种方案。这些方案，除了要满足功能、质量等要求外，还要满足卫星模态的要求。对于前者，可以通过定性论述，初步得到答案。而卫星模态很难通过定性分析得到。

图 16.4 是某卫星结构的分解图(含有加强隔板)，有两种方案可供选择。一种方案是两块长隔板之间没有加强隔板；另一种方案是两块长隔板之间加一块加强隔板。单从这两个方案看，很难知道小隔板对整星模态起多大作用。对两种方案进行结构模态分析，分析结果见表 16.1。

表 16.1 卫星不同结构方案模态分析结果

结构方案 \ 振型	横向(X 向)一阶弯曲频率/Hz	纵向(Y 向)一阶弯曲频率/Hz	一阶扭转频率/Hz	一阶纵向频率/Hz
无加强隔板方案	20.4	21.3	50.9	68.7
有加强隔板方案	22.0	23.6	51.6	69.3

分析结果表明，小隔板可以提高整星横向基频 2 Hz。如果不进行模态分析就很难进行定量判定。因此，通过卫星结构模态分析可以有效地选择合理的设计方案。

2. 卫星结构设计验证方法之一

通过结构模态分析，可以对卫星结构设计进行有效验证。结构模态分析在卫星结构研制的各个阶段，都是设计验证的重要方法。

在结构方案设计阶段，通过结构模态分析来验证整星模态的要求显得尤为重要。无论是对于一个全新设计的结构，还是对于一个继承性很强的结构，在该研制阶段，由于不可能通过试验进行验证，主要就是用模态分析的方法进行验证。

在结构初样研制阶段，对于一个全新设计的结构，可进行模态分析来说明设计满足模态要求，然后再进行试验验证；对于一个不准备通过鉴定试验进行验证的结构设计，模态分析更是惟一有效的验证方法。

在结构正样研制阶段，可以充分考虑到正样设计的修改，通过模态分析来验证结构正样设计满足模态要求，并最终通过飞行星验收试验验证结构满足整星模态的要求。

3. 分配星载设备支架刚度和星载设备固有频率

如果一个星载设备的固有频率与卫星的固有频率比较接近时，会在此频率下产生较强的动力耦合，使得星载设备产生很大的动载荷，设计时应尽量避免这种情况发生。

对于带支架的星载设备，将支架和星载设备作为一个系统来考虑，与上面的情况相同。通常情况下，星载设备的固有频率较高，支架和星载设备作为一个系统，其固有频率取决于支架刚度。

由此可见，利用整星模态分析结果，可以合理地分配星载设备安装支架刚度和星载设备固有频率，避免前述固有频率相近引起的动力耦合。

4. 预计星载设备环境趋势

当卫星在固有频率附近的频段内振动时，结构上的响应将有明显的放大。对于星载设备，在这一频带范围内振动环境条件必然较高，而其他频段的振动环境条件相对较低。由此可以通过模态分析，定性预计星载设备环境趋势。

5. 用于结构故障诊断

当卫星进行振动试验后，如果结构发生故障，则卫星的模态将发生变化（通常是固有频率降低）。但是，有时要断定结构在哪里产生了故障并不是一件容易的事情。通过模态分析进行故障诊断，在实际工作中是可行的、有效的。这里的故障诊断说的是一种工程实用的判定方法，不是指以灵敏度为基础的故障诊断理论。

通过模态分析进行故障诊断的基本思路是：先利用结构发生故障前的试验结果对分析模型进行修正，使得分析模型能反应卫星结构的实际情况。在此模型基础上，根据设定的可能的故障模式进行模型修改，利用修改后的模型进行模态分析，将分析结果与结构发生故障后的试验结果进行比较，从而判定结构发生故障的部位。

16.4.2　模态分析方法

假设结构为线弹性结构，且不考虑阻尼。采用以结点位移为变量，将结构离散成具有 n 个自由度的系统，它的自由振动方程为：

$$\boldsymbol{K}\ddot{x}(t) + \boldsymbol{K}x(t) = \boldsymbol{0} \tag{16.5}$$

特征方程为

$$(\boldsymbol{K}-\omega^2\boldsymbol{M})\boldsymbol{\varphi}=\boldsymbol{0} \tag{16.6}$$

式中：ω 为特征值，在模态分析中称为模态频率；$\boldsymbol{\varphi}$ 为特征矢量，在模态分析中称为振型。

模态分析就是通过结构理想化得到刚度矩阵 $\boldsymbol{K}$ 和质量矩阵 $\boldsymbol{M}$，然后解特征方程式(16.6)得到模态频率 ω 和与之对应的振型 $\boldsymbol{\varphi}$，分析振型 $\boldsymbol{\varphi}$ 的特征。因此，模态分析方法实质上是解特征值的方法。

随着计算机技术的发展以及实际问题求解的客观要求，出现了种类繁多的大型矩阵特征值计算方法，较为常用的有以变换方法为基础的 Jacobi 法、行列式搜索法、Givens-Householder 法、修正 Givens-Householder 法、以矢量迭代为基础的 Lanczos 法、幂迭代法和逆幂迭代法、子空间迭代法、松弛法等。

这些方法有各自的特点。在进行一个具体结构的模态分析时，应根据分析的目的以及不同方法的特点适当选择，有时也可以采用两种或两种以上的方法进行分析比较。表 16.2 列出了一些特征值分析方法的特点和所适用的范围。在这里不再具体介绍这些方法。

表 16.2　特征值分析方法及特点

分析方法		Givens-Householder	修正 Givens-Householder	逆幂迭代法	Sturm 检验反幂迭代法	Lanczos
可靠性		高	高	低 可能漏根	高	高
经济性	分析模态个数少时	中	中	低	低	中
	分析多阶模态时	高	高	高	高	中
局限性		不能分析奇异质量矩阵；占用内存大	对多阶模态费时；占用内存大	可能漏根；对多阶模态费时	对多阶模态费时	对无质量机构系统求解有困难
适用范围		小而密集矩阵有效；可以用动态缩聚	小而密集矩阵有效；可以用动态缩聚	能确定一些模态	能确定一些模态	中、大型模型

还有一种进行复杂结构模态分析的有效方法，就是模态综合法。

模态综合法是随着有限元法和子结构法的发展而形成的模态分析方法。模态综合法在航天领域已经得到了比较广泛的应用。例如，在进行星箭耦合动力分析时，分别将卫星、火箭作为子结构，应用模态综合法进行分析；在卫星研制中，星上的一些大型部件如大型天线、太阳翼、贮箱等是由不同的研制单位研制的，通常这些大型部件已经由研制单位建立了分析模型，有的甚至已经有了试验结果，在进行整星模态分析时，就可以将卫星本体、大型部件分别作为子结构，应用模态综合法进行分析，从而提高分析效率。

模态综合法需要将整体结构(系统)划分为若干个子结构(部件)，子结构之间相互连接处形成界面。按照对界面处理方法的不同，模态综合法分为固定界面法、自由界面法和混合界面法。

由于在卫星模态分析及星/箭耦合动力分析时，多采用固定界面模态综合法，因此，以下只对固定界面模态综合法进行阐述。

将整体结构(系统)分割成若干子结构，使子结构之间的连接界面完全固定。

进行子结构模态计算及第一次自由度变换。对无阻尼系统，子结构的振动方程按照非界面物理自由度 x_i 和界面物理自由度 x_j 可写为

$$\begin{bmatrix} m_{ii} & m_{ij} \\ m_{ji} & m_{jj} \end{bmatrix} \begin{Bmatrix} \ddot{x}_i \\ \ddot{x}_j \end{Bmatrix} + \begin{bmatrix} k_{ii} & k_{ij} \\ k_{ji} & k_{jj} \end{bmatrix} \begin{Bmatrix} x_i \\ x_j \end{Bmatrix} = \begin{Bmatrix} 0 \\ f_j \end{Bmatrix} \tag{16.7}$$

式中：f_j 为界面力，当系统自由振动时，非界面力为零。

对于固定界面模态综合法，令界面物理自由度为零，即 $x_j=0$，于是

$$m_{ii}\ddot{x}_i + k_{ii}x_i = 0 \tag{16.8}$$

由方程式(16.8)可以得到正则化模态 $\varphi_{it} = [\varphi_1 \quad \varphi_2 \quad \cdots]$。

令 $\boldsymbol{\Phi}_N = \begin{bmatrix} \varphi_{it} \\ 0 \end{bmatrix}$为子结构的主模态集。主模态集通常是不完备的，即将高阶模态截断之后的低阶模态集。

与式(16.7)相对应的子结构静力平衡方程为

$$\begin{bmatrix} k_{ii} & k_{ij} \\ k_{ji} & k_{jj} \end{bmatrix} \begin{Bmatrix} x_i \\ x_j \end{Bmatrix} = \begin{Bmatrix} 0 \\ f_j \end{Bmatrix} \tag{16.9}$$

由式(16.9)的第一式得到 $x_i = k_{ii}^{-1} k_{if} x_j = \varphi_{ij} x_j$。

令 $\boldsymbol{\Phi}_C = \begin{bmatrix} \varphi_{ij} \\ I \end{bmatrix}$为子结构的约束模态集。约束模态相当于给定某界面自由度为单位位移，而其他的界面自由度为零时所形成的静模态。约束模态的数目等于子结构界面自由度的数目。

进行自由度变换，把子结构物理自由度 $\boldsymbol{x}$ 变换到模态自由度 $\boldsymbol{q}$ 上

$$\begin{Bmatrix} x_i \\ x_j \end{Bmatrix} = \begin{bmatrix} \varphi_{it} & \varphi_{ij} \\ 0 & I \end{bmatrix} \begin{Bmatrix} q_i \\ q_j \end{Bmatrix} \tag{16.10}$$

式中：q_i 为对应主模态的模态自由度；q_j 为对应约束模态的模态自由度。

由上式可以得到 $q_j=x_j$，即约束模态自由度就是界面物理自由度。

利用式(16.10)将子结构运动方程(16.7)变换到模态自由度 $\boldsymbol{q}$ 上

$$\overline{m}\ddot{\boldsymbol{q}}+\overline{k}\boldsymbol{q}=\boldsymbol{g} \tag{16.11}$$

式中：$\overline{m}=\boldsymbol{\Phi}^{\mathrm{T}}m\boldsymbol{\Phi}$，$\overline{k}=\boldsymbol{\Phi}^{\mathrm{T}}k\boldsymbol{\Phi}$，$g=\boldsymbol{\Phi}^{\mathrm{T}}f$。

其中：

$$\overline{m}=\begin{bmatrix} I & \overline{m}_{tj} \\ \overline{m}_{jt} & \overline{m}_{jj} \end{bmatrix},\overline{k}=\begin{bmatrix} \overline{k}_{tt} & 0 \\ 0 & \overline{k}_{jj} \end{bmatrix}$$

$$\overline{m}_{tj}=\overline{m}_{jt}^{\mathrm{T}}=\boldsymbol{\Phi}_{it}^{\mathrm{T}}m_{ii}\boldsymbol{\Phi}_{ij}+\boldsymbol{\Phi}_{it}^{\mathrm{T}}m_{ij}$$

$$\overline{m}_{jj}=m_{jj}+\boldsymbol{\Phi}_{ij}^{\mathrm{T}}m_{ii}\boldsymbol{\Phi}_{ij}+\boldsymbol{\Phi}_{ij}^{\mathrm{T}}m_{ij}+m_{ji}\boldsymbol{\Phi}_{ij}$$

$$\overline{k}_{tt}=\mathrm{diag}(\omega_1^2,\omega_2^2,\cdots,\omega_t^2)$$

$$\overline{k}_{jj}=k_{jj}+k_{ji}\boldsymbol{\Phi}_{ij}$$

建立系统方程，不失一般性，考虑有两个子结构的系统。建立两个子结构 A 和 B 在模态自由度下的振动方程

$$\begin{bmatrix} \overline{m}_A & 0 \\ 0 & \overline{m}_B \end{bmatrix}\begin{Bmatrix} \ddot{q}_A \\ \ddot{q}_B \end{Bmatrix}+\begin{bmatrix} \overline{k}_A & 0 \\ 0 & \overline{k}_A \end{bmatrix}\begin{Bmatrix} q_A \\ q_B \end{Bmatrix}=\begin{Bmatrix} g_A \\ g_B \end{Bmatrix} \tag{16.12}$$

在界面上，由位移协调条件 $x_{jA}=x_{jB}=x_j$，即 $q_{jA}=q_{jB}=q_j$。可以选择系统的广义自由度为 $\boldsymbol{Q}=[q_{iA}\quad q_{iB}\quad q_j]^{\mathrm{T}}$，从而可以建立系统广义自由度 $\boldsymbol{Q}$ 与子结构模态自由度之间的变换关系

$$\begin{Bmatrix} q_{tA} \\ q_{jA} \\ q_{tB} \\ q_{jB} \end{Bmatrix}=\begin{bmatrix} I & 0 & 0 \\ 0 & 0 & I \\ 0 & I & 0 \\ 0 & 0 & I \end{bmatrix}\begin{Bmatrix} q_{tA} \\ q_{tB} \\ q_j \end{Bmatrix}$$

代入式(16.12)，得到系统无阻尼自由振动方程为(注意到 $f_{jA}+f_{jB}=0$)

$$\boldsymbol{m}\ddot{\boldsymbol{Q}}+\boldsymbol{k}\boldsymbol{Q}=0 \tag{16.13}$$

式中：

$$\boldsymbol{m}=\begin{bmatrix} I_A & 0 & \overline{m}_{tjA} \\ 0 & I_B & \overline{m}_{tjB} \\ \overline{m}_{tjA} & \overline{m}_{jtB} & \overline{m}_{jjA}+\overline{m}_{jjB} \end{bmatrix}$$

$$\boldsymbol{k}=\begin{bmatrix} \omega_A^2 & 0 & 0 \\ 0 & \omega_B^2 & 0 \\ 0 & 0 & \overline{k}_{jjA}+\overline{k}_{jjB} \end{bmatrix}$$

解式(16.13)的特征值问题，可得到模态自由度下的振型，再利用式(16.10)得到结构系统

物理自由度下的振型。

16.4.3 模态特征分析

通过结构模态特征分析可以进一步认识模态的特点。例如，一个模态是整体模态（主要模态）还是局部模态；模态主要是哪个方向；结构以与振型相同的形状振动时，在哪些部位的变形相对比较严重；哪些结点的运动相对比较剧烈等。对于这些问题，可以通过结构模态特征分析得到答案。

1. 模态有效质量分析

如同模态综合法，将所分析的结构系统作为子结构来看。结构通过界面自由度与其他结构相连。在结构运动时，全部界面在运动中保持为刚体，即只需通过某个参考点的自由度就能表示出所有界面自由度的运动，这样的界面称为静定界面。

按照以上静定界面的定义，所有界面运动可以用一个参考点的平移自由度和转角自由度来表示。因此，可以以此参考点作为理论上的界面，认为结构通过参考点与其他结构相连。

包括界面自由度在内的结构运动方程为式(16.7)，由静定界面的说明可知，所有界面自由度 x_j 可以用一个参考点自由度 x_r 来表示

$$x_j = \boldsymbol{T}_{jr} x_r \tag{16.14}$$

式中：$\boldsymbol{T}_{jr}$ 为刚体位移变换矩阵。

将式(16.14)代入式(16.7)得

$$\begin{bmatrix} m_{ii} & m_{ir} \\ m_{ri} & m_{rr} \end{bmatrix} \begin{Bmatrix} \ddot{x}_i \\ \ddot{x}_r \end{Bmatrix} + \begin{bmatrix} k_{ii} & k_{ir} \\ k_{ri} & k_{rr} \end{bmatrix} \begin{Bmatrix} x_i \\ x_r \end{Bmatrix} = \begin{Bmatrix} 0 \\ f_r \end{Bmatrix} \tag{16.15}$$

式中：$m_{rr} = \boldsymbol{T}_{jr}^{\mathrm{T}} m_{jj} \boldsymbol{T}_{jr}$，$m_{ir} = m_{ri}^{\mathrm{T}} = m_{ij} \boldsymbol{T}_{jr}$，$k_{rr} = \boldsymbol{T}_{jr}^{\mathrm{T}} k_{jj} \boldsymbol{T}_{jr}$，$k_{ir} = k_{ri}^{\mathrm{T}} = k_{ij} \boldsymbol{T}_{jr}$。

与固定界面模态综合法的做法相同，子结构内部自由度可以用一组截断的自由振动模态及界面约束模态来表示。对于静定界面，界面约束模态就是子结构的刚体运动模态。

$$x_i = \varphi_{it} q_r + \boldsymbol{T}_{ir} x_r \tag{16.16}$$

式中：φ_{it} 为界面固定时结构的模态矩阵，每一列为一个振型，φ_{it} 已进行了模态截断，只保留了所要求的若干个模态；q_t 为与之对应的模态自由度；$\boldsymbol{T}_{ir}$ 为由 x_r 引起的内部自由度刚体位移变换矩阵，其性质与 $\boldsymbol{T}_{jr}$ 相似。

将式(16.16)代入式(16.15)得

$$\boldsymbol{\mu} \ddot{\boldsymbol{q}} + \boldsymbol{k} \boldsymbol{q} = \boldsymbol{F} \tag{16.17}$$

式中：$\boldsymbol{q}$ 为结构的广义自由度，$\boldsymbol{q} = \begin{Bmatrix} q_t \\ x_r \end{Bmatrix}$；$\boldsymbol{\mu}$ 为广义质量矩阵，$\boldsymbol{\mu} = \begin{bmatrix} \mu_{tt} & \mu_{tr} \\ \mu_{rt} & \mu_{rr} \end{bmatrix}$；$\boldsymbol{k}$ 为广义刚度矩阵，

$\boldsymbol{k} = \begin{bmatrix} k_{tt} & k_{tr} \\ k_{rt} & k_{rr} \end{bmatrix}$，其中：

$$\mu_{tt} = I_t$$
$$\mu_{tr} = \mu_{rt}^{\mathrm{T}} = \varphi_{it}^{\mathrm{T}} m_{ii} \boldsymbol{T}_{ir} + \varphi_{it}^{\mathrm{T}} m_{ir}$$
$$\mu_{rr} = m_{rr} + \boldsymbol{T}_{ir}^{\mathrm{T}} m_{ii} \boldsymbol{T}_{ir} + \boldsymbol{T}_{ir}^{\mathrm{T}} m_{ir} + m_{ri} \boldsymbol{T}_{ir}$$
$$k_{tt} = \mathrm{diag}(\omega_1^2, \omega_2^2, \cdots, \omega_n^2)$$
$$k_{tr} = k_{rt}^{\mathrm{T}} = k_{rr} = 0$$

在广义刚度矩阵中，由于刚体模态与自由振动模态无刚度耦合，故 $k_{tr}=k_{rt}^{\mathrm{T}}=0$，又由于刚体运动本身不产生支反力，因此 $k_{rr}=0$。

对于静定界面情况，μ_{rr}实际上就是包括界面自由度本身质量在内的结构刚体质量矩阵。其对角元分别为结构的平移质量和结构绕通过参考点而平行于坐标轴的转动惯量。

$\boldsymbol{T}_{ir}^{\mathrm{T}} m_{ii} \boldsymbol{T}_{ir} + \boldsymbol{T}_{ir}^{\mathrm{T}} m_{ir} + m_{ri} \boldsymbol{T}_{ir}$为结构内部自由度的刚体质量矩阵。其中各元素的意义与 μ_{rr} 中相应元素相同，只是没有把界面自由度的质量包括进去。μ_{rr} 中的第 i 行 μ_{ir} 为第 i 个自由振动模态与刚体模态的质量耦合。

定义矩阵

$$\boldsymbol{M}_{rr}^{i} = \mu_{ir}^{\mathrm{T}} \mu_{ir} \tag{16.18}$$

叫做第 i 个自由振动模态的有效刚体质量矩阵，或简称有效质量矩阵。

可以证明，所有自由振动模态的有效刚体质量矩阵之和，等于结构内部自由度的刚体质量矩阵，即

$$\sum_{i}^{\infty} \boldsymbol{M}_{rr}^{i} = \boldsymbol{T}_{ir}^{\mathrm{T}} m_{ii} \boldsymbol{T}_{ir} + \boldsymbol{T}_{ir}^{\mathrm{T}} m_{ir} + m_{ri} \boldsymbol{T}_{ir} \tag{16.19}$$

式(16.19)表明：内部自由度的刚体质量矩阵是全部自由振动模态的有效质量矩阵之和，因此也把它称为总有效质量矩阵。或者说，每一个 $\boldsymbol{M}_{rr}^{i}$ 就是第 i 个自由振动模态对总的有效质量矩阵的贡献。$\boldsymbol{M}_{rr}^{i}$ 中每个元素的意义与 μ_{rr} 中相应元素相同。

由此可见，通过模态的有效质量计算可以判定一个模态是整体模态(主要模态)还是局部模态，以及模态主要是哪个方向的。

模态的有效质量计算还可以作为模态截断的一种判定方法。当所得到的前 m 阶模态的模态有效质量之和占总质量的份额很大时，就可以认为主要模态已包含在前 m 阶模态中。

2. 模态的动能和势能分析

由于一个振型只能表示各个自由度位移之间的相对关系，相应的模态能量分布也只能给出一个相对的结果。

第 i 个正则化模态 φ_i 的总动能 T 和总势能 V 分别为

$$2T = \varphi_i^{\mathrm{T}} M \varphi_i = 1 \tag{16.20}$$
$$2V = \varphi_i^{\mathrm{T}} K \varphi_i = \omega_i^2 \tag{16.21}$$

某个自由度的位移为 u，其上的质量为 m，则在此模态中，该自由度的动能 T 为

$$2T = mu^2 \tag{16.22}$$

由于总动能为 1，因此它也就是该自由度动能在总动能中的百分比。

若某个单元在总体坐标系中的单元刚度矩阵为 $\boldsymbol{k}_e$，单元各结点的位移为 x_e，则在此模态中，该单元的势能 v 为

$$2v = x_e^{\mathrm{T}} \boldsymbol{k}_e x_e \tag{16.23}$$

此单元的势能在模态总势能中的百分比为

$$\overline{v} = x_e^{\mathrm{T}} \boldsymbol{k}_e x_e / \omega_i^2 \tag{16.24}$$

式(16.23)对每个自由度给出了模态动能公式，式(16.24)对每个单元给出了模态势能公式。实际计算中是把结点和单元分别归并为若干个部件(或部位)，对各部件进行模态动能或模态势能计算，部件的模态动能、势能就是本部件所包含的结点模态动能或单元模态势能的和。

通过计算模态的动能可以判定：对一个模态，结构的哪些结点在模态运动中起主导作用，在动力凝聚时，可以选择模态动能较大的点进行凝聚。

通过计算模态的势能可以判定：对一个模态，结构的哪些部位在模态运动中变形更严重，如果设计时想改变这一阶模态，修改势能较大部位的刚度会取得较好的效果。

16.4.4　提高模态分析准确性的手段

1. 建模中注意刚度的模拟

在 16.2 节中对建模进行了论述。由于卫星的模态主要取决于结构的刚度(卫星系统的质量分布容易较准确地反映在模型中)，因此在建立模态分析的计算模型时，应当充分注意结构刚度的模拟。

对于影响结构刚度较小的因素，可以进行较多的简化。例如，结构板上开的较小的孔或缺口，它们对结构的强度可能有较大的影响，但对结构刚度的影响较小，在建立模态分析的模型时就可以忽略。

与此相反，对于影响结构刚度较大的因素，就需要认真考虑。例如图 16.3 所示结构板间的两种连接情况，简化成铰接还是刚性连接，可能对结构刚度产生很大影响，建模时要认真分析。边界约束条件对结构刚度的影响也是很大的，建模时不能忽视。

2. 通过试验数据修正模型

对于不易进行简化或者进行了简化但难以确定参数的局部结构进行试验，根据试验数据进行建模，可以有效提高模态分析的准确性。

例如，太阳翼收拢状态的模态分析，压紧装置的刚度很难确定，通过分析手段需要考虑的因素很多，诸如预紧力问题、接触问题、摩擦问题等，这些问题涉及的理论很复杂，分析时需要的参数很多，难以得到准确的结果。这种情况下就可以采用试验的方法，认为压紧装置为等截面梁，通过试验测得该梁的刚度参数，从而提高分析的准确性。

充分利用试验数据，确定难以准确给出的结构参数，从而提高模态分析的准确性。通常情况下，结构件自身的简化和参数的确定容易做到准确合理，结构间连接的简化和参数的确定就难以做到准确合理。而结构间连接的简化合理与否对模态分析的准确性往往有较大影响。如果有试验结果，就可以利用试验数据修正模型，得到不易确定的参数。

16.4.5　模态分析实例

本小节以某卫星中心承力筒的模态分析作为实例。

1. 承力筒结构简介

承力筒为整体碳纤维增强复合材料波纹结构。以两个贮箱连接面为界，将承力筒分为上、中、下 3 个部分，3 个部分的铺层不同。承力筒上设有 5 个隔框，上下端采用收口方式。

2. 有限元模型

(1) 结构理想化

按承力筒波纹结构的具体几何形状建立有限元模型。波纹筒(包括波纹、隔框、上下端的收口、上端框)简化为层合复合材料壳单元；贮箱箱体简化为各向同性壳单元；推进剂简化为集中质量；贮箱连接耳片简化为梁单元。与承力筒连接的螺钉为刚性连接。承力筒与顶板、中板、底板连接处简化为梁单元，用梁单元的非结构质量模拟配重。

(2) 结构参数

波纹筒所用的材料为 M55J/环氧无纬布。波纹筒(包括波纹、隔框、上下端的收口、上端框、与贮箱连接处的波纹)简化为复合材料板壳元，刚度参数直接根据具体的铺层由复合材料层合板理论计算得到。

两个贮箱的模型根据试验结果修正得到，在贮箱安装点固支的边界条件下，上贮箱的一阶(横向)频率为 115 Hz，下贮箱的一阶(横向)频率为 96 Hz。

(3) 位移边界条件

位移边界条件为星箭对接面简支。通过试算，采用固支边界条件和采用简支边界条件的计算结果基本相同，说明对于该问题边界条件对计算结果影响不大。

(4) 建模方法的验证

为了说明上述建立的有限元模型的合理性，采用同样的方法建立有试验数据的承力筒有限元模型，进行模态分析。分析结果与试验结果进行比较：整体一阶弯曲、一阶纵向等主要模态基本吻合，说明采用这种建模方法，进行波纹形式结构的分析是合理可靠的。

3. 承力筒的模态分析

采用 Lanezos 法进行模态分析，得到主要频率及相应振型见表 16.3。表中同时给出了模态各有效质量的计算结果，从模态有效质量的计算结果可以容易地看出，哪个模态是主要模态，哪个模态是局部模态，以及模态主要是哪个方向的。

表 16.3　承力筒的主要模态及模态有效质量的计算结果

阶次	固有频率/Hz	模态有效质量比/%						振型描述
		x	y	z	R_x	R_y	R_z	
1	16.99	0	48.53	0.84	0	1.61	93.20	1 阶横向(y 向)弯曲
2	16.99	0	0.84	48.53	0	93.20	1.61	1 阶横向(z 向)曲
3	39.09	0	0	0	0	0	0	局部模态
4	39.09	0	0	0	0	0	0	局部模态
5	40.99	0	0	0	69.98	0	0	1 阶扭转
6	45.54	0	40.62	0	0	0	3.85	2 阶横向(y 向)弯曲
7	45.54	0	0	40.62	0	3.85	0	2 阶横向(z 向)曲
8	52.47	0	0	0	0	0	0	局部模态
9	52.47	0	0	0	0	0	0	局部模态
10	58.16	63.28	0	0	0	0	0	1 阶纵向
前 10 阶有效质量比之和		63.28	91.99	91.41	69.99	98.67	98.74	

第 17 章　弹(箭)结构有限元分析

17.1　概　述

导弹和火箭作为发射式飞行器，在结构和功能上具有很大的相似性。导弹(火箭)在不同设计阶段可以采用不同的分析模型。在初步设计阶段和确定实验要求时通常采用一维梁模型。在进一步的结构设计时，要把弹(箭)简化为壳模型，内部的框、肋用梁来模拟。在涉及到细节设计和内部装置连接时采用三维实体模型。

在进行单元划分时，要充分考虑到结构的特点，使选用的单元形式比较现实地反映结构的实际承载情况，弹(箭)结构分析常用单元如下。

① 弹翼结构。对于蒙皮骨架式弹翼，当蒙皮较薄时，需要简化为平板壳单元；框和肋可按照弱情况，分析简化为空间膜单元(薄壁结构)、空间杆单元(非薄壁、弱连接)或空间梁单元(非薄壁、强连接)。

对于整体、结构弹翼，翼型较薄，简化为弯曲板的单元；对于加筋翼面，可采用弯曲板单元与平面梁单元来组合；对于夹层结构形式弹翼，可采用夹层板单元；在有加强筋时，加强筋可简化为平面梁单元。

② 弹身结构。弹身结构比弹翼要复杂的多，处理也更加困难，一般可以考虑做以下处理：对于轴对称舱段，可按照厚度与半径之比选用轴对称薄壳、厚度或实体单元；对于蒙骨架式的舱段，与弹翼结构相似，可用空间杆单元、梁单元、膜单元或平板壳单元等进行分析；对于整体段，可按照具体情况选用空间梁单元、实体单元、薄壳单元或厚壳单元等进行分析。

17.2　弹(箭)结构有限元建模方法

17.2.1　简化梁模型

在进行初步分析或进行整体的固有特性分析的情况下，为了方便迅速地分析，通常可采用将整个弹(箭)简化为一根梁。对于不同的舱段，根据刚度特性的不同，其梁单元的刚度属性也不同。对于结构质量和弹(箭)载非结构质量，可以将其作为单元结点上的集中质量。对于弹(箭)所受的外力，如横向的风载荷等，可以简化为作用在梁单元结点上的集中力，如图 17.1 所示。

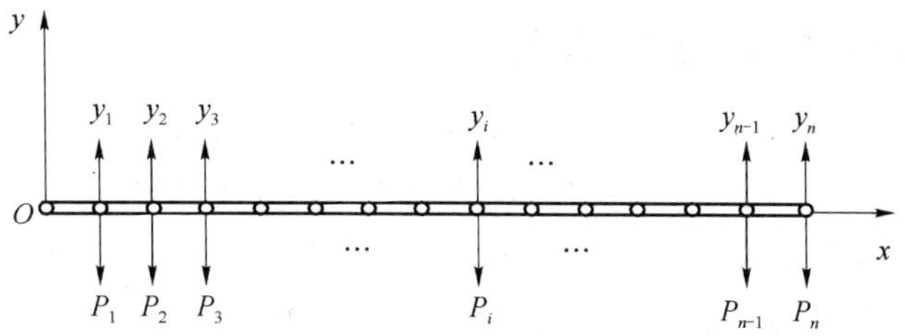

图 17.1　弹(箭)简化梁模型

17.2.2　三维壳模型

弹(箭)结构主要是由圆筒形状的壳结构组成,壳体的内侧有加强筋和框与壳连接。在对弹(箭)结构进一步分析时,如对细节进行强度校核,分析弹体受载变形时,要用三维壳模型进行模拟。

弹(箭)结构常见的基本形式有:薄壁结构和整体结构。薄壁结构一般是由纵(轴)向加强件(梁、桁条)、横向加强件(隔框)和蒙皮组成。整体结构是将蒙皮和骨架(梁、框、桁条)元件加工成一体的结构形式,其传力特性和薄壁结构是相同的。在有限元分析中,通常把这种薄壁加筋结构模型的网格尽量取得与真实工程结构一致,即每个加筋与加筋相交处都取为一个结点,两个结点之间都取模拟加筋的有限单元——梁元或杆元,相邻加筋间取为板或壳单元。弹(箭)身中的长桁一般可取为二力杆元以承受轴力,略去它本身的抗弯能力。弹(箭)身蒙皮一般可简化为承受平面应力的正应力板元,略去蒙皮本身的抗弯能力。横向的隔框取为梁单元。如果框距很大,在气密载荷或气动力载荷作用下,蒙皮将发生变形,而框会限制壳体变形,在框附近产生弯曲应力,此时应将长桁简化为空间梁元。在弹(箭)身的不规则舱段,在气密载荷或气动力载荷作用下,蒙皮和长桁还承受弯曲。因此蒙皮必须简化为弯曲板,长桁必须简化为空间梁元。

图 17.2 所示是在 MSC. PATRAN 中建立的弹(箭)壳模型,其中长桁用杆单元 rod 来模拟,隔框用 beam 单元来模拟,蒙皮用 shell 单元来模拟。

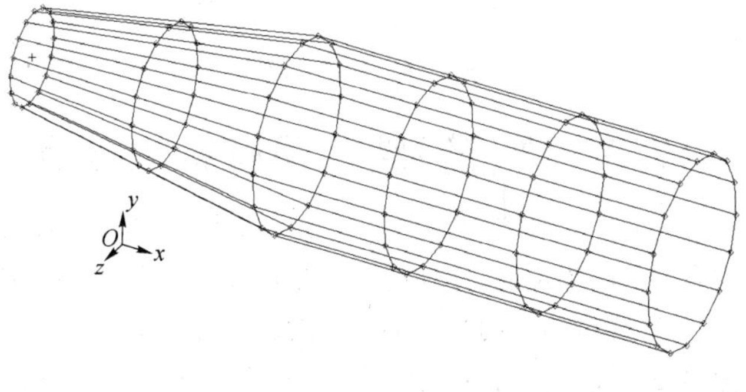

图 17.2　弹(箭)壳模型

17.2.3 弹(箭)翼结构有限元建模

弹(箭)的翼结构形式种类比较多,通常在对弹(箭)整体进行分析,而不关注翼结构的强度或响应时,可以将翼结构用整块板来进行模拟。如果将弹(箭)翼作为独立的部分进行分析,则根据弹(箭)翼结构的不同可采取不同的建模方法。如果是单块式或整体成形式的翼结构,可采用三维实体的建模方法进行有限元划分。如图 17.3 所示是单某型单块式卷弧翼,采用四面体单元划分。如果是单梁式翼结构,通常需要用不同单元模拟出翼梁、桁条、翼肋和蒙皮结构,如图 17.4 所示。

图 17.3 卷弧翼模型

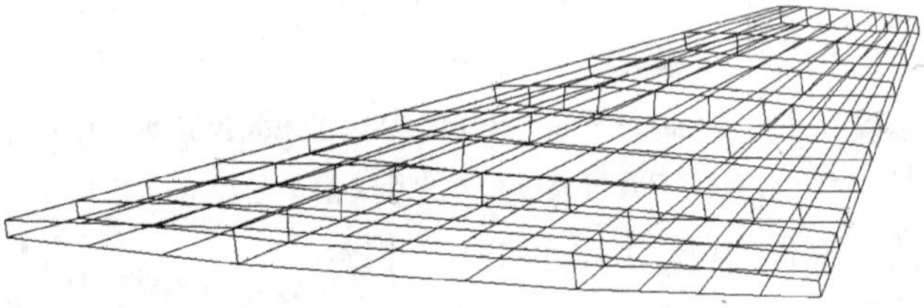

图 17.4 单梁式弹翼

17.3 弹(箭)结构固有特性分析

结构固有特性是指它的固有频率及其主振型等结构固有的物理特性。固有频率与动载荷无关。弹(箭)在动载荷下的结构反应,亦即随之产生的质点位移、速度、加速度或应力等称为动态响应,简称响应。由于弹(箭)结构与内部仪器设备都有自身的固有频率,无论是动态响应分析、结构的动稳定性分析,还是结构与导弹(火箭)的其他系统(例如控制系统、燃料输送系统等)的干扰耦合振动分析,都与结构动态固有特性有关。结构动态固有特性设计不好,即飞行器质量、刚度、阻尼的大小、分布不合理，在外激励下就可能产生过大的动态响应，弹上的设备也得不到合适的工作环境。因此，结构动态固有特性的设计与分析是导弹(火箭)结构设计的重要环节，也是结构动态环境预示和故障诊断的依据之一。

17.3.1　弹(箭)结构固有特性的特点与设计要求

1. 结构动态固有特性的特点

由于导弹(火箭)结构不仅有纵向串联的各种舱段，有沿弹(箭)身侧向连接的各种翼面，而且在弹(箭)体内有各种形式固定的仪器、设备，它们形成了各种集中质量。因此，导弹(火箭)结构是具有庞大自由度的十分复杂的空间动力系统。这种庞大而复杂的动力系统的固有频率和主振型，也就是系统的模态具有以下特点：

- 相邻两模态固有频率之差(间隔)在不同频段分布不均匀，在某些频段(例如高频区)的模态十分密集。这样，在该频率区激励的带宽内，将激出大量模态。在模态分析时，由于模型或分析方法的误差，有时会丢失某一模态。
- 在导弹(火箭)横向不同方向(体轴的 y、z 向)同一阶的两个模态往往很接近，甚至固有频率相等。出现这种现象主要是弹(箭)体结构通常为轴对称或相对 y、z 轴面对称的缘故。
- 分析导弹(火箭)的各阶模态会发现，在各阶整体模态(主要模态，例如全弹(箭)弯曲模态、扭转模态等)之间，存在一些局部模态，例如某设备的振动模态，翼面振动模态，各种耦合振动模态等。动态设计时，应将各阶整体模态识别出来，并且分析清楚模态是哪个方向；结构以与振型相同的形状振动时，在哪些部位变形相对比较严重；哪些结点的运动相对比较剧烈等，从而为结构动力修改提供参考。
- 轴向载荷、舱段或翼面的连接接头、被研究对象的边界条件等因素对模态有重要影响，模态分析时应当考虑这些因素。

2. 设计的基本要求

在设计确定导弹(火箭)的动态固有特性时，应满足以下基本要求：

① 在各种设计情况下，弹(箭)体的基本固有频率(一般指前 3 阶)应远离动载荷的激励频率、发生装置的基本固有频率、有效载荷(包括惯性测量组合和导引头)的基本固有频率；

② 根据总体设计的要求，弹(箭)体的结构频率 f_g 通常应高于其控制系统通频带 f_e 值 1.5 倍以上，而 f_e 应高于导弹角自振频率 f 值的 5～10 倍，故

$$f_g \geqslant (7.5 \sim 15) f \tag{17.1}$$

以有翼战术导弹为例，若不计阻尼力矩，导弹角自振频率 f 可表示为

$$f = \frac{1}{2\pi}\sqrt{\frac{-57.3 m_z^\alpha q s b_A}{J_z}} \tag{17.2}$$

式中：m_z^α 为俯仰力矩系数对攻角的偏导数；q 为速压，$q=\frac{1}{2}\rho v^2$；s 为参考面积；b_A 为弹翼平均

气动力弦长；J_z 为导弹绕弹体坐标 Z 轴的转动惯量；ρ 为大气密度；v 为导弹质心运动速度。

式(17.1)可作为确定导弹基频的约束条件，为了便于应用，下列数据可供战术导弹初步方案设计时，估计导弹角振荡频率时参考。根据不同的工作高度 H，有：

地空导弹：$H<(4\sim5)$ km 时，$f\geqslant(3\sim4)$ Hz；

$H=(20\sim25)$ km 时，$f\geqslant(1.2\sim1.5)$ Hz。

空空导弹：$H=(20\sim25)$ km 时，$f\geqslant(1.6\sim1.8)$ Hz。

飞航导弹：$f<(1.5\sim2.0)$ Hz。

在设计确定导弹基本固有频率时，在满足式(17.1)的情况下，应使频率值低。因为固有频率偏高，结构刚度就会偏大，结构质量也大。

③ 弹(箭)体固有频率必须使飞行器不产生严重的耦合振动现象。这里主要是指以下几种耦合情况。

- 结构与气流相互耦合——颤振问题；
- 结构与液流相互耦合——跷振(POGO)问题；
- 结构与控制系统相互耦合振动；
- 弹体结构与内部装载(包括有效载荷)的相互耦合振动。

④ 导弹(火箭)的基本频率与振型应与敏感装置的位置设计相互协调，以满足敏感装置的工作要求。因为导弹(火箭)飞行中既有对质心的角振动，又有横向的弹性振动，而一般横向振动的衰减系数比较小，故通常将速率陀螺安装在弹(箭)体弹性振型的波峰或波谷位置。图17.5 表示“土星 V”火箭的前 3 阶弯曲振动的主振型和火箭稳定系统传感器的位置。图中 A、B 位置是角速度敏感装置，C 位置则是第一级火箭控制系统的加速度计的位置。

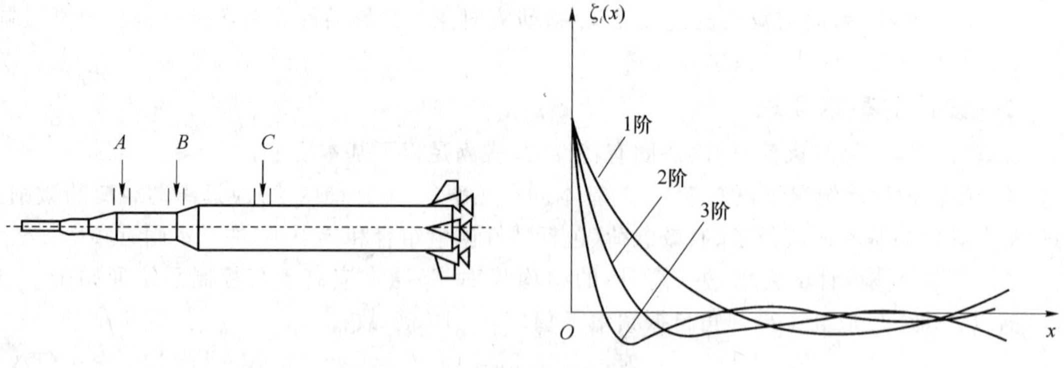

图 17.5　“土星 V”箭体前 3 阶弯曲振型

17.3.2　导弹(火箭)模态分析的方法

导弹(火箭)模态分析通常采用建立在有限元基础上的数值方法。一般情况下，在模态数值计算中假设系统为线性弹性系统，而且不考虑阻尼，采用以结点位移为变量，将结构离散成

具有 n 个自由度的系统，通过求解系统的主振型方程可以得到模态频率 ω 和相应的主振型 φ。

随着计算机技术和特征值问题求解技术的发展，出现了种类繁多的大型特征值计算方法。较为常用的有以变换方法为基础的 Jacobi 方法、行列式搜索法、Givens - Householder 法、修正 Givens - Householder 法和以矢量迭代为基础的 Lanczos 法、幂迭代法、逆幂迭代法、子空间迭代法、松弛法。还有一种进行复杂结构模态分析的有效方法——模态综合法。在初步方案设计时，还可以考虑采用与有限元法不同的传递矩阵法。

在进行导弹(火箭)结构的模态分析时，应根据分析的目的、结构特点以及不同方法的特点适当选择分析方法，必要时也可以采用两种方法进行分析比较。表 17.1 列出了一些方法的特点和适用范围。

表 17.1　特征值分析方法及其特点

分析方法		Givens Householder	修正 Givens Householder	逆幂迭代法	Sturm 检验反幂迭代法	Lanczos
可靠性		高	高	低	高	高
经济性	分析模态数少时	中	中	低	低	中
	分析多阶模态时	高	高	高	高	中
局限性		不能分析奇异值质量矩阵；占用内存大	对多阶模态费时；占用内存大	可能漏根；对多阶模态费时	对多阶模态费时	对无质量机构系统求解有困难
适用范围		小而密集矩阵有效；可用动态缩聚	小而密集矩阵有效；可用动态缩聚	能确定一些模态	中，大型模型	

17.3.3　提高模态分析准确性的措施

模态分析的准确性，直接影响建模的正确性和结构动态响应分析、结构动力耦合分析等工作的准确性，对导弹(火箭)结构设计有重要的影响。因此，必须研究提高模态分析准确性的有效措施。在当前的技术水平下，可以采取的措施如下：

1. 提高所建立的分析模型的准确性

① 分析模型有不合理之处，从而造成数学模型有较大误差的原因可能是下列因素之一或几个：

➢ 边界条件拟定有不合理之处；

➢ 物理常数选择的误差；

➢ 单元类型的选择、单元的划分和单元间的连接处理不适当；

- 模型的质量简化与分布不适当，特别是较大集中质量及其连接处理不适当；
- 实际系统的状态和分析的状态不一致；
- 局部或整体的非线性被忽略；
- 子结构连接条件的失真；
- 液固、气(汽)固耦合的简化不合理。

在建立分析模型时应注意克服上述造成误差的因素，以提高分析模型的准确性。

② 通过试验数据修正模型。对于不易进行简化或者简化中难以确定参数的局部结构进行试验，根据试验数据进行建模，可以有效地提高模态分析的准确性。例如弹身舱段之间的连接刚度试验、翼面根部接头的连接刚度试验，重要大型设备与弹身结构之间的支持刚度试验等，都对模型拟定的准确性有重要作用。

③ 通过试验模态分析，实施计算模型的修改。对导弹(火箭)模态分析所用的大型有限元分析模型，当前主要是依靠计算机的辅助，故称为计算机辅助建模。这个建模过程已形成标准化通用程序，但这种模型容易产生在第①项中介绍的问题。20 世纪 60 年代以来，在振动领域，随着测试技术、分析技术以及计算技术的发展和逐渐完善，加之先进的电子仪器和计算机的快速发展，使试验模态分析达到完善和实用。工程中不仅可以利用试验模态分析技术检验有限元分析的模态，而且把有限元方法和试验模态分析技术有机地结合起来，利用试验模态分析结果修正原始的有限元动力学模型，形成了结构动力模型修改技术。

2. 合理地选择分析方法和相应的分析软件

应当充分研究所分析对象的特点。例如载荷与传力特点，结构的边界条件，结构的复杂性与规模大小，分析的目的、任务和精度要求，经费和计算设备条件，合理地选择分析方法。应尽量选用普通有效的商业软件，如果是非商业软件，应充分考查软件的科学性、有效性(包括分析精度)、标准化程度和实际工程分析中的应用情况等。

3. 进行结构的模态特征分析

对于理论分析结果，特别是有限元模态分析结果，应当进行详细、深入的模态特征分析。结构的模态特征分析主要包括模态的有效质量分析和模态的动能和势能分析，从而可以定量地确定理论计算的某一模态是整体模态还是局部模态，模态主要是哪个方向等，这样就可以与模态试验结果进行正确的对比分析，确定理论分析的精度和提高分析精度的改进方向。

17.3.4 结构设计中调整全弹(箭)固有特性的途径

在设计中可以从以下几个方面考虑。

1. 改变全弹(箭)刚度和质量的大小与分布

由结构动力学可知，系统的任意一阶固有圆频率 ω_i 可表示为

$$\omega_i^2 = \frac{K_i}{M_i} \qquad (i = 1,2,\cdots n) \tag{17.3}$$

式中:K_i、M_i 为第 i 阶主刚度和主质量。

$$K_i = \boldsymbol{\phi}_{(i)}^{\mathrm{T}} \boldsymbol{K} \boldsymbol{\phi}_{(i)} \tag{17.4}$$

$$M_i = \boldsymbol{\phi}_{(i)}^{\mathrm{T}} \boldsymbol{M} \boldsymbol{\phi}_{(i)} \tag{17.5}$$

式中:$\boldsymbol{\phi}_{(i)}$ 为第 i 阶主振型矢量;$\boldsymbol{K}$、$\boldsymbol{M}$ 为全结构的刚度矩阵与质量矩阵。

由式(17.3)可以看出,系统的固有频率与系统的各阶主刚度成正比,而与系统的主质量成反比。因此,可以通过修改弹(箭)体结构设计,改变全弹(箭)的刚度或质量的大小与分布状况,来调整全弹(箭)刚度矩阵 $\boldsymbol{K}$ 和质量矩阵 $\boldsymbol{M}$,从而调整全弹(箭)的固有特性。调整结构刚度和质量的措施主要有:

- 改变结构的尺寸、面积、厚度等几何参数;
- 改变结构的材料,从而改变材料的力学特性、物理特性,例如,改变材料的密度、弹性模量、强度极限;
- 改变结构内部或边界的支持条件;
- 改变结构内部主要部件或单元的连接形式,从而改变它们之间的连接刚度,例如,改变弹身各舱段之间的连接形式(包括预紧力);
- 改变集中质量的数量、分布或大小,例如变更导弹内部设备与装载物的数量、位置、质量和设备质心在设备内部的位置等。

2. 利用动特性修改和灵敏度分析技术

当已完成模态分析的结构固有特性不满足设计要求时,如何修改设计使其满足要求,这属于结构动特性修改问题。假定已有结构为 n 自由度系统,其物理坐标用矢量 $\boldsymbol{q}$ 表示,则自由振动方程为

$$\boldsymbol{M}_0 \ddot{\boldsymbol{q}} + \boldsymbol{K}_0 \boldsymbol{q} = 0$$

$\boldsymbol{M}_0$、$\boldsymbol{K}_0$、$\boldsymbol{\Lambda}_0$、$\boldsymbol{\phi}$ 分别代表原结构的总体质量矩阵、刚度矩阵、特征值矩阵和模态矩阵。工程上,结构的修改意味着各离散点上质量的增减以及点与点间刚度的变化。用 $\Delta\boldsymbol{M}$、$\Delta\boldsymbol{K}$ 表示修改量,则结构修改后原特征参数变为

$$\boldsymbol{M} = \boldsymbol{M}_0 + \Delta\boldsymbol{M} \tag{17.6}$$

$$\boldsymbol{K} = \boldsymbol{K}_0 + \Delta\boldsymbol{K} \tag{17.7}$$

$$\boldsymbol{\phi} = \boldsymbol{\phi}_0 + \Delta\boldsymbol{\phi} \tag{17.8}$$

$$\boldsymbol{\Lambda} = \boldsymbol{\Lambda}_0 + \Delta\boldsymbol{\Lambda} \tag{17.9}$$

设

$$\Delta\boldsymbol{\phi} = \boldsymbol{\phi}_0 \boldsymbol{A} \tag{17.10}$$

式中:$\boldsymbol{A}$ 为系数矩阵(已知量),将式(17.10)代入式(17.8)得

$$\boldsymbol{\phi} = \phi_0 (\boldsymbol{I} + \boldsymbol{A}) \tag{17.11}$$

由正则模态的正交性有

$$\boldsymbol{\phi}^{\mathrm{T}} \boldsymbol{M} \boldsymbol{\phi} = \boldsymbol{I} \tag{17.12}$$

$$\boldsymbol{\phi}^{\mathrm{T}} \boldsymbol{K} \boldsymbol{\phi} = \Lambda \tag{17.13}$$

将式(17.6)～式(17.9)代入式(17.12)和式(17.13)，忽略 $\Delta\boldsymbol{M}$、$\Delta\boldsymbol{K}$、$\Delta\boldsymbol{\phi}$、$\Delta\boldsymbol{\Lambda}$ 的高次微量后得

$$\boldsymbol{\phi}_0^{\mathrm{T}} \Delta\boldsymbol{M} \boldsymbol{\phi}_0 = -\boldsymbol{A} - \boldsymbol{A}^{\mathrm{T}} \tag{17.14}$$

$$\boldsymbol{\phi}_0^{\mathrm{T}} \Delta\boldsymbol{K} \boldsymbol{\phi}_0 = \Delta\boldsymbol{\Lambda} - \boldsymbol{\Lambda}_0 \boldsymbol{A} - \boldsymbol{A}^{\mathrm{T}} \boldsymbol{\Lambda}_0 \tag{17.15}$$

对式(17.14)和(17.15)前乘 $\boldsymbol{\phi}_0^{-\mathrm{T}}$，后乘 $\boldsymbol{\phi}_0^{-1}$，并注意到 $\boldsymbol{\phi}_0^{\mathrm{T}} \boldsymbol{M}_0 \boldsymbol{\phi}_0 = \boldsymbol{I}$，可得

$$\Delta\boldsymbol{M} = -\boldsymbol{\phi}_0^{-\mathrm{T}} \boldsymbol{A} \boldsymbol{\phi}_0^{-1} - \boldsymbol{\phi}_0^{-\mathrm{T}} \boldsymbol{A}^{\mathrm{T}} \boldsymbol{\phi}_0^{-1} \tag{17.16}$$

$$\Delta\boldsymbol{K} = \boldsymbol{\phi}_0^{-\mathrm{T}} \Delta\boldsymbol{\Lambda} \boldsymbol{\phi}_0^{-\mathrm{T}} - \boldsymbol{\phi}_0^{-\mathrm{T}} \boldsymbol{\Lambda}_0 \boldsymbol{A} \boldsymbol{\phi}_0^{-1} - \boldsymbol{\phi}_0^{-\mathrm{T}} \boldsymbol{A}^{\mathrm{T}} \boldsymbol{\Lambda}_0 \boldsymbol{\phi}_0^{-1} \tag{17.17}$$

由式(17.11)可得

$$\boldsymbol{A} = \boldsymbol{\phi}_0^{-1} \boldsymbol{\phi} - \boldsymbol{I}$$

将上式代入式(17.16)和(17.17)，可得

$$\Delta\boldsymbol{M} = \boldsymbol{M}_0 \boldsymbol{\phi}_0 (2\boldsymbol{I} - \boldsymbol{\phi}_0^{-\mathrm{T}} \boldsymbol{M}_0 \boldsymbol{\phi} - \boldsymbol{\phi}^{\mathrm{T}} \boldsymbol{M}_0 \boldsymbol{\phi}_0) \boldsymbol{\phi}_0^{\mathrm{T}} \boldsymbol{M}_0 \tag{17.18}$$

$$\Delta\boldsymbol{K} = \boldsymbol{M}_0 \boldsymbol{\phi}_0 (\boldsymbol{\Lambda}_0 + \boldsymbol{\Lambda} - \boldsymbol{\phi}_0^{\mathrm{T}} \boldsymbol{K}_0 \boldsymbol{\phi} - \boldsymbol{\phi}^{\mathrm{T}} \boldsymbol{K}_0 \boldsymbol{\phi}_0) \boldsymbol{\phi}_0^{\mathrm{T}} \boldsymbol{M}_0 \tag{17.19}$$

在上面两式中，$\boldsymbol{M}_0$、$\boldsymbol{K}_0$、$\boldsymbol{\phi}_0$ 和 $\boldsymbol{\Lambda}_0$ 均为原结构的已知值，而 $\boldsymbol{\Lambda}$、$\boldsymbol{\phi}$ 为新结构要求的特征值矩阵和特征向量矩阵，也是已知量。因此，利用式(17.18)和式(17.19)就可以得到结构质量矩阵和刚度矩阵的修改量(矩阵)。在实际固有特性的调整设计中，因为 $\boldsymbol{\Lambda}$、$\boldsymbol{\phi}$ 是主观设定的，对 $\boldsymbol{K}_0$、$\boldsymbol{M}_0$ 修正后还要进行模态分析，故这种修改过程可能需要多次重复进行才能满足设计要求。这种方法属于修改设计中的尝试方法。

还有一种方法是根据结构动力特性的要求，首先计算并选择最佳的修改部位和修改量，求取结构参数的改变量，然后再去实际改变结构，这属于结构修改的优化设计问题，灵敏度分析即属于此范畴。动态特性灵敏度可理解为结构特征参数(特征值 λ 和特征向量 $\boldsymbol{\phi}$)对结构参数的改变率 $\frac{\partial\lambda}{\partial p}$ 和特征向量灵敏度 $\frac{\partial\boldsymbol{\phi}}{\partial p}$。$p$ 是结构参数，例如结构的质量、刚度等。显然，通过动态特性灵敏度分析，可以求出结构中各个元素(任意结点的质量、刚度等)的特征灵敏度，从而找出对结构特征参数最佳的修改部位和修改量，为结构动力修改指明了方向。

17.4 分析实例

在本节中，针对一个小型战术导弹，在 PATRAN 中建立导弹的分析模型，并在 NASTRAN 中进行导弹的固有特性的分析。在建立有限元模型时，根据弹体结构的特点，翼片和导弹壳体采用壳单元，弹体内部的非结构质量作为集中质量，通过多点约束连接到壳体单元上。采用 0 维点单元模拟非结构质量，多点约束 MPC 采用 RBE3 单元实现集中质量与弹体结构相连，RBE3 是一种柔性连接单元。建立的有限元模型如图 17.6 所示。

导弹模态分析的方法采用适合于大型结构分析的 Lanczos 法。分析得到的固有频率结果如表 17.2 所列，分析结果分别如图 17.7～17.9 所示。

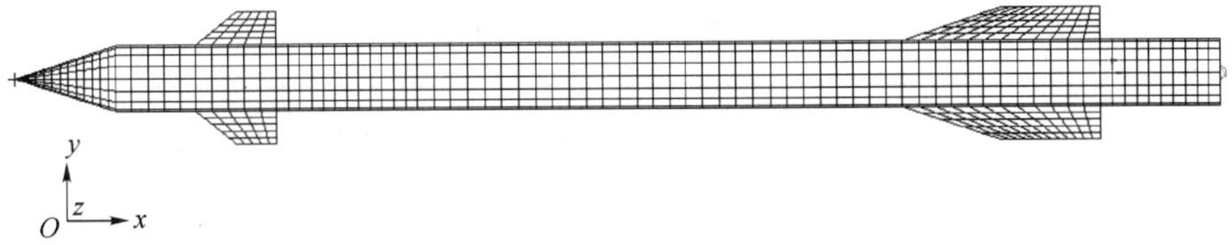
y
z
O
x

图 17.6　战术导弹有限元模型

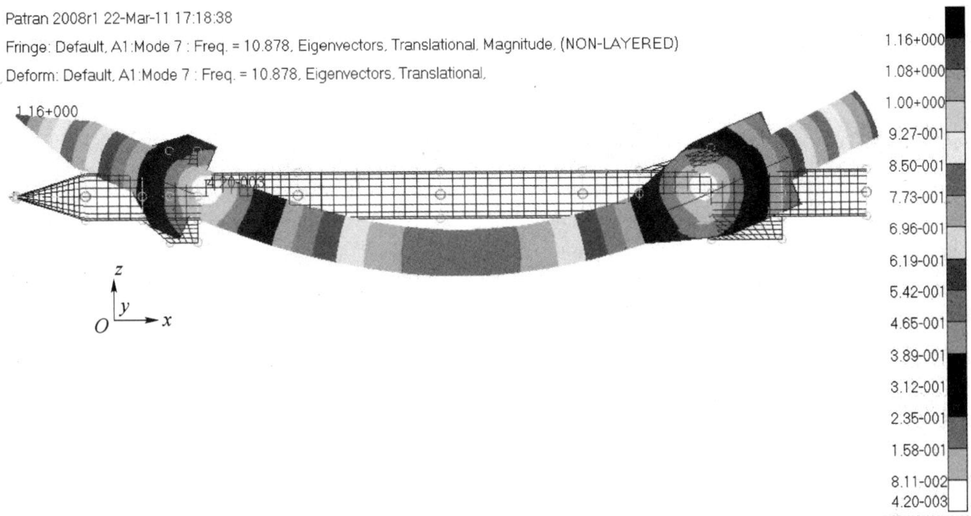
Patran 2008r1 22-Mar-11 17:18:38
Fringe: Default, A1:Mode 7 : Freq. = 10.878, Eigenvectors, Translational, Magnitude, (NON-LAYERED)
Deform: Default, A1:Mode 7 : Freq. = 10.878, Eigenvectors, Translational,
1.16+000
4.20-003
z
y
O
x
1.16+000
1.08+000
1.00+000
9.27-001
8.50-001
7.73-001
6.96-001
6.19-001
5.42-001
4.65-001
3.89-001
3.12-001
2.35-001
1.58-001
8.11-002
4.20-003

图 17.7　1 阶模态

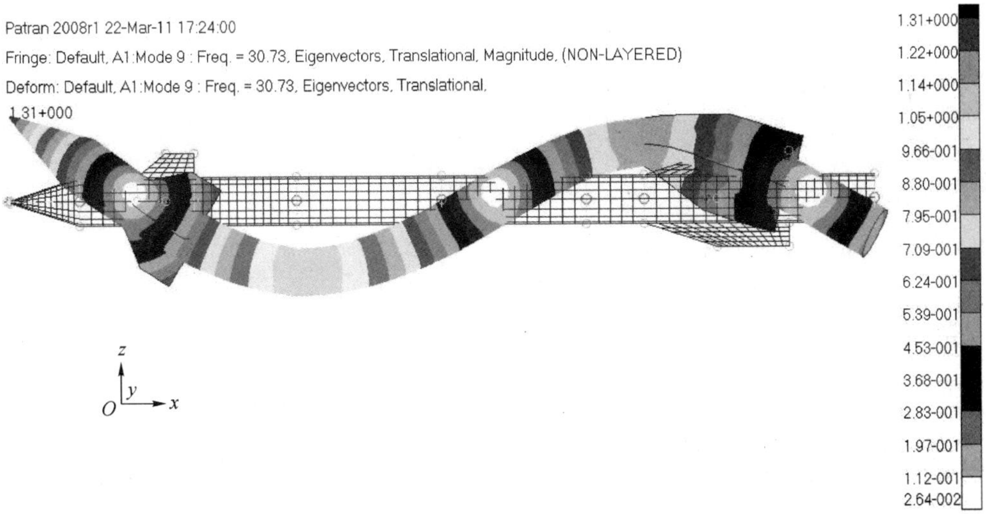
Patran 2008r1 22-Mar-11 17:24:00
Fringe: Default, A1:Mode 9 : Freq. = 30.73, Eigenvectors, Translational, Magnitude, (NON-LAYERED)
Deform: Default, A1:Mode 9 : Freq. = 30.73, Eigenvectors, Translational,
1.31+000
z
y
O
x
1.31+000
1.22+000
1.14+000
1.05+000
9.66-001
8.80-001
7.95-001
7.09-001
6.24-001
5.39-001
4.53-001
3.68-001
2.83-001
1.97-001
1.12-001
2.64-002

图 17.8　2 阶模态

表 17.2 导弹前 3 阶固有频率(Hz)

1 阶固有频率/Hz	2 阶固有频率/Hz	3 阶固有频率/Hz
10.878	30.73	68.815

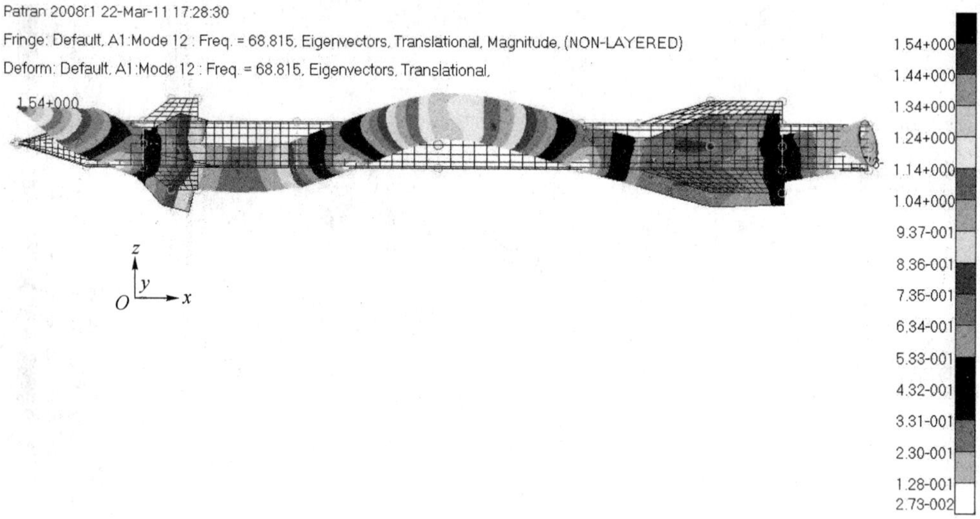

图 17.9 3 阶模态

第 18 章　工程实例分析

本章简要介绍一些实际工程问题的有限元分析，为读者应用有限元方法解决大型工程结构问题提供一定的借鉴。

18.1　某型机前机身结构静力有限元分析

1. 结构简介

某型机前机身，包括气密舱段（5 框～12 框）和设备舱段（3 框～5 框），如图 18.1 所示。某型机前机身气密舱段是由长桁、纵向大梁、蒙皮与框组成的半硬壳式舱壁和前、后端框组成，形成一个能承受气密载荷作用的封闭体。长桁和大梁一般都是穿过隔框直通的，由型材或机加锻件构成。蒙皮由钣金件构成，按照外形分为不同块进行加工成型。框一般是由钣弯件制成，受力严重的加强框则是由锻件或机加件构成。前端框为由纵、横加筋的平板结构组成；为改善受力特性，后端框为加筋的半球面形结构。前机身气密舱设有地板，地板由地板纵梁和横梁构成框架，横梁与机身隔框相连，其上安装有面板，共采用了两种类型的面板。对于机头部分，下部是前起落架舱，驾驶员地板是气密的，为金属板，形成气密地板结构。其他部分地板为非气密地板，采用玻璃钢板。气密舱前部为设备舱。

图 18.1　某型机前机身

2. 前机身结构传力路线

结构所承受载荷仅考虑气密压力载荷作用。从机身结构总体受力来说，长桁和大梁用来承受机身弯矩引起的轴力。蒙皮除了承受全部剪力和扭矩外，还要不同程度地承受轴力的作用。普通框的作用是维持机身外形，支持机身长桁和蒙皮。加强框除具有普通框的作用外，还要承受飞机其他部件、组件和设备等传来的集中载荷。

3. 有限元分析模型的建立

根据如实地反映结构的几何形状、构造型式、材料特性、传力路线、承载方式和边界条件等因素的基本原则，将前机身结构离散化为一个有限元分析模型。

由于气密舱段形状不规则，其外形切面由圆弧、双曲线甚至平直线组成，加上由于结构布置上的需要，天窗骨架前部左右各有一个驾驶员弹射救生抛盖开口，天窗骨架后部有一个操作员弹射救生抛盖开口，舱段左侧新开有登机门开口，形成一个复杂结构的气密舱段。在气密载荷作用下，蒙皮不仅受剪应力，还受弯曲应力；长桁和框不仅受拉伸，还受弯曲。将蒙皮和隔框腹板等简化为壳单元，长桁、框缘及纵横加筋等简化为空间梁元。对驾驶员抛盖及操作员抛盖的定位支座与挂钩的连接采用多点约束(MPC单元)来模拟，二维壳单元向一维梁单元的过渡通过MPC单元模拟。总体有限元分析模型如图18.2所示。模型材料性能参数如表18.1所列。

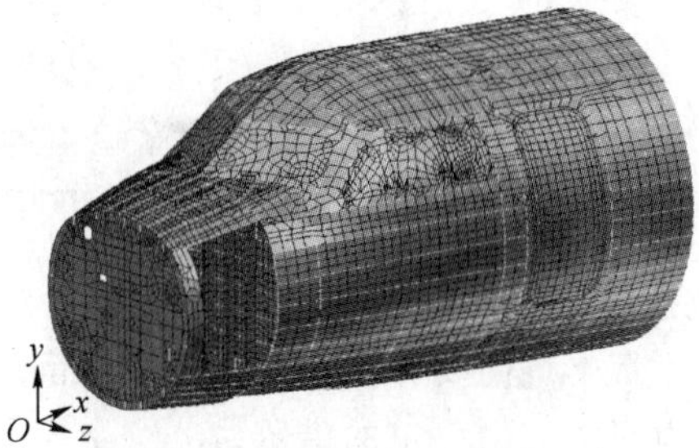

图 18.2　某型机前机身结构总体有限元分析模型

表 18.1　材料性能表

序　号	材料	弹性模量/MPa	泊松比	序　号	材料	弹性模量/MPa	泊松比
1	LY12	70 000	0.33	5	7 075	71 000	0.33
2	LD10	71 000	0.33	6	341	20 000	0.33
3	LD5	71 000	0.33	7	30CrMnSiA	203 000	0.33
4	2024	71 000	0.33	8	YB-2	3 100	0.33

前机身结构各部件有限元模型的具体简化情况如下：

3 框：框边部分加筋等简化为空间梁元；框主体及加筋等简化为壳元。

5 框：框缘、支撑型材和加强型材等简化为空间梁元；框的左右腹板及立柱等简化为壳元。

6 框：内框缘、外框缘、横梁、连接型材、地板上型材、加强型材等简化为空间梁元。框的腹板、补偿片和接头部分等简化为壳元。

7 框：内框缘、外框缘、型材和地板型材等简化为空间梁元；框的左右腹板、补偿片和接头部分等简化为壳元。

8 框：内框缘、外框缘、型材和地板型材等简化为空间梁元；框的左右腹板、补偿片和接头部分等简化为壳元。

9 框：机加框内外框缘、型材、内框缘、外框缘和地板型材等简化为空间梁元；机加框腹板、左右腹板、补偿片、大梁接头等简化为壳元。

10 框：内框缘、外框缘、型材和地板型材等简化为空间梁元；框的左右腹板、补偿片、大梁接头等简化为壳元。

11 框：机加框内外框缘、内框缘、外框缘、型材和地板型材等简化为空间梁元；机加框腹板、框腹板、补偿片、大梁接头等简化为壳元。

11A 框：内框缘、外框缘、型材、地板型材等简化为空间梁元；腹板、补偿片、大梁接头等简化为壳元。

12 框：箍子型材、内圈型材、加强长桁缘条、长桁型材、加强型材、小地板、带板、堵盖加筋等简化为空间梁元；蒙皮板、加强长桁腹板、角盒、堵盖板、玻璃等简化为壳元。

天窗骨架：抛放口盖内外侧梁、长桁型材、电加温玻璃框架、垫板、骨架型材等简化为空间梁元；蒙皮、左右侧大梁、槽型板、窗户玻璃简化为壳元。

后上壁板：内侧 I 和 II 梁、外侧 I 和 II 梁、长桁型材、补偿片、框缘等简化为空间梁元；蒙皮、加强板、左侧大梁等简化为壳元。

右壁板：长桁型材、5A 框、8A 框等简化为空间梁元；右侧蒙皮等简化为壳元。

左壁板：长桁型材、5A 框、8A 框等简化为空间梁元；左侧蒙皮等简化为壳元。

下壁板：长桁型材、8A 框等简化为空间梁元；下侧蒙皮等简化为壳元。

登机门：上门框、下门框、上横梁、下横梁、长桁型材、插销接头、上下旋转接头等简化为空间梁元；外蒙皮、内蒙皮、盆型件、横向隔板、竖向隔板、垫板等简化为壳元。

地板：地板梁、型材等简化为空间梁元；地板、侧板、隔板等简化为壳元。

驾驶员抛盖：挂钩、内侧外框架、外侧外框架、内框架、1 和 3 号纵部、中部隔板、加强件等简化为空间梁元；外蒙皮、内蒙皮、外框架腹板等简化为壳元。

操作员抛盖：挂钩、内侧外框架、外侧外框架、内框架、纵部、中部隔板、加强件等简化为空间梁元；外蒙皮、外框架腹板等简化为壳元。

设备舱：设备舱纵梁、3A 框等简化为空间梁元；设备舱上下壁板、侧壁板等简化为壳元。

4. 载荷及边界条件

前机身结构分析的载荷为气密载荷，气密压强大小为 0.04 MPa。气压可通过在蒙皮、气密地板、气密端框简化得到的壳单元上施加分布载荷来实现，如图 18.3 所示。

在边界条件的处理上，由于气密载荷是自平衡载荷，故理论上在气密舱段上任意加 6 个独立约束即可。这里，采用在 12 框框缘处加边界条件，如图 18.4 所示，12 框上所有辐射筋与框缘相交处结点的 x 方向自由度被约束，最左侧和最右侧结点的 x、y 和 z 方向自由度被约束，最下侧结点的 x 和 y 方向自由度被约束。

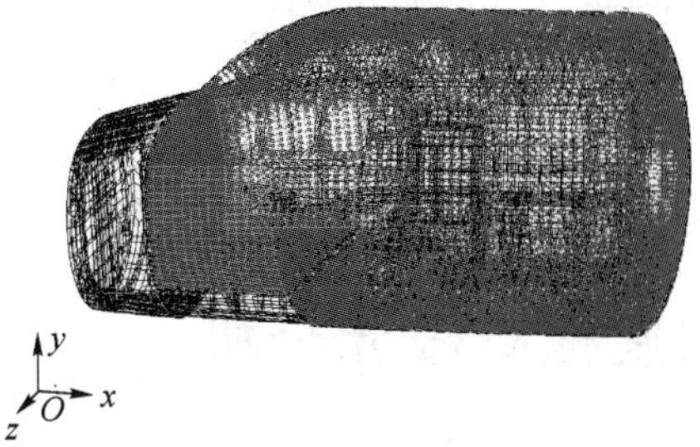

图 18.3　总体有限元分析模型气密载荷

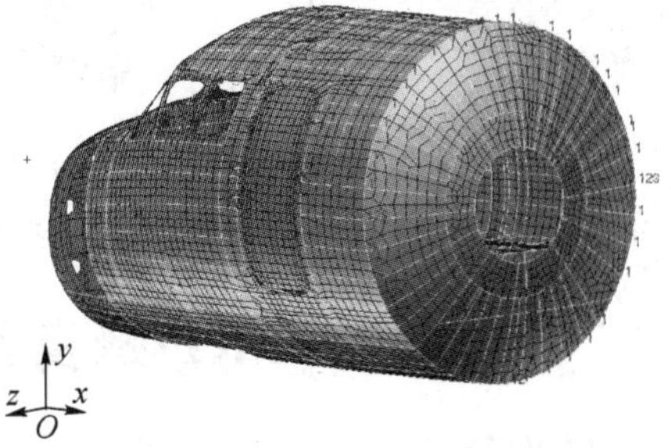

图 18.4　总体有限元分析模型边界条件

5. 总体应力计算及分析

对于前机身的前风挡玻璃、观测窗以及 12 框堵盖部位，在受力时并不传递弯矩，因此不能将这些部位与整体模型固连，应该简支连接。因此，有限元模型中不能在此处消去重复结点。可以将前风挡玻璃、观测窗以及 12 框堵盖边沿结点简支，如图 18.5 所示，并在面单元上施加 0.04 MPa 的气密载荷，如图 18.6 所示，计算出这些部位周边结点的约反力再将其反加到总体模型的前风挡玻璃框、观测窗框及 12 框堵盖口边结点上。因此，总体应力分析时便可只分析除去前风挡玻璃、观测窗及 12 框堵盖的整体模型便可，如图 18.7 所示。

图 18.5 前风挡玻璃、观测测窗以及 12 框堵盖简支边界条件

图 18.6 前风挡玻璃、观测窗以及 12 框堵盖气密载荷

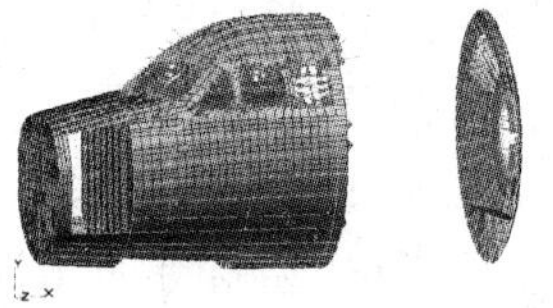

图 18.7 总体有限元分析模型前风挡玻璃、观测窗框及 12 框堵盖框约束反力

通过 MSC. Nastran 对总体模型进行应力分析，得出总体模型中最大壳单元应力为 239 MPa，最大梁单元应力为 387 MPa（该处并非为真实应力），壳单元最大位移为 19.9 mm，梁单元最大位移为 8.18 mm。其位移云图及应力云图分别如图 18.8、图 18.9 和图 18.10 所示。

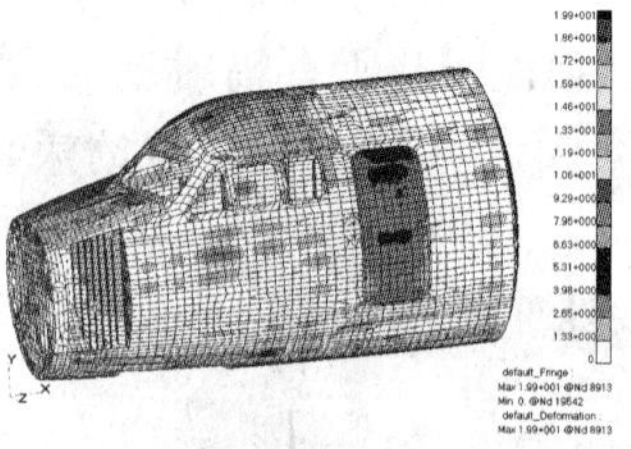

图 18.8 总体有限元分析模型位移云图

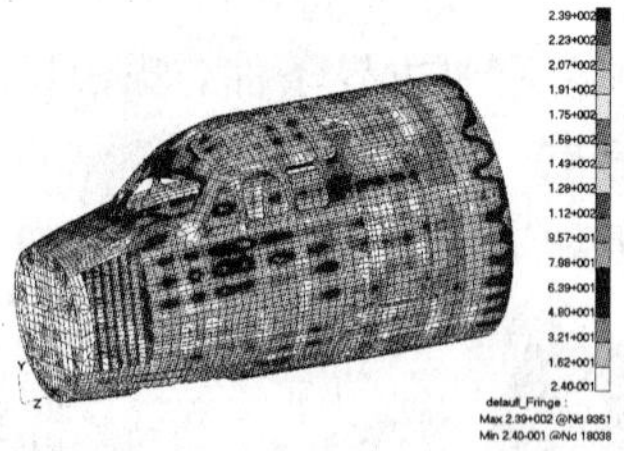

图 18.9 总体有限元分析模型壳单元应力云图

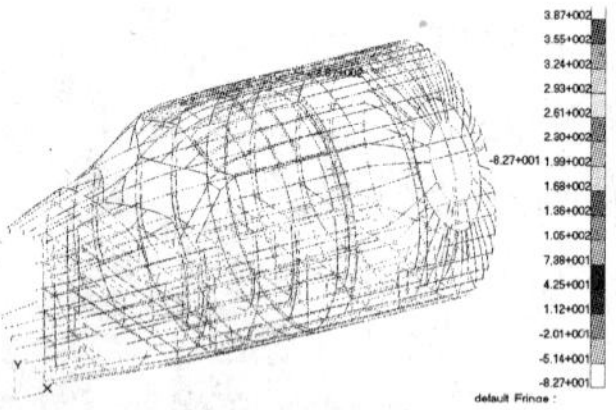

图 18.10 总体有限元分析模型梁单元应力图

18.2 FRP 蜂窝结构标志底板有限元分析

1. 结构简介

某 FRP 蜂窝结构标志示意图如图 18.11 所示。

FRP 蜂窝结构标志底板结构三维图如图 18.12 所示。

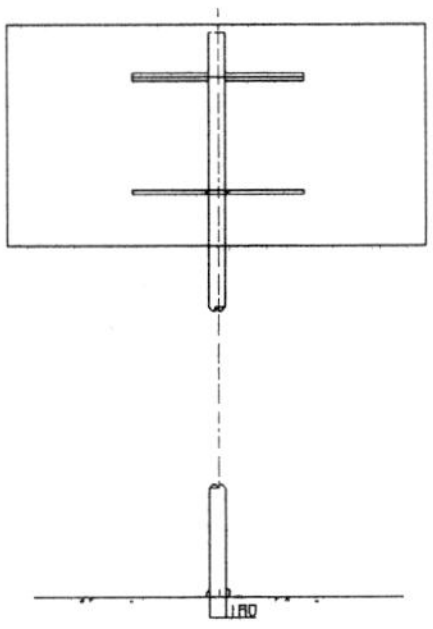

图 18.11　FRP 蜂窝结构标志示意图

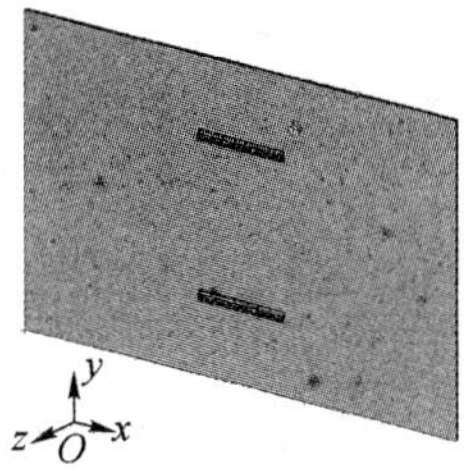

图 18.12　FRP 蜂窝结构标志底板结构三维图

FRP 蜂窝结构标志底板为蜂窝夹层结构，底板尺寸为 2000 mm×3000 mm，上下面板为玻璃钢材料，厚度均为 1 mm；芯层为铝蜂窝，厚度为 23 mm；底板内预埋有两金属型材料，截面为空心矩形，宽度为 70 mm，壁厚为 3 mm，长度为 1m；用以固定外面的铝滑槽，长度为 600 mm；其三维结构如图 18.13 所示，铆钉直径为 5 mm。

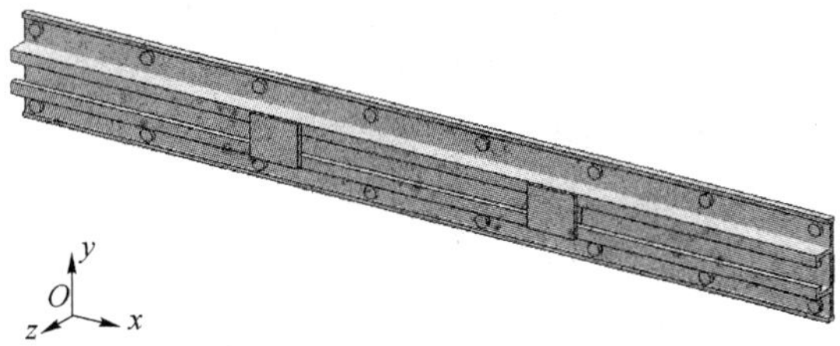

图 18.13　铝滑槽三维结构图

2. 有限元分析模型的建立

模型中所使用各向同性材料的性能数据见表 18.2。

表 18.2　各向同性材料特性

序　号	名　称	材　料	弹性模量 E /MPa	泊松比(μ)
1	铝滑槽	铝合金	68 000.0	0.3
2	预埋件	铝合金	68 000.0	0.3
3	铆钉	铝合金	68 000.0	0.3

模型中所使用的正交各向异性材料的性能数据见表 18.3。

表 18.3　正交各向异性材料特性

序　号	名　称	材　料	弹性模量 E_x /MPa	弹性模量 E_y /MPa	泊松比 μ_{xy}	剪切模量 G_{xy} /MPa
1	面板	玻璃钢	18 700.0	18 700.0	0.15	300.0
2	芯层	铝蜂窝	0.038 3	0.038 3	0.999 8	0.032 9

在表 18.3 中铝蜂窝的等效弹性模量、泊松比和剪切模量计算公式如下：

$$E_x = E_y = E_s \frac{4}{\sqrt{3}} \frac{t^3}{l^3} = 68\,000.0 \times \frac{4}{\sqrt{3}} \times \left(\frac{0.05}{8}\right)^3 = 0.038\,3\ \text{MPa}$$

$$\mu_{xy} = 1 - 4\frac{t^2}{l^2} = 1 - 4 \times \left(\frac{0.05}{8}\right)^2 = 0.999\,8$$

$$G_{xy} = E_s \frac{8}{7}\sqrt{3}\frac{t^3}{l^3} = 68\,000.0 \times \frac{8.0}{7.0} \times \sqrt{3} \times \left(\frac{0.05}{8}\right)^3 = 0.032\,9\ \text{MPa}$$

根据如实地反映结构的几何形状、构造型式、材料特性、承载情况和边界条件等因素的原则，将 FRP 蜂窝结构标志底板结构离散化为一个有限元分析模型。考虑到结构、承受载荷、边界条件的对称性，只建立如图 18.14 所示的 1/4 模型进行计算分析。滑槽附近模型放大图如图 18.15 所示。其中在预埋件附近的模型包括预埋件、铝滑槽、铆钉均采用三维体单元(PSOLID)，预埋件以外部分模型均采用二维复合材料壳单元(PCOMP)，三维单元向二维单元的过渡区采用 MPC(RBE3)单元来连接。

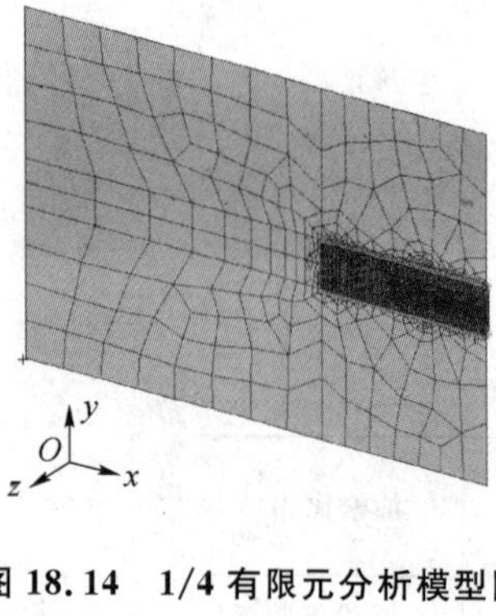

图 18.14　1/4 有限元分析模型图

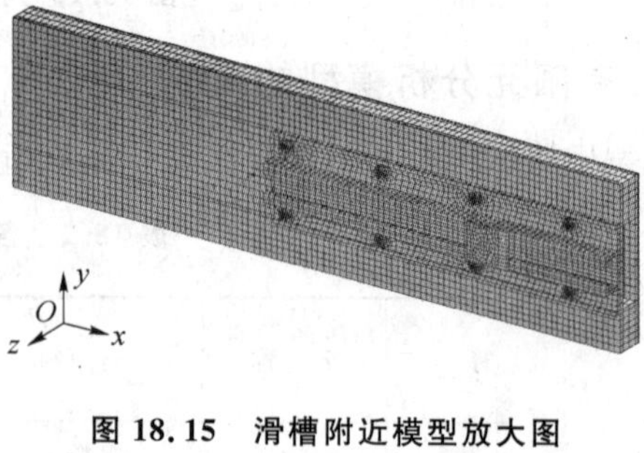

图 18.15　滑槽附近模型放大图

3. 载荷及边界条件

结构受风压载荷作用，基本风压大小为 0.9 kN/m²，动载系数取为 1.4，则实际加载风压为 1.26 kN/m²，其最不利情况为风压加在面板背面，且风向与面板垂直，如图 18.16 所示。

在边界条件的处理上，在对称边上采用对称边界条件。考虑到立柱与螺栓足够牢固并视其不变形，在铝滑槽的挡块处加固定约束，如图 18.17 所示。

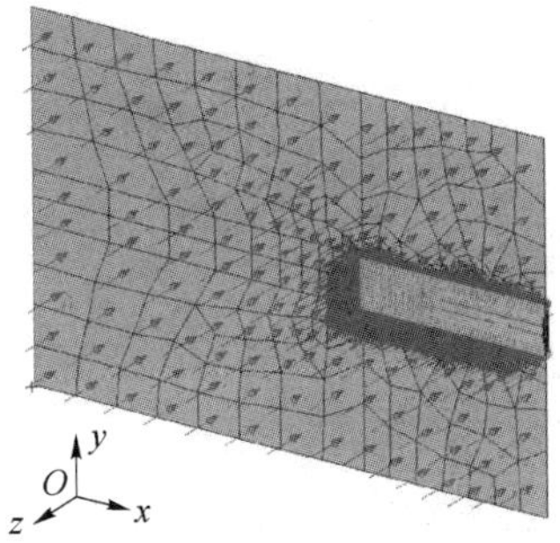

图 18.16　有限元分析模型的风压载荷

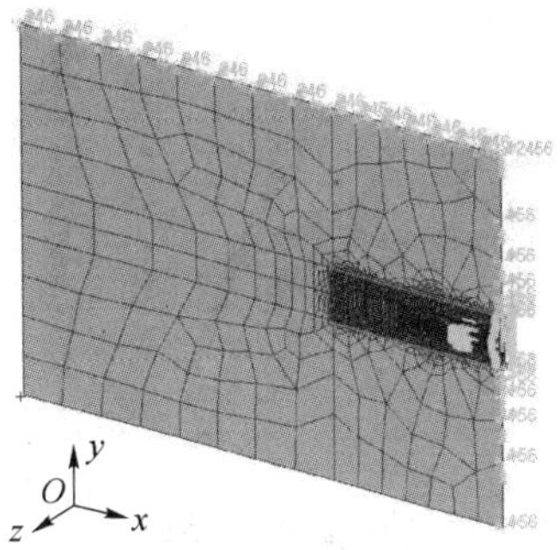

图 18.17　有限元分析模型的边界条件

4. 有限元计算结果

根据 FRP 蜂窝结构标志底板结构的传力情况，蜂窝夹层板、铝滑槽、铆钉及挡块之间均为接触传力而并非为完全固连，因而此问题属于接触问题，需进行接触分析计算。从力学分析角度看，接触是边界条件高度非线性的复杂问题，需要准确追踪接触前多个物体的运动，以及追踪接触发生后这些物体之间的相互作用。接触问题模拟计算的一般目的是为了确定接触面积及计算所产生的接触压力。采用 Msc. Marc 中的接触分析求解器进行应力计算。

通过计算所得到的 FRP 蜂窝结构标志底板结构的总体应力云图如图 18.18 所示。为清楚起见，下面就各个不同部分不同材料的应力分布情况分别给出。图 18.19 显示了预埋件应力分布云图。图 18.20 显示了铝滑槽应力分布云图。

FRP 蜂窝结构标志底板结构的位移云图如图 18.21 所示，可以看出自由边处位移最大，可达到 11.6 cm。

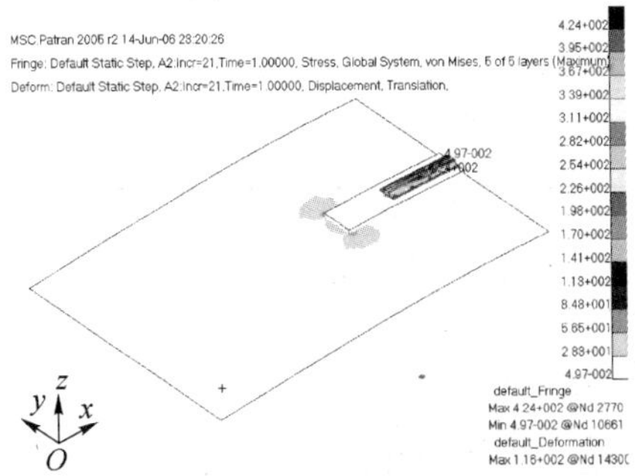

图 18.18　FRP 蜂窝结构标志底板结构的应力云图

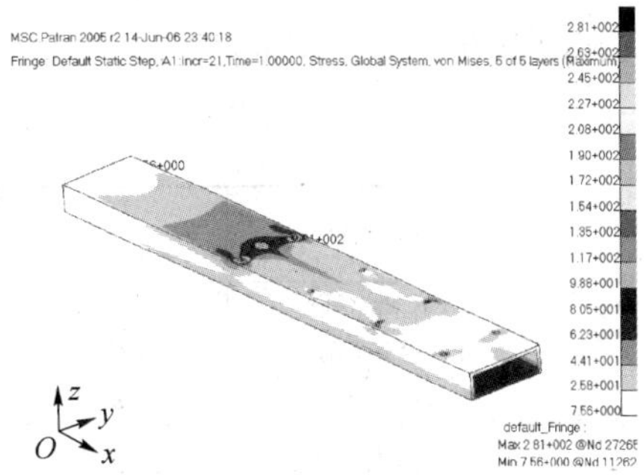

图 18.19　预埋件应力分布云图

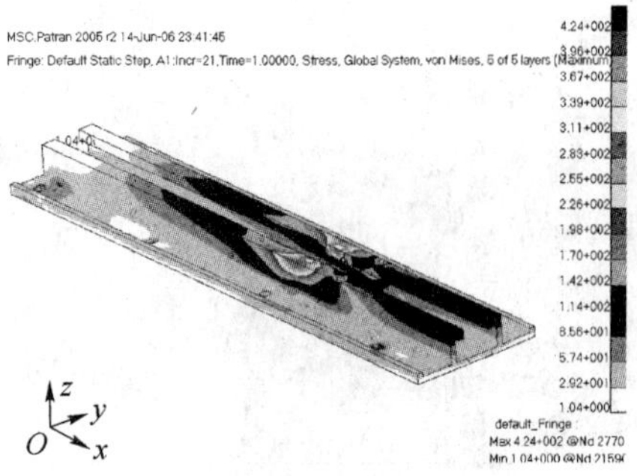

图 18.20 铝滑槽应力分布云图

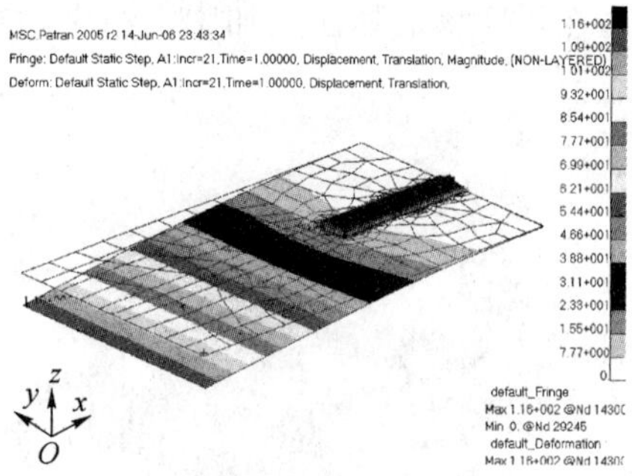

图 18.21 FRP 蜂窝结构标志底板结构的位移云图

18.3 某型机垂尾翼尖结构有限元静力分析

1. 结构简介

某型机垂尾翼尖设计结构如图 18.22 所示。

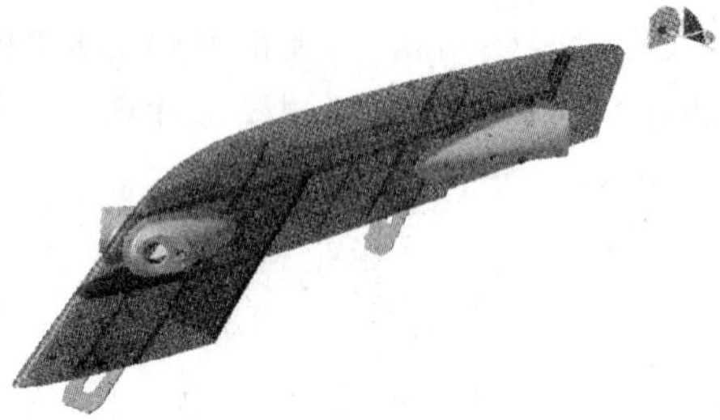

图 18.22 某型机垂尾翼尖设计结构图

垂尾翼尖的所有结构件均采用玻璃钢结构，由预浸料铺设而成，单层厚度为 0.25 mm，单层材料的力学性能数据如表 18.4 所列。

表 18.4 预浸料的力学性能

力学性能	常温干燥		湿　热	
	拉　伸	压　缩	拉　伸	压　缩
0°模量/GPa	23.7	25.8	20.5	27.1
90°模量/GPa	21.9	23.9	18.6	33.8
0°强度/MPa	362	216	223	186.8
90°强度/MPa	296	226.5	184.8	114.7
剪切模量/GPa	14		10.5	
剪切强度/GPa	81		28.8	
泊松比	0.11		0.093	

2. 结构受力特点

垂尾翼尖为由蒙皮、前后梁、多隔板和天线罩构成的无桁条、少翼肋结构。蒙皮和隔板凸缘承受弯矩引起的轴向力。多隔板腹板承剪，多闭室承扭，受力高度分散，局部刚度和总体刚度均较大。

3. 垂尾翼尖结构的有限元模型的建立

根据如实地反映结构的几何形状、构造型式、材料特性、传力路线、承载方式和边界条件等因素的基本原则，将垂尾翼尖结构离散化为一个有限元分析模型。

由于垂尾翼尖结构为由蒙皮、前后梁、多隔板和天线罩组成的全复合材料结构，因而将它们均用层合壳单元(PCOMP)来离散。垂尾翼尖有限元模型共包括层合壳单元(PCOMP) 1 684个，结点 1 459 个。垂尾翼尖结构蒙皮有限元模型如图 18.23 所示。

4. 载荷工况

考虑某型机在某飞行状态下，垂尾翼尖结构受到气动载荷作用，如图 18.24 所示。

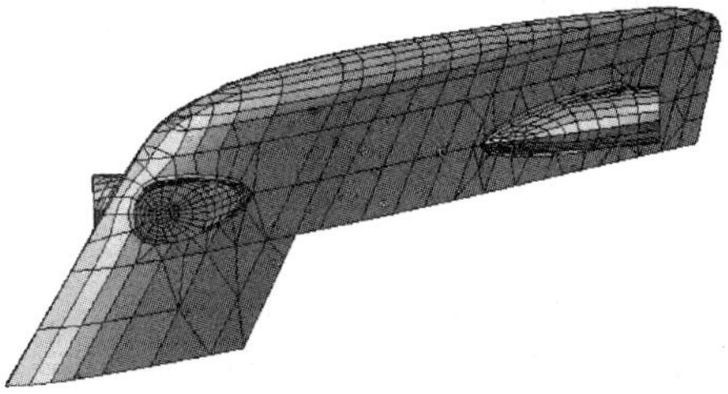

图 18.23　垂尾翼尖结构蒙皮有限元模型

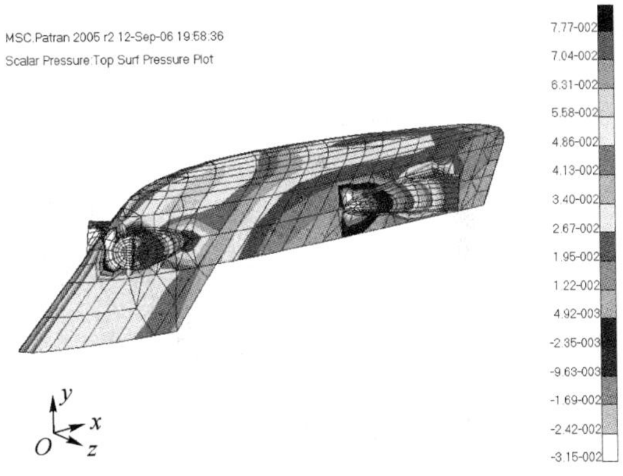

图 18.24　飞行状态下的气动力分布

5. 边界条件

在边界条件的处理上，为了能更真实地模拟垂尾翼尖的支撑刚度，将垂尾翼尖的有限元模型向下延伸建立整个垂尾有限元模型，在垂尾下部加以简支边界条件，如图 18.25 所示。

6. 有限元静力分析结果

通过 MSC. Nastran 对整个原始设计垂尾有限元模型在前面给出的工况下进行有限元分析，得到的垂尾位移云图如图 18.26 所示。

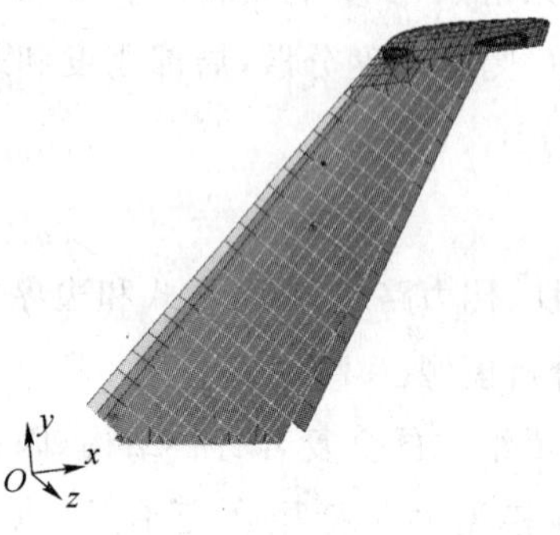

图 18.25　下部简支的整个垂尾有限元模型

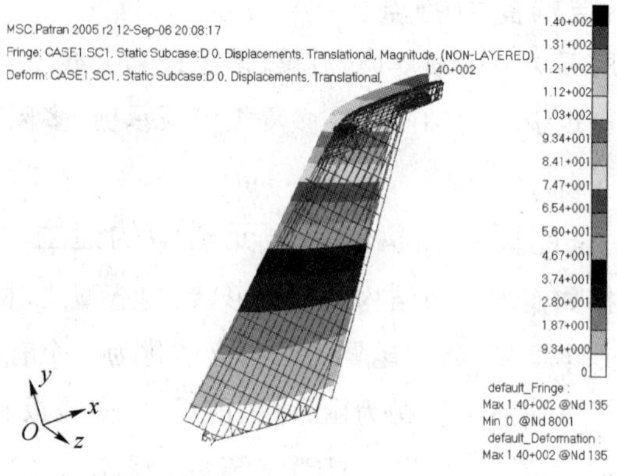

图 18.26　垂尾位移云图

垂尾翼尖结构的第 1 铺层最大失效指标分布图如图 18.27 所示(采用复合材料层合板的 Tsai - Wu 失效准则)。

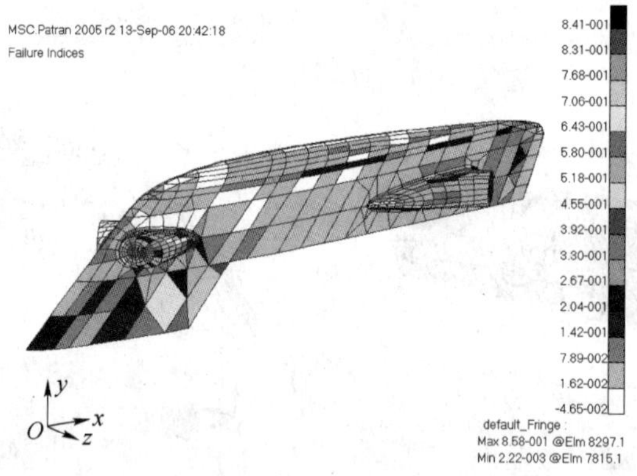

图 18.27　垂尾翼尖结构第 1 铺层最大失效指标分布图

18.4　某型直升机涵道尾桨有限元动力分析

1. 结构简述

某型直升机涵道尾桨叶片结构实体如图 18.28 所示，翼型如图 18.29 所示。

表 18.5 列出了桨叶所采用材料的弹性特性数据。除金属材料、泡沫块及膨胀胶膜为各向同性材料外，其他材料均为正交各向异性材料。

图 18.28　某型直升机涵道尾桨叶片结构

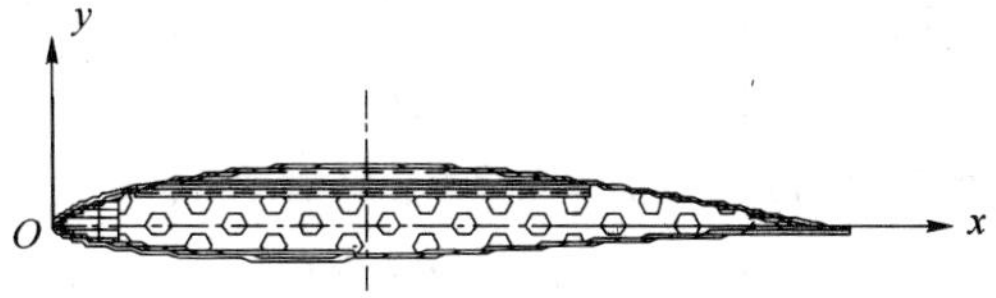

图 18.29　桨叶翼型图

表 18.5　材料特性参数

材料名称	E_x	E_y	E_z	μ_{xy}	μ_{yz}	μ_{xz}	G_{xy}	G_{yz}	G_{xz}	ρ
泡沫块	42.5	42.5	42.5	0.25	0.25	0.25	17.0	17.0	17.0	75.0
膨胀胶膜	18.5	18.5	18.5	0.25	0.25	0.25	7.4	7.4	7.4	1 151.5
玻璃布	18.5	18.5	0.018 5	0.15	0.15	0.15	0.37	0.37	0.37	2 000.0
Kevlar 布	31.0	31.0	0.031 0	0.25	0.25	0.25	0.62	0.62	0.62	1 750.0
碳布	125.0	125.0	0.125 0	0.332	0.332	0.332	3.6	3.6	3.6	1 616.7
碳条	125.0	125.0	125.0	0.332	0.332	0.332	3.6	3.6	3.6	1 511.3
钛	44.0	44.0	44.0	0.3	0.3	0.3	16.9	16.9	16.9	4 500.0
Kevlar 带	140.4	5.616	5.616	0.25	0.25	0.25	2.808	2.808	2.808	1 866.0
1Cr18Ni3A	212.0	212.0	212.0	0.27	0.27	0.27	83.46	83.46	83.46	7 709.0
2618A	69.0	69.0	69.0	0.27	0.27	0.27	27.2	27.2	27.2	2 800.0

注：泡沫块、膨胀胶膜的弹性模量和剪切模量的单位为 MPa，其他材料均为 GPa，密度 ρ 单位均为 kg/m^3。

桨叶材料的铺设顺序、铺设层数、铺设角度为(以下序号见图 18.30 和图 18.31)：

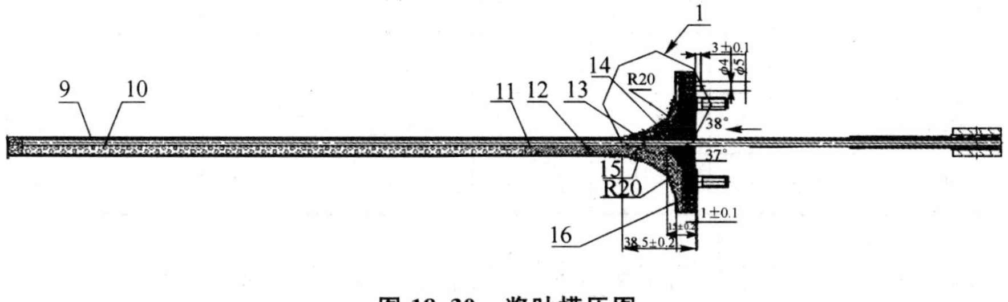

图 18.30　桨叶模压图

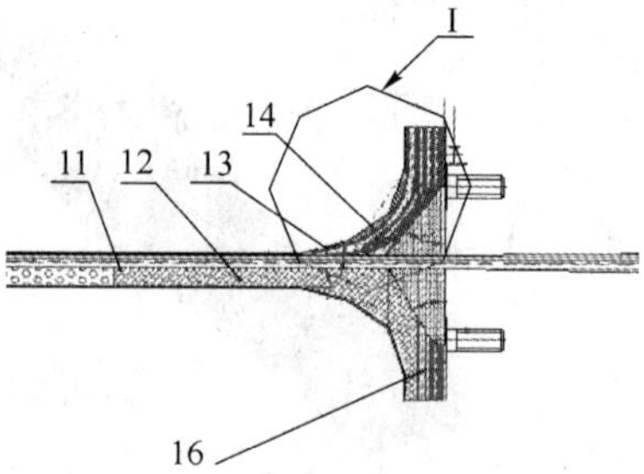

图 18.31　桨叶模压局部放大图

先将叶梁插入滑阀中，接着放上叶根布 10，并在叶根底部两侧粘上胶片 11，然后粘上叶根布 12 和 14，在叶根布 12 和叶梁尖部之间粘上胶片 10，并在下表面接着叶根布 12 放上泡沫块 3，在后缘包上 V 字型加强条，在尖部放上叶尖。

叶根布 16 共用玻璃布(DHS216 - 311)20 层，中间放一层胶片(DHS179 - 291)，玻璃布经纱方向与桨叶轴线一致。

叶根布 14 共用玻璃布(DHS216 - 311)12 层，中间放一层胶片(DHS179 - 291)，玻璃布经纱方向与桨叶轴线一致。

叶根布 12 共用玻璃布(DHS216 - 311)6 层，6 层玻璃布折叠，在中间放一层胶片 D(HS179 - 291)，玻璃布经纱方向与桨叶轴线一致。

蒙皮布 9 按靠着成型模一侧的顺序如下：①胶片(DHS172 - 250)，②Kevlar 布(DHS172 - 250)，③④碳布(DHS217 - 322)，Kevlar 布②经纱方向与桨叶轴线成 45°，碳布③经纱方向与桨叶轴线成 -45°，碳布④经纱方向与桨叶轴线成 45°。

2. 有限元模型的建立

根据如实地反映结构的几何形状、构造型式、材料特性、传力路线、承载方式和边界条件等因素的基本原则，将涵道尾桨叶片结构离散化为一个有限元分析模型。

对于此桨叶分析共采用 3 种单元类型，蒙皮采用层合结构壳单元 Shell99，叶梁、泡沫块、碳条及叶根布采用 10 结点三维结构体单元 Solid92 及 20 结点三维结构体单元 Solid95。其单元几何形状如图 18.32(a)、(b)、(c)所示。

对桨叶进行有限元建模时，将蒙皮划分 3 种不同类型的壳单元。有钛包边的地方采用 4 层层合壳单元；有加强条的地方采用 6 层层合壳单元；其他普通的地方采用 3 层层合壳单元。用 ANSYS 建立整体叶片有限元模型，如图 18.33 所示。

3. 桨叶无旋转时动态特性分析

采用子空间迭代法对结构进行模态分析，并提取前 7 阶模态，桨叶固有频率及振动形式如表 18.6 所列。

表 18.6　桨叶固有频率及振动形式

阶　次	1	2	3	4	5	6	7
频率/Hz	64.088	315.90	414.27	463.10	757.75	1 214.8	1 826.5
形　式	挥　舞	挥　舞	摆+挥	扭　转	挥　舞	扭　转	挥　舞

图 18.34 和图 18.35 分别给出了桨叶在无旋转时前两阶振型图。

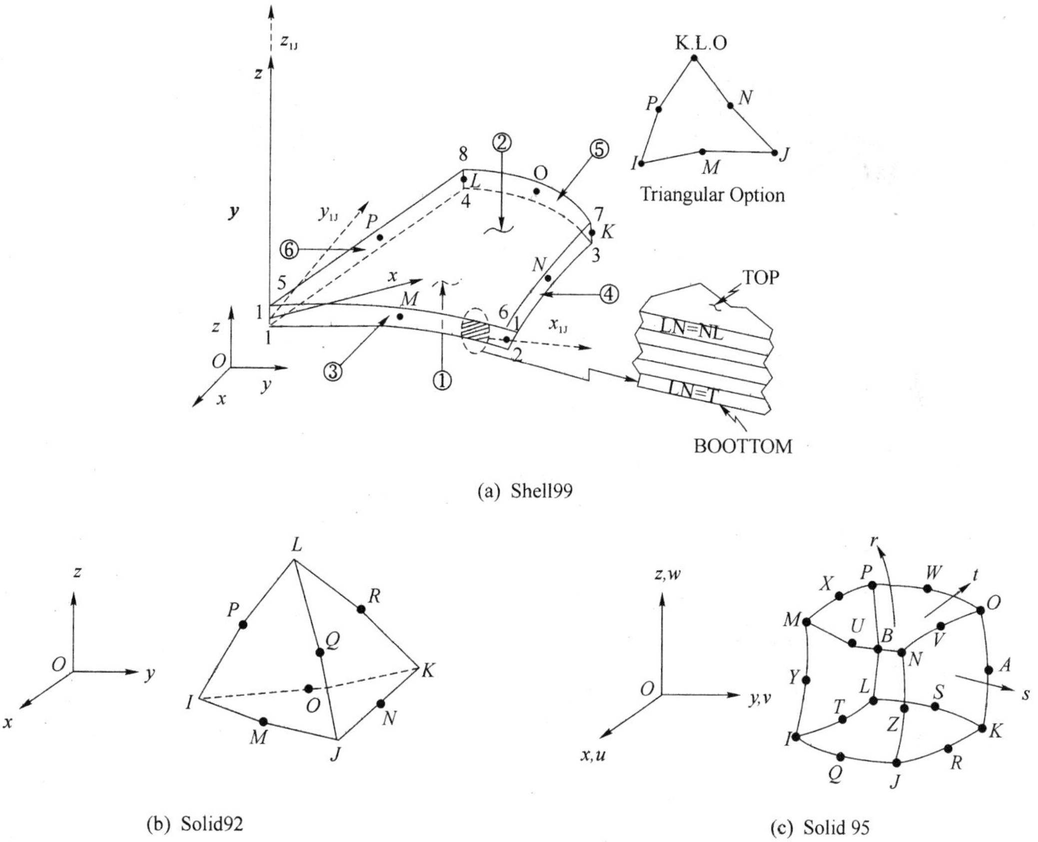

图 18.32　单元类型图

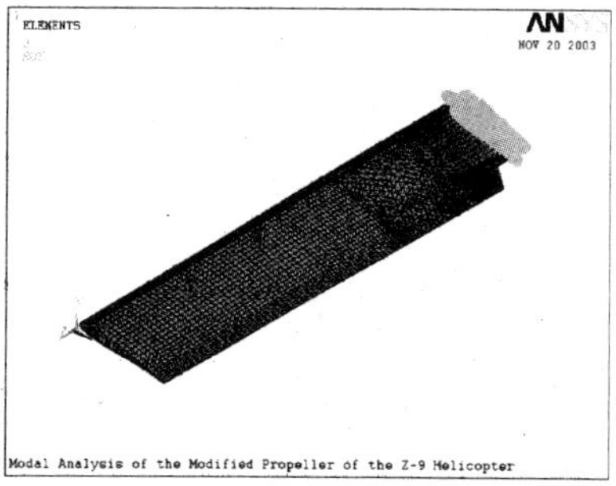

图 18.33　桨叶网格划分

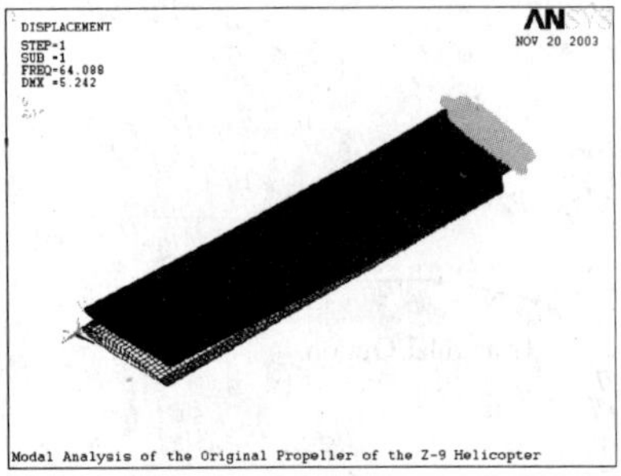

图 18.34 1 阶振型图

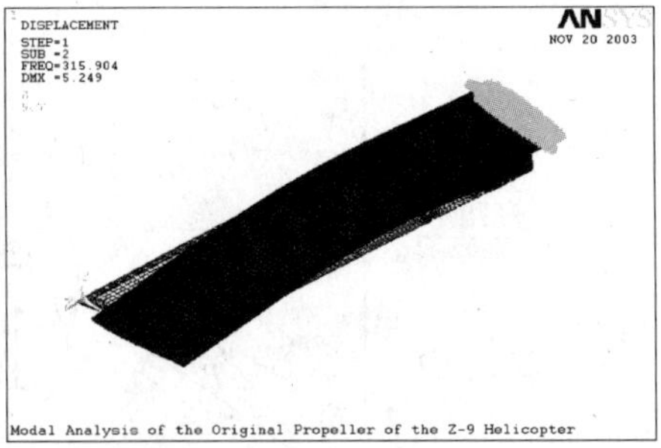

图 18.35 2 阶振型图

4. 考虑离心刚度时桨叶振动特性分析

表 18.7 给出了桨叶在额定转速下前 7 阶振动固有频率及振动形式。

表 18.7 桨叶固有频率和振动形式

阶 次	1	2	3	4	5	6	7
频率/Hz	107.87	359.99	430.46	472.83	820.57	1 233.7	1 899.6
形 式	挥 舞	挥 舞	摆+挥	扭 转	挥 舞	扭 转	挥 舞

图 18.36 和图 18.37 分别给出了桨叶在额定转速下前两阶振型图。

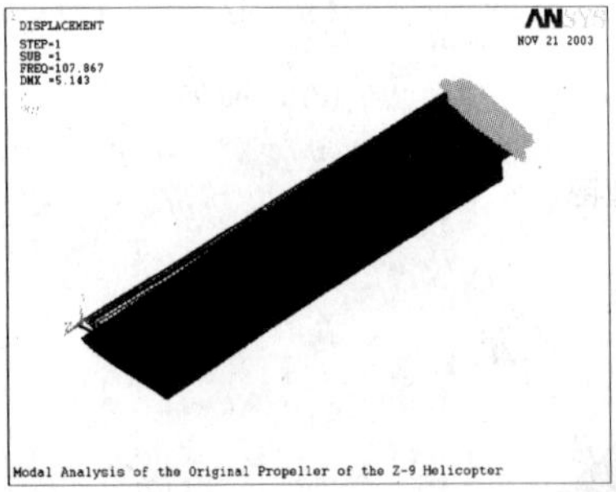

图 18.36 1 阶振型图

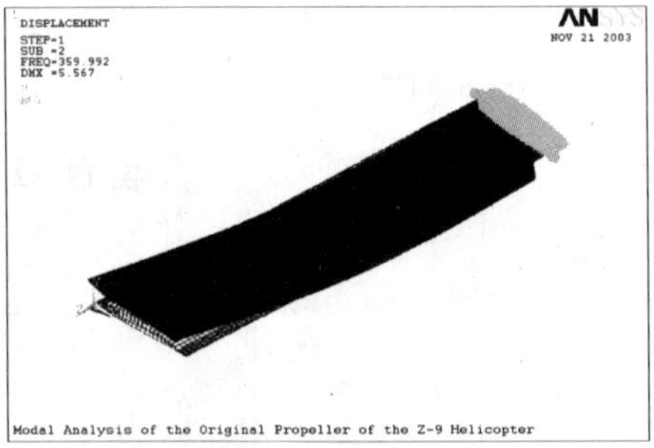

图 18.37 2 阶振型图

5. 桨叶振动的共振图

图 18.38 给出了桨叶前 3 阶挥舞共振图,图 18.39 给出了桨叶前 2 阶扭转共振图。

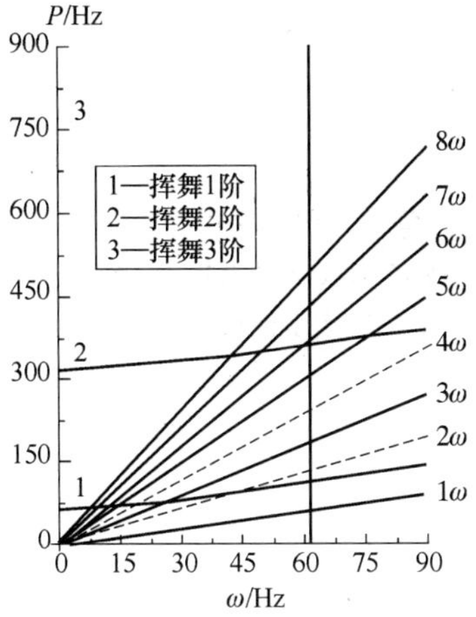

图 18.38　挥舞共振图

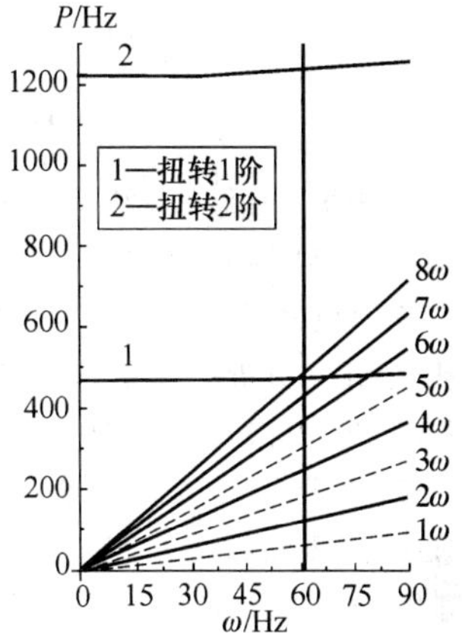

图 18.39　扭转共振图

参考文献

[1] 王勖成，邵敏．有限单元法基本原理和数值方法[M]．2 版．北京：清华大学出版社，2006.

[2] Zienkiewicz O C，Taylor R L．有限元方法[M]．曾攀，等译．北京：清华大学出版社，2008.

[3] 罗伯特・D・库克，等．有限元分析的概念与应用[M]．西安：西安交通大学出版社，2007.

[4] 曾攀．有限元分析及应用[M]．北京：清华大学出版社，2004.

[5] 赵军，张娅．有限元技术基础[M]．北京：化学工业出版社，2007.

[6] 荣先成．有限元法[M]．成都：西南交通大学出版社，2007.

[7] 龙驭球．有限元法概论[M]．北京：人民教育出版社，1978.

[8] 王守信．有限元法教程[M]．哈尔滨：哈尔滨工业大学出版社，1994.

[9] 江见鲸，等．有限元法及其应用[M]．北京：机械工业出版社，2006.

[10] 周昌玉，贺小华．有限元分析的基本方法及工程应用[M]．北京：化学工业出版社，2006.

[11] 李亚智，赵美英，万小朋．有限元法基础与程序设计[M]．北京：科学出版社，2004.

[12] Liu G R，Quek S S．有限元法实用教程[M]．龙述尧，候淑娟，钱长照，译．长沙：湖南大学出版社，2004.

[13] 李人宪．有限元法基础[M]．北京：国防工业出版社，2004.

[14] 李开泰，黄艾香，黄庆怀．有限元方法及其应用[M]．北京：科学出版社，2006.

[15] 王生楠．有限元素法中的变分原理基础[M]．西安：西北工业大学出版社，2005.

[16] 王烈衡，许学军．有限元方法的数学基础[M]．北京：科学出版社，2004.

[17] 傅永华．有限元分析基础[M]．武汉：武汉大学出版社，2003.

[18] Daryl L Logan．有限元方法基础教程[M]．伍义生，吴永礼，等译．北京：电子工业出版社，2003.

[19] 王元汉，李丽娟，李银平．有限元法基础与程序设计[M]．广州：华南理工大学出版社，2001.

[20] 孙菊芳．有限元法及其应用[M]．北京：北京航空航天大学出版社，1990.

[21] 张铜生，张富德．简明有限元法及其应用[M]．北京：地震出版社，1990.

[22] 叶天麒，等．航空结构有限元分析指南[M]．北京：航空工业出版社，1996.

[23] 袁家军．卫星结构设计与分析[M]．北京：中国宇航出版社，2004.